KUWASHII

くわしい
中3数学

MATHEMATICS

文英堂編集部　編

ΣBEST シグマベスト

文英堂

本書の特色と使い方

圧倒的な「くわしさ」で，考える力が身につく

本書は，豊富な情報量を，わかりやすい文章でまとめています。丸暗記ではなく，しっかりと理解しながら学習を進められるので，知識がより深まります。

要点

この単元でおさえたい内容を簡潔にまとめています。学習のはじめに，**確実に**おさえましょう。

例題／ここに着目！解き方

教科書で扱われている問題やテストに出題されやすい問題を，「基本」「標準」「応用」にレベル分けし，掲載しています。
「ここに着目！」で，例題の最重要ポイントを押さえ，「解き方」で答えの求め方を学習します。

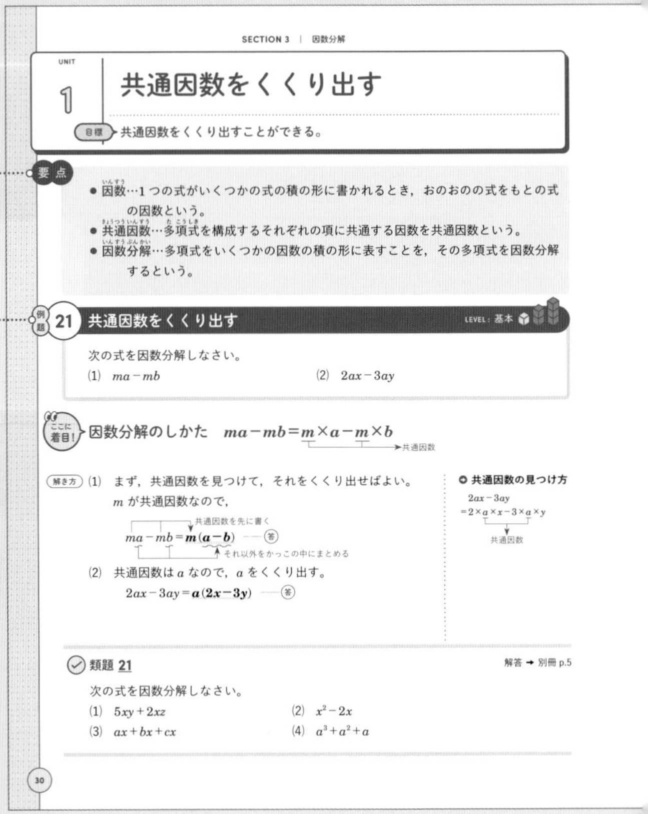

SECTION 3 | 因数分解

UNIT 1 共通因数をくくり出す

目標 共通因数をくくり出すことができる。

要点
- 因数…1つの式がいくつかの式の積の形に書かれるとき，おのおのの式をもとの式の因数という。
- 共通因数…多項式を構成するそれぞれの項に共通する因数を共通因数という。
- 因数分解…多項式をいくつかの因数の積の形に表すことを，その多項式を因数分解するという。

例題 21 共通因数をくくり出す　LEVEL：基本

次の式を因数分解しなさい。
(1) $ma-mb$　(2) $2ax-3ay$

ここに着目！ 因数分解のしかた　$ma-mb=m\times a-m\times b$（共通因数）

解き方 (1) まず，共通因数を見つけて，それをくくり出せばよい。
m が共通因数なので，
$ma-mb=\boldsymbol{m(a-b)}$ …答（共通因数を先に書く／それ以外をかっこの中にまとめる）

(2) 共通因数は a なので，a をくくり出す。
$2ax-3ay=\boldsymbol{a(2x-3y)}$ …答

共通因数の見つけ方
$2ax-3ay$
$=2\times a\times x-3\times a\times y$（共通因数）

類題 21　解答 → 別冊 p.5

次の式を因数分解しなさい。
(1) $5xy+2xz$　(2) x^2-2x
(3) $ax+bx+cx$　(4) a^3+a^2+a

30

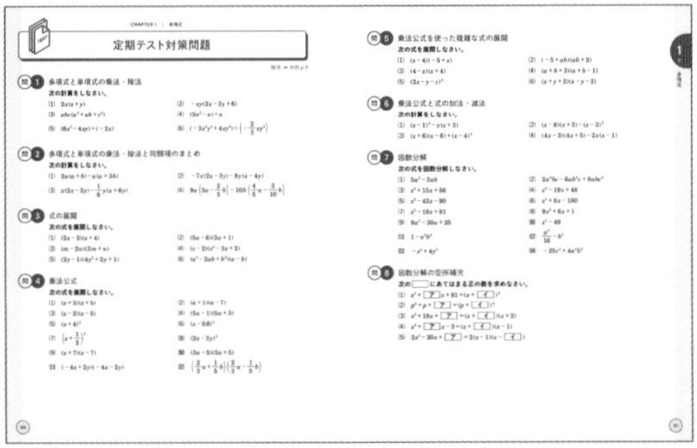

定期テスト対策問題

各章の最後に，テストで**問われやすい問題**を集めました。テスト前に，解き方が身についているかを確かめましょう。

HOW TO USE

例題 22 共通因数をすべてくくり出す　LEVEL：基本

次の式を因数分解しなさい。

(1) $2x^2+4ax-6bx$　(2) a^2b-ab^2+ab

ここに着目! 共通因数を見つけるときは，係数にも注目。

解き方 (1) 3つの項に共通な因数は $2x$ である。$2x$ をくくり出せばよい。

$$2x^2+4ax-6bx=2\times x\times x+2\times 2\times a\times x-2\times 3\times b\times x$$
$$=2x\times x+2x\times 2a-2x\times 3b$$
$$=\mathbf{2x(x+2a-3b)}$$ …答

(2) 3つの項に共通な因数は ab である。ab をくくり出せばよい。

$$a^2b-ab^2+ab=a\times a\times b-a\times b\times b+a\times b$$
$$=ab\times a-ab\times b+ab$$
$$=\mathbf{ab(a-b+1)}$$ …答

共通因数

①同じ文字は共通因数

例 ab, ac, ad の共通因数は a

②累乗の指数がちがう場合は，指数が最小であるものが共通因数

例 x^2, x^3, x^4 の共通因数は x^2

注意

(2) 結果は $ab(a-b)$ ではない。$ab=ab\times 1$ だから ab をくくり出すと1が残る。

類題 22　解答 ➡ 別冊 p.6

次の式を因数分解しなさい。

(1) $-4x^2+6x$　(2) $8ay-4by+16cy$

(3) $9abx-6aby+12abz$　(4) $4a^2b+2a^2b^2-6ab^2$

COLUMN コラム　因数分解と展開

因数分解は式の展開の逆の操作をすることです。したがって，因数分解の答えを確認するには，結果を展開してもとの式になるかを見ればよいです。

$2x^2+6x$ —因数分解→ $2x(x+3)$ —展開→ $2x^2+6x$（もとの式にもどった）

1章 多項式　31

参考 問題を解く際に必要な知識を解説しています。

注意 間違えやすいポイントを解説しています。

類題

例題と同じ解き方の問題を掲載しています。くり返し解いて，問題の解き方を理解しましょう。

COLUMN
コラム

発展的な内容や知っておきたい関連事項を扱っています。ここまでやれば，完ぺきです。

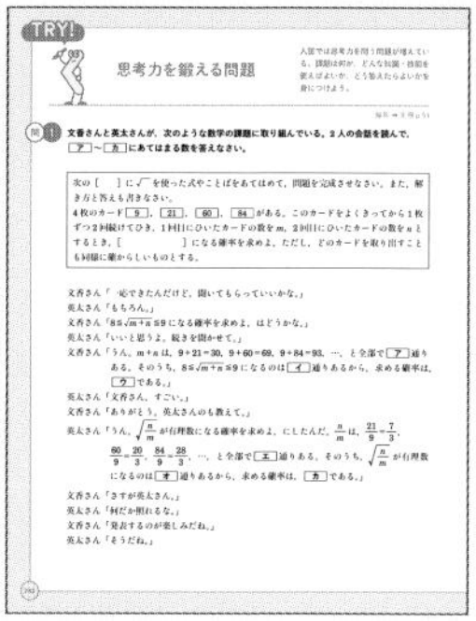

思考力を鍛える問題

「思考力」を問う問題を，巻末の前半に掲載しました。いままでに学習した知識を使いこなす練習をしましょう。

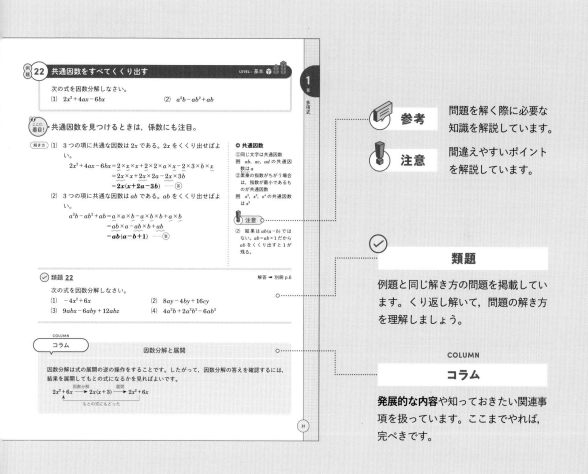

入試問題にチャレンジ

巻末の後半には，実際の入試問題を掲載しています。中3数学の**総仕上げ**として，挑戦してみましょう。

もくじ

CONTENTS

2章 平方根

3章 2次方程式

4章　関数 $y=ax^2$

5章 相似な図形

SECTION 1 相似な図形

SECTION 2 平行線と比

SECTION 3 相似な図形の面積と体積

6章 円

SECTION 1 円周角の定理

SECTION 2 円の性質の利用

7章 三平方の定理

8章 標本調査

1章 多項式

例題一覧

UNIT 1

多項式と単項式の乗法

目標 多項式と単項式の乗法の計算ができる。

要点

- 多項式（たこうしき）と単項式の乗法では，分配法則を使うことができる。
- 分配法則…$a(b+c)=ab+ac$，$(a+b)c=ac+bc$

例題 1 （単項式）×（多項式） LEVEL：基本

次の計算をしなさい。

(1) $3x(2x-3y)$　　(2) $-\frac{1}{2}a(a+4b-3)$

ここに着目！ 分配法則 $a(b+c)=ab+ac$ を使う。

解き方 (1) $3x(2x-3y)=3x\times 2x-3x\times 3y$

$=\mathbf{6x^2-9xy}$ ……答

(2) $-\frac{1}{2}a(a+4b-3)$

$=\left(-\frac{1}{2}a\right)\times a+\left(-\frac{1}{2}a\right)\times 4b-\left(-\frac{1}{2}a\right)\times 3$

$=\mathbf{-\frac{1}{2}a^2-2ab+\frac{3}{2}a}$ ……答

分配法則の利用

(1) $3x(2x-3y)$

(2) $-\frac{1}{2}a(a+4b-3)$

注意

分配法則は
$a(b-c)=ab-bc$
の形も使えるようにしておく。
負の数をかけるときは，かっこをつける。

類題 1

解答 → 別冊 p.2

次の計算をしなさい。

(1) $5x(x-4y)$　　(2) $-\frac{1}{4}a(3a-2b+1)$

例題 2 (多項式)×(単項式)

LEVEL：基本

次の計算をしなさい。

(1) $(4x+5y)\times 2x$　　　(2) $(3a-4b+1)\times\left(-\dfrac{1}{3}b\right)$

ここに着目！ 分配法則 $(a+b)c=ac+bc$ を使う。

解き方 (1) $(4x+5y)\times 2x=4x\times 2x+5y\times 2x$

$=\mathbf{8x^2+10xy}$ ……答

(2) $(3a-4b+1)\times\left(-\dfrac{1}{3}b\right)$

$=3a\times\left(-\dfrac{1}{3}b\right)-4b\times\left(-\dfrac{1}{3}b\right)+1\times\left(-\dfrac{1}{3}b\right)$

$=\mathbf{-ab+\dfrac{4}{3}b^2-\dfrac{1}{3}b}$ ……答

分配法則の利用

(1) $(4x+5y)\times 2x$

(2) $(3a-4b+1)\times\left(-\dfrac{1}{3}b\right)$

注意

分配法則は

$(a-b)c=ac-bc$

の形も使えるようにしておく。

類題 2

解答 ➡ 別冊 p.2

次の計算をしなさい。

(1) $(2x+5y)\times 6y$　　　(2) $(8a+4b-3)\times\left(-\dfrac{1}{2}a\right)$

COLUMN

コラム 分配法則

2年生のときには，数と多項式の乗法を考えたときに

$3(2x-3y)$

のように，分配法則を利用しました。同じように，多項式と文字をふくむ単項式の乗法でも，分配法則を利用して計算することができます。

UNIT 2

多項式と単項式の除法

目標 多項式を単項式でわる計算ができる。

要点

- **(多項式)÷(単項式) ⇒ (多項式)×(単項式の逆数)**
- **逆数のつくり方**…符号はそのままで，分子と分母を入れかえる。

例題 3 (多項式)÷(単項式)

LEVEL：基本

次の計算をしなさい。

(1) $(6x^2-8xy)\div 2x$　　(2) $(9a^2b+12ab^2)\div(-3ab)$

ここに着目！ 乗法の式になおす。

解き方 (1) $(6x^2-8xy)\div 2x=(6x^2-8xy)\times\dfrac{1}{2x}$

$=\dfrac{6x^2}{2x}-\dfrac{8xy}{2x}$

$=\mathbf{3x-4y}$ ……答

(2) $(9a^2b+12ab^2)\div(-3ab)=(9a^2b+12ab^2)\times\left(-\dfrac{1}{3ab}\right)$

$=-\dfrac{9a^2b}{3ab}-\dfrac{12ab^2}{3ab}$

$=\mathbf{-3a-4b}$ ……答

逆数

$2x=\dfrac{2x}{1}$ より，

逆数は $\dfrac{1}{2x}$

$-3ab=-\dfrac{3ab}{1}$ より，

逆数は $-\dfrac{1}{3ab}$

類題 3

解答 ➡ 別冊 p.2

次の計算をしなさい。

(1) $(4x^2y-10xy)\div 2x$　　(2) $(12a^2b+4ab^2)\div(-4ab)$

例題 4 (多項式)÷(分数係数の単項式)

LEVEL：標準

次の計算をしなさい。

(1) $(4x^2+3xy)\div\dfrac{1}{2}x$　　(2) $(6a^2b+2ab^2)\div\left(-\dfrac{2}{3}ab\right)$

ここに着目! $\dfrac{1}{2}x=\dfrac{x}{2}$，$-\dfrac{2}{3}ab=-\dfrac{2ab}{3}$ **になおして計算する。**

解き方 (1) $(4x^2+3xy)\div\dfrac{1}{2}x=(4x^2+3xy)\div\dfrac{x}{2}$

$=(4x^2+3xy)\times\dfrac{2}{x}$

$=\dfrac{4x^2\times2}{x}+\dfrac{3xy\times2}{x}$

$=\mathbf{8x+6y}$ ……答

(2) $(6a^2b+2ab^2)\div\left(-\dfrac{2}{3}ab\right)=(6a^2b+2ab^2)\div\left(-\dfrac{2ab}{3}\right)$

$=(6a^2b+2ab^2)\times\left(-\dfrac{3}{2ab}\right)$

$=-\dfrac{6a^2b\times3}{2ab}-\dfrac{2ab^2\times3}{2ab}$

$=\mathbf{-9a-3b}$ ……答

➡ 逆数

$\dfrac{1}{2}x=\dfrac{x}{2}$ より，

逆数は $\dfrac{2}{x}$

$-\dfrac{2}{3}ab=-\dfrac{2ab}{3}$ より，

逆数は $-\dfrac{3}{2ab}$

$-\dfrac{2}{3}ab$ の逆数は
$-\dfrac{3}{2ab}$ だね。

類題 4

解答 ➡ 別冊 p.2

次の計算をしなさい。

(1) $(2x^2y+x)\div\dfrac{1}{3}x$　　(2) $(9a^2b-6ab)\div\left(-\dfrac{3}{2}ab\right)$

UNIT 3

多項式の乗法

目標 多項式と多項式の乗法の計算ができる。

要点

- **展開**(てんかい)…単項式(たんこうしき)や多項式の積を単項式の和の形にすることを展開するという。
- **(多項式)×(多項式)** $(a+b)(c+d)=ac+ad+bc+bd$

例題 5 式の展開

LEVEL：基本

次の式を展開しなさい。

(1) $(x+a)(y+b)$　　(2) $(2x+3)(4y-1)$

ここに着目！ $(a+b)(c+d)=\overset{①}{ac}+\overset{②}{ad}+\overset{③}{bc}+\overset{④}{bd}$ を利用して展開する。

解き方 (1) $(x+a)(y+b)=\overset{①}{xy}+\overset{②}{bx}+\overset{③}{ay}+\overset{④}{ab}$ ……答

(2) $(2x+3)(4y-1)=\overset{①}{2x\times4y}-\overset{②}{2x\times1}+\overset{③}{3\times4y}-\overset{④}{3\times1}$

$=\boldsymbol{8xy-2x+12y-3}$ ……答

分配法則を利用

(1) $(y+b)$ を M とおくと，

$(x+a)(y+b)$

$=(x+a)M$

$=xM+aM$ ← 分配法則

M をもとにもどすと，

$xM+aM$

$=x(y+b)+a(y+b)$

$=xy+bx+ay+ab$

類題 5

解答 → 別冊 p.2

次の式を展開しなさい。

(1) $(a-2)(b-5)$　　(2) $(4x-3)(2y+1)$

例題 6 展開後に同類項をまとめる　　　　　　　　LEVEL：標準

次の式を展開しなさい。

(1)　$(x+5)(x+6)$

(2)　$(4x+5y)(3x-2y)$

(3)　$\left(\dfrac{1}{2}x-\dfrac{1}{4}y\right)(4x-8y)$

 ここに着目！ 展開後，同類項がないか忘れずに確認。

解き方 (1)　$(x+5)(x+6)=x^2+6x+5x+30$

同類項

$=x^2+11x+30$ ……（答）

[別解] 縦書きの計算方法

$$
\begin{array}{r}
x + 5 \\
\times)\ x + 6 \\
\hline
x^2 + 5x \quad \leftarrow (x+5)\times x \\
6x + 30 \quad \leftarrow (x+5)\times 6 \\
\hline
x^2 + 11x + 30 \quad \text{……（答）}
\end{array}
$$

(2)　$(4x+5y)(3x-2y)=12x^2-8xy+15xy-10y^2$

同類項

$=12x^2+7xy-10y^2$ ……（答）

(3)　$\left(\dfrac{1}{2}x-\dfrac{1}{4}y\right)(4x-8y)=2x^2-4xy-xy+2y^2$

同類項

$=2x^2-5xy+2y^2$ ……（答）

➡ 同類項

文字の部分が同じ項。
次数が異なる x^2 と $6x$ は同類項ではないことに注意。

✓ **類題 6**　　　　　　　　　　　　　　　　　解答 ➡ 別冊 p.2

次の式を展開しなさい。

(1)　$(x+2)(x-5)$

(2)　$(2x-3)(2x-1)$

(3)　$(m+5)(m-5)$

(4)　$(2x+y)(x+5y)$

UNIT 4

複雑な式の展開

目標 項数が多い式の展開ができる。

要点

● 項数(こうすう)が多い式の展開…① 展開する
② 同類項をまとめる

例題 7 項数が多い式の展開

LEVEL：標準

次の式を展開しなさい。

(1) $(3a-b)(4a+3b-5)$　　(2) $(x^2+2x-4)(x^2+3)$

ここに着目！ 展開 ⇒ 同類項をまとめる。

解き方 (1) $(3a-b)(4a+3b-5)$

$=3a(4a+3b-5)-b(4a+3b-5)$

$=12a^2\underline{+9ab}-15a\underline{-4ab}-3b^2+5b$

同類項をまとめる

$=\mathbf{12a^2+5ab-3b^2-15a+5b}$ ……答

(2) $(x^2+2x-4)(x^2+3)$

$=x^2(x^2+3)+2x(x^2+3)-4(x^2+3)$

$=x^4\underline{+3x^2}+2x^3+6x\underline{-4x^2}-12$

同類項をまとめる

$=\mathbf{x^4+2x^3-x^2+6x-12}$ ……答

注意

(1)のように，かっこの前が－のついた項のときは，かっこの中のどの項も符号(ふごう)を変えてかっこをはずす。

類題 7

解答 ➡ 別冊 p.3

次の式を展開しなさい。

(1) $(x^2-x+1)(x^2-3)$　　(2) $(a^2-2a+3)(-a^2+4)$

例題 8 複雑な式の展開

LEVEL：応用

次の計算をしなさい。

(1) $(a+b)(a+2b)+(a-2b)(a-b)$

(2) $(3x+1)(2x-2)-(5x+3)(x-1)$

ここに着目！ 展開した2つの多項式の同類項をまとめる。

解き方 (1) $(a+b)(a+2b)+(a-2b)(a-b)$

展開　展開

$=(a^2+2ab+ab+2b^2)+(a^2-ab-2ab+2b^2)$

同類項　同類項

$=(a^2+3ab+2b^2)+(a^2-3ab+2b^2)$

$=a^2+3ab+2b^2+a^2-3ab+2b^2$ 　同類項をまとめる

$=\mathbf{2a^2+4b^2}$ ……答

(2) $(3x+1)(2x-2)-(5x+3)(x-1)$

展開　展開

$=(6x^2-6x+2x-2)-(5x^2-5x+3x-3)$

同類項　同類項

$=(6x^2-4x-2)-(5x^2-2x-3)$

$=6x^2-4x-2-5x^2+2x+3$ 　同類項をまとめる

$=\mathbf{x^2-2x+1}$ ……答

➡ 同類項をまとめる

複雑な式の展開では項がたくさんできるので，同類項を見落とさないようにする。

類題 8

解答 ➡ 別冊 p.3

次の計算をしなさい。

(1) $(x-2)(x+3)+(x-1)(x+5)$　　(2) $m(2m-3n)-(2m-1)(n+2)$

UNIT 1

$(x+a)$ と $(x+b)$ の積

目標 $(x+a)(x+b)$ の展開ができる。

要点

- **乗法公式**…多項式(たこうしき)の展開でよく使われる公式を乗法公式という。

  $(x+a)$ と $(x+b)$ の積　$(x+a)(x+b)=x^2+(a+b)x+ab$

例題 9 $(x+a)$ と $(x+b)$ の積　LEVEL：基本

次の式を展開しなさい。

(1)　$(x+4)(x+1)$　　(2)　$(y-7)(y+3)$

ここに着目！ $(x+4)(x+1)=x^2+(4+1)x+4\times1$（和：$4+1$，積：$4\times1$）

解き方 (1)　$(x+a)(x+b)$ の形だから公式を使う。公式の a を 4，b を 1 と考えればよい。

$$(x+4)(x+1)=x^2+\underline{(4+1)}x+\underline{4\times1}$$

（和）（積）

$$=\boldsymbol{x^2+5x+4}$$ ……答

(2)　x の部分が y に書きかわっているが，問題なく $(x+a)(x+b)$ の公式が使える。公式の a を -7，b を 3 と考えるとよい。

$$(y-7)(y+3)=y^2+\{(-7)+3\}y+(-7)\times3$$

$$=\boldsymbol{y^2-4y-21}$$ ……答

公式の導き方

$(x+a)(x+b)$

$=x^2+bx+ax+ab$

$=x^2+(a+b)x+ab$

公式が成り立つことは，次の図で確かめられる。

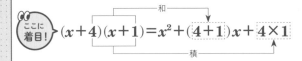

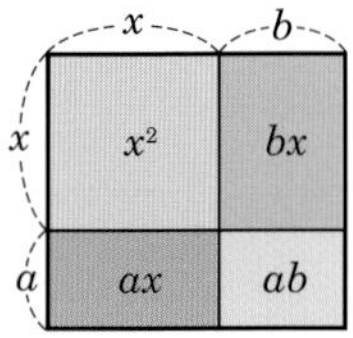

類題 9

解答 ➡ 別冊 p.3

次の式を展開しなさい。

(1)　$(x+3)(x+2)$　　(2)　$(y+4)(y-3)$

(3)　$(a-9)(a+2)$　　(4)　$(x-3)(x-8)$

例題 10 $(x+a)$ と $(x+b)$ の積の利用

LEVEL：標準

次の式を展開しなさい。

(1) $(3x-4)(3x+2)$　　(2) $(2x-2y)(2x+y)$

ここに着目！

$$(3x-4)(3x+2)=(3x)^2+\{(-4)+2\}\times 3x+(-4)\times 2$$

（$(-4)+2$：和，$(-4)\times 2$：積）

解き方 (1) $(x+a)(x+b)$ の形だから公式を使う。公式の x を $3x$，a を -4，b を 2 と考えればよい。

$$(3x-4)(3x+2)=(3x)^2+\{(-4)+2\}\times 3x+(-4)\times 2$$

（$(-4)+2$：和，$(-4)\times 2$：積）

$$=9x^2-2\times 3x-8$$

$$=\mathbf{9x^2-6x-8}$$ ……答

(2) $(x+a)(x+b)$ の形だから公式を使う。公式の x を $2x$，a を $-2y$，b を y と考えればよい。

$$(2x-2y)(2x+y)=(2x)^2+\{(-2y)+y\}\times 2x+(-2y)\times y$$

$$=4x^2-y\times 2x-2y^2$$

$$=\mathbf{4x^2-2xy-2y^2}$$ ……答

➲ $(x+a)$ と $(x+b)$ の積

x の係数…和$(a+b)$

定数の項…積(ab)

類題 10

解答 ➜ 別冊 p.3

次の式を展開しなさい。

(1) $(2x-5)(2x+1)$　　(2) $(x-2y)(x-7y)$

(3) $(4a+2b)(4a-b)$

COLUMN

コラム　乗法公式を忘れてしまったら？

どんな乗法の公式も，もとになるのは，$(a+b)(c+d)=ac+ad+bc+bd$ の多項式と多項式の積の展開の方法です。もし公式を忘れたら，この展開の方法にもどりましょう。

UNIT 2

和の平方

目標 和の平方の公式が使える。

要点

● **和の平方の公式**

$(x+a)^2=x^2+2ax+a^2$

（$+2ax$ ← 忘れないように！）

例題 11 和の平方 LEVEL：基本

次の式を展開しなさい。

(1) $(x+3)^2$ (2) $(y+5)^2$

ここに着目！

$(x+a)^2=x^2+\ 2ax\ +a^2$

$(x+3)^2=x^2+2\times3\times x+3^2$

解き方 (1) $(x+a)^2$ の形なので，和の平方の公式を使う。公式の a を 3 と考えればよい。

$(x+3)^2=x^2+2\times3\times x+3^2$

$=\boldsymbol{x^2+6x+9}$ ……答

(2) $(x+a)^2$ の形なので，和の平方の公式を使う。公式の x を y，a を 5 と考えればよい。

$(y+5)^2=y^2+2\times5\times y+5^2$

$=\boldsymbol{y^2+10y+25}$ ……答

➡ 公式の導き方

$(x+a)^2=(x+a)(x+a)$

$=x^2+ax+ax+a^2$

$=x^2+2ax+a^2$

次の図でも確かめられる。

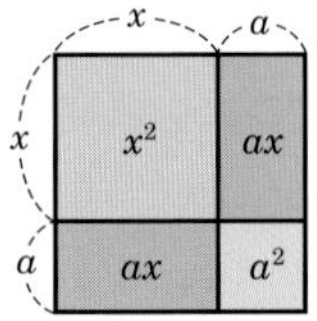

類題 11

解答 ➡ 別冊 p.3

次の式を展開しなさい。

(1) $(x+6)^2$ (2) $(a+10)^2$

(3) $(8+y)^2$ (4) $(x+0.1)^2$

例題 12 和の平方の利用

LEVEL：標準

次の式を展開しなさい。

(1) $(2m+5)^2$　　(2) $(4x+2y)^2$

(3) $\left(3x+\dfrac{1}{3}y\right)^2$

ここに着目！

$$(x+a)^2 = x^2 + 2ax + a^2$$
$$(2m+5)^2=(2m)^2+2\times5\times2m+5^2$$

解き方 (1) $(x+a)^2$ の形なので，和の平方の公式を使う。公式の x を $2m$，a を 5 と考えればよい。

$$(2m+5)^2=(2m)^2+2\times5\times2m+5^2$$
$$=\mathbf{4m^2+20m+25} \quad \cdots\cdots 答$$

(2) $(x+a)^2$ の形なので，和の平方の公式を使う。公式の x を $4x$，a を $2y$ と考えればよい。

$$(4x+2y)^2=(4x)^2+2\times2y\times4x+(2y)^2$$
$$=\mathbf{16x^2+16xy+4y^2} \quad \cdots\cdots 答$$

(3) $(x+a)^2$ の形なので，和の平方の公式を使う。公式の x を $3x$，a を $\dfrac{1}{3}y$ と考えればよい。

$$\left(3x+\frac{1}{3}y\right)^2=(3x)^2+2\times\frac{1}{3}y\times3x+\left(\frac{1}{3}y\right)^2$$
$$=\mathbf{9x^2+2xy+\frac{1}{9}y^2} \quad \cdots\cdots 答$$

参考
答えを書くときは 1 つの文字に注目して次数の高い順に並べることが多い。

類題 12

解答 ➡ 別冊 p.3

次の式を展開しなさい。

(1) $(a+7b)^2$　　(2) $(2x+3y)^2$

(3) $\left(\dfrac{1}{2}x+1\right)^2$　　(4) $(3x+0.4)^2$

UNIT 3

差の平方

目標 差の平方の公式が使える。

要点

● **差の平方の公式**

$(x-a)^2=x^2\underline{-2ax}+a^2$

↑忘れないように！

例題 13 差の平方

LEVEL：基本

次の式を展開しなさい。

(1) $(x-4)^2$　　(2) $(3-y)^2$

ここに着目！

$(x-a)^2=x^2-\ 2ax\ +a^2$

$(x-4)^2=x^2-2\times4\times x+4^2$

解き方 (1) $(x-a)^2$ の形なので，差の平方の公式を使う。公式の a を 4 と考えればよい。

$(x-4)^2=x^2-2\times4\times x+4^2$

$=\boldsymbol{x^2-8x+16}$ ……答

(2) $(x-a)^2$ の形なので，差の平方の公式を使う。公式の x を 3，a を y と考えればよい。

$(3-y)^2=3^2-2\times y\times3+y^2$

$=\boldsymbol{9-6y+y^2}$ ……答

➡ 公式の導き方

$(x-a)^2=(x-a)(x-a)$

$=x^2-ax-ax+a^2$

$=x^2-2ax+a^2$

和の平方の公式を使って導くこともできる。

$(x-a)^2=\{x+(-a)\}^2$

$=x^2+2\times(-a)\times x+(-a)^2$

$=x^2-2ax+a^2$

類題 13

解答 ➡ 別冊 p.4

次の式を展開しなさい。

(1) $(a-5)^2$　　(2) $(8-m)^2$

(3) $(x-0.2)^2$　　(4) $\left(x-\frac{1}{4}\right)^2$

例題 14 差の平方の利用

LEVEL：標準

次の式を展開しなさい。

⑴ $(2x-y)^2$　　⑵ $(3m-2n)^2$

⑶ $\left(3a-\frac{1}{6}b\right)^2$

ここに着目！

$$(x-a)^2 = x^2 - 2ax + a^2$$

$$(2x-y)^2=(2x)^2-2\times y\times 2x+y^2$$

解き方 ⑴ $(x-a)^2$ の形なので，差の平方の公式を使う。公式の x を $2x$，a を y と考えればよい。

$$(2x-y)^2=(2x)^2-2\times y\times 2x+y^2$$
$$=\mathbf{4x^2-4xy+y^2}$$ ……答

⑵ $(x-a)^2$ の形なので，差の平方の公式を使う。公式の x を $3m$，a を $2n$ と考えればよい。

$$(3m-2n)^2=(3m)^2-2\times 2n\times 3m+(2n)^2$$
$$=\mathbf{9m^2-12mn+4n^2}$$ ……答

⑶ $(x-a)^2$ の形なので，差の平方の公式を使う。公式の x を $3a$，a を $\frac{1}{6}b$ と考えればよい。

$$\left(3a-\frac{1}{6}b\right)^2=(3a)^2-2\times\frac{1}{6}b\times 3a+\left(\frac{1}{6}b\right)^2$$
$$=\mathbf{9a^2-ab+\frac{1}{36}b^2}$$ ……答

➡ 平方公式

和の平方の公式と差の平方の公式を合わせて平方公式ということがある。

類題 14

解答 ➡ 別冊 p.4

次の式を展開しなさい。

⑴ $(3x-1)^2$　　⑵ $(a-3b)^2$

⑶ $\left(2x-\frac{1}{2}y\right)^2$　　⑷ $(0.3y-x)^2$

UNIT 4

和と差の積

目標 和と差の積の公式が使える。

要点

● **和と差の積の公式**

$(x+a)(x-a)=x^2-a^2$ ― 平方の差

例題 15 和と差の積 LEVEL：基本

次の式を展開しなさい。

(1) $(x+3)(x-3)$　　(2) $(2+y)(2-y)$

ここに着目！

$(x+a)(x-a)=x^2-a^2$

$(x+3)(x-3)=x^2-3^2$

解き方 (1) $(x+a)(x-a)$ の形なので，和と差の積の公式を使う。公式の a を 3 と考えればよい。

$(x+3)(x-3)=x^2-3^2$

$=\boldsymbol{x^2-9}$ ……答

(2) $(x+a)(x-a)$ の形なので，和と差の積の公式を使う。公式の x を 2，a を y と考えればよい。

$(2+y)(2-y)=2^2-y^2$

$=\boldsymbol{4-y^2}$ ……答

➲ 和と差の積の公式

$(x+a)(x-a)=x^2-a^2$

和と差の積は平方の差と覚えよう。

参考

$(x-a)(x+a)$ の形であっても，

$(x-a)(x+a)=(x+a)(x-a)$

より，和と差の積の公式が使える。

類題 15

解答 ➔ 別冊 p.4

次の式を展開しなさい。

(1) $(y+5)(y-5)$　　(2) $(8+a)(8-a)$

(3) $\left(x+\frac{1}{2}\right)\left(x-\frac{1}{2}\right)$　　(4) $(m+1)(m-1)$

例題 16 和と差の積の利用

LEVEL：標準

次の式を展開しなさい。

(1) $(m+3n)(m-3n)$　(2) $(4x+5y)(4x-5y)$

(3) $\left(\frac{1}{2}x+\frac{1}{3}y\right)\left(\frac{1}{2}x-\frac{1}{3}y\right)$

ここに着目！

$$(x+a)(x-a)=x^2-a^2$$
$$(m+3n)(m-3n)=m^2-(3n)^2$$

解き方 (1) $(x+a)(x-a)$ の形なので，和と差の積の公式を使う。x を m，a を $3n$ と考えればよい。

$$(m+3n)(m-3n)=m^2-(3n)^2$$
$$=\boldsymbol{m^2-9n^2}$$ ……答

(2) $(x+a)(x-a)$ の形なので，和と差の積の公式を使う。x を $4x$，a を $5y$ と考えればよい。

$$(4x+5y)(4x-5y)=(4x)^2-(5y)^2$$
$$=\boldsymbol{16x^2-25y^2}$$ ……答

(3) $(x+a)(x-a)$ の形なので，和と差の積の公式を使う。x を $\frac{1}{2}x$，a を $\frac{1}{3}y$ と考えればよい。

$$\left(\frac{1}{2}x+\frac{1}{3}y\right)\left(\frac{1}{2}x-\frac{1}{3}y\right)=\left(\frac{1}{2}x\right)^2-\left(\frac{1}{3}y\right)^2$$
$$=\boldsymbol{\frac{1}{4}x^2-\frac{1}{9}y^2}$$ ……答

乗法公式

1 $(x+a)(x+b)$
$=x^2+(a+b)x+ab$

2 $(x+a)^2$
$=x^2+2ax+a^2$

3 $(x-a)^2$
$=x^2-2ax+a^2$

4 $(x+a)(x-a)$
$=x^2-a^2$

4つの公式を使いこなせるよう，形をしっかり覚えよう。

類題 16

解答 → 別冊 p.4

次の式を展開しなさい。

(1) $(x+2y)(x-2y)$　(2) $(5x-6)(5x+6)$

(3) $(3m+0.1n)(3m-0.1n)$　(4) $\left(\frac{2}{3}a+\frac{1}{4}b\right)\left(\frac{2}{3}a-\frac{1}{4}b\right)$

UNIT 5

いろいろな式の計算

目標 複雑な式の展開ができる。

要点

- **複雑な式の展開**…多項式（たこうしき）の一部を 1 つの文字におきかえる。
- **式の展開と加法・減法の混じった式**…乗法を加法・減法より先に計算する。

例題 17 項が多い式の展開

LEVEL：応用

次の式を展開しなさい。

(1) $(a+b+c)^2$　　(2) $(a+b+4)(a+b-3)$

ここに着目！ **$a+b$ を M におきかえると，和の平方の公式が使える。**
$(a+b+c)^2=(M+c)^2$

解き方 (1) $a+b$ を M とおくと，

$$(a+b+c)^2=(M+c)^2$$
$$=M^2+2cM+c^2$$ （和の平方の公式で展開する）
（M をもとにもどす）
$$=(a+b)^2+2c(a+b)+c^2$$
$$=\boldsymbol{a^2+2ab+b^2+2ac+2bc+c^2}$$ ……答

(2) $a+b$ を M とおくと，

$$(a+b+4)(a+b-3)=(M+4)(M-3)$$
$$=M^2+M-12$$ （$(x+a)(x+b)$ の公式で展開する）
（M をもとにもどす）
$$=(a+b)^2+(a+b)-12$$
$$=\boldsymbol{a^2+2ab+b^2+a+b-12}$$ ……答

➲ 複雑な多項式の展開

①乗法公式が利用できるように，多項式の一部を 1 つの文字でおきかえる。
②展開したあと，おきかえた文字をもとにもどす。
③同類項があれば，まとめる。

類題 17

解答 ➡ 別冊 p.5

次の式を展開しなさい。

(1) $(a-b-c)^2$　　(2) $(x+y+3)(x+y-3)$

例題 18 式の展開と加法・減法の混じった式

LEVEL：応用

次の計算をしなさい。

(1) $(x+4)(x+9)-(x-6)^2$

(2) $(a+3)(a-3)+(a-6)(a-2)-(a-1)^2$

ここに着目！ **式の展開と加法・減法の混じった式では，乗法の部分を加法・減法より先に計算する。**

解き方 (1) $(x+4)(x+9)-(x-6)^2$

（$(x+a)(x+b)$ の積，差の平方）

乗法公式を使って展開する

$=x^2+(4+9)x+4\times9-(x^2-2\times6\times x+6^2)$

$=x^2+13x+36-(x^2-12x+36)$

符号(ふごう)に注意してかっこをはずす

$=x^2+13x+36-x^2+12x-36$

同類項をまとめる

$=\boldsymbol{25x}$ ……答

(2) $(a+3)(a-3)+(a-6)(a-2)-(a-1)^2$

（和と差の積，$(x+a)(x+b)$ の積，差の平方）

乗法公式を使って展開する

$=a^2-9+(a^2-8a+12)-(a^2-2a+1)$

符号に注意してかっこをはずす

$=a^2-9+a^2-8a+12-a^2+2a-1$

同類項をまとめる

$=\boldsymbol{a^2-6a+2}$ ……答

混合計算

①多項式の乗法の部分を計算する。

②符号に注意して，かっこをはずす。

③同類項があれば，まとめる。

類題 18

解答 → 別冊 p.5

次の計算をしなさい。

(1) $(m+2)^2-(m-6)(m+2)$

(2) $(a+5)(a+7)+(a+6)^2-(a+2)(a-2)$

UNIT 6

計算のくふう

目標 項を入れかえたり，共通部分をおきかえたりして式の展開ができる。

要点

- **複雑な式の展開**…項(こう)を入れかえたり，共通部分をおきかえたりして乗法公式が使えるようにする。

例題 19 交換法則の利用

LEVEL：応用

次の式を展開しなさい。

(1) $(x-3)(-7+x)$　　(2) $(2x+1)(-1+2x)$

(3) $(-b+a)(a+b)$

ここに着目!

$$(x-3)(-7+x)=(x-3)(x-7)$$

← 乗法公式が使える

項を入れかえる

解き方

(1) $(x-3)(-7+x)=(x-3)(x-7)$

$=\boldsymbol{x^2-10x+21}$ ……答

(2) $(2x+1)(-1+2x)=(2x+1)(2x-1)$

$=\boldsymbol{4x^2-1}$ ……答

(3) $(-b+a)(a+b)=(a-b)(a+b)$

$=\boldsymbol{a^2-b^2}$ ……答

加法の交換法則(こうかんほうそく)

$a+b=b+a$

加法では，加えられる数と加える数を入れかえても，和は変わらない。

$-7+x=\underbrace{(-7)}_{a}+\underbrace{(+x)}_{b}$

$=\underbrace{(+x)}_{b}+\underbrace{(-7)}_{a}$

$=x-7$

類題 19

解答 ➜ 別冊 p.5

次の式を展開しなさい。

(1) $(x+5)(-6+x)$　　(2) $(6-x)(x+6)$

(3) $(m+4)(-8+m)$　　(4) $(3a+4b)(-4b+3a)$

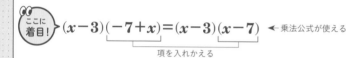

例題 20 交換法則とおきかえの利用

LEVEL：応用

次の式を展開しなさい。

(1) $(2x-y+1)(2x+y+1)$

(2) $(x+y-3)(x-2y-3)$

ここに着目！

$$(2x-y+1)(2x+y+1)=(2x+1-y)(2x+1+y)$$ ← 項を入れかえる

$$=(M-y)(M+y)$$ ← $2x+1$ を M とおく

↓ 乗法公式が使える

解き方 (1) 項を入れかえて，$2x+1$ を M とおく。

$(2x-y+1)(2x+y+1)=(2x+1-y)(2x+1+y)$

$=(M-y)(M+y)$ ← 和と差の積の公式を使う

$=M^2-y^2$ ← M をもとにもどす

$=(2x+1)^2-y^2$

$=\mathbf{4x^2+4x+1-y^2}$ ……答

(2) 項を入れかえて，$x-3$ を M とおく。

$(x+y-3)(x-2y-3)=(x-3+y)(x-3-2y)$

$=(M+y)(M-2y)$ ← 乗法公式を使う

$=M^2-yM-2y^2$ ← M をもとにもどす

$=(x-3)^2-y(x-3)-2y^2$

$=\mathbf{x^2-6x+9-xy+3y-2y^2}$ ……答

➡ 公式を見抜く

(1)や(2)のように，簡単には公式を利用できないときもある。式をよく見て公式が使えるように変形する。

類題 20

解答 ➡ 別冊 p.5

次の式を展開しなさい。

(1) $(x+y+7)(x-y+7)$

(2) $(a+2b-5)(a-b-5)$

UNIT 1

共通因数をくくり出す

目標 共通因数をくくり出すことができる。

要点

- 因数(いんすう)…1つの式がいくつかの式の積の形に書かれるとき，おのおのの式をもとの式の因数という。
- 共通因数(きょうつういんすう)…多項式(たこうしき)を構成するそれぞれの項に共通する因数を共通因数という。
- 因数分解(いんすうぶんかい)…多項式をいくつかの因数の積の形に表すことを，その多項式を因数分解するという。

例題 21 共通因数をくくり出す

LEVEL：基本

次の式を因数分解しなさい。

(1) $ma-mb$　　(2) $2ax-3ay$

ここに着目! 因数分解のしかた　$\boldsymbol{ma-mb=\underline{m}\times a-\underline{m}\times b}$ → 共通因数

解き方 (1) まず，共通因数を見つけて，それをくくり出せばよい。

m が共通因数なので，

$$ma-mb=\boldsymbol{m(a-b)}$$ ……（答）

（共通因数を先に書く／それ以外をかっこの中にまとめる）

(2) 共通因数は a なので，a をくくり出す。

$$2ax-3ay=\boldsymbol{a(2x-3y)}$$ ……（答）

➡ 共通因数の見つけ方

$2ax-3ay$

$=2\times \underline{a}\times x-3\times \underline{a}\times y$

→ 共通因数

類題 21

解答 ➡ 別冊 p.5

次の式を因数分解しなさい。

(1) $5xy+2xz$　　(2) x^2-2x

(3) $ax+bx+cx$　　(4) a^3+a^2+a

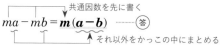

例題 22 共通因数をすべてくくり出す

LEVEL：基本

次の式を因数分解しなさい。

(1) $2x^2+4ax-6bx$　　(2) a^2b-ab^2+ab

ここに着目! 共通因数を見つけるときは，係数にも注目。

解き方 (1) 3つの項に共通な因数は $2x$ である。$2x$ をくくり出せばよい。

$$2x^2+4ax-6bx=2\times x\times x+2\times 2\times a\times x-2\times 3\times b\times x$$
$$=2x\times x+2x\times 2a-2x\times 3b$$
$$=\mathbf{2x(x+2a-3b)}$$ ……答

(2) 3つの項に共通な因数は ab である。ab をくくり出せばよい。

$$a^2b-ab^2+ab=a\times a\times b-a\times b\times b+a\times b$$
$$=ab\times a-ab\times b+ab$$
$$=\mathbf{ab(a-b+1)}$$ ……答

共通因数

①同じ文字は共通因数

例 ab，ac，ad の共通因数は a

②累乗(るいじょう)の指数がちがう場合は，指数が最小であるものが共通因数

例 x^2，x^3，x^4 の共通因数は x^2

注意

(2) 結果は $ab(a-b)$ ではない。$ab=ab\times 1$ だから ab をくくり出すと1が残る。

類題 22

解答 ➡ 別冊 p.6

次の式を因数分解しなさい。

(1) $-4x^2+6x$　　(2) $8ay-4by+16cy$

(3) $9abx-6aby+12abz$　　(4) $4a^2b+2a^2b^2-6ab^2$

COLUMN

コラム 因数分解と展開

因数分解は式の展開の逆の操作をすることです。したがって，因数分解の答えを確認するには，結果を展開してもとの式になるかを見ればよいです。

$$2x^2+6x \xrightarrow{\text{因数分解}} 2x(x+3) \xrightarrow{\text{展開}} 2x^2+6x$$

もとの式にもどった

UNIT 2

$x^2+(a+b)x+ab$ の因数分解

目標 $(x+a)$ と $(x+b)$ の積の公式を利用して因数分解ができる。

要点

● $x+a$ と $x+b$ の積の公式を利用して因数分解する。

積

$$x^2+\underline{(a+b)}x+ab=(x+a)(x+b)$$

和

例題 23 $x^2+(a+b)x+ab$ の因数分解

LEVEL：基本

次の式を因数分解しなさい。

(1) $x^2+7x+10$　　(2) x^2-x-12

ここに着目！

$x^2+(a+b)x+ab$

和が7 ↓　↓ 積が10 ← 和が7，積が10になる2数を見つける

$x^2+\quad 7x+10$

解き方 (1) 和が7，積が10である2数を求める。先に，積が10になる2数を考え，和が7になる2数を選ぶとよい。

積が10	1	−1	2	−2
	10	−10	5	−5
和は？	11	−11	7	−7

$x^2+7x+10=\mathbf{(x+2)(x+5)}$ ……答

(2) (1)と同様に，和が −1，積が −12 となる2数を求める。

$x^2-x-12=\mathbf{(x+3)(x-4)}$ ……答

➡ 先に積の条件から2数をしぼる

(1) 和が7になる2数は無数に存在するからである。

例 (1，6)，(0，7)，(−1，8)，(−2，9) など

類題 23

解答 ➡ 別冊 p.6

次の式を因数分解しなさい。

(1) x^2+4x+3　　(2) $x^2-11x+24$

(3) $x^2+8x-20$　　(4) $y^2-2y-15$

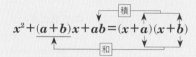

例題 24 $x^2+(a+b)x+ab$ の因数分解の利用

LEVEL：標準

次の式を因数分解しなさい。

(1) $x^2+6xy+8y^2$　　(2) $m^2+6mn-16n^2$

ここに着目！

$$x^2+(a+b)x+ab$$

和が $6y$ ↓　↓ 積が $8y^2$ ←和が $6y$，積が $8y^2$ になる2式を見つける

$$x^2+6xy+8y^2$$

解き方 (1) $a+b$ が $6y$，ab が $8y^2$ だから，和が $6y$，積が $8y^2$ になる2式を求める。

積が $8y^2$	y $8y$	$-y$ $-8y$	$2y$ $4y$	$-2y$ $-4y$
和は？	$9y$	$-9y$	$6y$	$-6y$

$x^2+6xy+8y^2=$ **$(x+2y)(x+4y)$** ……答

(2) 和が $6n$，積が $-16n^2$ となる2式を求める。

積が $-16n^2$	n $-16n$	$-n$ $16n$	$2n$ $-8n$	$-2n$ $8n$	$-4n$ $4n$
和は？	$-15n$	$15n$	$-6n$	$6n$	0

$m^2+6mn-16n^2=$ **$(m-2n)(m+8n)$** ……答

やや複雑な因数分解

$x^2+(a+b)x+ab$ の公式の ab にあたる項(こう)が文字と数の項でも，数と同じように考えて，2式を決める。

類題 24

解答 ➡ 別冊 p.6

次の式を因数分解しなさい。

(1) $x^2+3xy+2y^2$　　(2) $m^2-5mn-24n^2$

(3) $a^2-ab-20b^2$　　(4) $x^2+11xy+18y^2$

UNIT 3

$x^2+2ax+a^2$ の因数分解

目標 和の平方の公式を利用して因数分解ができる。

要点

● $x^2+2ax+a^2$ の形をしていれば和の平方の公式が利用できる。

同じ符号（ふごう）

$$x^2+2ax+a^2=(x+a)^2$$

平方の形　積の２倍

例題 25 $x^2+2ax+a^2$ の因数分解　LEVEL：基本

次の式を因数分解しなさい。

(1) $x^2+8x+16$　　(2) y^2+6y+9

ここに着目！

$$x^2+2ax+a^2$$
$$x^2+\ 8x\ +16$$

２乗して 16 ← ２倍して 8，２乗して 16 になる数を見つける

解き方 (1) $16=4^2$，$8x=2\times4\times x$ だから，和の平方の公式で，a を 4 と考えればよい。

$x^2+8x+16=x^2+2\times4\times x+4^2=(\boldsymbol{x+4})^2$ ……答

(2) $9=3^2$，$6y=2\times3\times y$ だから，和の平方の公式で，x を y，a を 3 と考えればよい。

$y^2+6y+9=y^2+2\times3\times y+3^2=(\boldsymbol{y+3})^2$ ……答

➡ 平方数

平方の公式が利用できるかどうかは，x^2，a^2 の形を見つけるのがポイントとなる。特に数の場合は基本となる平方数を覚えておくとよい。
$(\pm1)^2=1$，$(\pm2)^2=4$，$(\pm3)^2=9$，$(\pm4)^2=16$，…，$(\pm15)^2=225$

類題 25

解答 ➡ 別冊 p.6

次の式を因数分解しなさい。

(1) $x^2+10x+25$　　(2) $x^2+12x+36$

(3) m^2+2m+1　　(4) $a^2+a+\dfrac{1}{4}$

例題 26 $x^2+2ax+a^2$ の因数分解の利用 LEVEL：標準

次の式を因数分解しなさい。

(1) $4x^2+12xy+9y^2$　　(2) $16a^2+4ab+\frac{1}{4}b^2$

ここに着目！

$$\begin{array}{ccccc} x^2 & + & 2ax & + & a^2 \\ \downarrow & & \downarrow & & \downarrow \\ 4x^2 & + & 12xy & + & 9y^2 \\ (2x)^2 & & 2\times3y\times2x & & (3y)^2 \end{array}$$

← 2 乗して $4x^2$，$9y^2$，かけて 2 倍して $12xy$ になる 2 式を見つける

解き方 (1) $4x^2=(2x)^2$，$9y^2=(3y)^2$，$12xy=2\times3y\times2x$ だから，和の平方の公式で，x を $2x$，a を $3y$ と考えればよい。

$$4x^2+12xy+9y^2=(2x)^2+2\times3y\times2x+(3y)^2$$
$$=\boldsymbol{(2x+3y)^2} \quad \cdots\cdots 答$$

(2) $16a^2=(4a)^2$，$\frac{1}{4}b^2=\left(\frac{1}{2}b\right)^2$，$4ab=2\times\frac{1}{2}b\times4a$ だから，

和の平方の公式で，x を $4a$，a を $\frac{1}{2}b$ と考えればよい。

$$16a^2+4ab+\frac{1}{4}b^2=(4a)^2+2\times\frac{1}{2}b\times4a+\left(\frac{1}{2}b\right)^2$$
$$=\boldsymbol{\left(4a+\frac{1}{2}b\right)^2} \quad \cdots\cdots 答$$

➲ 完全平方式（かんぜんへいほうしき）

$(x+4)^2$，$(2x-3y)^2$ のように，多項式（たこうしき）の平方の形で表される式を完全平方式ということがある。

類題 26

解答 ➜ 別冊 p.6

次の式を因数分解しなさい。

(1) $16x^2+40xy+25y^2$　　(2) $16a^2+8ab+b^2$

(3) $100a^2+60ab+9b^2$　　(4) $25x^2+2xy+0.04y^2$

UNIT

4 | $x^2 - 2ax + a^2$ の因数分解

目標 → 差の平方の公式を利用して因数分解ができる。

要 点

● $x^2 - 2ax + a^2$ の形をしていれば差の平方の公式が利用できる。

$$\underset{\text{平方の形}}{x^2} \underset{\text{同じ符号}}{\ominus} \underset{\text{積の2倍}}{2ax} + a^2 = (x \ominus a)^2$$

例題 27 $x^2 - 2ax + a^2$ の因数分解
LEVEL：基本

次の式を因数分解しなさい。

(1)　$x^2 - 12x + 36$ 　　　　(2)　$m^2 - 10m + 25$

ここに
着目！ $\begin{array}{c} x^2 - 2ax + a^2 \\ \downarrow \quad \downarrow \quad \downarrow \\ x^2 - 12x + 36 \end{array}$ ← 2倍して 12，2乗して 36 になる数を見つける

解き方 (1)　$36 = 6^2$，$12x = 2 \times 6 \times x$ だから，差の平方の公式で，a を
6 と考えればよい。
$$x^2 - 12x + 36 = x^2 - 2 \times 6 \times x + 6^2$$
$$= (x - 6)^2 \cdots\cdots (答)$$

(2)　$25 = 5^2$，$10m = 2 \times 5 \times m$ だから，差の平方の公式で，x
を m，a を 5 と考えればよい。
$$m^2 - 10m + 25 = m^2 - 2 \times 5 \times m + 5^2$$
$$= (m - 5)^2 \cdots\cdots (答)$$

◇ 符号に注意

$x^2 - 2ax + a^2 = (x - a)^2$ だから，$x^2 + 2ax - a^2$ の形では，差の平方の公式を利用した因数分解はできない。符号に注意する。

類題 27
解答 → 別冊 p.7

次の式を因数分解しなさい。

(1)　$x^2 - 4x + 4$ 　　　　(2)　$x^2 - 16x + 64$

(3)　$a^2 - 8a + 16$ 　　　　(4)　$y^2 - 22y + 121$

例題 28 $x^2-2ax+a^2$ の因数分解の利用

LEVEL：標準

次の式を因数分解しなさい。

(1) $4x^2-20xy+25y^2$　　(2) $9a^2-2ab+\frac{1}{9}b^2$

ここに着目！

$x^2 \quad -2ax \quad +a^2$

↓ ↓ ↓

$4x^2-20xy+25y^2$

$(2x)^2$　$2\times5y\times2x$　$(5y)^2$

← 2乗して $4x^2$，$25y^2$
かけて2倍して $20xy$ になる2式を見つける

解き方 (1) $4x^2=(2x)^2$，$25y^2=(5y)^2$，$20xy=2\times5y\times2x$ だから，
差の平方の公式で，x を $2x$，a を $5y$ と考えればよい。

$$4x^2-20xy+25y^2=(2x)^2-2\times5y\times2x+(5y)^2$$
$$=\boldsymbol{(2x-5y)^2} \quad \cdots\cdots \text{答}$$

(2) $9a^2=(3a)^2$，$\frac{1}{9}b^2=\left(\frac{1}{3}b\right)^2$，$2ab=2\times\frac{1}{3}b\times3a$ だから，

差の平方の公式で，x を $3a$，a を $\frac{1}{3}b$ と考えればよい。

$$9a^2-2ab+\frac{1}{9}b^2=(3a)^2-2\times\frac{1}{3}b\times3a+\left(\frac{1}{3}b\right)^2$$
$$=\boldsymbol{\left(3a-\frac{1}{3}b\right)^2} \quad \cdots\cdots \text{答}$$

平方公式利用の因数分解のまとめ

$x^2+2ax+a^2=(x+a)^2$

$x^2-2ax+a^2=(x-a)^2$

類題 28

解答 → 別冊 p.7

次の式を因数分解しなさい。

(1) $9x^2-24xy+16y^2$　　(2) $25x^2-60xy+36y^2$

(3) $4x^2-28xy+49y^2$　　(4) $\frac{1}{9}a^2-\frac{1}{6}ab+\frac{1}{16}b^2$

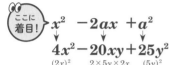

UNIT 5

x^2-a^2 の因数分解

目標 和と差の積の公式を利用して因数分解ができる。

要点

- **平方の差の形をしていれば和と差の積の公式が利用できる。**

$$x^2-a^2=(x+a)(x-a)$$

（x^2：平方の形，a^2：平方の形）

例題 29 x^2-a^2 の因数分解

LEVEL：基本

次の式を因数分解しなさい。

(1) x^2-16　　(2) m^2-1

ここに着目！

x^2-a^2

↓　↓

x^2-16 ←2乗して16になる数を見つける

　　(4^2)

解き方 (1) $16=4^2$ だから，和と差の積の公式で，a を4と考えればよい。

$$x^2-16=x^2-4^2$$
$$=(x+4)(x-4)$$ ……答

(2) $1=1^2$ だから，和と差の積の公式で，x を m，a を1と考えればよい。

$$m^2-1=m^2-1^2$$
$$=(m+1)(m-1)$$ ……答

平方の差

平方の差の形でなければ，この公式は使えない。
x^2+4，y^2+49 のように平方の和の形をしているものはこの公式が使えないことに注意しよう。

類題 29

解答 → 別冊 p.7

次の式を因数分解しなさい。

(1) x^2-25　　(2) $36-y^2$

(3) a^2-100　　(4) $x^2-\frac{1}{4}$

例題 30 x^2-a^2 の因数分解の利用

LEVEL：標準

次の式を因数分解しなさい。

(1) $4x^2-9y^2$　　(2) $16a^2-\frac{1}{25}b^2$

ここに着目！

$$\begin{array}{ccc} x^2 & - & a^2 \\ \downarrow & & \downarrow \\ 4x^2 & - & 9y^2 \\ (2x)^2 & & (3y)^2 \end{array}$$

← 2 乗して $4x^2$ になる式，$9y^2$ になる式を見つける

解き方 (1) $4x^2=(2x)^2$，$9y^2=(3y)^2$ だから，和と差の積の公式で，x を $2x$，a を $3y$ と考えればよい。

$$\begin{aligned} 4x^2-9y^2 &= (2x)^2-(3y)^2 \\ &= \boldsymbol{(2x+3y)(2x-3y)} \end{aligned}$$ ……答

(2) $16a^2=(4a)^2$，$\frac{1}{25}b^2=\left(\frac{1}{5}b\right)^2$ だから，和と差の積の公式で，x を $4a$，a を $\frac{1}{5}b$ と考えればよい。

$$\begin{aligned} 16a^2-\frac{1}{25}b^2 &= (4a)^2-\left(\frac{1}{5}b\right)^2 \\ &= \boldsymbol{\left(4a+\frac{1}{5}b\right)\left(4a-\frac{1}{5}b\right)} \end{aligned}$$ ……答

➡ 平方の形

係数も平方の形をしていることが必要。

$2x^2-9$，$x^2-\frac{1}{5}y^2$ のような式には，この方法は使えないことに注意しよう。

類題 30

解答 ➡ 別冊 p.7

次の式を因数分解しなさい。

(1) $25x^2-49y^2$　　(2) $4m^2-121n^2$

(3) $x^2y^2-9z^2$　　(4) $\frac{4}{25}a^2-\frac{9}{16}b^2$

UNIT 6

いろいろな因数分解①

目標 くふうして因数分解ができる。

要点

● **因数分解のくふう**
- ・共通因数をくくり出す → **さらに因数分解する。**
- ・共通部分を 1 つの文字におきかえてから，**因数分解する。**

例題 31 くくり出してから公式を利用する

LEVEL：標準

次の式を因数分解しなさい。

(1) $ax^2+ax-6a$ (2) $2ax^2-8ax+8a$

ここに着目！

$$\begin{aligned}&\boldsymbol{ax^2+ax-6a}\\&\boldsymbol{=a(x^2+x-6)}\\&\boldsymbol{=a(x+3)(x-2)}\end{aligned}$$

①共通因数でくくる

②公式にあてはめる

解き方 (1) 共通因数は a なので，a をかっこの外にくくり出す。次にかっこの中を $(x+a)(x+b)$ の形に因数分解すればよい。

$$\begin{aligned}ax^2+ax-6a&=a(x^2+x-6)\\&=\boldsymbol{a(x+3)(x-2)}\end{aligned}$$ ……答

(2) 共通因数は $2a$ なので，$2a$ をかっこの外にくくり出す。次にかっこの中を差の平方の公式を使って因数分解すればよい。

$$\begin{aligned}2ax^2-8ax+8a&=2a(x^2-4x+4)\\&=\boldsymbol{2a(x-2)^2}\end{aligned}$$ ……答

➡ 共通因数をくくり出す

因数分解の基本は共通因数をくくり出すこと。どんな場合でも，まず式をよく観察して，共通因数があるかどうかを調べる。

類題 31

解答 ➡ 別冊 p.7

次の式を因数分解しなさい。

(1) $3a^2-27$ (2) $3x^2y-15xy+12y$

(3) $3x^3-9x^2-12x$ (4) $-2ax^2-12ax-18a$

例題 32 共通な部分をおきかえる

LEVEL：応用

次の式を因数分解しなさい。

(1) $(a-1)^2+2(a-1)-24$　　(2) $(x^2-x)^2+3(x^2-x)-10$

ここに着目! $\boldsymbol{a-1}$ **を** $\boldsymbol{M}$ **とおくと,**

$$\boldsymbol{(a-1)^2+2(a-1)-24=M^2+2M-24}$$

①おきかえる
②公式にあてはめる
③おきかえた文字をもとにもどす

解き方 (1) $a-1$ を M とおくと,

$$\begin{aligned}(a-1)^2+2(a-1)-24&=M^2+2M-24\\&=(M+6)(M-4)\\&=\{(a-1)+6\}\{(a-1)-4\}\\&=(a-1+6)(a-1-4)\\&=\boldsymbol{(a+5)(a-5)}\end{aligned}$$

（M をもとにもどす）……答

［別解］展開して同類項をまとめてから因数分解してもよい。

$$\begin{aligned}&(a-1)^2+2(a-1)-24\\&=a^2-2a+1+2a-2-24\\&=a^2-25\\&=a^2-5^2\\&=\boldsymbol{(a+5)(a-5)}\end{aligned}$$

……答

(2) x^2-x を M とおくと,

$$\begin{aligned}(x^2-x)^2+3(x^2-x)-10&=M^2+3M-10\\&=(M+5)(M-2)\\&=\{(x^2-x)+5\}\{(x^2-x)-2\}\\&=(x^2-x+5)(x^2-x-2)\\&=\boldsymbol{(x^2-x+5)(x+1)(x-2)}\end{aligned}$$

（M をもとにもどす）（まだ因数分解できる）

……答

文字におきかえる

共通部分を1つの文字におきかえると，わかりやすくなる。慣れてくれば，おきかえずにかっこのまま計算してよい。

注意

これ以上因数分解できないというところまで因数分解する。

類題 32

解答 ➜ 別冊 p.8

次の式を因数分解しなさい。

(1) $(x+y)^2-4(x+y)+3$　　(2) $(a+b)^2-2(a+b)+1$

UNIT 7

いろいろな因数分解②

目標 くふうして因数分解ができる。

要点

● 項が4つある因数分解
・項を3項と1項に分けて**乗法公式を利用する。**
・2項ずつに分けて**共通因数を見つける。**

例題 33 3項と1項に分ける

LEVEL：応用

次の式を因数分解しなさい。

(1) $x^2+y^2-z^2-2xy$　　(2) x^2-y^2+2y-1

ここに着目！ $x^2+y^2-z^2-2xy=(x^2-2xy+y^2)-z^2$ 3項と1項に分ける

差の平方の公式の利用

解き方 (1) 式を並べかえ，$x^2-2xy+y^2-z^2$ とすることで，
$x^2-2xy+y^2$ の部分で公式が利用できる。

$$\begin{aligned}x^2+y^2-z^2-2xy&=(x^2-2xy+y^2)-z^2\\&=(x-y)^2-z^2\\&=\{(x-y)+z\}\{(x-y)-z\}\\&=\boldsymbol{(x-y+z)(x-y-z)}\end{aligned}$$

差の平方の公式の利用
和と差の積の公式の利用
……答

(2) $-y^2+2y-1$ を－でくくると乗法公式が使える。

$$\begin{aligned}x^2-y^2+2y-1&=x^2-(y^2-2y+1)\\&=x^2-(y-1)^2\\&=\{x+(y-1)\}\{x-(y-1)\}\\&=\boldsymbol{(x+y-1)(x-y+1)}\end{aligned}$$

差の平方の公式の利用
和と差の積の公式の利用
かっこをはずすとき符号に注意！
……答

因数分解のくふう
項を3項と1項のようにうまく組み合わせることで，乗法公式が利用できる。
このとき－でくくると，かっこの中に乗法公式が使える式ができることがあるので覚えておこう。

類題 33

解答 → 別冊 p.8

次の式を因数分解しなさい。

(1) $4x^2+y^2-z^2-4xy$　　(2) x^2-y^2+4y-4

例題 34　2 項ずつに分ける

LEVEL：応用

次の式を因数分解しなさい。

(1)　x^3+x^2-x-1　　(2)　x^2-4y^2-x+2y

ここに着目！

$$x^3+x^2-x-1=(x^3+x^2)-(x+1)$$ 2 項ずつに分ける

$$=x^2(x+1)-(x+1)$$

共通因数

解き方　(1)　前の 2 つの項と後ろの 2 つの項を組み合わせてみる。

$$
\begin{aligned}
x^3+x^2-x-1&=(x^3+x^2)-(x+1) &&\text{前のかっこを } x^2 \text{ でくくる}\\
&=x^2(x+1)-(x+1) &&x+1 \text{ を } M \text{ とおく}\\
&=Mx^2-M &&M \text{ でくくる}\\
&=M(x^2-1) &&\text{さらに因数分解}\\
&=M(x+1)(x-1) &&M \text{ をもとにもどす}\\
&=(x+1)(x+1)(x-1)\\
&=\boldsymbol{(x+1)^2(x-1)}
\end{aligned}
$$
……答

［別解］

$$
\begin{aligned}
x^3+x^2-x-1&=(x^3-x)+(x^2-1)\\
&=x(x^2-1)+(x^2-1)\\
&=(x^2-1)(x+1)\\
&=(x+1)(x-1)(x+1)\\
&=\boldsymbol{(x+1)^2(x-1)}
\end{aligned}
$$
……答

(2)　前の 2 つの項と後ろの 2 つの項に分ける。

$$
\begin{aligned}
x^2-4y^2-x+2y&=(x^2-4y^2)-(x-2y) &&\text{前のかっこを因数分解}\\
&=(x+2y)(x-2y)-(x-2y) &&x-2y \text{ を } M \text{ とおく}\\
&=M(x+2y)-M &&M \text{ でくくる}\\
&=M(x+2y-1) &&M \text{ をもとにもどす}\\
&=\boldsymbol{(x-2y)(x+2y-1)}
\end{aligned}
$$
……答

注意

(1)　$(x+1)(x+1)$ を $(x+1)^2$ とする。

類題 34

解答 ➡ 別冊 p.8

次の式を因数分解しなさい。

(1)　$xy-x+y-1$　　(2)　a^2-ac-b^2-bc

UNIT 1

式の計算の利用

目標 展開や因数分解を利用して，計算ができる。

要点

● 展開や因数分解を利用することで，計算が簡単になる場合がある。

例題 35 因数分解を利用した計算

LEVEL：応用

因数分解を利用して，次の計算をしなさい。

(1) 74^2-26^2 (2) $3.14\times55^2-3.14\times45^2$

ここに着目！ $x^2-a^2=(x+a)(x-a)$ の公式を使う。

解き方 (1) 平方の差になっているから，$x^2-a^2=(x+a)(x-a)$ の公式を使えば，74 と 26 の和と差の積になる。$74+26=100$ となるから，計算はずっと楽になる。

$$74^2-26^2=(74+26)\times(74-26)$$
$$=100\times48$$
$$=\mathbf{4800}$$ ……答

(2) 3.14 をくくり出すと，平方の差になっている。

$$3.14\times55^2-3.14\times45^2=3.14\times(55^2-45^2)$$
$$=3.14\times(55+45)\times(55-45)$$
$$=3.14\times100\times10$$
$$=\mathbf{3140}$$ ……答

➡ 計算が簡単になるとき

和が 10，100，1000，… となる場合や差が 1，10，100，… となる場合は計算が簡単になる。

類題 35

解答 ➡ 別冊 p.8

因数分解を利用して，次の計算をしなさい。

(1) 100^2-99^2 (2) $17.5^2-2.5^2$

例題 36 乗法公式を利用した計算

LEVEL：応用

乗法公式を利用して，次の計算をしなさい。

(1)　1.02^2　　(2)　398×402

ここに着目! 乗法公式を利用して平方が簡単に求められる数にする。

解き方 (1)　1.02^2 は $1.02 = 1 + 0.02$ と考えれば，$(1+0.02)^2$ となるから，$(x+a)^2 = x^2 + 2ax + a^2$ が利用できる。

$$\begin{aligned} 1.02^2 &= (1+0.02)^2 \\ &= 1^2 + 2 \times 0.02 \times 1 + 0.02^2 \\ &= 1 + 0.04 + 0.0004 \\ &= \mathbf{1.0404} \end{aligned}$$ ……答

(2)　400 に目をつけると，$398 = 400 - 2$，$402 = 400 + 2$ となるから，$(x+a)(x-a) = x^2 - a^2$ が利用できる。

$$\begin{aligned} 398 \times 402 &= (400-2) \times (400+2) \\ &= 400^2 - 2^2 \\ &= 160000 - 4 \\ &= \mathbf{159996} \end{aligned}$$ ……答

平方が簡単に求められる数

平方が簡単に求められる数というのは，1，100，1000，… に限らない。(2)の 400 のような数も平方が暗算で求められる数である。

類題 36

解答 ➜ 別冊 p.8

乗法公式を利用して，次の計算をしなさい。

(1)　10.5^2　　(2)　63×57

UNIT 2

式の値

目標 展開や因数分解を利用して式の値を求めることができる。

要点

- 展開や因数分解を利用して式を簡単にしてから代入する。

例題 37 因数分解と式の値

LEVEL：応用

次の問いに答えなさい。

(1) $a=95$，$b=85$ のとき，$a^2-2ab+b^2$ の値（あたい）を求めなさい。

(2) $x+y=7$，$xy=-3$ のとき，x^2+y^2 の値を求めなさい。

ここに着目！ 因数分解してから代入すると計算が簡単になる。

解き方 (1) 式を因数分解すると，$a^2-2ab+b^2=(a-b)^2$

この式に $a=95$，$b=85$ を代入するとよい。

$$\begin{aligned} a^2-2ab+b^2 &= (a-b)^2 \\ &= (95-85)^2 \\ &= 10^2 \\ &= \mathbf{100} \end{aligned}$$ ……答

(2) $x^2+2xy+y^2=(x+y)^2$ から，式を $x+y$，xy を用いて表す。

$$x^2+2xy+y^2=(x+y)^2$$ ← $2xy$ を右辺に移項（いこう）する

$$\begin{aligned} x^2+y^2 &= (x+y)^2-2xy \\ &= 7^2-2\times(-3) \\ &= 49+6 \\ &= \mathbf{55} \end{aligned}$$ ……答

直接代入すると

もとの式に直接代入すると，

$a^2-2ab+b^2$

$=95^2-2\times95\times85+85^2$

$=9025-16150+7225$

$=100$

と求めることができるが，計算が大変になる。

類題 37

解答 → 別冊 p.9

次の問いに答えなさい。

(1) $x=48$ のとき，x^2+4x+4 の値を求めなさい。

(2) $a=26$，$b=2$ のとき，$a^2-6ab+9b^2$ の値を求めなさい。

例題 38 展開と式の値

LEVEL：応用

次の問いに答えなさい。

(1) $x=-5$，$y=3$ のとき，$(x+2y)(x+8y)-(x+4y)^2$ の値を求めなさい。

(2) $a=\frac{1}{2}$，$b=-\frac{1}{4}$のとき，$(2a+b)^2-(2a-b)^2$ の値を求めなさい。

ここに着目！ 展開して式を簡単にしてから代入する。

解き方 (1) 式を展開して簡単にしてから代入する。

$$(x+2y)(x+8y)-(x+4y)^2$$
$$=x^2+10xy+16y^2-(x^2+8xy+16y^2)$$

└ かっこをはずすとき注意

$$=x^2+10xy+16y^2-x^2-8xy-16y^2$$
$$=2xy$$
$$=2\times(-5)\times3$$
$$=\mathbf{-30}$$ ……答

(2) 式を展開して簡単にしてから代入する。

$$(2a+b)^2-(2a-b)^2=4a^2+4ab+b^2-(4a^2-4ab+b^2)$$

└ かっこをはずすとき注意

$$=4a^2+4ab+b^2-4a^2+4ab-b^2$$
$$=8ab$$
$$=8\times\frac{1}{2}\times\left(-\frac{1}{4}\right)$$
$$=\mathbf{-1}$$ ……答

➲ 因数分解の利用

(2)の式は因数分解を利用しても求められる。

$$(2a+b)^2-(2a-b)^2$$
$$=\{(2a+b)+(2a-b)\}\times\{(2a+b)-(2a-b)\}$$
$$=4a\times2b$$
$$=8ab$$
$$=8\times\frac{1}{2}\times\left(-\frac{1}{4}\right)$$
$$=-1$$

類題 38

解答 ➔ 別冊 p.9

次の問いに答えなさい。

(1) $a=-1$，$b=3$ のとき，$(a+2b)(a+4b)-(a-3b)^2$ の値を求めなさい。

(2) $x=-6$，$y=\frac{1}{3}$ のとき，$(x-6y)(x+3y)+6y(x+3y)$ の値を求めなさい。

UNIT 3

図形や数の性質

目標 展開や因数分解を利用して図形や数の証明ができる。

要点

- 図形や数の性質を式で表し，展開や因数分解を利用して証明する。

例題 39 図形の性質の証明

LEVEL：応用

1 辺の長さが am の正方形の花だんのまわりに，右の図のように幅（はば）bm の道がついている。この道の面積を Sm^2，道の真ん中を通る線(図の点線)の長さを ℓm とするとき，$S=b\ell$が成り立つことを証明しなさい。

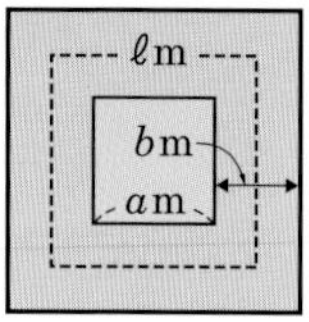

ここに着目！ 正方形の 1 辺の長さを文字で表す。

解き方 花だんと道を合わせた部分は，1 辺の長さが $(a+2b)$ m の正方形。

よって，$S=\{(a+2b)^2-a^2\}$ m^2 となる。

[証明]

$$\begin{aligned}S&=(a+2b)^2-a^2\\&=a^2+4ab+4b^2-a^2\\&=4ab+4b^2\\&=4b(a+b)\end{aligned}$$

（4b でくくる）

道の真ん中を通る線は 1 辺の長さが $a+\frac{b}{2}\times2=a+b$ (m) の正方形の周だから，$\ell=4(a+b)$

よって，$S=4b(a+b)=b\ell$

➲ 証明が成り立つわけ

$S=4b(a+b)$…①

$\ell=4(a+b)$…②

②の両辺に b をかけると，

$b\ell=4b(a+b)$…③

①，③より，$S=b\ell$

類題 39

解答 ➡ 別冊 p.9

半径 $r$cm の円がある。この円の半径を $x$cm だけ長くすると，面積は何 cm^2 増えますか。

例題 40 数の性質の証明

LEVEL：応用

2つの連続する奇数(きすう)の平方の差は，8の倍数であることを証明しなさい。

ここに着目！ **連続する奇数を $2n-1$，$2n+1$ と表す。**

解き方 n を整数とすると，2つの連続する奇数は，$2n-1$，$2n+1$ と表せる。したがって，2つの連続する奇数の平方は，$(2n-1)^2$，$(2n+1)^2$ となる。これを用いて，2つの連続する奇数の平方の差を式で表せばよい。

［証明］

n を整数とすると，2つの連続する奇数は，$2n-1$，$2n+1$ と表せる。

$$(2n+1)^2-(2n-1)^2=(4n^2+4n+1)-(4n^2-4n+1)$$
$$=4n^2+4n+1-4n^2+4n-1=8n$$

n は整数だから，$8n$ は8の倍数である。

よって，2つの連続する奇数の平方の差は，8の倍数である。

因数分解の利用

$(2n+1)^2-(2n-1)^2$
$=\{(2n+1)+(2n-1)\}$
$\quad\times\{(2n+1)-(2n-1)\}$
$=4n\times2$
$=8n$

類題 40

解答 ➜ 別冊 p.9

連続する3つの整数の真ん中の数の2乗から1をひいた数は，残りの2数の積に等しいことを証明しなさい。

COLUMN

コラム　整数 n を用いて表す

一般に，n を整数として，数の表し方は次のようにします。

偶数(ぐうすう)… $2n$　　奇数… $2n+1$（あるいは $2n-1$）

連続する2つの整数… n，$n+1$　　連続する3つの整数… $n-1$，n，$n+1$

連続する2つの偶数… $2n$，$2n+2$

連続する2つの奇数… $2n-1$，$2n+1$（あるいは $2n+1$，$2n+3$）

連続しない場合は，複数の異なる文字を使います。

定期テスト対策問題

解答 ➡ 別冊 p.9

問 1 多項式と単項式の乗法・除法

次の計算をしなさい。

(1) $2x(x+y)$
(2) $-xy(2x-3y+6)$
(3) $abc(a^2+ab+c^2)$
(4) $(2a^2-a)\div a$
(5) $(6x^3-4xy)\div(-2x)$
(6) $(-3x^2y^2+4xy^3)\div\left(-\dfrac{2}{3}xy^2\right)$

問 2 多項式と単項式の乗法・除法と同類項のまとめ

次の計算をしなさい。

(1) $2a(a+b)-a(a+3b)$
(2) $-7x(2x-3y)-8y(x-4y)$
(3) $x(2x-3y)-\dfrac{1}{6}y(x+6y)$
(4) $9a\left(3a-\dfrac{2}{3}b\right)-10b\left(\dfrac{4}{5}a-\dfrac{3}{10}b\right)$

問 3 式の展開

次の式を展開しなさい。

(1) $(2x-3)(x+4)$
(2) $(5a-6)(3a+1)$
(3) $(m-2n)(3m+n)$
(4) $(x-2)(x^2-3x+2)$
(5) $(2y-1)(4y^2+2y+1)$
(6) $(a^2-2ab+b^2)(a-b)$

問 4 乗法公式

次の式を展開しなさい。

(1) $(x+3)(x+5)$
(2) $(a+1)(a-7)$
(3) $(x-2)(x-5)$
(4) $(5a-1)(5a+3)$
(5) $(x+4)^2$
(6) $(x-0.6)^2$
(7) $\left(x+\dfrac{1}{2}\right)^2$
(8) $(2x-3y)^2$
(9) $(x+7)(x-7)$
(10) $(3a-5)(3a+5)$
(11) $(-4x+2y)(-4x-2y)$
(12) $\left(\dfrac{2}{3}a+\dfrac{1}{5}b\right)\left(\dfrac{2}{3}a-\dfrac{1}{5}b\right)$

問5 乗法公式を使った複雑な式の展開

次の式を展開しなさい。

(1) $(x-4)(-5+x)$　　(2) $(-5+ab)(ab+2)$

(3) $(4-x)(x+4)$　　(4) $(a+b+3)(a+b-1)$

(5) $(2x-y-z)^2$　　(6) $(x+y+2)(x-y-2)$

問6 乗法公式と式の加法・減法

次の計算をしなさい。

(1) $(x-1)^2-x(x+3)$　　(2) $(x-8)(x+3)-(x-3)^2$

(3) $(x+6)(x-6)+(x-4)^2$　　(4) $(4x-3)(4x+5)-2x(x-1)$

問7 因数分解

次の式を因数分解しなさい。

(1) $5a^2-3ab$　　(2) $2a^2bc-6ab^2c+8abc^2$

(3) $x^2+15x+56$　　(4) $x^2-19x+48$

(5) $x^2-43x-90$　　(6) $x^2+8x-180$

(7) $x^2-18x+81$　　(8) $9x^2+6x+1$

(9) $9a^2-30a+25$　　(10) x^2-49

(11) $1-a^2b^2$　　(12) $\dfrac{a^2}{16}-b^2$

(13) $-x^2+4y^2$　　(14) $-25c^2+4a^2b^2$

問8 因数分解の空所補充

次の［　］にあてはまる正の数を求めなさい。

(1) x^2+［ア］$x+81=(x+$［イ］$)^2$

(2) p^2+p+［ア］$=(p+$［イ］$)^2$

(3) x^2+18x+［ア］$=(x+$［イ］$)(x+2)$

(4) x^2+［ア］$x-3=(x+$［イ］$)(x-1)$

(5) $2x^2-20x+$［ア］$=2(x-1)(x-$［イ］$)$

問 9 複雑な因数分解

次の式を因数分解しなさい。

(1) $3x^3-18x^2+27x$　　(2) $x^2y-2xy+y$

(3) $8x^3y-18xy^3$　　(4) $x(a-b)-a+b$

(5) $(a-4)(a-6)-8$　　(6) $(a+b)^2-c^2$

(7) $(x-y)^2-3(x-y)+2$　　(8) $xy-x-y+1$

問 10 乗法公式や因数分解を利用した計算

次の式を，くふうして計算しなさい。

(1) 699^2　　(2) 51×49　　(3) 26^2-24^2　　(4) 70.3×69.7

問 11 式の展開や因数分解と式の値

次の問いに答えなさい。

(1) $x=3$ のとき，$(x+4)^2-x(x+5)$ の値(あたい)を求めなさい。

(2) $x-y=-4$ のとき，$x^2-2xy+y^2-2x+2y-1$ の値を求めなさい。

(3) $x+y=-2$，$xy=-5$ のとき，x^2+y^2 の値を求めなさい。

問 12 数の性質の証明

次の問いに答えなさい。

(1) 連続する 2 つの偶数(ぐうすう)の 2 乗の差は，4 の倍数になることを証明しなさい。

(2) 連続する 3 つの整数のうち，最も大きい数の 2 乗から最も小さい数の 2 乗をひいた数は，真ん中の数の 4 倍に等しいことを証明しなさい。

問 13 式の計算の利用と図形の面積

次の問いに答えなさい。

(1) 半径 $a$cm の球の半径を $b$cm だけ長くすると，表面積はもとの球の表面積よりどれだけ大きくなりますか。

(2) 右の正方形の斜線(しゃせん)部分の面積を求めなさい。

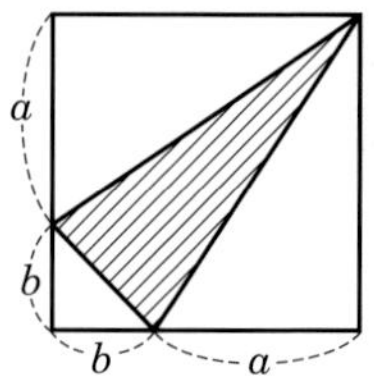

KUWASHII MATHEMATICS

中3数学

2章 平方根

例題一覧

1 平方根を求める 基本
2 根号を使って平方根を表す 基本
3 根号を使わずに平方根を表す 標準
4 平方根の大小 標準
5 有理数と無理数 標準
6 数直線上の数 標準
7 平方根と数の大小 応用
8 平方根が整数となる条件 応用
9 分数を小数で表す 標準
10 循環小数を分数で表す 応用
11 平方根の積 基本
12 平方根の商 基本
13 $\sqrt{a}$ の形にする 標準
14 根号の中を簡単な形にする 標準
15 $\sqrt{(分数)}$ を簡単な形にする 標準
16 分母を有理化する 標準
17 根号の中を簡単にして積を求める 標準
18 素因数分解を利用して積を求める 標準
19 分母を有理化して商を求める 標準
20 乗法・除法の混じった計算 応用
21 根号の中を簡単にして式の値を求める 標準
22 分母を有理化して式の値を求める 標準
23 同じ数の平方根をふくむ式 基本
24 異なる数の平方根をふくむ式 基本
25 根号の中を簡単にして計算する 標準
26 分母を有理化して計算する 標準
27 分配法則の利用 標準
28 乗法公式の利用 標準
29 根号をふくむ複雑な式の計算 応用
30 根号をふくむ式の値 応用
31 正方形の1辺の長さと対角線の長さの比 応用
32 正四角柱の底面の1辺の長さ 応用
33 近似値と誤差 標準
34 有効数字 標準

UNIT 1

平方根①

目標 平方根を求めることができる。

要点

- a の平方根（へいほうこん）とは平方すると a になる数のこと。（平方する←2乗する）
- a の平方根を根号（こんごう）$\sqrt{\ }$ を使って，$\sqrt{a}$（ルート a），$-\sqrt{a}$ と表す。

例題 1 平方根を求める

LEVEL：基本

次の数の平方根をいいなさい。

(1) 16　　(2) 0.01　　(3) $(-6)^2$　　(4) $\frac{25}{36}$

ここに着目！ $x^2=a$ にあてはまる x の値が a の平方根である。

解き方

(1) $4^2=16$，$(-4)^2=16$ だから，16 の平方根は 4 と -4 の 2 つ。
4 と −4 ……答

(2) $0.1^2=0.01$，$(-0.1)^2=0.01$ だから，0.01 の平方根は 0.1 と -0.1 の 2 つ。**0.1 と −0.1** ……答

(3) $(-6)^2=36$ だから，36 の平方根を求めればよい。
$6^2=36$，$(-6)^2=36$ だから，**6 と −6** ……答

(4) $\left(\frac{5}{6}\right)^2=\frac{25}{36}$，$\left(-\frac{5}{6}\right)^2=\frac{25}{36}$ だから，$\boldsymbol{\frac{5}{6}}$ **と** $\boldsymbol{-\frac{5}{6}}$ ……答

➡ 平方根
正の数には平方根が 2 つあって，絶対値が等しく，符号（ふごう）が異なる。

➡ 平方根と平方
どんな数でも平方すると正または 0 になるから負の数の平方根はない。また，0 の平方根は 0 だけである。

類題 1

解答 ➡ 別冊 p.12

次の数の平方根をいいなさい。

(1) 25　　(2) 1　　(3) 0.49　　(4) 100

(5) 169　　(6) $\frac{1}{9}$　　(7) $\frac{9}{4}$　　(8) $\frac{25}{16}$

例題 2 根号を使って平方根を表す

LEVEL：基本

根号を使って，次の数の平方根を表しなさい。

(1) 5　(2) 0.6　(3) 120　(4) $\dfrac{2}{7}$

ここに着目！ 正の数 a の平方根は $\sqrt{a}$ と $-\sqrt{a}$

解き方 $x^2=a$ で，a が平方数でないときは，$\sqrt{}$ を使って平方根を表す。正のほうが $\sqrt{a}$，負のほうが $-\sqrt{a}$ である。

(1) 5の平方根は $\sqrt{5}$ と $-\sqrt{5}$ の2つで，まとめて $\pm\sqrt{5}$ と表す。

$\pm\sqrt{5}$ ……答

(2) **$\pm\sqrt{0.6}$** ……答

(3) **$\pm\sqrt{120}$** ……答

(4) **$\pm\sqrt{\dfrac{2}{7}}$** ……答

根号

$\sqrt{}$ を根号といい，$\sqrt{a}$ を「ルート a」と読む。

また，$\pm\sqrt{5}$ を，「プラスマイナスルート5」と読む。

類題 2

解答 ➡ 別冊 p.12

根号を使って，次の数の平方根を表しなさい。

(1) 3　(2) 0.72　(3) 2.3　(4) $\dfrac{7}{5}$

COLUMN

コラム

ルートの由来

$\sqrt{}$ という記号を考え出したのは，16世紀のドイツの数学者ルドルフです。彼(かれ)はラテン語のradix(根)の頭文字(かしらもじ) r を記号化して使ったそうです。

「ルート」というよび名は，英語のroot (根)からきています。

UNIT 2

平方根②

目標 平方根の大小がわかる。

要点

- $a>0$ のとき，$\sqrt{a^2}=a$，$-\sqrt{a^2}=-a$
- $0<a<b$ のとき，$\sqrt{a}<\sqrt{b}$

例題 3 根号を使わずに平方根を表す

LEVEL：標準

次の数を根号を使わずに表しなさい。

(1) $\sqrt{36}$　(2) $\sqrt{0.64}$　(3) $\sqrt{(-5)^2}$　(4) $-\sqrt{(-3)^2}$

ここに着目！ $\sqrt{a}$ は a の平方根のうち正のほうを表す。

解き方 $\sqrt{}$ の中が平方数のときは $\sqrt{}$ をはずしておく。$\sqrt{a}$ は正または 0，$\sqrt{}$ の中の a も正または 0 である。

(1) $36=6^2$ だから，$\sqrt{36}=\sqrt{6^2}=\mathbf{6}$ ……答

(2) $0.64=(0.8)^2$ だから，$\sqrt{0.64}=\sqrt{(0.8)^2}=\mathbf{0.8}$ ……答

(3) $(-5)^2=25$ で，$\sqrt{(-5)^2}$ は 25 の平方根のうち，正のほうを表しているから，$\sqrt{(-5)^2}=\mathbf{5}$ ……答

(4) $-\sqrt{(-3)^2}$ は $(-3)^2=9$ の平方根のうち，負のほうを表しているから，$-\sqrt{(-3)^2}=\mathbf{-3}$ ……答

注意

「$\sqrt{5}$」と「5 の平方根」は同じではない。
なぜなら「5 の平方根」は $\sqrt{5}$ と $-\sqrt{5}$ を合わせたものだからである。

類題 3

解答 ➜ 別冊 p.12

次の等式のうち，正しいものをいいなさい。

① $\sqrt{(-7)^2}=-7$　② $(-\sqrt{7})^2=7$

③ $-\sqrt{7^2}=7$　④ $-\sqrt{(-7)^2}=-7$

例題 4

平方根の大小

LEVEL：標準

次の各組の数の大小を，不等号を使って表しなさい。

(1) $\sqrt{5}$，$\sqrt{7}$　　(2) $\sqrt{0.1}$，0.1　　(3) -6，$-\sqrt{35}$

ここに着目！

平方根の大小 ⇒ 平方して比べる。

解き方

(1) 正の数どうしでは，平方しても大小関係は変わらない。
$\sqrt{5}>0$，$\sqrt{7}>0$ で，$(\sqrt{5})^2=5$，$(\sqrt{7})^2=7$ だから，
$(\sqrt{5})^2<(\sqrt{7})^2$　よって，$\boldsymbol{\sqrt{5}<\sqrt{7}}$ ……答

(2) $(\sqrt{0.1})^2=0.1$，$0.1^2=0.01$ だから，$(\sqrt{0.1})^2>0.1^2$
よって，$\boldsymbol{\sqrt{0.1}>0.1}$ ……答

(3) 負の数どうしでは，絶対値が大きいほうが小さい。いいかえると，負の数どうしでは，平方するともとの大小関係と逆になる。
$(-6)^2=36$，$(-\sqrt{35})^2=35$ だから，$(-6)^2>(-\sqrt{35})^2$
よって，$\boldsymbol{-6<-\sqrt{35}}$ ……答
↑不等号は逆向き！

➡ 平方と大小

$a>0$，$b>0$ のとき
$a^2<b^2$ ならば $a<b$
$a<0$，$b<0$ のとき
$a^2<b^2$ ならば $a>b$

類題 4

解答 ➡ 別冊 p.12

次の各組の数の大小を，不等号を使って表しなさい。

(1) $\sqrt{13}$，$\sqrt{17}$　　(2) $-\sqrt{6}$，$-\sqrt{5}$

(3) $\frac{1}{5}$，$\sqrt{\frac{1}{21}}$　　(4) $-\sqrt{10}$，-3，$-\sqrt{8}$

COLUMN

コラム

正方形の辺の長さと面積

平方根の大小については，次のように正方形の辺の長さと面積の関係から説明することができます。
右の図のように，正の数 a，b について，
$a<b$ ならば，$\sqrt{a}<\sqrt{b}$

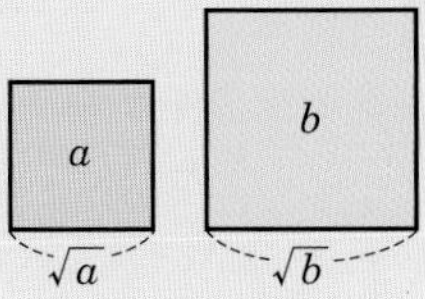

UNIT 3

有理数と無理数

目標 有理数と無理数の区別ができる。

要点

- 有理数（ゆうりすう）…分数で表すことができる数。
- 無理数（むりすう）…分数で表すことができない数。

例題 5 有理数と無理数

LEVEL：標準

次の数の中から，無理数を選びなさい。

① 0.8　② $\sqrt{3}$　③ $\sqrt{9}$　④ $-\sqrt{5}$　⑤ π　⑥ $-\sqrt{\dfrac{9}{16}}$

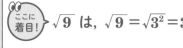

ここに着目！ $\sqrt{9}$ は，$\sqrt{9}=\sqrt{3^2}=3=\dfrac{3}{1}$ だから有理数。

（$\dfrac{3}{1}$：分数で表せる！）

解き方 分数で表してみる。表すことができなければ無理数である。

① $0.8=\dfrac{8}{10}=\dfrac{4}{5}$

② $\sqrt{3}=1.7320508\cdots$ となり，分数に表すことができない。

③ $\sqrt{9}=3$

④ $-\sqrt{5}=-2.2360679\cdots$ となり，分数に表すことができない。

⑤ $\pi=3.1415926\cdots$となり，分数に表すことができない。

⑥ $-\sqrt{\dfrac{9}{16}}=-\sqrt{\left(\dfrac{3}{4}\right)^2}=-\dfrac{3}{4}$

よって，無理数は，②，④，⑤ ……答

数の分類

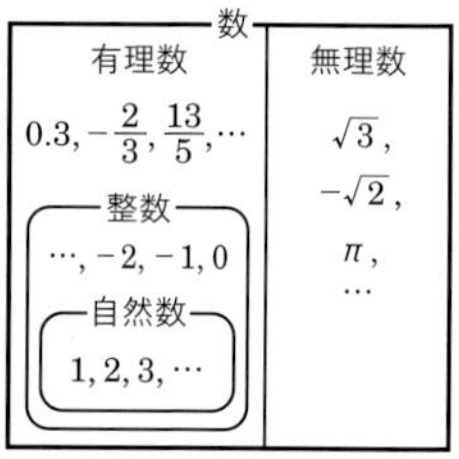

類題 5

解答 ➡ 別冊 p.13

次の数の中から，有理数を選びなさい。また，無理数を選びなさい。

① $\sqrt{4}$　② $\sqrt{\dfrac{1}{2}}$　③ -0.03　④ $\sqrt{0.1}$　⑤ $-\sqrt{121}$

例題 6 数直線上の数

LEVEL：標準

次の数は，下の数直線上の点 A，B，C，D，E のどれかと対応している。これらの数に対応する点を答えなさい。

(1) $\sqrt{2}$　　(2) $-\sqrt{4}$　　(3) 2.5　　(4) $\dfrac{3}{4}$　　(5) $-\sqrt{3}$

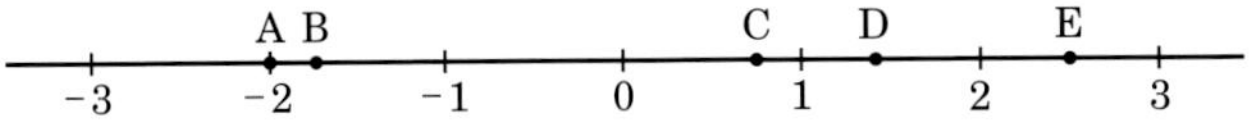

ここに着目！ $1^2<(\sqrt{2})^2<2^2$ だから，$1<\sqrt{2}<2$ より，$\sqrt{2}$ は 1 と 2 の間にある。

解き方 有理数も無理数も数直線上に表すことができる。

(1) $1^2=1$，$(\sqrt{2})^2=2$，$2^2=4$ だから，$1^2<(\sqrt{2})^2<2^2$
したがって，$1<\sqrt{2}<2$ より，$\sqrt{2}$ は 1 と 2 の間にある。
$\sqrt{2}$ は**点 D** ……答

(2) $-\sqrt{4}=-2$ より，$-\sqrt{4}$ は**点 A** ……答

(3) 2.5 は**点 E** ……答

(4) $\dfrac{3}{4}=0.75$ より，$\dfrac{3}{4}$ は**点 C** ……答

(5) $(-1)^2=1$，$(-\sqrt{3})^2=3$，$(-2)^2=4$ だから，
$(-1)^2<(-\sqrt{3})^2<(-2)^2$
したがって，$-1>-\sqrt{3}>-2$ より，$-\sqrt{3}$ は -2 と -1 の間にある。
$-\sqrt{3}$ は**点 B** ……答

平方根のおよその値(あたい)

$\sqrt{2}=1.414\cdots$
$\sqrt{3}=1.732\cdots$
$\sqrt{5}=2.236\cdots$
$\sqrt{6}=2.449\cdots$
$\sqrt{7}=2.645\cdots$

$\sqrt{\ }$ のついた電卓(でんたく)を使うと，簡単に平方根のおよその値を求めることができる。

類題 6

解答 ➡ 別冊 p.13

次の数は，下の数直線上の点 A，B，C，D のどれかと対応している。これらの数に対応する点をそれぞれ答えなさい。

$\sqrt{5}$　　$-\dfrac{1}{8}$　　$\sqrt{16}$　　$-\sqrt{\dfrac{4}{9}}$

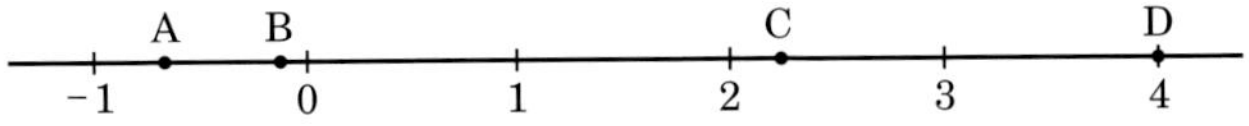

UNIT 4

平方根のいろいろな問題

目標 平方根を使っていろいろな問題が解ける。

要点

- $0<a<\sqrt{x}<b$ ならば，$a^2<x<b^2$
- $\sqrt{}$ の中がある数の平方のときは，$\sqrt{}$ がはずれる。

例題 7 平方根と数の大小

LEVEL：応用

次の問いに答えなさい。

(1) $4<\sqrt{a}<5$ にあてはまる自然数 a の個数を求めなさい。

(2) $2.3<\sqrt{a}<2.5$ にあてはまる自然数 a を求めなさい。

(3) $\sqrt{a}<3$ となる自然数 a の個数を求めなさい。

ここに着目！ $4<\sqrt{a}<5$ だから，$4^2<a<5^2$ より $16<a<25$

解き方 2乗して考えるとよい。

(1) $4<\sqrt{a}<5$ だから，$4^2<a<5^2$ より，$16<a<25$ となる。あてはまる自然数は，17，18，19，20，21，22，23，24 の **8個**。……答

(2) $2.3<\sqrt{a}<2.5$ だから $2.3^2<a<2.5^2$ より，$5.29<a<6.25$ となる。よって，あてはまる自然数は **6** ……答

(3) $\sqrt{a}<3$ より，$(\sqrt{a})^2<3^2$ だから，$a<9$。9より小さい自然数なので，8，7，6，5，4，3，2，1 の **8個**。……答

自然数
正の整数のこと。したがって，0はふくまない。

類題 7

解答 → 別冊 p.13

次の問いに答えなさい。

(1) $4<\sqrt{a}<4.2$ にあてはまる自然数 a を求めなさい。

(2) $1.5<\sqrt{a}<2.5$ にあてはまる自然数 a の個数を求めなさい。

例題 8 平方根が整数となる条件

LEVEL：応用

次の問いに答えなさい。

(1) $\sqrt{20a}$ の値(あたい)が自然数となるような自然数 a のうちで，最も小さいものを求めなさい。

(2) $\sqrt{19-a}$ の値が自然数となるような正の数 a の値をすべて求めなさい。

ここに着目！ $\sqrt{\ }$ をはずせるのは $\sqrt{\ }$ の中がある数の平方のとき。

解き方 $\sqrt{\ }$ の値が自然数になるためには，$\sqrt{\ }$ の中の数が平方数でなければならない。

(1) $\sqrt{20a}=\sqrt{2\times2\times5\times a}$ だから，$\sqrt{\ }$ の中が平方数になるためには，$a=5$ であればよい。

$\sqrt{2\times2\times5\times5}=\sqrt{100}=10$ となる。

5 ……答

(2) $\sqrt{19-a}=A$ とすると，$19-a=A^2$　$a=19-A^2$

A は自然数だから，

$A=1$ のとき，$a=19-1^2=18$

$A=2$ のとき，$a=19-2^2=15$

$A=3$ のとき，$a=19-3^2=10$

$A=4$ のとき，$a=19-4^2=3$

$A=5$ のとき，$a=19-5^2=-6$ で a は負の数になり，条件にあてはまらない。

3，10，15，18 ……答

➡ 素因数分解

$\sqrt{\ }$ の中の数を素因数分解してみる。
たとえば，
$\sqrt{32}=\sqrt{2\times2\times2\times2\times2}$ であれば，あとどんな数をかければ平方数になるかがわかる。

$\sqrt{32a}$
$=\sqrt{2\times2\times2\times2\times2\times2}$
$=\sqrt{(2\times2\times2)^2}=\sqrt{8^2}=8$
$a=2$

類題 8

解答 ➡ 別冊 p.13

次の問いに答えなさい。

(1) $\sqrt{96a}$ の値が自然数となるような自然数 a のうちで，最も小さいものを求めなさい。

(2) $\sqrt{\dfrac{28n}{3}}$ を 0 でない整数にしたい。できるだけ小さい整数 n の値を求めなさい。

UNIT 5

循環小数

目標 循環小数を分数で表すことができる。

要点

● **数の分類**

- 数
  - 有理数……
    - 有限小数（ゆうげんしょうすう）
    - 循環小数（じゅんかんしょうすう）
  - 無理数……循環しない無限小数（むげんしょうすう）

循環小数・循環しない無限小数 → 無限小数

例題 9 分数を小数で表す

LEVEL：標準

次の分数を小数で表しなさい。

(1) $\dfrac{1}{5}$　　(2) $\dfrac{3}{7}$　　(3) $\dfrac{11}{9}$

ここに着目！ 分数を小数で表す ⇒ 分子を分母でわる。

解き方 $\dfrac{a}{b}$ とは $a \div b$ のことなので，分子を分母でわればよい。どこかで余りが 0 になれば，有限小数になる。

(1) $\dfrac{1}{5} = 1 \div 5 = 0.2$　これは有限小数。**0.2** ……答

(2) $\dfrac{3}{7} = 3 \div 7 = \mathbf{0.428571428571}\cdots$ と同じ数の並びがくり返される。これを循環小数といい，$0.\dot{4}2857\dot{1}$ のように表す。
$\mathbf{0.\dot{4}2857\dot{1}}$ ……答

(3) $\dfrac{11}{9} = 11 \div 9 = 1.22\cdots = 1.\dot{2}$　これも循環小数。$\mathbf{1.\dot{2}}$ ……答

➲ 循環小数の表し方

有理数を小数で表すと終わりのある有限小数か，同じ数の並びがくり返される循環小数になる。
循環小数は，循環する数字，または循環する数字のはじめと終わりの数字の上に・をつけて表す。

類題 9

解答 ➜ 別冊 p.13

次の分数を小数で表しなさい。

(1) $\dfrac{1}{8}$　　(2) $\dfrac{5}{11}$　　(3) $\dfrac{7}{27}$

例題 10 循環小数を分数で表す

LEVEL：応用

次の循環小数を分数で表しなさい。

(1) $0.\dot{3}$　　(2) $0.\dot{4}2\dot{3}$　　(3) $2.\dot{7}$

ここに着目! 循環する部分が 1 けたのときは $10x$ との差を考える。

解き方 (1) $0.\dot{3}=x$ とおく。

$$\begin{array}{rl} 10x &= 3.333\cdots \\ -)\quad x &= 0.333\cdots \\ \hline 9x &= 3 \end{array}$$

よって，$x=\dfrac{3}{9}=\mathbf{\dfrac{1}{3}}$ ……答

(2) $0.\dot{4}2\dot{3}=x$ とおく。

$$\begin{array}{rl} 1000x &= 423.423\cdots \\ -)\quad x &= \quad 0.423\cdots \\ \hline 999x &= 423 \end{array}$$

← 循環する部分が 3 けたのときは $1000x$ との差を考える

よって，$x=\dfrac{423}{999}=\mathbf{\dfrac{47}{111}}$ ……答

(3) $2.\dot{7}=x$ とおく。

$$\begin{array}{rl} 10x &= 27.777\cdots \\ -)\quad x &= \ \ 2.777\cdots \\ \hline 9x &= 25 \end{array}$$

よって，$x=\mathbf{\dfrac{25}{9}}$ ……答

➲ 有限小数と循環小数

有限小数や循環小数は有理数であり，有理数は分数で表される。循環しない無限小数は分数で表すことができないので無理数である。

類題 10

解答 ➜ 別冊 p.13

次の循環小数を分数で表しなさい。

(1) $0.1\dot{5}$　　(2) $2.\dot{3}\dot{4}$

(3) $0.0063\dot{2}$　　(4) $1.\dot{4}0\dot{3}$

COLUMN

コラム　循環小数

循環小数は，例題 10 で学習したような方法を使えば分数で表せます。

$0.\dot{1}=\dfrac{1}{9}$，$0.\dot{0}\dot{1}=\dfrac{1}{99}$，$0.\dot{0}0\dot{1}=\dfrac{1}{999}$

UNIT 1

平方根の積と商

目標 平方根の積と商を求めることができる。

要点

- **平方根の積は，平方根の中の数をかける。**
- **平方根の商は，1つの根号にまとめることができる。**

例題 11 平方根の積

LEVEL：基本

次の計算をしなさい。

(1) $\sqrt{2}\times\sqrt{5}$　(2) $\sqrt{7}\times(-\sqrt{6})$　(3) $\sqrt{27}\times\sqrt{3}$

ここに着目！ **a，b を正の数とするとき，$\sqrt{a}\times\sqrt{b}=\sqrt{ab}$**

解き方 平方根の積は，$\sqrt{a}\times\sqrt{b}$ あるいは $\sqrt{a}\sqrt{b}$ と書く。これを1つの根号にまとめて $\sqrt{ab}$ とできる。

(1) $\sqrt{2}\times\sqrt{5}=\sqrt{2\times5}=\mathbf{\sqrt{10}}$ ……答

(2) $\sqrt{7}\times(-\sqrt{6})=-\sqrt{7\times6}=\mathbf{-\sqrt{42}}$ ……答

(3) $\sqrt{27}\times\sqrt{3}=\sqrt{27\times3}=\sqrt{81}=\sqrt{9^2}=\mathbf{9}$ ……答

↑ $\sqrt{\ }$ の中がある数の平方のときは根号を使わずに表す

注意

$(\sqrt{a}\times\sqrt{b})^2$
$=(\sqrt{a})^2\times(\sqrt{b})^2$
$=a\times b$ だから，
$\sqrt{a}\times\sqrt{b}$ は ab の平方根のうち正のほうになる。

類題 11

解答 ➡ 別冊 p.13

次の計算をしなさい。

(1) $\sqrt{6}\times\sqrt{11}$　(2) $\sqrt{7}\times\sqrt{2}$　(3) $\sqrt{5}\times\sqrt{20}$

(4) $\sqrt{12}\times\sqrt{3}$　(5) $(-\sqrt{2})\times\sqrt{11}$　(6) $\sqrt{7}\times(-\sqrt{10})$

例題 12 平方根の商

LEVEL：基本

次の計算をしなさい。

(1) $\sqrt{12}\div\sqrt{2}$　　(2) $\dfrac{\sqrt{34}}{\sqrt{17}}$　　(3) $\dfrac{\sqrt{32}}{\sqrt{8}}$

ここに着目！ **a，b を正の数とするとき，$\sqrt{a}\div\sqrt{b}=\dfrac{\sqrt{a}}{\sqrt{b}}=\sqrt{\dfrac{a}{b}}$**

解き方　平方根の商は，$\sqrt{a}\div\sqrt{b}$ あるいは $\dfrac{\sqrt{a}}{\sqrt{b}}$ と書く。これを1つの根号にまとめて $\sqrt{\dfrac{a}{b}}$ と表すことができる。

(1) $\sqrt{12}\div\sqrt{2}=\dfrac{\sqrt{12}}{\sqrt{2}}=\sqrt{\dfrac{12}{2}}=\boldsymbol{\sqrt{6}}$ ……答

(2) $\dfrac{\sqrt{34}}{\sqrt{17}}=\sqrt{\dfrac{34}{17}}=\boldsymbol{\sqrt{2}}$ ……答

(3) $\dfrac{\sqrt{32}}{\sqrt{8}}=\sqrt{\dfrac{32}{8}}=\sqrt{4}=\sqrt{2^2}=\boldsymbol{2}$ ……答

$\sqrt{\ }$ の中がある数の平方のときは根号を使わずに表す

注意

$\left(\dfrac{\sqrt{a}}{\sqrt{b}}\right)^2=\dfrac{(\sqrt{a})^2}{(\sqrt{b})^2}=\dfrac{a}{b}$ だから，

$\dfrac{\sqrt{a}}{\sqrt{b}}$ は $\dfrac{a}{b}$ の平方根のうち正のほうになる。

類題 12

解答 → 別冊 p.13

次の計算をしなさい。

(1) $\sqrt{45}\div\sqrt{15}$　　(2) $\sqrt{36}\div(-\sqrt{12})$

(3) $\dfrac{\sqrt{8}}{\sqrt{2}}$　　(4) $\dfrac{\sqrt{75}}{\sqrt{3}}$

UNIT 2

根号のついた数の変形①

目標 根号外の数を根号内に入れたり，根号内の数を根号の外に出すことができる。

要点

● 根号のついた数の変形
- $\sqrt{\quad}$ の外にある数は平方して $\sqrt{\quad}$ の中に入れる。
- $\sqrt{\quad}$ の中で平方になっている数を見つけ，外に出す。

例題 13 $\sqrt{a}$ の形にする

LEVEL：標準

次の数を $\sqrt{a}$ の形に表しなさい。

(1) $2\sqrt{5}$　(2) $6\sqrt{3}$　(3) $\dfrac{\sqrt{10}}{2}$

ここに着目！ $a\sqrt{b} \Rightarrow \sqrt{a^2b}$ $(a>0)$

平方して $\sqrt{\quad}$ の中に入れる

解き方 $a\times\sqrt{b}$ はふつう×を省略して $a\sqrt{b}$ と表す。したがって，$\sqrt{\quad}$ の外にある a を $\sqrt{\quad}$ の中に入れるには，a を平方して根号の中に入れ，根号内の数との積をつくればよい。

(1) $2\sqrt{5}=\sqrt{2^2\times5}=\mathbf{\sqrt{20}}$ ……答

(2) $6\sqrt{3}=\sqrt{6^2\times3}=\sqrt{36\times3}=\mathbf{\sqrt{108}}$ ……答

(3) $\dfrac{\sqrt{10}}{2}=\sqrt{\dfrac{10}{2^2}}=\sqrt{\dfrac{10}{4}}=\sqrt{\dfrac{\mathbf{5}}{\mathbf{2}}}$ ……答 ← $\sqrt{2.5}$ でもよい

➡ $a\sqrt{b}=\sqrt{a^2b}$ の証明

$a>0$ のとき，$a=\sqrt{a^2}$ だから，

$a\sqrt{b}=\sqrt{a^2}\sqrt{b}=\sqrt{a^2b}$

類題 13

解答 ➡ 別冊 p.14

次の数を $\sqrt{a}$ の形に表しなさい。

(1) $3\sqrt{5}$　(2) $5\sqrt{2}$

(3) $\dfrac{\sqrt{6}}{3}$　(4) $\dfrac{\sqrt{8}}{2}$

例題 14 根号の中を簡単な形にする

LEVEL：標準

次の数を $a\sqrt{b}$ の形に表しなさい。

(1) $\sqrt{12}$　　(2) $\sqrt{50}$　　(3) $\sqrt{48}$　　(4) $\sqrt{200}$

ここに着目！ $\sqrt{a^2b}\ (a>0) \Rightarrow a\sqrt{b}$

平方である数を外に出す

解き方　根号の中の数が，ある数の平方との積になっているときは，例題 13 と逆の変形ができる。このとき，根号の中の数はできるだけ小さい自然数にする。

(1) $\sqrt{12}=\sqrt{4\times3}=\sqrt{2^2\times3}=\sqrt{2^2}\times\sqrt{3}=\mathbf{2\sqrt{3}}$ ……答

(2) $\sqrt{50}=\sqrt{25\times2}=\sqrt{5^2\times2}=\sqrt{5^2}\times\sqrt{2}=\mathbf{5\sqrt{2}}$ ……答

(3) $\sqrt{48}=\sqrt{16\times3}=\sqrt{4^2\times3}=\sqrt{4^2}\times\sqrt{3}=\mathbf{4\sqrt{3}}$ ……答

(4) 200 を素因数分解すると，$200=2^3\times5^2$ だから

$$\sqrt{200}=\sqrt{2^3\times5^2}$$
$$=\sqrt{2^2}\times\sqrt{5^2}\times\sqrt{2}$$
$$=2\times5\times\sqrt{2}$$
$$=\mathbf{10\sqrt{2}}$$ ……答

素因数分解

```
2) 200
2) 100
2)  50
5)  25
     5
```

根号を用いた答え

根号の中が，簡単な数になるように，素因数分解して確かめるクセをつける。

注意

$\sqrt{48}=\sqrt{2^2\times12}$
$=2\sqrt{12}$
まだ $\sqrt{\ }$ の外に出せる
$=2\times\sqrt{2^2\times3}$
$=2\times2\sqrt{3}$
$=4\sqrt{3}$
$\sqrt{\ }$ の中はできるだけ小さい自然数にする

類題 14

解答 → 別冊 p.14

次の数を $a\sqrt{b}$ の形に表しなさい。

(1) $\sqrt{72}$　　(2) $\sqrt{300}$

(3) $\sqrt{90}$　　(4) $\sqrt{108}$

UNIT 3

根号のついた数の変形②

目標 分母に根号のある分数を簡単にできる。

要点

- $\sqrt{}$ をふくんだ数の変形…$\sqrt{}$ の中が平方になっているときは $\sqrt{}$ をはずす。
- 分母の有理化（ゆうりか）…分母と分子に同じ数をかけて，分母に根号のない形にする。

例題 15 $\sqrt{(分数)}$ を簡単な形にする

LEVEL：標準

次の数を変形して，$\sqrt{}$ の中をできるだけ簡単な数にしなさい。

(1) $\sqrt{\dfrac{3}{16}}$　(2) $\sqrt{\dfrac{48}{49}}$　(3) $\sqrt{\dfrac{12}{36}}$

ここに着目！ $\sqrt{}$ の中がある数の平方になっているときは $\sqrt{}$ をはずす。

$$\sqrt{\frac{b}{a^2}}=\frac{\sqrt{b}}{a}\ (a>0)$$

解き方 $\sqrt{}$ の中が分数でも，分子と分母に分けて，根号の中の数をできるだけ小さい自然数にする。

(1) $\sqrt{\dfrac{3}{16}}=\dfrac{\sqrt{3}}{\sqrt{16}}=\dfrac{\sqrt{3}}{\sqrt{4^2}}=\dfrac{\sqrt{3}}{4}$ ……答

(2) $\sqrt{\dfrac{48}{49}}=\dfrac{\sqrt{48}}{\sqrt{49}}=\dfrac{\sqrt{4^2\times3}}{\sqrt{7^2}}=\dfrac{4\sqrt{3}}{7}$ ……答

(3) $\sqrt{\dfrac{12}{36}}=\dfrac{\sqrt{12}}{\sqrt{36}}=\dfrac{\sqrt{2^2\times3}}{\sqrt{6^2}}=\dfrac{2\sqrt{3}}{6}=\dfrac{\sqrt{3}}{3}$ ……答

約分できる

たとえば，(3)の $\dfrac{2\sqrt{3}}{6}$ の場合，整数どうしは約分できる。
したがって，

$\dfrac{{}^{1}\cancel{2}\sqrt{3}}{\cancel{6}_{3}}=\dfrac{\sqrt{3}}{3}$ となる。

類題 15

解答 ➡ 別冊 p.14

次の数を変形して，$\sqrt{}$ の中をできるだけ簡単な数にしなさい。

(1) $\sqrt{\dfrac{3}{25}}$　(2) $\sqrt{\dfrac{7}{100}}$　(3) $\sqrt{\dfrac{147}{144}}$

例題 16 分母を有理化する　LEVEL：標準

次の数の分母を有理化しなさい。

(1) $\dfrac{2}{\sqrt{6}}$　(2) $\dfrac{6}{5\sqrt{3}}$　(3) $\dfrac{\sqrt{6}}{2\sqrt{5}}$　(4) $\dfrac{12}{\sqrt{18}}$

ここに着目！

分母を有理化する

⇒ $\sqrt{a}\times\sqrt{a}=a$ の変形を利用し，分母に根号のない形にする。

$$\frac{b}{\sqrt{a}}=\frac{b\times\sqrt{a}}{\sqrt{a}\times\sqrt{a}}=\frac{b\sqrt{a}}{a}$$

解き方　分母の根号のついた数を分母と分子にかける。

(1) $\dfrac{2}{\sqrt{6}}=\dfrac{2\times\sqrt{6}}{\sqrt{6}\times\sqrt{6}}=\dfrac{2\sqrt{6}}{6}=\boldsymbol{\dfrac{\sqrt{6}}{3}}$ ……答

分母にある根号のついた数を分母と分子にかける

分母を根号のない形にできる

(2) $\dfrac{6}{5\sqrt{3}}=\dfrac{6\times\sqrt{3}}{5\sqrt{3}\times\sqrt{3}}=\dfrac{6\sqrt{3}}{5\times3}=\boldsymbol{\dfrac{2\sqrt{3}}{5}}$ ……答

(3) $\dfrac{\sqrt{6}}{2\sqrt{5}}=\dfrac{\sqrt{6}\times\sqrt{5}}{2\sqrt{5}\times\sqrt{5}}=\dfrac{\sqrt{30}}{2\times5}=\boldsymbol{\dfrac{\sqrt{30}}{10}}$ ……答

(4) $\sqrt{18}=\sqrt{3^2\times2}=3\sqrt{2}$ だから，$\sqrt{2}$ を分母，分子にかける。

$\dfrac{12}{\sqrt{18}}=\dfrac{12}{3\sqrt{2}}=\dfrac{4}{\sqrt{2}}=\dfrac{4\times\sqrt{2}}{\sqrt{2}\times\sqrt{2}}=\dfrac{4\sqrt{2}}{2}=\boldsymbol{2\sqrt{2}}$ ……答

参考

(4) $\dfrac{12}{\sqrt{18}}=\dfrac{12\times\sqrt{18}}{\sqrt{18}\times\sqrt{18}}$

$=\dfrac{12\sqrt{18}}{18}$

$=\dfrac{2\sqrt{18}}{3}$

$=\dfrac{2\times3\sqrt{2}}{3}$

$=2\sqrt{2}$

と $\sqrt{\ }$ の中がそのままでも答えは同じになるが，まず $\sqrt{\ }$ の中を小さい自然数にしておくほうが，計算ミスが少なくなる。

類題 16　解答 ➔ 別冊 p.14

次の数の分母を有理化しなさい。

(1) $\dfrac{1}{\sqrt{2}}$　(2) $\dfrac{\sqrt{3}}{\sqrt{5}}$　(3) $\dfrac{9}{4\sqrt{3}}$

UNIT 4

根号をふくむ式の乗法・除法①

目標 根号の中の数をできるだけ小さい数にして乗法ができる。

要点

- **根号をふくむ式の乗法**…根号の中をできるだけ小さい自然数にしてから計算する。

例題 17 根号の中を簡単にして積を求める

LEVEL：標準

次の計算をしなさい。

(1) $\sqrt{12}\times\sqrt{8}$　(2) $\sqrt{45}\times\sqrt{20}$　(3) $\sqrt{18}\times\sqrt{27}$

ここに着目！ $\sqrt{a^2b}=a\sqrt{b}$ の方法で $\sqrt{}$ の中を簡単にする。

$\sqrt{12}\times\sqrt{8}=2\sqrt{3}\times2\sqrt{2}$

（$\sqrt{12}$ ← $\sqrt{2^2\times3}$，$\sqrt{8}$ ← $\sqrt{2^2\times2}$）

解き方 根号をふくむ式の乗法では，根号の中をできるだけ小さい自然数にしておいてから計算すると計算ミスが減る。

(1) $\sqrt{12}\times\sqrt{8}=\sqrt{2^2\times3}\times\sqrt{2^2\times2}=2\sqrt{3}\times2\sqrt{2}$

$=2\times2\times\sqrt{3}\times\sqrt{2}=\mathbf{4\sqrt{6}}$ ……答

(2) $\sqrt{45}\times\sqrt{20}=\sqrt{3^2\times5}\times\sqrt{2^2\times5}=3\sqrt{5}\times2\sqrt{5}$

$=3\times2\times\sqrt{5}\times\sqrt{5}=6\times5=\mathbf{30}$ ……答

（$\sqrt{5}\times\sqrt{5}$ → 5になる）

(3) $\sqrt{18}\times\sqrt{27}=\sqrt{3^2\times2}\times\sqrt{3^2\times3}=3\sqrt{2}\times3\sqrt{3}$

$=3\times3\times\sqrt{2}\times\sqrt{3}=\mathbf{9\sqrt{6}}$ ……答

注意

$\sqrt{18}\times\sqrt{27}$

$=\sqrt{486}$

$=\sqrt{2\times3^5}$

$=\sqrt{2\times3\times3^4}$

$=9\sqrt{6}$

でもよいが，計算が大変になる。

類題 17

解答 ➡ 別冊 p.14

次の計算をしなさい。

(1) $\sqrt{18}\times\sqrt{8}$　(2) $\sqrt{48}\times\sqrt{12}$　(3) $\sqrt{12}\times\sqrt{24}$

例題 18 素因数分解を利用して積を求める

LEVEL：標準

次の計算をしなさい。

(1) $\sqrt{14}\times\sqrt{35}$　(2) $\sqrt{10}\times\sqrt{30}$　(3) $\sqrt{26}\times\sqrt{39}$

ここに着目！ **根号の中を素因数分解してから積を求めてもよい。**

$$\sqrt{14}\times\sqrt{35}=\sqrt{2\times7}\times\sqrt{5\times7}=\sqrt{2\times5\times7^2}$$

（7^2 →）7になる

解き方 根号の中の数を簡単にできないときは，根号の中を素因数分解して素数の積の形にして計算するとよい。

(1) $\sqrt{14}\times\sqrt{35}=\sqrt{2\times7}\times\sqrt{5\times7}=\sqrt{2\times5\times7^2}$
$=7\times\sqrt{10}=\mathbf{7\sqrt{10}}$ ……答

(2) $\sqrt{10}\times\sqrt{30}=\sqrt{2\times5}\times\sqrt{2\times3\times5}=\sqrt{2^2\times3\times5^2}$
$=2\times5\times\sqrt{3}=\mathbf{10\sqrt{3}}$ ……答

(3) $\sqrt{26}\times\sqrt{39}=\sqrt{2\times13}\times\sqrt{3\times13}=\sqrt{2\times3\times13^2}$
$=13\times\sqrt{6}=\mathbf{13\sqrt{6}}$ ……答

参考

$\sqrt{a}\times\sqrt{a}=\sqrt{a^2}=a$ だから，根号の中の数が同じ2数の積になると $\sqrt{\ }$ がとれる。
$\sqrt{7}\times\sqrt{7}=7$

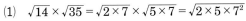

根号の中はなるべく小さな自然数に！

類題 18

解答 ➡ 別冊 p.14

次の計算をしなさい。

(1) $\sqrt{5}\times\sqrt{15}$　(2) $\sqrt{6}\times\sqrt{10}$

(3) $\sqrt{21}\times\sqrt{14}$　(4) $\sqrt{3}\times\sqrt{5}\times\sqrt{6}$

UNIT 5

根号をふくむ式の乗法・除法②

目標 根号のついた式の除法や乗法・除法の混じった計算ができる。

要点

- 根号のついた式の乗法・除法…整数と同じように計算できる。
- 分母に $\sqrt{\ }$ がつく…有理化する。

例題 19 分母を有理化して商を求める

LEVEL：標準

次の計算をしなさい。

(1) $\sqrt{5}\div\sqrt{7}$　(2) $2\sqrt{6}\div2\sqrt{5}$　(3) $3\sqrt{2}\div\sqrt{24}$

ここに着目！

$$\sqrt{a}\div\sqrt{b}=\frac{\sqrt{a}}{\sqrt{b}}=\frac{\sqrt{a}\times\sqrt{b}}{\sqrt{b}\times\sqrt{b}}=\frac{\sqrt{ab}}{b}$$

有理化

解き方 根号のついた式の除法は分数の形に表し計算する。分母に $\sqrt{\ }$ がついた数が答えのときは有理化して整数になおす。

(1) $\sqrt{5}\div\sqrt{7}=\frac{\sqrt{5}}{\sqrt{7}}=\frac{\sqrt{5}\times\sqrt{7}}{\sqrt{7}\times\sqrt{7}}=\mathbf{\frac{\sqrt{35}}{7}}$ ……答

（有理化）

(2) $2\sqrt{6}\div2\sqrt{5}=\frac{2\sqrt{6}}{2\sqrt{5}}=\frac{\sqrt{6}}{\sqrt{5}}=\frac{\sqrt{6}\times\sqrt{5}}{\sqrt{5}\times\sqrt{5}}=\mathbf{\frac{\sqrt{30}}{5}}$ ……答

(3) $3\sqrt{2}\div\sqrt{24}=\frac{3\sqrt{2}}{\sqrt{24}}=\frac{3\sqrt{2}}{2\sqrt{6}}=\frac{3\sqrt{2}}{2\sqrt{2}\times\sqrt{3}}=\frac{3}{2\sqrt{3}}$

$=\frac{3\times\sqrt{3}}{2\sqrt{3}\times\sqrt{3}}=\frac{3\sqrt{3}}{6}=\mathbf{\frac{\sqrt{3}}{2}}$ ……答

別解

(2)は次のように根号の中に入れて計算してもよい((3)も同様にして計算できる)。

(2) $2\sqrt{6}\div2\sqrt{5}=\frac{\sqrt{24}}{\sqrt{20}}$

$=\sqrt{\frac{24}{20}}=\sqrt{\frac{6}{5}}$

$=\frac{\sqrt{6}}{\sqrt{5}}=\frac{\sqrt{6}\times\sqrt{5}}{\sqrt{5}\times\sqrt{5}}$

$=\frac{\sqrt{30}}{5}$

類題 19

解答 ➡ 別冊 p.14

次の計算をしなさい。

(1) $\sqrt{2}\div\sqrt{5}$　(2) $4\div\sqrt{2}$　(3) $5\sqrt{3}\div\sqrt{6}$

例題 20 乗法・除法の混じった計算

LEVEL：応用

次の計算をしなさい。

(1) $\sqrt{12}\times\sqrt{5}\div\sqrt{6}$　　(2) $\sqrt{6}\times\sqrt{8}\div\sqrt{2}\div\sqrt{5}$　　(3) $-\sqrt{50}\times\sqrt{24}\div5\sqrt{3}$

ここに着目！ 乗法・除法の混じった計算 ⇒ $\sqrt{}$ の中で整数と同じように計算する。

解き方　根号のついた式の乗法・除法は，1つの根号の中にまとめて整数と同じように計算するとよい。ただし，分母は必ず有理化しておくこと。

(1) $\sqrt{12}\times\sqrt{5}\div\sqrt{6}=\sqrt{\dfrac{12\times5}{6}}=\sqrt{10}$ ……答

(2) $\sqrt{6}\times\sqrt{8}\div\sqrt{2}\div\sqrt{5}=\sqrt{\dfrac{6\times8}{2\times5}}=\sqrt{\dfrac{24}{5}}=\dfrac{2\sqrt{6}}{\sqrt{5}}$

$=\dfrac{2\sqrt{6}\times\sqrt{5}}{\sqrt{5}\times\sqrt{5}}=\dfrac{2\sqrt{30}}{5}$ ……答

（有理化）

(3) $-\sqrt{50}\times\sqrt{24}\div5\sqrt{3}=-\sqrt{50}\times\sqrt{24}\div\sqrt{75}=-\sqrt{\dfrac{50\times24}{75}}$

$=-\sqrt{16}=-4$ ……答

[別解]

$-\sqrt{50}\times\sqrt{24}\div5\sqrt{3}=-5\sqrt{2}\times2\sqrt{6}\div5\sqrt{3}$

$=-\dfrac{5\sqrt{2}\times2\sqrt{6}}{5\sqrt{3}}$

$=-\dfrac{5\sqrt{2}\times2\sqrt{2}\times\sqrt{3}}{5\sqrt{3}}$

$=-\sqrt{2}\times2\sqrt{2}=-4$ ……答

➲ 乗法・除法の混じった式の計算のしかた

乗法・除法の混じった式の計算は次の2つの方法がある。

① (3)の解法
1つの根号の中にまとめて計算する。

② (3)の別解
根号の中をまずできるだけ簡単にしておいてから計算する。

類題 20

解答 ➜ 別冊 p.15

次の計算をしなさい。

(1) $\sqrt{2}\times\sqrt{6}\div(-\sqrt{3})$　　(2) $\sqrt{24}\div(-\sqrt{14})\times\sqrt{3}$

UNIT 6

平方根と式の値

目標 根号のついた数を変形して，式の値を求めることができる。

要点

● 根号のついた式の値（あたい）の求め方
- $\sqrt{\ }$ の中をできるだけ簡単にする。
- 分母を有理化する。

例題 21 根号の中を簡単にして式の値を求める

LEVEL：標準

$\sqrt{2}=1.414$，$\sqrt{20}=4.472$ として，次の値を求めなさい。

(1) $\sqrt{8}$　(2) $\sqrt{2000}$　(3) $\sqrt{20000}$　(4) $\sqrt{0.2}$

ここに着目！ **根号の中を，与えられた数と平方数の積に変形する。**

$$\sqrt{2000}=\sqrt{100}\times\sqrt{20}$$

解き方 根号の中をできるだけ簡単にしてから式の値を求める。

(1) $\sqrt{8}=2\sqrt{2}=2\times\sqrt{2}=2\times1.414=\mathbf{2.828}$ ……答

小数点の位置だけが異なる数の場合は，小数点の位置から 2 けたずつ区切っていき，どの値を用いるかを考える。

(2) $\sqrt{2000}=10\sqrt{20}=10\times\sqrt{20}=10\times4.472$
$=\mathbf{44.72}$ ……答

(3) $\sqrt{20000}=100\sqrt{2}=100\times\sqrt{2}=100\times1.414$
$=\mathbf{141.4}$ ……答

(4) $\sqrt{0.2}=\sqrt{\dfrac{20}{100}}=\dfrac{\sqrt{20}}{10}=\dfrac{4.472}{10}=\mathbf{0.4472}$ ……答

➡ 小数点の位置

数字の並び方が同じで小数点の位置が偶数（ぐうすう）けただけ異なる数の平方根は，数字の並び方が同じで，小数点の位置が異なる。

例 $\sqrt{3}=1.732$ とするとき，

$\sqrt{3}=1.732$
小数点は 1 けたずれる
$\sqrt{300}=17.32$
$\sqrt{30000}=173.2$

類題 21

解答 ➡ 別冊 p.15

$\sqrt{2}=1.414$，$\sqrt{5}=2.236$ として，次の値を求めなさい。

(1) $\sqrt{18}$　(2) $\sqrt{50}$　(3) $\sqrt{500}$

例題 22 分母を有理化して式の値を求める

LEVEL：標準

$\sqrt{5}=2.236$ として，次の値を求めなさい。

(1) $\dfrac{1}{\sqrt{5}}$　　(2) $\dfrac{15}{\sqrt{5}}$　　(3) $\dfrac{1}{\sqrt{80}}$

ここに着目！ 分母を有理化してから，値を代入する。

解き方　分母に根号があるときは，直接値を代入しないで，まず分母を有理化してから代入する。

(1) $\dfrac{1}{\sqrt{5}}=\dfrac{1\times\sqrt{5}}{\sqrt{5}\times\sqrt{5}}=\dfrac{\sqrt{5}}{5}=\sqrt{5}\div 5$

$=2.236\div 5=\mathbf{0.4472}$ ……答

(2) $\dfrac{15}{\sqrt{5}}=\dfrac{15\times\sqrt{5}}{\sqrt{5}\times\sqrt{5}}=\dfrac{15\sqrt{5}}{5}=3\sqrt{5}$

$=3\times 2.236=\mathbf{6.708}$ ……答

(3) $\dfrac{1}{\sqrt{80}}=\dfrac{1}{4\sqrt{5}}=\dfrac{1\times\sqrt{5}}{4\sqrt{5}\times\sqrt{5}}=\dfrac{\sqrt{5}}{20}=\sqrt{5}\div 20$

$=2.236\div 20=\mathbf{0.1118}$ ……答

分母を有理化しないと…

たとえば，$\dfrac{1}{\sqrt{5}}$ の値を求めるとき，有理化しないと

$\dfrac{1}{\sqrt{5}}=\dfrac{1}{2.236}=1\div 2.236$

となり計算がしにくくなる。(1)のように有理化すると計算も楽になる。

類題 22

解答 ➡ 別冊 p.15

$\sqrt{2}=1.414$，$\sqrt{3}=1.732$ として，次の値を求めなさい。

(1) $\dfrac{1}{\sqrt{8}}$　　(2) $\dfrac{3}{\sqrt{12}}$　　(3) $\sqrt{0.5}$

UNIT 1

根号をふくむ式の加法・減法

目標 根号をふくむ式の加法・減法の計算ができる。

要点

● **平方根をふくんだ式の加法・減法**…同類項（どうるいこう）をまとめるのと同様に簡単にする。

$m\sqrt{a}+n\sqrt{a}=(m+n)\sqrt{a}$，$m\sqrt{a}-n\sqrt{a}=(m-n)\sqrt{a}$

例題 23 同じ数の平方根をふくむ式

LEVEL：基本

次の計算をしなさい。

(1) $2\sqrt{5}+3\sqrt{5}$　　(2) $4\sqrt{3}-\sqrt{3}$

(3) $\sqrt{2}-2\sqrt{2}$　　(4) $5\sqrt{5}-2\sqrt{5}+3\sqrt{5}$

ここに着目！ **同じ数の平方根は，1 つの文字とみて計算する。**

$2\sqrt{5}+3\sqrt{5}=(2+3)\sqrt{5}$

↓

$2a+3a=(2+3)a$

解き方 同じ数の平方根の加法・減法は，文字の式の同類項をまとめるのと同様に簡単にすることができる。

(1) $2\sqrt{5}+3\sqrt{5}=(2+3)\sqrt{5}=\mathbf{5\sqrt{5}}$ ……答

(2) $4\sqrt{3}-\sqrt{3}=(4-1)\sqrt{3}=\mathbf{3\sqrt{3}}$ ……答

(3) $\sqrt{2}-2\sqrt{2}=(1-2)\sqrt{2}=\mathbf{-\sqrt{2}}$ ……答

└ $-1\sqrt{2}$ としないこと

(4) $5\sqrt{5}-2\sqrt{5}+3\sqrt{5}=(5-2+3)\sqrt{5}=\mathbf{6\sqrt{5}}$ ……答

注意

文字の式では，

$1a=a$，$-1a=-a$ と表す。

根号をふくむ式でも同様に，

$1\sqrt{2}=\sqrt{2}$，$-1\sqrt{3}=-\sqrt{3}$

と $\sqrt{\ }$ の前の 1 や -1 は省いて書くようにする。

類題 23

解答 ➡ 別冊 p.15

次の計算をしなさい。

(1) $7\sqrt{5}-5\sqrt{5}$　　(2) $-3\sqrt{3}+2\sqrt{3}$

(3) $4\sqrt{2}-3\sqrt{2}$　　(4) $\sqrt{7}+2\sqrt{7}-4\sqrt{7}$

例題 24 異なる数の平方根をふくむ式

LEVEL：基本

次の計算をしなさい。

(1) $2\sqrt{3}+\sqrt{2}-\sqrt{3}$　　(2) $4\sqrt{2}-2\sqrt{2}+1$

(3) $5\sqrt{5}-7\sqrt{3}-2\sqrt{5}+6\sqrt{3}$　　(4) $\sqrt{3}+2\sqrt{7}-2-4\sqrt{3}+\sqrt{7}$

ここに着目！ **根号の中の数がちがうときは，それ以上まとめられない。**

$$2\sqrt{3}+\sqrt{2}-\sqrt{3}=(2-1)\sqrt{3}+\sqrt{2}$$

$$2a+b-a=(2-1)a+b$$

解き方　異なる数の平方根をふくんだ式の加法・減法は，同類項をまとめるように同じ数の平方根どうしで計算する。

(1) $2\sqrt{3}+\sqrt{2}-\sqrt{3}=2\sqrt{3}-\sqrt{3}+\sqrt{2}=(2-1)\sqrt{3}+\sqrt{2}$

$=\boldsymbol{\sqrt{3}+\sqrt{2}}$ ……答

(2) 根号のついた数と整数は同類項ではないので，まとめられない。

$4\sqrt{2}-2\sqrt{2}+1=(4-2)\sqrt{2}+1=\boldsymbol{2\sqrt{2}+1}$ ……答

(3) $5\sqrt{5}-7\sqrt{3}-2\sqrt{5}+6\sqrt{3}=5\sqrt{5}-2\sqrt{5}-7\sqrt{3}+6\sqrt{3}$

$=(5-2)\sqrt{5}+(-7+6)\sqrt{3}$

$=\boldsymbol{3\sqrt{5}-\sqrt{3}}$ ……答

(4) $\sqrt{3}+2\sqrt{7}-2-4\sqrt{3}+\sqrt{7}=\sqrt{3}-4\sqrt{3}+2\sqrt{7}+\sqrt{7}-2$

$=(1-4)\sqrt{3}+(2+1)\sqrt{7}-2$

$=\boldsymbol{-3\sqrt{3}+3\sqrt{7}-2}$ ……答

参考

$\sqrt{5}+\sqrt{5}=2\sqrt{5}=\sqrt{20}$ となり，$\sqrt{5}+\sqrt{5}=\sqrt{10}$ とはならないことがわかる。

また，$\sqrt{2}+\sqrt{3}$ はこれ以上計算できないが，1つの数を表している。

類題 24

解答 → 別冊 p.15

次の計算をしなさい。

(1) $5\sqrt{2}-3\sqrt{3}+2\sqrt{3}+\sqrt{2}$

(2) $4\sqrt{7}+2\sqrt{3}-3+3\sqrt{7}$

(3) $-2\sqrt{2}+4\sqrt{5}-3\sqrt{5}+4\sqrt{2}$

UNIT 2

根号をふくむ式の計算①

目標 根号の中の数を簡単にしたり，有理化したりして加法・減法の計算ができる。

要点

- 根号の中をできるだけ簡単にする。 ──→ **根号の中の数が同じになれば計算できる。**
- 分母は有理化してから計算する。

例題 25 根号の中を簡単にして計算する

LEVEL：標準

次の計算をしなさい。

(1) $\sqrt{32}-\sqrt{18}$　　(2) $\sqrt{5}-\sqrt{12}+\sqrt{45}$

(3) $2\sqrt{8}-\sqrt{2}+\sqrt{50}$

ここに着目！ **根号の中をできるだけ簡単にしてから，計算する。**

$$\sqrt{32}-\sqrt{18}=4\sqrt{2}-3\sqrt{2}$$

根号の中が同じ数になった

解き方 根号の中の数が異なる場合も，根号の中をできるだけ簡単にすることで根号の中の数が同じになれば，まとめられる。

(1) $\sqrt{32}-\sqrt{18}=4\sqrt{2}-3\sqrt{2}=\boldsymbol{\sqrt{2}}$ ……答

(2) $\sqrt{5}-\sqrt{12}+\sqrt{45}=\sqrt{5}-2\sqrt{3}+3\sqrt{5}=\sqrt{5}+3\sqrt{5}-2\sqrt{3}$

$=\boldsymbol{4\sqrt{5}-2\sqrt{3}}$ ……答

(3) $2\sqrt{8}-\sqrt{2}+\sqrt{50}=2\times2\sqrt{2}-\sqrt{2}+5\sqrt{2}$

まだ簡単にできる

$=4\sqrt{2}-\sqrt{2}+5\sqrt{2}=\boldsymbol{8\sqrt{2}}$ ……答

注意

$\sqrt{\ }$ の中を簡単にできる数でよく出てくるものには，次のような数がある。

$\sqrt{8}=2\sqrt{2}$，$\sqrt{12}=2\sqrt{3}$，$\sqrt{18}=3\sqrt{2}$，$\sqrt{20}=2\sqrt{5}$，$\sqrt{27}=3\sqrt{3}$，$\sqrt{32}=4\sqrt{2}$，…など。$\sqrt{\ }$ の中の数が小さくてもよく確かめるようにする。

類題 25

解答 ➡ 別冊 p.15

次の計算をしなさい。

(1) $\sqrt{48}+\sqrt{27}-\sqrt{12}$　　(2) $-\sqrt{80}+\sqrt{20}-\sqrt{100}$　　(3) $\dfrac{\sqrt{18}}{3}-\dfrac{\sqrt{32}}{8}$

例題 26 分母を有理化して計算する

LEVEL：標準

次の計算をしなさい。

(1) $\sqrt{2}+\dfrac{1}{\sqrt{2}}$　(2) $\sqrt{48}-\dfrac{6}{\sqrt{12}}$　(3) $\dfrac{1}{\sqrt{8}}-\dfrac{\sqrt{32}}{3}+\dfrac{1}{\sqrt{2}}$

ここに着目！

分母を有理化してから計算する。

$$\sqrt{2}+\frac{1}{\sqrt{2}}=\sqrt{2}+\frac{1\times\sqrt{2}}{\sqrt{2}\times\sqrt{2}}=\sqrt{2}+\frac{\sqrt{2}}{2}$$

→ さらに計算できる

解き方　まず分母を有理化してから計算する。

(1) $\sqrt{2}+\dfrac{1}{\sqrt{2}}=\sqrt{2}+\dfrac{1\times\sqrt{2}}{\sqrt{2}\times\sqrt{2}}=\sqrt{2}+\dfrac{\sqrt{2}}{2}$

$=\dfrac{2\sqrt{2}}{2}+\dfrac{\sqrt{2}}{2}=\mathbf{\dfrac{3\sqrt{2}}{2}}$ ……答

(2) $\sqrt{48}-\dfrac{6}{\sqrt{12}}=4\sqrt{3}-\dfrac{6}{2\sqrt{3}}=4\sqrt{3}-\dfrac{3\times\sqrt{3}}{\sqrt{3}\times\sqrt{3}}$

$=4\sqrt{3}-\sqrt{3}=\mathbf{3\sqrt{3}}$ ……答

(3) $\dfrac{1}{\sqrt{8}}-\dfrac{\sqrt{32}}{3}+\dfrac{1}{\sqrt{2}}=\dfrac{1}{2\sqrt{2}}-\dfrac{4\sqrt{2}}{3}+\dfrac{1}{\sqrt{2}}$

$=\dfrac{1\times\sqrt{2}}{2\sqrt{2}\times\sqrt{2}}-\dfrac{4\sqrt{2}}{3}+\dfrac{1\times\sqrt{2}}{\sqrt{2}\times\sqrt{2}}$

$=\dfrac{\sqrt{2}}{4}-\dfrac{4\sqrt{2}}{3}+\dfrac{\sqrt{2}}{2}$

$=\dfrac{3\sqrt{2}}{12}-\dfrac{16\sqrt{2}}{12}+\dfrac{6\sqrt{2}}{12}$

$=\mathbf{-\dfrac{7\sqrt{2}}{12}}$ ……答

注意

(2) $\dfrac{6}{\sqrt{12}}=\dfrac{6\times\sqrt{12}}{\sqrt{12}\times\sqrt{12}}$
$=\dfrac{6\sqrt{12}}{12}=\dfrac{\sqrt{12}}{2}$ のままとしてはいけない。
$\dfrac{\sqrt{12}}{2}=\dfrac{2\sqrt{3}}{2}=\sqrt{3}$ としておくこと。
$\sqrt{}$ の中は，できるだけ簡単にしておく。

類題 26

解答 ➡ 別冊 p.15

次の計算をしなさい。

(1) $\sqrt{5}+\dfrac{2}{\sqrt{5}}$　(2) $\sqrt{\dfrac{5}{3}}-\sqrt{\dfrac{3}{5}}$　(3) $\dfrac{5}{\sqrt{24}}-\dfrac{\sqrt{18}}{2\sqrt{3}}$

UNIT 3

根号をふくむ式の計算②

目標 分配法則や乗法公式を利用して，根号をふくむ式の計算ができる。

要点

- **根号をふくんだ計算では，文字の計算と同じように分配法則や乗法公式が使える。**

例題 27 分配法則の利用

LEVEL：標準

次の計算をしなさい。

(1) $\sqrt{6}(\sqrt{3}+1)$　　(2) $(\sqrt{45}-\sqrt{10})\div\sqrt{5}$

(3) $(\sqrt{2}+\sqrt{10})(3\sqrt{2}-\sqrt{10})$

ここに着目！

分配法則　$m(a+b)=ma+mb$

$$\sqrt{6}(\sqrt{3}+1)=\sqrt{6}\times\sqrt{3}+\sqrt{6}\times1=(\sqrt{2}\times\sqrt{3})\times\sqrt{3}+\sqrt{6}$$

解き方 分配法則を使って計算する。

(1) $\sqrt{6}(\sqrt{3}+1)=\sqrt{6}\times\sqrt{3}+\sqrt{6}\times1$

$=(\sqrt{2}\times\sqrt{3})\times\sqrt{3}+\sqrt{6}=\mathbf{3\sqrt{2}+\sqrt{6}}$ ……答

(2) $(\sqrt{45}-\sqrt{10})\div\sqrt{5}=(3\sqrt{5}-\sqrt{10})\div\sqrt{5}$

$=3\sqrt{5}\div\sqrt{5}-\sqrt{10}\div\sqrt{5}=\dfrac{3\sqrt{5}}{\sqrt{5}}-\dfrac{\sqrt{10}}{\sqrt{5}}=\mathbf{3-\sqrt{2}}$ ……答

(3) $(\sqrt{2}+\sqrt{10})(3\sqrt{2}-\sqrt{10})$

$=\sqrt{2}\times3\sqrt{2}+\sqrt{2}\times(-\sqrt{10})+\sqrt{10}\times3\sqrt{2}+\sqrt{10}\times(-\sqrt{10})$

$=3\times2-\sqrt{2}\times(\sqrt{2}\times\sqrt{5})+3\times(\sqrt{5}\times\sqrt{2})\times\sqrt{2}-\sqrt{10}\times\sqrt{10}$

$=6-2\sqrt{5}+6\sqrt{5}-10=\mathbf{-4+4\sqrt{5}}$ ……答

除法の場合

$(a-b)\div c=\dfrac{a}{c}-\dfrac{b}{c}$

式の展開の利用

$(a+b)(c+d)$

$=\underset{①}{ac}+\underset{②}{ad}+\underset{③}{bc}+\underset{④}{bd}$

類題 27

解答 → 別冊 p.16

次の計算をしなさい。

(1) $\sqrt{3}(\sqrt{6}-2)$　　(2) $2\sqrt{3}(\sqrt{12}+\sqrt{15})$

(3) $(2\sqrt{54}+24)\div\sqrt{12}$　　(4) $(\sqrt{5}+4)(2\sqrt{5}-3)$

例題 28 乗法公式の利用

LEVEL：標準

次の計算をしなさい。

(1) $(\sqrt{2}+1)(\sqrt{2}+3)$　　(2) $(\sqrt{5}+3)^2$

(3) $(\sqrt{7}-\sqrt{2})^2$　　(4) $(\sqrt{10}+3)(\sqrt{10}-3)$

ここに着目! **乗法公式を利用して計算する。**

$$(x+a)(x+b)=x^2+(a+b)x+ab$$

$$(\sqrt{2}+1)(\sqrt{2}+3)=(\sqrt{2})^2+(1+3)\sqrt{2}+1\times3$$

解き方　どの乗法公式が使えるかを見きわめて，数をあてはめて計算する。

(1) $(\sqrt{2}+1)(\sqrt{2}+3)=(\sqrt{2})^2+(1+3)\sqrt{2}+1\times3$ ← $(x+a)(x+b)$ の公式を使う

$=2+4\sqrt{2}+3$

$=\mathbf{5+4\sqrt{2}}$ ……答

(2) $(\sqrt{5}+3)^2=(\sqrt{5})^2+2\times3\times\sqrt{5}+3^2$ ← 和の平方の公式を使う

$=5+6\sqrt{5}+9$

$=\mathbf{14+6\sqrt{5}}$ ……答

(3) $(\sqrt{7}-\sqrt{2})^2=(\sqrt{7})^2-2\times\sqrt{2}\times\sqrt{7}+(\sqrt{2})^2$ ← 差の平方の公式を使う

$=7-2\sqrt{14}+2$

$=\mathbf{9-2\sqrt{14}}$ ……答

(4) $(\sqrt{10}+3)(\sqrt{10}-3)=(\sqrt{10})^2-3^2$ ← 和と差の積の公式を使う

$=10-9=\mathbf{1}$ ……答

➲ 乗法公式

① $(x+a)(x+b)$
$=x^2+(a+b)x+ab$

②和の平方
$(x+a)^2=x^2+2ax+a^2$

③差の平方
$(x-a)^2=x^2-2ax+a^2$

④和と差の積
$(x+a)(x-a)=x^2-a^2$

類題 28

解答 ➜ 別冊 p.16

次の計算をしなさい。

(1) $(\sqrt{5}+4)^2$　　(2) $(\sqrt{5}-3)(\sqrt{5}+6)$

(3) $(2\sqrt{3}-6)^2$　　(4) $(\sqrt{7}-\sqrt{5})(\sqrt{7}+\sqrt{5})$

UNIT 4

根号をふくむ式の計算③

目標 根号をふくむ複雑な式の計算や式の値を求めることができる。

要点

- 根号をふくむ複雑な式の計算…数や文字の計算とまったく同じでよい。
- 根号をふくむ式の値(あたい)…与(あた)えられた式を簡単にしてから，値を代入する。

例題 29 根号をふくむ複雑な式の計算

LEVEL：応用

次の計算をしなさい。

(1) $(\sqrt{5}+3)(\sqrt{5}-2)-\sqrt{5}(\sqrt{5}-1)$

(2) $(\sqrt{2}+\sqrt{3})^2-(\sqrt{2}+3)(\sqrt{2}-5)$

ここに着目！ **分配法則や乗法公式を使って計算する。**

$$\underbrace{(\sqrt{5}+3)(\sqrt{5}-2)}_{\text{乗法公式を使う}}-\underbrace{\sqrt{5}(\sqrt{5}-1)}_{\text{分配法則を使う}}$$

解き方 分配法則や乗法公式を使って計算する。符号(ふごう)に気をつける。

(1) $(\sqrt{5}+3)(\sqrt{5}-2)-\sqrt{5}(\sqrt{5}-1)$

$=(\sqrt{5})^2+(3-2)\sqrt{5}-6-(\sqrt{5})^2+\sqrt{5}$

$=5+\sqrt{5}-6-5+\sqrt{5}=\mathbf{-6+2\sqrt{5}}$ ……答

(2) $\underbrace{(\sqrt{2}+\sqrt{3})^2}_{\text{和の平方の公式}}-\underbrace{(\sqrt{2}+3)(\sqrt{2}-5)}_{(x+a)(x+b)\text{の公式}}$

$=(\sqrt{2})^2+2\times\sqrt{3}\times\sqrt{2}+(\sqrt{3})^2-\{(\sqrt{2})^2+(3-5)\sqrt{2}-15\}$

$=2+2\sqrt{6}+3-(2-2\sqrt{2}-15)$

$=2+2\sqrt{6}+3-2+2\sqrt{2}+15=\mathbf{18+2\sqrt{6}+2\sqrt{2}}$ ……答

（符号に注意）

➡ 文字の計算とのちがい

根号をふくむ式の計算は $\sqrt{}$ を1つの文字と見て文字式の計算と同じようにする。ただし，$\sqrt{}$ のついた数は平方(2乗)すると $\sqrt{}$ がとれるところがちがう。

類題 29

解答 ➡ 別冊 p.16

次の計算をしなさい。

(1) $(\sqrt{5}+3)^2-(\sqrt{5}-3)^2$

(2) $(\sqrt{2}+3)(\sqrt{2}-7)+\sqrt{2}(6\sqrt{2}+5)$

例題 30 根号をふくむ式の値

LEVEL：応用

$x=3+\sqrt{7}$，$y=3-\sqrt{7}$ のとき，次の式の値を求めなさい。

(1)　xy　　(2)　x^2-y^2　　(3)　$x^2+2xy+y^2$

ここに着目! **因数分解してから代入するほうが簡単に求めることができる場合がある。**

$$x^2-y^2=(x+y)(x-y)=\{(3+\sqrt{7})+(3-\sqrt{7})\}\{(3+\sqrt{7})-(3-\sqrt{7})\}$$

（$x^2-y^2 \to (x+y)(x-y)$：因数分解）

$$= 6 \times 2\sqrt{7}$$

解き方 直接代入してもよいが，式を変形して代入するほうが簡単に計算できる場合もある。因数分解が使えるか考えてみる。

(1)　$xy=(3+\sqrt{7})(3-\sqrt{7})=3^2-(\sqrt{7})^2=9-7=\mathbf{2}$ ……答

(2)　$x^2-y^2=(x+y)(x-y)$

$=\{(\underset{x}{\underline{3+\sqrt{7}}})+(\underset{y}{\underline{3-\sqrt{7}}})\}\{(\underset{x}{\underline{3+\sqrt{7}}})-(\underset{y}{\underline{3-\sqrt{7}}})\}$

$=(3+\sqrt{7}+3-\sqrt{7})(3+\sqrt{7}-3+\sqrt{7})$

$=6\times2\sqrt{7}=\mathbf{12\sqrt{7}}$ ……答

(3)　$x^2+2xy+y^2=(x+y)^2=\{(\underset{x}{\underline{3+\sqrt{7}}})+(\underset{y}{\underline{3-\sqrt{7}}})\}^2$

$=(3+\sqrt{7}+3-\sqrt{7})^2$

$=6^2=\mathbf{36}$ ……答

➲ 変形のくふう

$x^2+3xy+y^2$
$=(x+y)^2+xy$

x^2-xy+y^2
$=(x+y)^2-3xy$

などと，くふうして式を変形することもできる。

✓ 類題 30

解答 ➔ 別冊 p.16

$x=\sqrt{5}+\sqrt{2}$，$y=\sqrt{5}-\sqrt{2}$ のとき，次の式の値を求めなさい。

(1)　xy　　(2)　x^2-y^2　　(3)　$x^2-2xy+y^2$

UNIT 1

平方根の利用

目標 平方根を使って，平面図形や立体図形の問題が解ける。

要点

- 平方根を使って，正方形の１辺の長さや対角線の長さが求められる。

例題 31 正方形の１辺の長さと対角線の長さの比

LEVEL：応用

右の図のような１辺の長さが 1cm の正方形の対角線の長さを求める。次の問いに答えなさい。

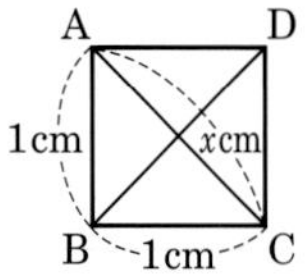

(1) 対角線の長さを $x$cm として，正方形の面積を求める式を書きなさい。

(2) x の値(あたい)を求めなさい。

(3) 正方形の１辺の長さと対角線の長さの比を，正方形の１辺の長さを１として求めなさい。

ここに着目！ (正方形の面積)＝(対角線の長さ)^2÷2

解き方 (1) 正方形の面積は，(対角線の長さ)^2÷2 で求められることを利用する。

対角線の長さを $x$cm とすると，

$x^2 \div 2 = \boldsymbol{\frac{x^2}{2}}$ (cm^2) ……答

(2) 正方形の面積は，$1 \times 1 = 1$ (cm^2) $\frac{x^2}{2} = 1$ より，$x^2 = 2$

2 の平方根の正のほうを求める。$\boldsymbol{x = \sqrt{2}}$ ……答

(3) (正方形の１辺の長さ)：(対角線の長さ)＝**1：$\sqrt{2}$** ……答

➡ 正方形の面積

△ABC の面積は，

$\frac{1}{2} \times AC \times BO$

$= \frac{1}{2} \times a \times \frac{1}{2}a$

$= \frac{a^2}{4}$

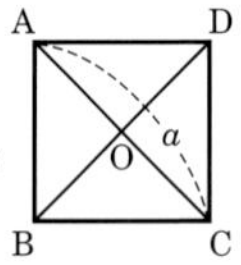

(正方形の面積)＝△ABC×2

より，$\frac{a^2}{4} \times 2 = \frac{a^2}{2}$ $(a^2 \div 2)$

類題 31

解答 ➡ 別冊 p.16

例題 31 と同じようにして，１辺の長さが 2cm の正方形の１辺の長さと対角線の長さの比を求めなさい。

例題 32 正四角柱の底面の1辺の長さ

LEVEL：応用

体積が 600cm^3，高さが 12cm の正四角柱がある。この正四角柱の底面の1辺の長さを $a$cm とする。ただし，$\sqrt{2}=1.414$ とする。次の問いに答えなさい。

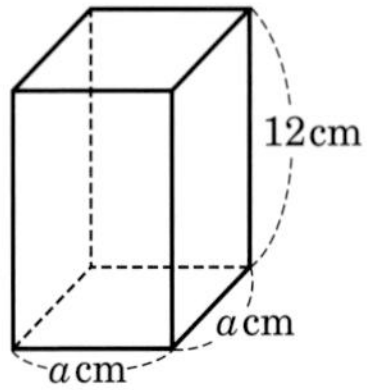

(1) $n<a<n+1$ とするとき，n にあてはまる，負でない整数を求めなさい。

(2) a の値を小数第1位まで求めなさい。

ここに着目！ $n<a<n+1$ より，$n^2<a^2<(n+1)^2$ $(a>0)$

解き方　平方根の大小は，平方して比べる。

(1) 体積 600cm^3，高さが 12cm より，底面の正方形の面積は，

$a^2=600\div12=50\,(\text{cm}^2)$

$n<a<n+1$ より，$n^2<a^2<(n+1)^2$　$n^2<50<(n+1)^2$

$7^2<50<8^2$ となるので，**7** ……答

(2) $a^2=50$ より，$a=\sqrt{50}=5\sqrt{2}$ $(a>0)$

$\sqrt{2}=1.414$ だから，

$a=5\sqrt{2}=5\times\sqrt{2}=5\times1.414=7.070$

よって，**7.1** ……答

参考

(1)より，$n=7$，すなわち，$7<a<8$ となり，a の値は 7 と 8 の間にある。(2)より，a の値は 7.070 となり，(1)の答えと合っている。

類題 32

解答 → 別冊 p.16

体積が 300cm^3，高さが 15cm の正四角柱がある。この正四角柱の底面の1辺の長さを $a$cm とする。$n<a<n+1$ とするとき，n にあてはまる，負でない整数を求めなさい。

UNIT 1

近似値と誤差

目標 近似値や有効数字を使って値を表せる。

要点

- 近似値（きんじち）…真の値（あたい）に近い値。
- 誤差（ごさ）…近似値から真の値をひいた値。
- 有効数字（ゆうこうすうじ）…近似値を表す数字のうちで信頼（しんらい）できる数字。

例題 33 近似値と誤差

LEVEL：標準

次の問いに答えなさい。

(1) 0.22 の近似値を 0.2 としたとき，誤差を求めなさい。

(2) 小数第 2 位を四捨五入した値が 13.6 であった。真の値 a の範囲（はんい）を，不等号を使って表しなさい。

ここに着目！ （誤差）＝（近似値）−（真の値）

解き方

(1) 近似値から真の値をひけば誤差が求められる。

$0.2-0.22=\mathbf{-0.02}$ ……答

(2) 小数第 2 位を四捨五入して 13.6 となる a の範囲は，

$\mathbf{13.55 \leqq a < 13.65}$ ……答

➡ 誤差の絶対値

四捨五入による誤差の絶対値は，末位の数の $\frac{1}{2}$ 以下である。

類題 33

解答 ➡ 別冊 p.17

次の問いに答えなさい。

(1) 0.125 の近似値を 0.12 としたとき，誤差を求めなさい。

(2) 小数第 3 位を四捨五入したら 3.14 になった。真の値 a の範囲を，不等号を使って表しなさい。

例題 34 有効数字

LEVEL：標準

次の問いに答えなさい。

(1) 1cm 未満を四捨五入して測定値 150cm を得た。この測定値の有効数字をいいなさい。

(2) 5402 を四捨五入して，有効数字が 3 けたの近似値を求め，(整数部分が 1 けたの小数)×(10 の累乗(るいじょう))の形に表しなさい。

ここに着目! 近似値の表し方

5402(有効数字 3 けた) → 5.40×10^3

└ この 0 を忘れないように

解き方 四捨五入して得た近似値(測定値)では，四捨五入した位より上の位の数字が有効数字である。

(1) 小数第 1 位を四捨五入しているから，それよりも上の位，すなわち，百の位，十の位，一の位の数字 1，5，0 が有効数字である。

1，5，0 ……答

(2) 有効数字を 3 けたにするのだから，左から 4 けた目を四捨五入する。

5402 → 5400 となる。有効数字の部分を整数部分が 1 けたの小数で表し，位をそろえておくために，10 の累乗をかけた形にしておく。

└ 四捨五入する（5402 の 2）

5.40×10^3 ……答

近似値と測定値

ある量を測定して得た値を測定値という。

たとえば，長さを測るときなど，最小の目もり上にこないときは，四捨五入して近い目もりを読む。したがって，測定値は，一般(いっぱん)に真の値ではなく近似値である。

類題 34

解答 ➡ 別冊 p.17

次の数を四捨五入して，有効数字が 3 けたの近似値を求め，(整数部分が 1 けたの小数)×(10 の累乗)の形に表しなさい。

(1) 3456　　(2) 59281

定期テスト対策問題

解答 ➜ 別冊 p.17

問 1 平方根の意味

次のことが正しいかどうかいいなさい。正しくない場合，〰〰の部分を正しくなおしなさい。

(1) 49 の平方根は 7 である。

(2) 7 は $\sqrt{49}$ である。

(3) $\sqrt{5^2}=\pm5$ である。

(4) $\sqrt{(-5)^2}=-5$ である。

(5) $(-\sqrt{25})^2$ は -5 である。

(6) $-\sqrt{\dfrac{1}{9}}$ は無理数である。

問 2 2 つの平方根の大小

次の各組の数の大小を，不等号を使って表しなさい。

(1) 8，$\sqrt{65}$

(2) $-\sqrt{17}$，-4

(3) $\dfrac{1}{5}$，$\sqrt{\dfrac{1}{30}}$

(4) 0.5，$\sqrt{0.5}$

問 3 3 つ以上の平方根の大小

次の 6 つの数を，大きいほうから順に並べなさい。

$1.4 \qquad \sqrt{2} \qquad -\sqrt{3} \qquad \sqrt{\dfrac{3}{2}} \qquad \sqrt{1.4} \qquad \dfrac{3}{2}$

問 4 平方根と整数

次の問いに答えなさい。

(1) $2<\sqrt{x}<3$ にあてはまる整数 x の値をすべて求めなさい。

(2) $\sqrt{241}$ の整数部分を求めなさい。

(3) $\sqrt{56}$ に最も近い整数をいいなさい。

問 5 平方根の平方

次の数を求めなさい。

(1) $(-\sqrt{5})^2$

(2) $-(\sqrt{16})^2$

(3) $\sqrt{(-9)^2}$

(4) $\left(\sqrt{\dfrac{3}{4}}\right)^2$

問 6 循環小数

次の数のうち，分数は小数で，循環小数は分数で表しなさい。

(1) $\frac{2}{3}$　(2) $\frac{18}{11}$　(3) $0.\dot{7}$　(4) $0.\dot{2}\dot{7}$

問 7 根号をふくむ数の変形

次の問いに答えなさい。

(1) $2\sqrt{3}$ を $\sqrt{a}$ の形に表しなさい。

(2) $\sqrt{28}$ を $a\sqrt{b}$ の形に表しなさい。

(3) $\frac{6}{\sqrt{12}}$ の分母を有理化しなさい。

(4) n が正の整数のとき，$\sqrt{108n}$ をできるだけ小さい整数にする n を求めなさい。

問 8 根号をふくむ式の乗法・除法

次の計算をしなさい。

(1) $\sqrt{6}\times\sqrt{8}$　(2) $\sqrt{24}\div\sqrt{8}\times\sqrt{3}$

(3) $\sqrt{6}\times(-\sqrt{3})\div\sqrt{2}$　(4) $\sqrt{50}\div\sqrt{5}\times\sqrt{2}$

(5) $\sqrt{14}\times\sqrt{63}$　(6) $\sqrt{15}\times\sqrt{8}\div\sqrt{20}$

(7) $\sqrt{75}\times\sqrt{\frac{5}{12}}\div\sqrt{15}$　(8) $\sqrt{27}\div6\sqrt{2}\times\sqrt{24}$

(9) $\sqrt{\frac{5}{8}}\div\sqrt{20}\times\sqrt{\frac{8}{5}}$　(10) $\sqrt{\frac{27}{2}}\div\sqrt{90}\times\sqrt{80}$

問 9 根号をふくむ数の値

$\sqrt{3}=1.732$，$\sqrt{30}=5.477$ として，次の値を求めなさい。

(1) $\sqrt{300}$　(2) $\sqrt{3000}$

(3) $\sqrt{0.0003}$　(4) $\frac{3}{\sqrt{48}}$

問 10 根号をふくむ式の加法・減法

次の計算をしなさい。

(1) $5\sqrt{3}+8\sqrt{3}$

(2) $2\sqrt{24}-3\sqrt{45}+\sqrt{54}$

(3) $\sqrt{75}+\sqrt{48}-\sqrt{27}$

(4) $\sqrt{50}-\sqrt{18}+2\sqrt{8}$

(5) $\sqrt{\dfrac{2}{3}}-\dfrac{4}{\sqrt{6}}$

(6) $\dfrac{12}{\sqrt{6}}-4\sqrt{6}+\dfrac{15\sqrt{2}}{\sqrt{3}}$

(7) $5\sqrt{12}-\dfrac{24}{\sqrt{3}}+2\sqrt{3}$

(8) $\sqrt{18}-\sqrt{50}-\dfrac{2}{\sqrt{2}}$

問 11 分配法則や乗法公式を利用した根号をふくむ式の計算

次の計算をしなさい。

(1) $(1+\sqrt{3})^2-\sqrt{12}$

(2) $(2\sqrt{2}+\sqrt{3})(2\sqrt{2}-\sqrt{3})$

(3) $(\sqrt{3}-5)(\sqrt{3}+1)+4\sqrt{3}$

(4) $(\sqrt{2}+\sqrt{3}+\sqrt{5})(\sqrt{2}+\sqrt{3}-\sqrt{5})$

(5) $(\sqrt{3}+1)^2-\dfrac{6}{\sqrt{3}}$

(6) $(2-\sqrt{3})^2+(2+\sqrt{3})^2$

問 12 根号をふくむ式の値

次の式の値を求めなさい。

(1) $a=\sqrt{5}$，$b=-\sqrt{2}$ のとき，$(a-b)^2+2ab$

(2) $a=5$，$b=-2\sqrt{6}$ のとき，$\sqrt{a^2+b^2}$

(3) $x=\sqrt{6}+\sqrt{2}$，$y=\sqrt{6}+\sqrt{8}$ のとき，$4x^2-4xy+y^2$

(4) $\sqrt{26}$ の小数部分を a とするとき，$a(a+10)$

問 13 平方根の図形への利用

右の図を利用して，1 辺の長さが 1cm の正方形の対角線の長さを 0.1cm の位まで求めなさい。ただし，必要があれば $\sqrt{2}=1.41$，$\sqrt{3}=1.73$，$\sqrt{5}=2.24$，$\sqrt{6}=2.45$ を用いなさい。

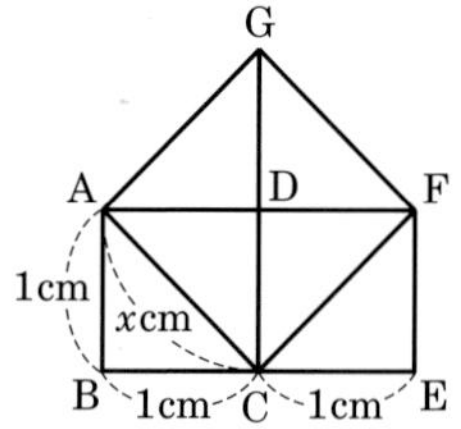

問 14 近似値と誤差

小数第 2 位を四捨五入した値が 34.8kg であった。真の値 a の範囲を，不等号を使って表しなさい。

3章

2次方程式

例題一覧

UNIT 1

2次方程式

目標 2次方程式の一般の式がわかる。解の意味がわかる。

要点

- 2次方程式…一般(いっぱん)に，$ax^2+bx+c=0$ で表される方程式。(a，b，c は定数，$a\neq0$)
- 2次方程式の解(かい)…2次方程式を成り立たせる文字の値(あたい)。
- 2次方程式を解(と)く…2次方程式の解をすべて求めること。

例題 1 2次方程式

LEVEL：基本

次の①～④の方程式のうち，2次方程式はどれですか。

① $x^2-3=2x$　　② $2(x+3)=6$

③ $2x^2=x^2-1$　　④ $(x-2)^2=x(x-1)$

ここに着目!

・右辺が0になるように移項して整理する。
・左辺が2次式になれば，2次方程式。

解き方 右辺を0の形に変形して，左辺が x の2次式になればよい。

① $x^2-3=2x$　$x^2-2x-3=0$
左辺が x の2次式となるので2次方程式。

② $2(x+3)=6$　$2x+6=6$　$2x=0$
左辺は x の2次式ではない。

③ $2x^2=x^2-1$　$x^2+1=0$
左辺が x の2次式になるので2次方程式。

④ $(x-2)^2=x(x-1)$　$x^2-4x+4=x^2-x$　$-3x+4=0$
左辺は x の2次式ではない。

2次方程式は，①，③ ……㊇

➲ $ax^2+bx+c=0$
2次方程式は一般に $ax^2+bx+c=0$ の形で表されるが，b や c は0になる場合もある。

類題 1

解答 ➡ 別冊 p.19

次の①～③の方程式のうち，2次方程式はどれですか。

① $x^2=2(x-4)$　　② $x^2+3x=x^2-6$　　③ $(x+2)^2=4$

例題 2 2次方程式の解

LEVEL：基本

−2，−1，0，1，2 のうち，2 次方程式 $x^2-3x+2=0$ の解になるものを，すべて選びなさい。

ここに着目！ $x^2-3x+2=0$ の x に値を代入する。

└ −2，−1，0，1，2

解き方 $x^2-3x+2=0$ の x に，−2，−1，0，1，2 をそれぞれ代入して，左辺が 0 になるか確認する。

① $x=-2$ を代入すると，$(-2)^2-3\times(-2)+2=12$ となり解ではない。

② $x=-1$ を代入すると，$(-1)^2-3\times(-1)+2=6$ となり解ではない。

③ $x=0$ を代入すると，2 となり解ではない。

④ $x=1$ を代入すると，$1^2-3\times1+2=0$ となり，$x=1$ は解である。

⑤ $x=2$ を代入すると，$2^2-3\times2+2=0$ となり，$x=2$ は解である。

解は，$\boldsymbol{x=1,\ 2}$ ……(答)

└ 解は 2 つある

➲ 2 次方程式の解

2 次方程式の解の個数はふつう 2 個。ただし，1 個，0 個のときもある。

類題 2

解答 ➜ 別冊 p.19

−2，0，2 のうち，次の 2 次方程式の解になるものを，すべて選びなさい。

(1) $x^2+x-2=0$　(2) $x^2-4=0$　(3) $x^2+3x=0$

COLUMN

コラム 中学校で習う方程式

①1 次方程式 (例) $3x+2=-4$　x の 1 次の項(こう)をふくむ方程式。解は 1 個。

②連立 2 元 1 次方程式

(例) $\begin{cases} 2x-3y=13 \\ x+y=-1 \end{cases}$　x，y についての 1 次方程式。2 つの方程式を同時に成り立たせる x と y の値の組が解。

③2 次方程式 (例) $x^2-3x+2=0$　x^2 のような 2 次の項をふくむ方程式。解はふつう 2 個。

UNIT 2

平方根の考え方を使った解き方①

目標 $x^2=k$，$x^2-k=0$ の形をした2次方程式が解ける。

要点

- **2次方程式 $x^2=k\,(k>0)$ の解は，$x=\pm\sqrt{k}$**

例題 3 $x^2=k$ の解き方

LEVEL：基本

次の2次方程式を解きなさい。

(1) $x^2=25$　　(2) $x^2=36$

(3) $x^2=1$　　(4) $x^2=7$

ここに着目！ **(1) $x^2=25$ ⇒ 2乗して，「25」になる数を求める。**

解き方 平方根の考え方を使って解く。

(1) 2乗して25になる数なので，25の平方根を求めればよい。

$x^2=25$ より，$x=\pm\sqrt{25}=\pm\sqrt{5^2}=\pm 5$ ……答

(2) $x^2=36$ より，$x=\pm\sqrt{36}=\pm\sqrt{6^2}=\pm 6$ ……答

(3) $x^2=1$ より，$x=\pm\sqrt{1}=\pm\sqrt{1^2}=\pm 1$ ……答

(4) $x^2=7$ より，$x=\pm\sqrt{7}$ ……答

➡ $x=\pm 5$

$x=\pm 5$ は，$x=+5$，$x=-5$ の2つの解を表していることに注意。

類題 3

解答 ➡ 別冊 p.19

次の2次方程式を解きなさい。

(1) $x^2=16$　　(2) $x^2=100$

(3) $x^2=\dfrac{4}{9}$　　(4) $x^2=3$

例題 4　$x^2-k=0$ の解き方

LEVEL：基本

次の2次方程式を解きなさい。

(1)　$x^2-5=0$　　(2)　$x^2-8=0$

(3)　$x^2-\frac{7}{16}=0$　　(4)　$x^2-24=0$

ここに着目！ $x^2=k$ の形にする。

(1)　$x^2-5=0$
　　$x^2=5$（−5 を移項する）
　　↑ $x^2=k$ の形

解き方　$x^2-k=0$ の方程式は，$-k$ を右辺に移項(いこう)することで前ページの例題3と同じように解くことができる。

(1)　$x^2-5=0$

$x^2=5$ より，5 の平方根を求めればよいので，

$\boldsymbol{x=\pm\sqrt{5}}$ ……答

(2)　$x^2-8=0$

$x^2=8$ より，$x=\pm\sqrt{8}=\pm\sqrt{2^2\times2}=\boldsymbol{\pm2\sqrt{2}}$ ……答

(3)　$x^2-\frac{7}{16}=0$

$x^2=\frac{7}{16}$ より，$x=\pm\sqrt{\frac{7}{4^2}}=\boldsymbol{\pm\frac{\sqrt{7}}{4}}$ ……答

(4)　$x^2-24=0$

$x^2=24$ より，$x=\pm\sqrt{24}=\pm\sqrt{2^2\times6}=\boldsymbol{\pm2\sqrt{6}}$ ……答

➡ $\sqrt{\quad}$ の中
解の $\sqrt{\quad}$ の中はできるだけ簡単にする。

類題 4

解答 ➡ 別冊 p.20

次の2次方程式を解きなさい。

(1)　$x^2-9=0$　　(2)　$x^2-10=0$

(3)　$x^2-18=0$　　(4)　$x^2-\frac{6}{25}=0$

UNIT 3

平方根の考え方を使った解き方②

目標 $ax^2=b$, $ax^2-b=0$ の形をした2次方程式が解ける。

要点

- 等式の性質を使って $x^2=k$ の形にする。

例題 5 $ax^2=b$ の解き方

LEVEL：標準

次の2次方程式を解きなさい。

(1) $2x^2=12$　(2) $9x^2=13$　(3) $\dfrac{x^2}{6}=8$

ここに着目！ $x^2=k$ の形にする。

(1) $2x^2=12$
（両辺を2でわる）
$x^2=6$ ← $x^2=k$ の形

解き方　両辺を同じ数でわったり，両辺に同じ数をかけたりして，$x^2=k$ の形にして解く。

(1) $2x^2=12$
（両辺を2でわる）
$x^2=6$
$x=\pm\sqrt{6}$ ……答

(2) $9x^2=13$
（両辺を9でわる）
$x^2=\dfrac{13}{9}$
$x=\pm\sqrt{\dfrac{13}{9}}$
$x=\pm\dfrac{\sqrt{13}}{3}$ ……答

(3) $\dfrac{x^2}{6}=8$
（両辺に6をかける）
$x^2=48$
$x=\pm\sqrt{48}$
$x=\pm4\sqrt{3}$ ……答

等式の性質
1次方程式と同じように，2次方程式も等式の性質を使って解く。
$A=B$ ならば，
① $A+m=B+m$
② $A-m=B-m$
③ $Am=Bm$
④ $\dfrac{A}{m}=\dfrac{B}{m}$ $(m\neq0)$

類題 5

解答 → 別冊 p.20

次の2次方程式を解きなさい。

(1) $2x^2=40$　(2) $3x^2=81$

(3) $4x^2=9$　(4) $\dfrac{x^2}{5}=5$

例題 6 $ax^2-b=0$ の解き方

LEVEL：標準

次の 2 次方程式を解きなさい。

(1) $2x^2-16=0$　　(2) $6x^2-24=0$

(3) $\dfrac{x^2}{2}-6=0$　　(4) $5x^2-3=0$

ここに着目！ $x^2=k$ の形にする。

(1)
$$2x^2-16=0$$
移項する
$$2x^2=16$$
x^2 の係数でわる
$$x^2=8$$
↑ $x^2=k$ の形

解き方　移項（いこう）して，両辺を同じ数でわったり，両辺に同じ数をかけたりして，$x^2=k$ の形にして解く。

(1) $2x^2-16=0$

$2x^2=16$

$x^2=8$ ← $x^2=k$ の形

$x=\pm\sqrt{8}$

$\boldsymbol{x=\pm2\sqrt{2}}$ ……答

(2) $6x^2-24=0$

$6x^2=24$

$x^2=4$

$\boldsymbol{x=\pm2}$ ……答

(3) $\dfrac{x^2}{2}-6=0$

$\dfrac{x^2}{2}=6$

$x^2=12$

$x=\pm\sqrt{12}$

$\boldsymbol{x=\pm2\sqrt{3}}$ ……答

(4) $5x^2-3=0$

$5x^2=3$

$x^2=\dfrac{3}{5}$

$x=\pm\sqrt{\dfrac{3}{5}}$

$x=\pm\dfrac{\sqrt{3}\times\sqrt{5}}{\sqrt{5}\times\sqrt{5}}$ 有理化する

$\boldsymbol{x=\pm\dfrac{\sqrt{15}}{5}}$ ……答

注意

(1) 答えに根号がつくときは，根号の中はできるだけ簡単にしておく。

(4) 分母に根号のついた数があるときは，有理化する。

$\pm\dfrac{\sqrt{3}}{\sqrt{5}} \rightarrow \pm\dfrac{\sqrt{3}\times\sqrt{5}}{\sqrt{5}\times\sqrt{5}}$

分母と分子にかける

類題 6

解答 → 別冊 p.20

次の 2 次方程式を解きなさい。

(1) $3x^2-3=0$　　(2) $8x^2-24=0$

(3) $\dfrac{x^2}{3}-6=0$　　(4) $2x^2-5=0$

UNIT 4

平方根の考え方を使った解き方③

目標 $(x+m)^2=n$ の形をした2次方程式が解ける。

要点

- **2次方程式 $(x+m)^2=n\,(n>0)$ の解は，$x+m=\pm\sqrt{n}$ より，　$x=-m\pm\sqrt{n}$**

例題 7　$(x+m)^2=n$，$(x+m)^2-n=0$ の解き方

LEVEL：標準

次の2次方程式を解きなさい。

(1)　$(x+2)^2=36$　　　(2)　$(x+5)^2-7=0$

ここに着目！ **$x+2$ を A とおくと，$(x+2)^2=36$　$\underline{A^2=36}$**

↑ $x^2=k$ の形

解き方 $(x+m)^2=n$ の形をした2次方程式は，かっこの中をひとまとまりとみて，これを A とおくと，$x^2=k$ の形の解き方と同じ方法で解くことができる。$(x+m)^2-n=0$ も同じように解く。

(1)　$(x+2)^2=36$

$x+2$ を A とおくと，

$A^2=36$　$A=\pm6$

A をもとにもどすと，

$x+2=\pm6$

すなわち

$x+2=6$，$x+2=-6$

$x=4$，$x=-8$ ……答

(2)　$(x+5)^2-7=0$

$(x+5)^2=7$　（-7 を移項（いこう））

$x+5$ を A とおくと，

$A^2=7$　$A=\pm\sqrt{7}$

A をもとにもどすと，

$x+5=\pm\sqrt{7}$

$x=-5\pm\sqrt{7}$ ……答

解の表し方

(1)は解が4または -8 であることを $x=4$，$x=-8$ と表している。

(2)の解 $x=-5\pm\sqrt{7}$ は $x=-5+\sqrt{7}$，$x=-5-\sqrt{7}$ の2つの解をまとめて表している。

注意

(1) $x=-2\pm6$ で終わらないように。

類題 7

解答 → 別冊 p.20

次の2次方程式を解きなさい。

(1)　$(x-3)^2=16$　　　(2)　$(x+2)^2=5$

(3)　$(x-4)^2-25=0$　　　(4)　$(x+5)^2-12=0$

例題 8 $(x+m)^2$ の形への変形

LEVEL：標準

次の□にあてはまる数を入れて，2次方程式の左辺を $(x+m)^2$ の形に変形しなさい。

(1)
$$x^2+4x=12$$
$$x^2+4x+\boxed{ア}=12+\boxed{ア}$$
$$(x+\boxed{イ})^2=\boxed{ウ}$$

(2)
$$x^2-6x-4=0$$
$$x^2-6x=4$$
$$x^2-6x+\boxed{ア}=4+\boxed{ア}$$
$$(x-\boxed{イ})^2=\boxed{ウ}$$

ここに着目！ $(x+m)^2$ の形のつくり方 (1) $x^2+\boxed{4}x+\boxed{2^2}=12+\boxed{2^2}$

$\left(x\text{ の係数の }\frac{1}{2}\right)$ の2乗を両辺に加える

解き方 $(x+m)^2$ の形への変形は，和の平方の公式を使った因数分解 $x^2+2ax+a^2=(x+a)^2$ を利用する。$\left(x\text{ の係数の }\frac{1}{2}\right)$ の2乗を両辺に加えることで，$(x+m)^2$ の形に変形できる。

(1) $x^2+4x=12$

$x^2+4x+\boxed{^{ア}4}=12+\boxed{^{ア}4}$ (2^2) 　$(x+\boxed{^{イ}2})^2=\boxed{^{ウ}16}$

$\left(4\text{ の }\frac{1}{2}\right)$ の2乗を加える

ア…**4**，イ…**2**，ウ…**16** ……答

(2) $x^2-6x-4=0$

$x^2-6x=4$ （-4 を移項する）

$x^2-6x+\boxed{^{ア}9}=4+\boxed{^{ア}9}$ $((-3)^2)$

$\left(-6\text{ の }\frac{1}{2}\right)$ の2乗を加える

$(x-\boxed{^{イ}3})^2=\boxed{^{ウ}13}$

ア…**9**，イ…**3**，ウ…**13** ……答

➲ x^2+px の変形

一般(いっぱん)に x^2+px という式を，$(x+m)^2$ のような平方の形にするには，x の係数 $\left(p\text{ の }\frac{1}{2}\right)$ の2乗，すなわち $\left(\frac{p}{2}\right)^2$ を加えればよい。

$$x^2+px+\left(\frac{p}{2}\right)^2=\left(x+\frac{p}{2}\right)^2$$

類題 8

解答 ➡ 別冊 p.21

次の□にあてはまる数を求めなさい。

(1)
$$x^2+2x=3$$
$$x^2+2x+\boxed{ア}=3+\boxed{ア}$$
$$(x+\boxed{イ})^2=\boxed{ウ}$$

(2)
$$x^2-10x=2$$
$$x^2-10x+\boxed{ア}=2+\boxed{ア}$$
$$(x-\boxed{イ})^2=\boxed{ウ}$$

UNIT 5

平方根の考え方を使った解き方④

目標 $x^2+px+q=0$ の形をした２次方程式が解ける。

要点

● $x^2+px+q=0$ を解くには $\left(x+\dfrac{p}{2}\right)^2=-q+\left(\dfrac{p}{2}\right)^2$ として解く。

例題 9 $x^2+px+q=0$（p は偶数）の解き方

LEVEL：標準

次の２次方程式を解きなさい。

(1) $x^2+12x+13=0$　　(2) $x^2-6x+9=0$

ここに着目！ 数だけの項を右辺に移項したあと，x の係数の $\dfrac{1}{2}$ を２乗したものを両辺に加える。

解き方 (1)

$x^2+12x+13=0$　（13を移項する）

$x^2+12x=-13$　（x の係数12の $\dfrac{1}{2}$）の２乗を両辺に加える

$x^2+12x+36=-13+36$　（$(x+m)^2=n$ の形にする）

$(x+6)^2=23$

$x+6=\pm\sqrt{23}$

$\boldsymbol{x=-6\pm\sqrt{23}}$ ……答

(2)

$x^2-6x+9=0$　（9を移項する）

$x^2-6x=-9$　（x の係数 -6 の $\dfrac{1}{2}$）の２乗を両辺に加える

$x^2-6x+9=-9+9$　（$(x+m)^2=n$ の形にする）

$(x-3)^2=0$

$x-3=0$

$\boldsymbol{x=3}$ ……答

➲ 解の個数

２次方程式の解はふつう２つあるが，(2)のように解が１つになるときもある。

類題 9

解答 ➡ 別冊 p.21

次の２次方程式を解きなさい。

(1) $x^2+4x-7=0$　　(2) $x^2-10x+25=0$

例題 10 $x^2+px+q=0$（p は奇数）の解き方

LEVEL：標準

次の 2 次方程式を解きなさい。

(1) $x^2+3x-4=0$　　(2) $x^2-x-1=0$

ここに着目！ **x の係数が奇数の場合でも，左辺を $(x+m)^2$ の形にする。ただし，分数の計算が出てくるので注意する。**

解き方 $x^2+px+q=0$ を $x^2+px=-q$ の形にしてから，$(x+m)^2$ の形になるよう変形する。

(1)

$$x^2+3x-4=0$$

$$x^2+3x=4$$

（3 の $\frac{1}{2}$）の 2 乗を両辺に加える

$$x^2+3x+\left(\frac{3}{2}\right)^2=4+\left(\frac{3}{2}\right)^2$$

$$\left(x+\frac{3}{2}\right)^2=\frac{25}{4}$$

（$\frac{16}{4}+\frac{9}{4}$）

$$x+\frac{3}{2}=\pm\frac{5}{2}$$

$$x=-\frac{3}{2}\pm\frac{5}{2}$$

$\boldsymbol{x=1,\ x=-4}$ ……答

(2)

$$x^2-x-1=0$$

$$x^2-x=1$$

（-1 の $\frac{1}{2}$）の 2 乗を両辺に加える

$$x^2-x+\left(-\frac{1}{2}\right)^2=1+\left(-\frac{1}{2}\right)^2$$

$$\left(x-\frac{1}{2}\right)^2=\frac{5}{4}$$

（$\frac{4}{4}+\frac{1}{4}$）

$$x-\frac{1}{2}=\pm\frac{\sqrt{5}}{2}$$

$$x=\frac{1}{2}\pm\frac{\sqrt{5}}{2}$$

$\boldsymbol{x=\frac{1\pm\sqrt{5}}{2}}$ ……答

解をまとめる

(2)の解

$x=\frac{1\pm\sqrt{5}}{2}$ は $x=\frac{1+\sqrt{5}}{2}$，$x=\frac{1-\sqrt{5}}{2}$ の 2 つの解をまとめたものである。

類題 10

解答 ➜ 別冊 p.21

次の 2 次方程式を解きなさい。

(1) $x^2+5x-6=0$　　(2) $x^2-7x+4=0$

UNIT 1

2次方程式の解の公式①

目標 2次方程式の解の公式が使える。

要点

● 解の公式… 2次方程式 $ax^2+bx+c=0$ の解は，

$$x=\frac{-b\pm\sqrt{b^2-4ac}}{2a}$$

例題 11 2次方程式の解の公式

LEVEL：標準

解の公式を使って，次の2次方程式を解きなさい。

(1) $x^2+3x-5=0$　　(2) $2x^2-5x+1=0$

ここに着目！

$\underset{a}{(\ )}x^2 \underset{b}{(+3)}x \underset{c}{(-5)}=0$　　a，b，c の値を解の公式に代入する。

解き方 解の公式にあてはまる a，b，c の値（あたい）を見つけ，公式に代入する。

(1) $x^2+3x-5=0$

$a=1$，$b=3$，$c=-5$ より，

$$x=\frac{-3\pm\sqrt{3^2-4\times1\times(-5)}}{2\times1}=\frac{-3\pm\sqrt{29}}{2}$$ ……答

(2) $2x^2-5x+1=0$

$a=2$，$b=-5$，$c=1$ より，

$$x=\frac{-(-5)\pm\sqrt{(-5)^2-4\times2\times1}}{2\times2}=\frac{5\pm\sqrt{17}}{4}$$ ……答

➡ a，b，c の値

$ax^2+bx+c=0$ の式で a，b，c の値は，符号（ふごう）ごと代入する。また，値が1になるときも忘れず代入する。特に負の数を代入するときは，かっこをつけて計算する。

類題 11

解答 ➡ 別冊 p.21

解の公式を使って，次の2次方程式を解きなさい。

(1) $x^2-3x+1=0$　　(2) $4x^2+7x+2=0$

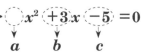

例題 12 解が約分できる問題

LEVEL：標準

解の公式を使って，次の２次方程式を解きなさい。

(1)　$x^2+4x-7=0$　　　(2)　$2x^2-8x+3=0$

ここに着目! $\boldsymbol{ax^2+bx+c=0}$ **の式で，$\boldsymbol{b}$ の値が偶数のときは，約分できる。**

解き方 (1)　$x^2+4x-7=0$

$a=1$，$b=4$，$c=-7$ より，

$$x=\frac{-4\pm\sqrt{4^2-4\times1\times(-7)}}{2\times1}$$
$$=\frac{-4\pm\sqrt{44}}{2}$$
$$=\frac{-4\pm2\sqrt{11}}{2}$$
$$=\boldsymbol{-2\pm\sqrt{11}}$$
……答

(2)　$2x^2-8x+3=0$

$a=2$，$b=-8$，$c=3$ より，

$$x=\frac{-(-8)\pm\sqrt{(-8)^2-4\times2\times3}}{2\times2}$$
$$=\frac{8\pm\sqrt{40}}{4}$$
$$=\frac{8\pm2\sqrt{10}}{4}$$
$$=\boldsymbol{\frac{4\pm\sqrt{10}}{2}}$$
……答

注意

(2)で解は，

$x=\dfrac{4\pm\sqrt{10}}{2}$ になるが，分母の２と分子の４は，もうこれ以上約分できない。

分子 $4+\sqrt{10}$，$4-\sqrt{10}$ はこれで１つの数を表しているので，$\sqrt{\ }$ の前の数が約分できないかぎり約分はできない。

類題 12

解答 → 別冊 p.22

解の公式を使って，次の２次方程式を解きなさい。

(1)　$2x^2-4x+1=0$　　　(2)　$x^2-10x-12=0$

UNIT 2

2次方程式の解の公式②

目標 2次方程式を変形してから解の公式を使って解ける。

要点

- **2次方程式を $ax^2+bx+c=0$ の形に変形してから解の公式を使う。**

例題 13 解が有理数になる問題

LEVEL：標準

解の公式を使って，次の2次方程式を解きなさい。

(1) $2x^2+5x-7=0$　　(2) $5x^2+6x+1=0$

ここに着目！ 解の公式の根号がはずせる。⇒ 2つの解を計算して求める。

解き方 解の公式の根号の中が平方数になるときは，$\sqrt{\ }$ がはずれて，解は有理数になる。

(1) $2x^2+5x-7=0$　$a=2$，$b=5$，$c=-7$ より，

$$x=\frac{-5\pm\sqrt{5^2-4\times2\times(-7)}}{2\times2}=\frac{-5\pm\sqrt{81}}{4}$$ ← $\sqrt{81}=\sqrt{9^2}=9$

$$=\frac{-5\pm9}{4}$$ ← $x=\frac{-5+9}{4}$，$x=\frac{-5-9}{4}$

$\boldsymbol{x=1,\ x=-\frac{7}{2}}$ ……答

(2) $5x^2+6x+1=0$　$a=5$，$b=6$，$c=1$ より，

$$x=\frac{-6\pm\sqrt{6^2-4\times5\times1}}{2\times5}=\frac{-6\pm\sqrt{16}}{10}$$ ← $\sqrt{16}=\sqrt{4^2}=4$

$$=\frac{-6\pm4}{10}$$ ← $x=\frac{-6+4}{10}$，$x=\frac{-6-4}{10}$

$\boldsymbol{x=-\frac{1}{5},\ x=-1}$ ……答

注意

2次方程式を解く過程で根号の中が負になる場合，負の数の平方根は存在しないので，この2次方程式の「解はない」という。

類題 13

解答 → 別冊 p.22

解の公式を使って，次の2次方程式を解きなさい。

(1) $x^2-2x-3=0$　　(2) $x^2-4x-32=0$

例題 14　2次方程式を変形してから解の公式を使う問題　LEVEL：応用

解の公式を使って，次の2次方程式を解きなさい。

(1)　$2(x^2-2x)=-1$　　(2)　$x^2+\frac{1}{2}x-\frac{1}{6}=0$

ここに着目！ 2次方程式を $ax^2+bx+c=0$ の形に変形してから解の公式を使う。

$$2(x^2-2x)=-1 \xrightarrow{\text{かっこをはずし，右辺の項を移項}} 2x^2-4x+1=0$$

解き方　かっこをはずして整理したり，係数の分数を整数になおしたりして，$ax^2+bx+c=0$ の形に変形してから，解の公式を使う。

(1)
$$2(x^2-2x)=-1$$
かっこをはずす
$$2x^2-4x=-1$$
−1を移項（いこう）する
$$2x^2-4x+1=0$$
← $ax^2+bx+c=0$ の形

$a=2$，$b=-4$，$c=1$ より，

$$x=\frac{-(-4)\pm\sqrt{(-4)^2-4\times2\times1}}{2\times2}$$
$$=\frac{4\pm\sqrt{8}}{4}$$
$$=\frac{4\pm2\sqrt{2}}{4}$$
$$=\frac{2\pm\sqrt{2}}{2}$$
……答

(2)
$$x^2+\frac{1}{2}x-\frac{1}{6}=0$$
両辺に6をかける
$$6x^2+3x-1=0$$
← $ax^2+bx+c=0$ の形

$a=6$，$b=3$，$c=-1$ より，

$$x=\frac{-3\pm\sqrt{3^2-4\times6\times(-1)}}{2\times6}$$
$$=\frac{-3\pm\sqrt{33}}{12}$$
……答

➡ 係数を簡単にする

2次方程式も1次方程式と同様に，係数はできるだけ簡単なほうが解きやすい。係数が分数や小数のときは，両辺に同じ数をかけて整数になおしておく。

類題 14

解答 ➡ 別冊 p.22

解の公式を使って，次の2次方程式を解きなさい。

(1)　$x^2=2(6x-7)$　　(2)　$x^2-\frac{1}{6}x=\frac{1}{3}$　　(3)　$0.2x^2-1.3x-0.7=0$

UNIT 1

因数分解による解き方①

目標 $(x-a)(x-b)=0$ の形をした 2 次方程式が解ける。

要点

- **2 つの数を A, B とするとき,**
  $AB=0$ ならば, $A=0$ または $B=0$

例題 15 $(x-a)(x-b)=0$ の解き方

LEVEL：基本

次の 2 次方程式を解きなさい。

(1) $(x-3)(x-5)=0$　　(2) $(x+6)(2x-3)=0$

ここに着目！ **$(x-3)(x-5)=0$ ならば, $x-3=0$ または $x-5=0$**

解き方 $AB=0$ になるのは, $A=0$ または $B=0$ のときなので, これを使って解を求める。

(1) $(x-3)(x-5)=0$

$x-3=0$ または $x-5=0$

$x-3=0$ のとき $x=3$　$x-5=0$ のとき $x=5$

よって, $\boldsymbol{x=3,\ x=5}$ ……答

(2) $(x+6)(2x-3)=0$

$x+6=0$ または $2x-3=0$

$x+6=0$ のとき $x=-6$　$2x-3=0$ のとき $x=\frac{3}{2}$

よって, $\boldsymbol{x=-6,\ x=\frac{3}{2}}$ ……答

➲ $AB=0$

$A=0$, $B\neq0$ ならば $AB=0$
$A\neq0$, $B=0$ ならば $AB=0$
$A=0$, $B=0$ ならば $AB=0$
$A\neq0$, $B\neq0$ ならば $AB\neq0$
より, $AB=0$ となるとき A, B のうち少なくとも一方は 0 でなければならない。

類題 15

解答 → 別冊 p.23

次の 2 次方程式を解きなさい。

(1) $(x+4)(x-7)=0$　　(2) $(3x-1)(x-2)=0$

例題 16　x でくくり出す解き方　LEVEL：標準

次の 2 次方程式を解きなさい。

(1)　$x^2-2x=0$　　(2)　$x^2-3x=0$

(3)　$x^2=4x$　　(4)　$4x^2=5x$

ここに着目!

$$x^2-2x=0$$
$$x(x-2)=0$$
（x でくくる）

$x=0$ または $x-2=0$

解き方　x でくくり出して解く。

(1)
$x^2-2x=0$
$x(x-2)=0$ （x でくくる）
$x=0$ または $x-2=0$
よって，
$x=0$，$x=2$ ……答

(2)
$x^2-3x=0$
$x(x-3)=0$ （x でくくる）
$x=0$ または $x-3=0$
よって，
$x=0$，$x=3$ ……答

(3)，(4)は，まず，右辺が 0 になるよう移項（いこう）してから解く。

(3)
$x^2=4x$
$x^2-4x=0$ （移項する）
$x(x-4)=0$ （x でくくる）
$x=0$ または $x-4=0$
よって，
$x=0$，$x=4$ ……答

(4)
$4x^2=5x$
$4x^2-5x=0$ （移項する）
$x(4x-5)=0$ （x でくくる）
$x=0$ または $4x-5=0$
よって，
$x=0$，$x=\frac{5}{4}$ ……答

注意

(1)　$x^2-2x=0$
両辺を x でわって，
$x-2=0$
$x=2$
これは，まちがった解き方である。かならず左辺を因数分解して x の値を求めるようにすること。

類題 16

解答 ➜ 別冊 p.23

次の 2 次方程式を解きなさい。

(1)　$x^2=6x$　　(2)　$2x^2-7x=0$

UNIT 2

因数分解による解き方②

目標 因数分解の公式を利用して2次方程式が解ける。

要点

- 左辺を因数分解して，
  $AB=0$ ならば，$A=0$ または $B=0$ を用いて解く。

例題 17 因数分解の公式を利用した解き方

LEVEL：標準

次の2次方程式を解きなさい。

(1) $x^2-8x+7=0$　　(2) $x^2+10x+9=0$

(3) $x^2+10x+25=0$　　(4) $x^2-49=0$

ここに着目!

$x^2-8x+7=0$

$(x-1)(x-7)=0$ ← 因数分解する

解き方 左辺を因数分解して，$AB=0$ の形にして解く。

(1) $x^2-8x+7=0$

$(x-1)(x-7)=0$

$x-1=0$ または $x-7=0$

$x=1,\ x=7$ ……答

(2) $x^2+10x+9=0$

$(x+1)(x+9)=0$

$x+1=0$ または $x+9=0$

$x=-1,\ x=-9$ ……答

(3) $x^2+10x+25=0$

$(x+5)^2=0$

$x+5=0$ より，

$x=-5$ ……答

↑解は1つ

(4) $x^2-49=0$

$(x+7)(x-7)=0$

$x+7=0$ または $x-7=0$

$x=\pm 7$ ……答

➡ 解が1つになるとき

左辺を因数分解したとき，公式を使って，$(x+a)^2$（和の平方の公式）$(x-a)^2$（差の平方の公式）となる場合，解は1つしかない。

類題 17

解答 ➡ 別冊 p.23

次の2次方程式を解きなさい。

(1) $x^2-x-12=0$　　(2) $x^2-8x+16=0$

(3) $x^2-5x+6=0$　　(4) $x^2-1=0$

例題 18 複雑な2次方程式の解き方

LEVEL：応用

次の2次方程式を解きなさい。

(1) $(x-2)(x+4)=7$　　(2) $(x+10)^2=4(x+9)$

ここに着目！ **右辺が 0 になるように，乗法公式を使ったり，移項したりして，$ax^2+bx+c=0$ の形に変形する。**

解き方　乗法公式で展開できる部分は展開してから，左辺にすべて移項（いこう）して，$ax^2+bx+c=0$ の形に整理する。

(1)
$$(x-2)(x+4)=7$$
（左辺を展開する）
$$x^2+2x-8=7$$
（7 を左辺に移項する）
$$x^2+2x-8-7=0$$
（$ax^2+bx+c=0$ の形に整理する）
$$x^2+2x-15=0$$
（左辺を因数分解する）
$$(x-3)(x+5)=0$$
$x-3=0$ または $x+5=0$

$\boldsymbol{x=3,\ x=-5}$ ……答

(2)
$$(x+10)^2=4(x+9)$$
（展開する）
$$x^2+20x+100=4x+36$$
（左辺に移項する）
$$x^2+20x+100-4x-36=0$$
（$ax^2+bx+c=0$ の形に整理する）
$$x^2+16x+64=0$$
（左辺を因数分解する）
$$(x+8)^2=0$$

$\boldsymbol{x=-8}$ ……答

➲ 2次方程式の解き方

まず $ax^2+bx+c=0$ の形に整理してから，
①因数分解を利用して解く。
②解の公式を使って解く。
のどちらかの方法を使う。
①の方法で解き方がわからない場合，②解の公式を使って解くようにする。解の公式は，確実に解を求めることができるが，計算量が多いのでミスしやすい。

類題 18

解答 ➜ 別冊 p.23

次の2次方程式を解きなさい。

(1) $x^2+9=5(2x-3)$　　(2) $(x-4)(x+2)=4-6x$

UNIT 3

因数分解による解き方③

目標 複雑な2次方程式が解ける。解から2次方程式の係数を求めることができる。

要点

- 複雑な2次方程式は，おきかえなどを利用して解く。
- 2次方程式の係数は，与(あた)えられた解を使って求めることができる。

例題 19 おきかえを利用する解き方

LEVEL：応用

次の2次方程式を解きなさい。

(1) $(x-3)^2-2(x-3)-3=0$ (2) $(x+2)^2-9(x+2)=-18$

ここに着目！

$$(x-3)^2-2(x-3)-3=0$$

$(x-3)$ を X とおく

$$X^2-2X-3=0$$

解き方 式の形に着目し，共通している部分を同じ文字を使って表す。

(1) $(x-3)^2-2(x-3)-3=0$

$x-3$ を X とおくと，

$X^2-2X-3=0$

$(X+1)(X-3)=0$

よって，$X=-1$，$X=3$

$X=-1$ のとき，

$x-3=-1$ より，$x=2$

$X=3$ のとき，

$x-3=3$ より，$x=6$

$\boldsymbol{x=2,\ x=6}$ ……答

(2) $(x+2)^2-9(x+2)=-18$

$x+2$ を X とおくと，

$X^2-9X=-18$

$X^2-9X+18=0$

$(X-6)(X-3)=0$

よって，$X=6$，3

$X=6$ のとき，

$x+2=6$ より，$x=4$

$X=3$ のとき，

$x+2=3$ より，$x=1$

$\boldsymbol{x=4,\ x=1}$ ……答

参考

(1) おきかえずにそのまま展開しても解ける。

$(x-3)^2-2(x-3)-3=0$

$x^2-6x+9-2x+6-3=0$

$x^2-8x+12=0$

$(x-2)(x-6)=0$

$x=2$，$x=6$

類題 19

解答 ➜ 別冊 p.23

次の2次方程式を解きなさい。

(1) $(x-1)^2-12(x-1)+35=0$ (2) $(x-2)^2-(x-2)=30$

例題 20 解が与えられた 2 次方程式

LEVEL：標準

2 次方程式 $x^2+ax+b=0$ の 2 つの解が -3 と 5 であるとき，a と b の値(あたい)をそれぞれ求めなさい。

ここに着目！ 解を 2 次方程式に代入して，連立方程式をつくり，解く。

解き方 $x^2+ax+b=0$ の式に $x=-3$，$x=5$ を代入して，a と b の連立方程式をつくり，解けばよい。

$x=-3$ を代入すると，

$$(-3)^2+a\times(-3)+b=0$$
$$9-3a+b=0$$
$$-3a+b=-9 \quad \cdots①$$

$x=5$ を代入すると，

$$5^2+a\times5+b=0$$
$$25+5a+b=0$$
$$5a+b=-25 \quad \cdots②$$

①，②を a と b の連立方程式として解く。

$$\begin{array}{rl} & -3a+b=-9 \\ -) & \ \ 5a+b=-25 \\ \hline & -8a \quad\ \ =16 \end{array} \qquad a=-2$$

①より，$-3\times(-2)+b=-9$　$b=-15$

$\boldsymbol{a=-2,\ b=-15}$ ……答

[別解]

解が -3，5 で，x^2 の係数が 1 だから，$(x+3)(x-5)=0$ と表せる。

これを展開すると，$x^2\underbrace{-2}_{a}x\underbrace{-15}_{b}=0$

これより，$a=-2$，$b=-15$ と求めることもできる。

➲ 2 次方程式の解

○が 2 次方程式の解

↓

2 次方程式に $x=$○を代入すると成り立つ。

類題 20

解答 ➡ 別冊 p.24

2 次方程式 $x^2+ax-6=0$ の 1 つの解が -3 であるとき，a の値を求めなさい。また，もう 1 つの解を求めなさい。

UNIT 1

2次方程式の利用①

目標 数についての問題を2次方程式を使って解ける。

要点

- **どちらか**一方の数**を** x とおき，もう一方の数**を** x を使って表す。

例題 21 和と積が与えられた2つの数の問題

LEVEL：標準

和が9で，積が -36 となるような2数を求めなさい。

ここに着目！ 和が9である2数は x，$9-x$ と表せる。

解き方 和が9になる2数なので，一方の数を x と表すと，もう一方の数は $9-x$ と表せる。この2数の積が -36 になることを式で表せばよい。

2数の一方の数を x とおくと，

$$x(9-x)=-36$$

$$9x-x^2=-36$$

（-36 を左辺に移項する）

$$-x^2+9x+36=0$$

（両辺に -1 をかけて符号を変える）

$$x^2-9x-36=0$$

（因数分解する）

$$(x-12)(x+3)=0$$

$$x=12,\ x=-3$$

$x=12$ のとき，$9-x=9-12=-3$

$x=-3$ のとき，$9-x=9-(-3)=12$

これらは適している。

求める2数は，**12，−3** ……答

答えの表し方

答えは $x=\cdots$ とするのではなく，求める2数の値を答える。

類題 21

解答 ➡ 別冊 p.24

和が4で，積が1となるような2数を求めなさい。

例題 22 正しい答えを求める問題

LEVEL：標準

ある正の数を 2 乗するところを，まちがえて 2 倍したため，答えが 63 小さくなった。正しい答えを求めなさい。

ここに着目！

もとの正の数を x とすると
正しい答え… x^2，まちがって 2 倍した答え… $2x$

解き方　もとの数を x とすると，まちがって 2 倍した答え $2x$ は，正しい答え x^2 より 63 小さいので，$2x=x^2-63$ と表せる。これを解けばよい。

もとの正の数を x とすると，

$$2x=x^2-63$$

すべて左辺に移項する

$$-x^2+2x+63=0$$

両辺に -1 をかけて符号を変える

$$x^2-2x-63=0$$

因数分解する

$$(x+7)(x-9)=0$$

よって，$x=-7$，$x=9$

x は正の数だから，$x=9$　（$x=-7$ は適さない。）

正しい答えは，$x^2=9^2=81$

81 ……… 答

➡ 答えを調べる

2 次方程式を解いて出た解が，問題の条件に合っているかよく調べる。
正の数，整数，自然数などの語に注意する。

類題 22

解答 ➡ 別冊 p.24

ある数を 3 倍してから平方するところを，まちがえて平方してから 3 倍したため，正しい計算より 24 小さい数になった。正しい計算をしたときの答えを求めなさい。

UNIT 2

2次方程式の利用②

目標 連続する2つの整数や3つの整数の問題を2次方程式を使って解ける。

要点

- 連続する2つの整数… x, $x+1$
- 連続する3つの整数… $x-1$, x, $x+1$

などと表せる。

例題 23 連続する2つの整数の問題

LEVEL：標準

連続する2つの正の整数の積が，その2つの数の和より19大きいという。この2つの整数を求めなさい。

ここに着目！ **連続する2つの正の整数を x, $x+1$ とすると，2つの数の積… $x(x+1)$, 2つの数の和… $x+(x+1)$**

解き方 連続する2つの正の整数を，x, $x+1$ と表すと，2つの数の積 $x(x+1)$ が2つの数の和 $x+(x+1)$ より19大きいから，

$$x(x+1)=x+(x+1)+19$$

かっこをはずす

$$x^2+x=x+x+1+19$$

$$x^2-x-20=0$$

因数分解する

$$(x+4)(x-5)=0$$

$$x=-4,\ x=5$$

x は正の整数だから，$x=5$ （$x=-4$ は適さない。）

連続する2つの正の整数は，**5, 6** ……答

連続する2つの整数の表し方

連続する2つの正の整数の大きいほうの数を x として，2つの数を $x-1$, x と表してもよい。この場合，x は1より大きな整数になる。

類題 23

解答 → 別冊 p.24

連続する2つの自然数があり，この2つの数の和の平方は，この2つの数の平方の和よりも60大きい。この2つの自然数を求めなさい。

例題 24 連続する 3 つの整数の問題

LEVEL：応用

連続する 3 つの正の整数がある。最も小さい数と最も大きい数の積が，真ん中の数の 3 倍より 17 大きいとき，この 3 つの整数を求めなさい。

ここに着目！ 連続する 3 つの正の整数は，最も小さい数… $x-1$，真ん中の数… x，最も大きい数… $x+1$

解き方 連続する 3 つの正の整数を小さい順に $x-1$，x，$x+1$ とすると，

（最も小さい数）×（最も大きい数）

＝（真ん中の数）×3＋17

であるから，

$$(x-1)(x+1)=3x+17$$

展開する

$$x^2-1=3x+17$$

$$x^2-3x-18=0$$

因数分解する

$$(x-6)(x+3)=0$$

$$x=6,\ x=-3$$

x は 1 より大きな整数だから，$x=6$ （$x=-3$ は適さない。）

↑これが真ん中の数になる

したがって，連続する 3 つの正の整数は，**5，6，7** ……（答）

連続する 3 つの整数

3 つの正の整数を x，$x+1$，$x+2$ とおいてもよい。
この場合，x は正の整数となる。

類題 24

解答 ➜ 別冊 p.24

連続する 3 つの正の整数がある。最も小さい数と真ん中の数の平方の和が，最も大きい数の平方に等しいとき，この 3 つの整数を求めなさい。

COLUMN

コラム 文字のおき方の例

連続する 3 つの整数… $x-1$，x，$x+1$
連続する 2 つの偶数（ぐうすう）… $2x$，$2x+2$
連続する 2 つの奇数（きすう）… $2x-1$，$2x+1$

UNIT 3

2次方程式の利用③

目標 2次方程式を利用して面積などの文章題が解ける。

要点

文字に表す数量を決める。→ 方程式に表し，解く。
→ 求めた解が問題に適しているか確かめる。

例題 25 面積に関する問題

LEVEL：標準

縦の長さが横の長さよりも 7m 長い，面積が $78\mathrm{m}^2$ の長方形の土地がある。この土地の縦と横の長さをそれぞれ求めなさい。

ここに着目! 横の長さを xm とすると，縦の長さは $(x+7)$m

解き方 横の長さを xm とすると，縦の長さは $(x+7)$m と表せる。これを使って面積を表す式をつくる。

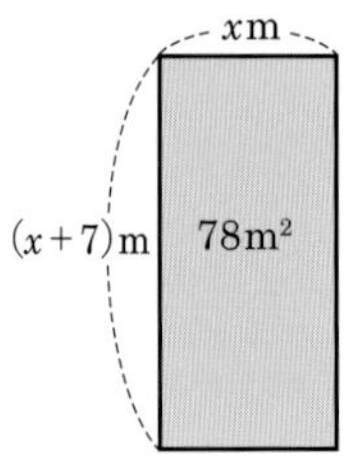

$$x(x+7)=78$$
$$x^2+7x-78=0$$
$$(x-6)(x+13)=0$$

よって，$x=6$，$x=-13$
x は正の数だから，$x=6$
$x=-13$ は適さない。
横の長さが 6m のとき，縦の長さは $6+7=13$ (m)
縦の長さ… **13m**，横の長さ… **6m** ……答

図形の問題
面積など図形についての問題では，求める辺の長さなどは，かならず正の数になることに注意する。

類題 25

解答 → 別冊 p.24

正方形の土地の縦の長さを 4m 短くし，横の長さを 2m 長くしたら，面積が $40\mathrm{m}^2$ の長方形になった。もとの正方形の土地の1辺の長さを求めなさい。

例題 26 通路の幅の問題

LEVEL：応用

縦と横の長さがそれぞれ 24m，36m の長方形の土地がある。この土地に，図のような縦と横に同じ幅（はば）の道をつくったら，残った土地の面積が 748m² であった。道幅をいくらにすればよいですか。

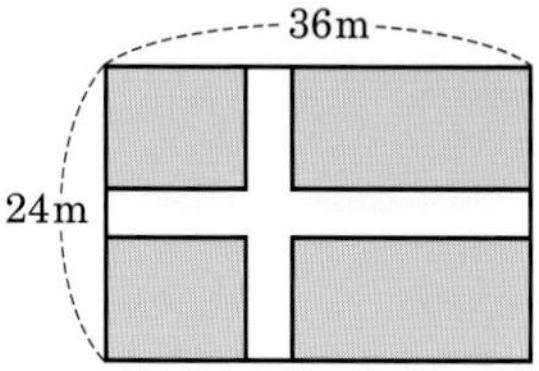

ここに着目！ 道幅を xm として，残りの土地の面積を表す。

解き方　道を右の図のように移動しても，残った土地の面積は変わらない。

したがって，道幅を xm として，残った土地の面積を表す式をつくればよい。

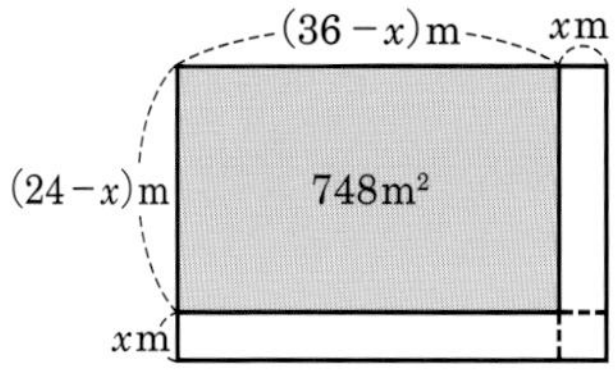

$$(24-x)(36-x)=748$$
$$864-60x+x^2=748$$
$$x^2-60x+116=0$$
$$(x-58)(x-2)=0$$

よって，$x=58$，$x=2$

道幅は 24m よりせまくなければならないので，$x=58$ は問題に適していない。$x=2$ は問題に適している。

2m ……(答)

答えの条件

この問題のように方程式の解が正の数であっても，そのまま答えになるとは限らない。問題の条件をよく見ることが大切。

類題 26

解答 ➜ 別冊 p.24

正方形の土地に，右の図のような入り口の幅が 2m の道をつくり，残りの土地を花だんにしたら，花だんの面積は 225m² になった。正方形の土地の 1 辺の長さは何 m ですか。

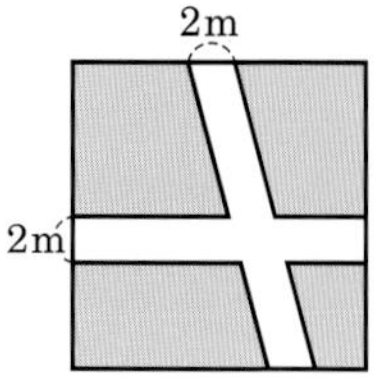

3章 2次方程式

UNIT 4

2次方程式の利用④

目標 やや難しい2次方程式の文章題が解ける。

要点

● でき上がった立体や，点が動いたあとの図形をかいて考える。

例題 27 容積の問題

LEVEL：応用

横の長さが縦の長さより6cm長い長方形の紙がある。この紙の4すみから1辺の長さが4cmの正方形を切り取り，直方体の容器を作ったら，容積が220cm^3になった。紙の縦，横の長さをそれぞれ求めなさい。

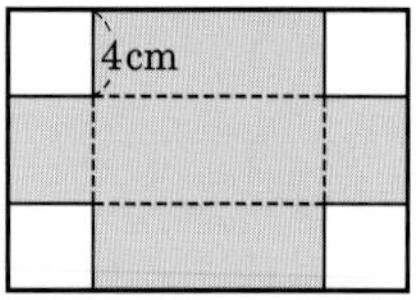

ここに着目！ でき上がった容器の縦，横の長さ，深さを考える。

解き方 右の図のように，できた容器の見取図をかいて考える。

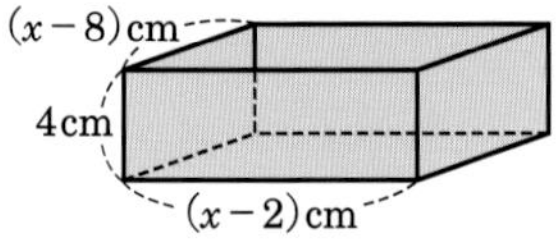

紙の縦の長さを$x$cmとすると，横の長さは$(x+6)$cm。これを使って直方体の縦，横の長さ，深さをそれぞれ順に表すと，$(x-8)$cm，$x+6-8=x-2$(cm)，4cmとなるから，容積は，

$4(x-8)(x-2)=220$　$(x-8)(x-2)=55$

$x^2-10x-39=0$　$(x-13)(x+3)=0$　$x=13,\ x=-3$

直方体の縦の長さは$(x-8)$cmなので，$x>8$から，$x=13$

よって，縦の長さ… **13cm**，横の長さ… **19cm** ……答

直方体の容積

(容積)＝(縦)×(横)×(深さ)

方程式の変形

左の式

$4(x-8)(x-2)=220$ではまず両辺を4でわっておくとよい。

$(x-8)(x-2)=55$

この式を展開して，55を左辺に移項(いこう)して整理する。

類題 27

解答 → 別冊 p.25

右の図のように，正方形の紙の4すみから1辺が3cmの正方形を切り取り，直方体の容器を作ったら，容積が147cm^3になった。もとの正方形の紙の1辺の長さを求めなさい。

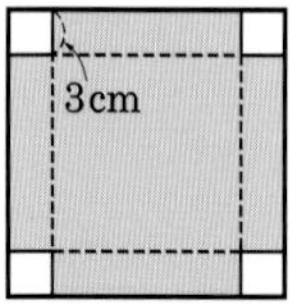

例題 28 動く点の問題

LEVEL：応用

右の図のような，縦 10cm，横 20cm の長方形 ABCD がある。点 P は，辺 AD 上を点 A から点 D まで毎秒 2cm の速さで動き，点 Q は辺 BA 上を点 B から点 A まで毎秒 1cm の速さで動くものとする。

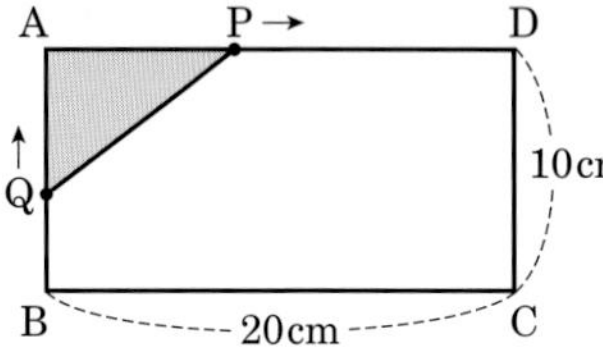

(1) 2 点 P，Q が同時に出発してから 4 秒後の △APQ の面積は何 cm^2 ですか。

(2) △APQ の面積が $20cm^2$ になるのは，出発してから何秒後ですか。

ここに着目！ 出発してから x 秒後の長さ

AP … $2\times x=2x$(cm)，AQ … $10-1\times x=10-x$(cm)

解き方 AP，AQ の長さがわかれば，△APQ の面積が求められる。

(1) 出発してから 4 秒後の AP の長さは，$2\times4=8$(cm)

AQ の長さは，AB の長さ 10cm から Q の進んだ距離(きょり)をひけばよいので，$10-1\times4=6$(cm)

したがって，△APQ の面積は，$\dfrac{1}{2}\times8\times6=24$($cm^2$)

24cm² ……答

(2) 出発してから x 秒後に $20cm^2$ になると考えて式をつくる。

x 秒後の AP の長さ… $2x$cm，AQ の長さ… $(10-x)$cm

△APQ の面積は，$\dfrac{1}{2}\times2x\times(10-x)=20$

$x(10-x)=20\quad x^2-10x+20=0$

$$x=\frac{10\pm\sqrt{100-80}}{2}=\frac{10\pm2\sqrt{5}}{2}=5\pm\sqrt{5}$$

$0\leqq x\leqq10$ より，これらは問題に適している。

$(5+\sqrt{5})$ 秒後，$(5-\sqrt{5})$ 秒後 ……答

➡ **解の大きさ**

(2)で求めた x の値(あたい)は $0\leqq x\leqq10$ の範囲(はんい)であればよい。

$\sqrt{4}<\sqrt{5}<\sqrt{9}$ より，

$2<\sqrt{5}<3$

$2+5<\sqrt{5}+5<3+5$

$7<\sqrt{5}+5<8$

$5-3<5-\sqrt{5}<5-2$

$2<5-\sqrt{5}<3$

となり，いずれも $0\leqq x\leqq10$ を満たす。

類題 28

解答 ➜ 別冊 p.25

例題 28 で，点 P が辺 DA 上を点 D から点 A まで毎秒 2cm で，点 Q が辺 BA 上を点 B から点 A まで毎秒 2cm で動くとき，△APQ の面積が $12cm^2$ になるのは出発してから何秒後ですか。

定期テスト対策問題

解答 ➡ 別冊 p.25

問1 2次方程式の解

次の問いに答えなさい。

(1) 次の方程式のうち，2次方程式であるものをすべて選び，記号で答えなさい。

㋐ $x^2+3x=-2$　　㋑ $3x+4=x$

㋒ $(x-1)^2=4$　　㋓ $x^2+5x=x^2+6$

(2) -2，-1，0，1，2のうち，2次方程式 $x^2-x-2=0$ の解を，すべていいなさい。

問2 平方根の考え方を使う2次方程式の解き方

次の2次方程式を解きなさい。

(1) $x^2=49$　　(2) $9x^2=25$

(3) $3x^2=21$　　(4) $8x^2-96=0$

(5) $(x-2)^2=9$　　(6) $3x^2-7=0$

(7) $(x+1)^2-2=0$　　(8) $3(x-7)^2=5$

問3 変形して平方根の考え方を使う2次方程式の解き方

2次方程式 $x^2+8x-3=0$ を，次のようにして解いた。$\boxed{}$ にあてはまる数を求めなさい。

$x^2+8x-3=0$
　↓ -3 を移項して
$x^2+8x=\boxed{ア}$
　↓ x の係数の $\frac{1}{2}$ の2乗を両辺に加えて
$x^2+8x+\boxed{イ}=\boxed{ア}+\boxed{イ}$
　↓ 左辺を $(x+m)^2$ の形にする。
$(x+\boxed{ウ})^2=\boxed{エ}$
$x+\boxed{ウ}=\boxed{オ}$
$x=\boxed{カ}$

問4 解の公式による2次方程式の解き方

次の2次方程式を解きなさい。

(1) $x^2-5x-5=0$

(2) $x^2+3x-1=0$

(3) $2x^2-6x+1=0$

(4) $3x^2+2x-2=0$

(5) $2x^2+3x-1=0$

(6) $\frac{1}{3}x^2-x-\frac{5}{3}=0$

問5 因数分解による2次方程式の解き方

次の2次方程式を解きなさい。

(1) $x^2-5x=0$

(2) $2x^2+9x=0$

(3) $x^2+x=12$

(4) $x^2-5x-14=0$

(5) $x^2-9=0$

(6) $x^2-6x+9=0$

(7) $4x^2-25=0$

(8) $4x^2-12x+9=0$

問6 複雑な2次方程式の解き方

次の2次方程式を解きなさい。

(1) $x(x+2)=x+6$

(2) $(x+2)(x+3)=5$

(3) $(x+2)^2=5x+6$

(4) $(x+3)^2-8(x+3)+7=0$

(5) $(x+2)^2-4(x+2)-21=0$

(6) $3x(x-3)=(x+8)(x+3)$

(7) $x^2-\frac{1}{4}x-\frac{1}{8}=0$

(8) $\frac{(x-2)(x-5)}{3}=\frac{(x-4)^2}{4}$

問7 解が与えられた2次方程式

次の問いに答えなさい。

(1) 2次方程式 $x^2-ax-3a=0$ (a は定数)の1つの解が $x=6$ であるとき，a の値(あたい)ともう1つの解を求めなさい。

(2) x についての2次方程式 $x^2+ax+b=0$ の解が $x=5$ だけのとき，a，b の値を求めなさい。

(3) x についての2次方程式 $x^2+ax+b=0$ の2つの解が -3 と -1 であるとき，a と b の値をそれぞれ求めなさい。

問 8　2 次方程式の利用（連続する 2 つの整数）

連続する 2 つの整数の積が 30 であるとき，この 2 つの整数を求めなさい。

問 9　2 次方程式の利用（2 けたの整数）

2 けたの整数がある。一の位と十の位の数の和は 6 で，この整数と，一の位の数と十の位の数の順を逆にしてできる整数との積は 1008 であるという。この 2 けたの整数を求めなさい。

問 10　2 次方程式の利用（円の面積）

半径が 6cm の円がある。この円の半径を $x$cm 大きくすると，円の面積はもとの円の面積より 45πcm^2 大きくなった。この x の値（あたい）を求めなさい。

問 11　2 次方程式の利用（長方形の面積）

正方形と長方形がある。長方形の縦の長さは正方形の 1 辺の長さより 3cm 短く，横の長さは 4cm 長い。また正方形の面積は長方形の面積の 2 倍に等しい。このとき，正方形の 1 辺の長さを求めなさい。

問 12　2 次方程式の利用（通路の幅）

縦 12m，横 15m の長方形の土地に，右の図のように縦と横に同じ幅（はば）の道をつけ，残りを A，B 2 つの部分に分けて花だんをつくりたい。A の面積を 50m^2，B の面積を 80m^2 にするには，道の幅は何 m にすればよいですか。

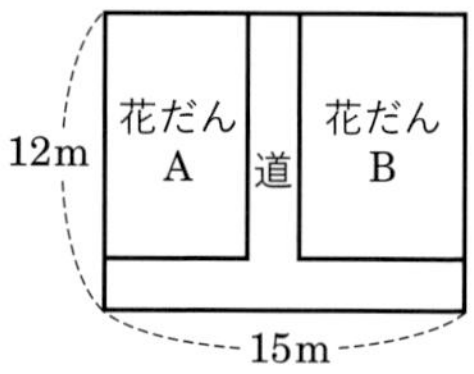

問 13　2 次方程式の利用（動く点）

右の図の三角形 ABC は，AB＝10cm，BC＝15cm，∠B＝90° の直角三角形である。いま，点 P は点 A を出発して，辺 AB 上を点 B まで毎秒 2cm の速さで動き，点 Q は点 B を出発して，辺 BC 上を点 C まで毎秒 3cm の速さで動く。△PBQ の面積が 12cm^2 になるのは，点 P，Q がそれぞれ点 A，B を出発してから何秒後ですか。

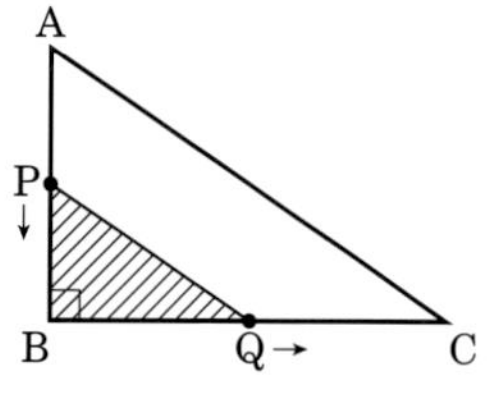

KUWASHII MATHEMATICS

中3 数学

4章

関数 $y=ax^2$

例題一覧

UNIT 1

関数 $y=ax^2$

目標 y が x の2乗に比例する関数の特徴がわかる。

要点

- **y が x の関数で，$y=ax^2$ と表されるとき，y は x の2乗に比例するという。**
  （a は比例定数）

例題 1 関数 $y=ax^2$ の特徴

LEVEL：基本

斜面（しゃめん）を転がるボールの運動で，転がり始めてから x 秒後までに進む距離（きょり）を ym とするとき，$y=x^2$ の関係がある。

(1) x と y の対応する値（あたい）を1秒ごとに調べると，下の表のようになる。空欄（くうらん）にあてはまる数を求めなさい。

(2) 右の表で x の値が2倍，3倍，4倍になると，対応する y の値はそれぞれ何倍になりますか。

x	0	1	2	3	4	5	…
y	0	1	(ア)	9	(イ)	(ウ)	…

ここに着目！

関数 $y=x^2$ に x の値をそれぞれ代入して，y の値を求める。

解き方 (1) $y=x^2$ で $x=2$ のとき，$y=2^2=4$

同様に $x=4$ のとき，$y=4^2=16$

$x=5$ のとき，$y=5^2=25$

したがって，(ア)… **4**，(イ)… **16**，(ウ)… **25** ……答

(2) x の値が1から2と2倍になると，y の値は1から4と4倍になり，x の値が3倍，4倍になると y の値は9倍，16倍になる。**y の値は4倍，9倍，16倍になる。** ……答

➡ **$y=x^2$ の x と y の関係**

（x：2倍，3倍，4倍）

x	0	1	2	3	4
y	0	1	4	9	16

（y：4倍，9倍，16倍）

類題 1

解答 ➡ 別冊 p.28

例題1の関係で，ボールが転がり始めてから10秒間ではボールは何m転がると考えられますか。

例題 2　関数 $y=ax^2$

LEVEL：標準

次のそれぞれについて，y を x の式で表し，y が x の 2 乗に比例しているかどうかを答えなさい。

(1)　200g のかごに，1 個 xg のみかんを 6 個のせたときの重さが yg である。

(2)　底面が 1 辺 $x$cm の正方形で，高さが 3cm の四角柱の体積が $y\text{cm}^3$ である。

(3)　半径が $x$cm の円の面積が $y\text{cm}^2$ である。

(4)　時速 $x$km で 3 時間走ると，$y$km 進む。

ここに着目！　**$y=ax^2$ ($a \neq 0$) の形で表せたら，y は x の 2 乗に比例している。**

解き方　x と y の関係を式で表す。$y=ax^2$ の形に表せたら，y は x の 2 乗に比例している，といえる。

(1)　(全体の重さ)

$=$(xg のみかん 6 個の重さ)$+$(かごの重さ 200g)より，

$y=x\times6+200$　$\boldsymbol{y=6x+200}$

よって，**y は x の 2 乗に比例していない。**……答

(2)　(四角柱の体積)$=$(底面積)$\times$(高さ)より，$y=x^2\times3$

$\boldsymbol{y=3x^2}$　よって，**y は x の 2 乗に比例している。**……答

(3)　(円の面積)$=\pi\times$(半径)^2 より，$y=\pi\times x^2$

$\boldsymbol{y=\pi x^2}$　よって，**y は x の 2 乗に比例している。**……答

(4)　(距離)$=$(速さ)$\times$(時間)より，$y=x\times3$

$\boldsymbol{y=3x}$　よって，**y は x の 2 乗に比例していない。**……答

参考

(1)は 1 次関数の式
(2)比例定数は 3
(3)比例定数は π
(4)は比例の式

類題 2

解答 ➜ 別冊 p.28

次のそれぞれについて，y を x の式で表し，y が x の 2 乗に比例しているかどうかを答えなさい。

(1)　1 辺の長さが $x$cm の正方形の面積が $y\text{cm}^2$ である。

(2)　底面が $x\text{cm}^2$ の三角形で，高さが 4cm の三角柱の体積が $y\text{cm}^3$ である。

(3)　半径が $x$cm の球の表面積を $y\text{cm}^2$ とする。

UNIT 2

関数 $y=ax^2$ のグラフ

目標 関数 $y=ax^2$ のグラフがかける。

要点

● **関数 $y=ax^2$ のグラフ**
・頂点が原点
・y 軸が対称の軸の放物線

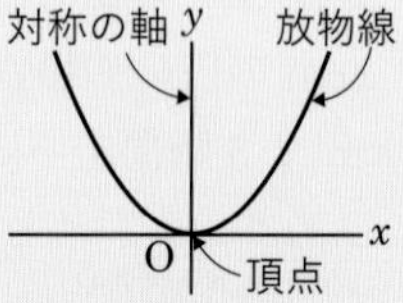

例題 3 関数 $y=ax^2$ $(a>0)$ のグラフ

LEVEL：基本

関数 $y=x^2$ について，次の問いに答えなさい。

(1) 次の表の空欄にあてはまる y の値を求めなさい。

x	…	-3	-2	-1	0	1	2	3	…
y	…								…

(2) グラフをかきなさい。

ここに着目！ 関数 $y=ax^2$ のグラフをかくときは，通る点をなめらかに結ぶ。

解き方 (1) x が -3 のとき，$y=(-3)^2=9$
x が -2 のとき，$y=(-2)^2=4$
ほかの値も同様に求める。
左から順に，
9，4，1，0，1，4，9 ……答

(2) $(-4,\ 16)$，$(-3,\ 9)$，$(-2,\ 4)$，$(-1,\ 1)$，$(0,\ 0)$，$(1,\ 1)$，$(2,\ 4)$，$(3,\ 9)$，$(4,\ 16)$ の点をとり，曲線で結ぶ。**右の図** ……答

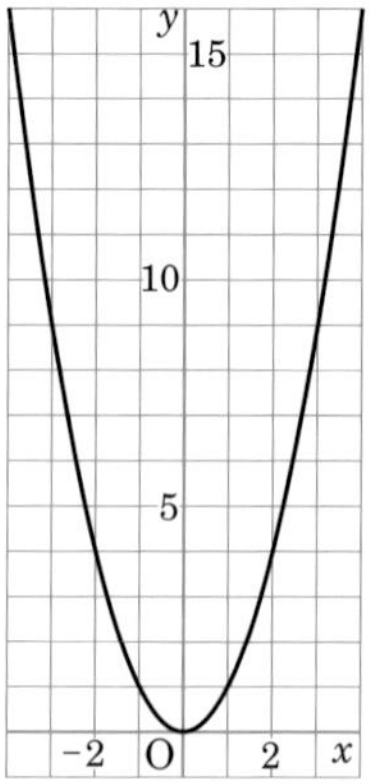

➲ **$y=ax^2$ $(a>0)$ のグラフ**
・原点を通り，x 軸の上側にある放物線である。
・y 軸を対称の軸として線対称である。
・上に開いた形で，a の値の絶対値が大きいほど開き方は小さい。

類題 3

解答 ➜ 別冊 p.28

例題 3 の図に関数 $y=2x^2$ のグラフをかきなさい。

例題 4 関数 $y=ax^2$ $(a<0)$ のグラフ

LEVEL：基本

関数 $y=-2x^2$ について，次の問いに答えなさい。

(1) 次の表の空欄にあてはまる y の値を求めなさい。

x	…	-3	-2	-1	0	1	2	3	…
y	…								…

(2) グラフをかきなさい。

ここに着目！ 関数 $y=-2x^2$ のグラフは，原点を通り x 軸の下側にある。

解き方 $y=-2x^2$ の式で x に対応する y の値を求める。x と y の値の組を座標とする点をとり，曲線で結ぶ。

(1) x が -3 のとき，

$y=-2\times(-3)^2=-18$

x が -2 のとき，

$y=-2\times(-2)^2=-8$

ほかの値も同様に求める。

左から順に，

-18，-8，-2，0，-2，-8，-18 ……答

(2) $(-3,\ -18)$，$(-2,\ -8)$，$(-1,\ -2)$，$(0,\ 0)$，$(1,\ -2)$，$(2,\ -8)$，$(3,\ -18)$ の点をとり，曲線で結ぶ。

右上の図 ……答

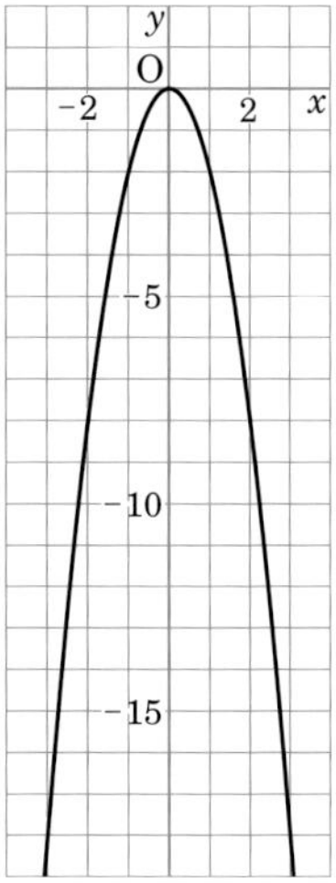

➡ $y=ax^2$ $(a<0)$ のグラフ

- 原点を通り，x 軸の下側にある放物線である。
- y 軸を対称の軸として線対称である。
- 下に開いた形で，a の値の絶対値が大きいほど開き方は小さい。

$y=-2x^2$ のグラフは x 軸の下にあるね。

類題 4

解答 ➡ 別冊 p.29

例題 4 の図に $y=-x^2$ のグラフをかきなさい。

UNIT 3

関数 $y=ax^2$ の決定

目標 関数 $y=ax^2$ の式を求めることができる。

要点

- 関数 $y=ax^2$ の式を求めるには，x と y の値（あたい）を代入して，a の値を求める。

例題 5 関数 $y=ax^2$ の式を求める

LEVEL：標準

y は x の 2 乗に比例し，$x=2$ のとき $y=20$ である。このとき，y を x の式で表しなさい。

ここに着目！ y が x の 2 乗に比例する ⇒ $y=ax^2$

解き方 y は x の 2 乗に比例するので，$y=ax^2$ とおける。求める式は，$x=2$ のとき $y=20$ の値をとるので，$y=ax^2$ に，x と y の値を代入して，成り立つ a を求める。

$20=a\times2^2$

$20=4a$

$a=5$

よって，$\boldsymbol{y=5x^2}$ ……答

表で考える

例題 5 の x，y の値を表に表すと，次のようになる。

x	…	2	…
y	…	20	…

$x=0$，$y=0$ 以外の x と y の値が 1 組わかれば $y=ax^2$ の式が求められる。

類題 5

解答 ➡ 別冊 p.29

y は x の 2 乗に比例し，$x=3$ のとき $y=-18$ である。このとき，y を x の式で表しなさい。

例題 6 グラフが通る点から式を求める

LEVEL：標準

関数 $y=ax^2$ のグラフが点 $(-4,\ 8)$ を通るとき，このグラフの式を求めなさい。また，$x=2$ のときの y の値を求めなさい。

ここに着目！ 点 $(-4,\ 8)$ を通る ⇒ $x=-4$ のとき $y=8$

解き方 グラフは点 $(-4,\ 8)$ を通るので，$y=ax^2$ で $x=-4$ のとき，y の値は 8 であるとわかる。

$y=ax^2$ に $x=-4$，$y=8$ を代入する。

$8=a\times(-4)^2$

$8=16a$

$a=\dfrac{1}{2}$ よって，$\boldsymbol{y=\dfrac{1}{2}x^2}$ ……答

また，$y=\dfrac{1}{2}x^2$ の式に $x=2$ を代入すると，

$y=\dfrac{1}{2}\times 2^2=2$ よって，$\boldsymbol{y=2}$ ……答

$y=ax^2$ の決定

$y=ax^2$ のグラフの式は原点以外の通る 1 点が決まれば求めることができる。

類題 6

解答 ➡ 別冊 p.29

関数 $y=ax^2$ のグラフが点 $(2,\ 16)$ を通るとき，このグラフの式を求めなさい。また，$x=-3$ のときの y の値を求めなさい。

COLUMN

コラム

速さと運動エネルギー

運動エネルギーとは，運動している物体がもっているエネルギーのことです。

運動している物体の速さを 2 倍にすると運動エネルギーは 4 倍に，速さを 3 倍にすると運動エネルギーは 9 倍になります。つまり，速さ x と運動エネルギー y の間には，$y=ax^2$ の関係があるといえます。衝突(しょうとつ)したときの衝撃(しょうげき)の大きさを考えると，自動車のスピードの出しすぎの怖(こわ)さがわかります。

UNIT 4

関数 $y=ax^2$ のグラフの特徴

目標 関数 $y=ax^2$ のグラフの特徴がわかる。

要点

関数 $y=ax^2$ で，グラフは，

- **$a>0$ のとき上に開き，$a<0$ のとき下に開く。**
- **a の値(あたい)の絶対値が大きいほど開き方は小さくなる。**
- **a の値の絶対値が同じで，符号(ふごう)が反対だと，x 軸(じく)について対称(たいしょう)になる。**

例題 7 関数 $y=ax^2$ のグラフの特徴

LEVEL：標準

次の関数のグラフについて，下の問いに答えなさい。

① $y=2x^2$　② $y=3x^2$　③ $y=-2x^2$

④ $y=\dfrac{1}{2}x^2$　⑤ $y=-\dfrac{1}{2}x^2$　⑥ $y=\dfrac{1}{6}x^2$

(1) 上に開いているものはどれですか。すべて選びなさい。

(2) 下に開いているものはどれですか。すべて選びなさい。

(3) 開き方が最も大きいものはどれですか。

ここに着目！ 関数 $y=ax^2$ の特徴は a の値で判断する。

解き方 a の値に注目して見分ける。

(1) a の値が正であるものなので，①，②，④，⑥ ……答

(2) a の値が負であるものなので，③，⑤ ……答

(3) a の絶対値が最も小さいものなので，⑥ ……答

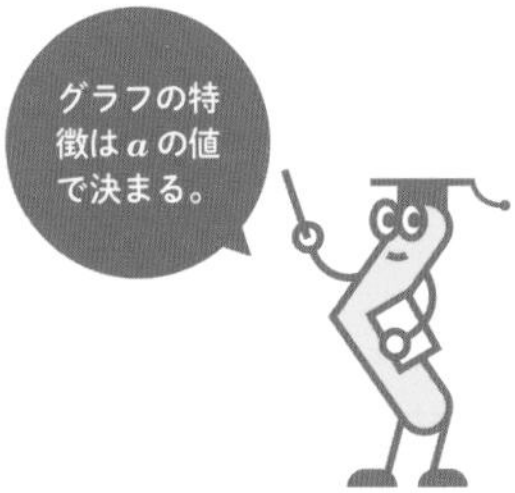

類題 7

解答 → 別冊 p.29

例題 7 の①～⑥の関数のグラフについて，x 軸について対称であるものの組をすべて選びなさい。

例題 8 関数 $y=ax^2$ のグラフと a の値

LEVEL：標準

右の図の(1)〜(3)は，下の㋐〜㋒の関数のグラフを示したものである。(1)〜(3)はそれぞれどの関数のグラフですか。

㋐ $y=\frac{1}{4}x^2$

㋑ $y=-2x^2$

㋒ $y=x^2$

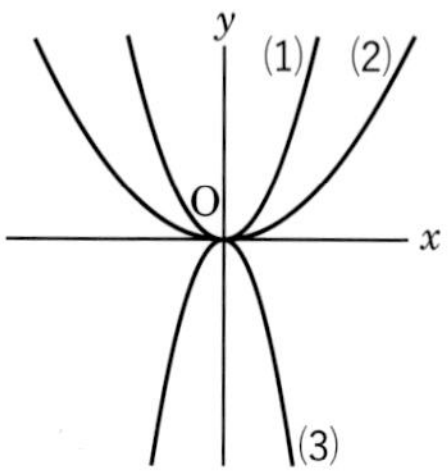

ここに着目！

グラフが上に開いている ⇒ $a>0$
グラフの開き方が大きいほうが，a の絶対値は小さい。

解き方 グラフの特徴(とくちょう)をよく見て，a の値を判断する。
まず，下に開いているグラフは(3)だけなので，$a<0$ である式は㋑より，(3)のグラフの式は㋑となる。
残りの(1), (2)のグラフは上に開いているので，㋐か㋒になる。(1), (2)のグラフの開き方は，(2)の方が大きいので，a の絶対値が小さいほうが(2)のグラフになる。したがって，(2)が㋐となる。

(1)…㋒　(2)…㋐　(3)…㋑ ……… 答

➲ 放物線

関数 $y=ax^2$ のグラフは放物線である。放物線は，限りなくのびた曲線で，線対称な図形である。

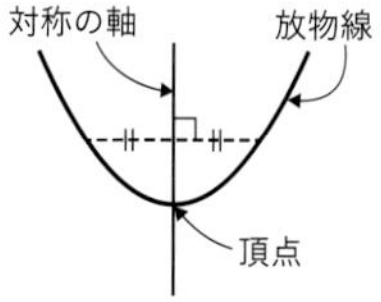

類題 8

解答 ➜ 別冊 p.29

右の図の㋐〜㋒の関数のグラフについて，次の問いに答えなさい。

(1) ㋐と㋑のグラフの式は，$y=-x^2$，$y=-3x^2$ のどちらかである。$y=-x^2$ のグラフは㋐，㋑のどちらですか。

(2) ㋒のグラフは㋑と x 軸について対称である。㋒のグラフの式を求めなさい。

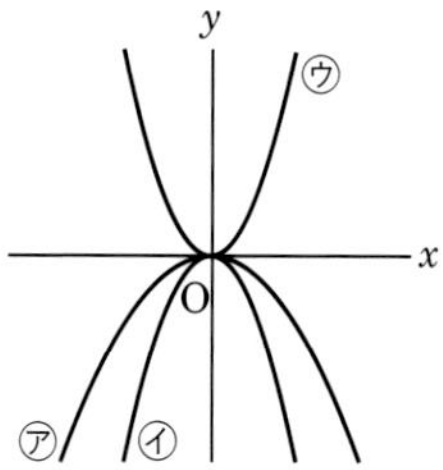

UNIT 1

関数 $y=ax^2$ $(a>0)$ の y の変域

目標 関数 $y=ax^2$ $(a>0)$ で x の変域に対応する y の変域を求めることができる。

要点

- **関数 $y=ax^2$ $(a>0)$ で，x の値(あたい)が増加するとき**
  - **$x<0$ の範囲(はんい) … y の値は減少**
  - **$x>0$ の範囲 … y の値は増加**
  - **$x=0$ のとき … y は最小値 0**

例題 9 関数 $y=ax^2$ $(a>0)$ の y の変域

LEVEL：標準

関数 $y=2x^2$ について，x の変域が次のときの y の変域を求めなさい。

(1) $-3 \leqq x \leqq -1$　　(2) $2 \leqq x \leqq 5$

ここに着目！ 関数 $y=ax^2$ の y の変域を求める場合，x の変域の両端の値を，関数の式に代入し，y の値を求める。また，グラフをかいて確認する。

解き方 $y=2x^2$ の式に x の値を代入して，y の値を求める。おおよそのグラフをかいて，y の値の増減を確認する。

(1) $x=-3$ のとき，$y=2\times(-3)^2=18$

$x=-1$ のとき，$y=2\times(-1)^2=2$ だから，

y の変域は，**$2 \leqq y \leqq 18$** ……答 （右の図参照）

(2) $x=2$ のとき，$y=2\times2^2=8$

$x=5$ のとき，$y=2\times5^2=50$ だから，

y の変域は，**$8 \leqq y \leqq 50$** ……答 （右の図参照）

$y=2x^2$ のグラフ

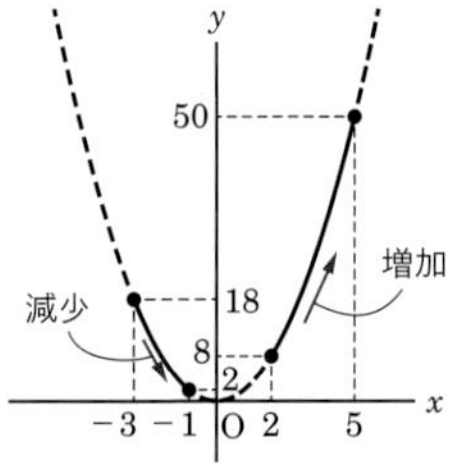

類題 9

解答 → 別冊 p.29

関数 $y=\frac{1}{4}x^2$ について，x の変域が次のときの y の変域を求めなさい。

(1) $-4 \leqq x \leqq -2$　　(2) $2 \leqq x \leqq 8$

例題 10 関数 $y=ax^2$ $(a>0)$ の x の変域に $x=0$ をふくむ場合

LEVEL：標準

関数 $y=x^2$ について，x の変域が次のときの y の変域を求めなさい。

(1) $-1 \leqq x \leqq 3$　　(2) $-4 \leqq x \leqq 2$

ここに着目！ x の変域が 0 をふくむ場合，y の変域の最小値は 0 になる。

解き方　グラフをかいて，x の変域に 0 がふくまれるかを調べる。0 がふくまれているとき，y の最小値は 0，最大値は x の値の絶対値が最大のときの y の値となる。

(1) x の変域に 0 がふくまれているので，$x=0$ のとき $y=0$ が最小値になる。
$x=3$ のときが y の最大値で，$y=3^2=9$
したがって，y の変域は，**$0 \leqq y \leqq 9$** ……答　（右の図参照）

(2) x の変域に 0 がふくまれているので，$x=0$ のとき $y=0$ が最小値になる。
$x=-4$ のときが y の最大値で，$y=(-4)^2=16$
したがって，y の変域は，**$0 \leqq y \leqq 16$** ……答

0 をふくむ x の変域

(1)

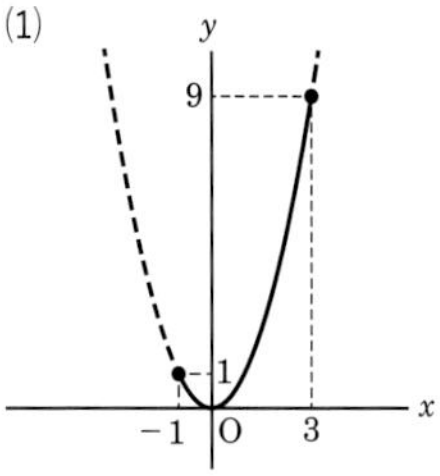

$x=0$ のとき，$y=0$（最小値）
$x=3$ のとき，$y=9$（最大値）

類題 10

解答 → 別冊 p.29

関数 $y=2x^2$ について，x の変域が次のときの y の変域を求めなさい。

(1) $-4 \leqq x \leqq 1$　　(2) $-2 \leqq x \leqq 3$

UNIT 2

関数 $y=ax^2$ $(a<0)$ の y の変域

目標 関数 $y=ax^2$ $(a<0)$ で x の変域に対応する y の変域を求めることができる。

要点

● 関数 $y=ax^2$ $(a<0)$ で，x の値(あたい)が増加するとき

$x<0$ の範囲(はんい) … y の値は増加

$x>0$ の範囲 … y の値は減少

$x=0$ のとき … y は最大値 0

例題 11 関数 $y=ax^2$ $(a<0)$ の y の変域

LEVEL：標準

関数 $y=-2x^2$ について，x の変域が次のときの y の変域を求めなさい。

(1) $-3 \leqq x \leqq -1$　　(2) $2 \leqq x \leqq 5$

ここに着目！ 関数 $y=ax^2$ の y の変域を求める場合，x の変域の両端の値を，関数の式に代入し，y の値を求める。また，グラフをかいて確認する。

解き方 $y=-2x^2$ の式に x の値を代入して，y の値を求める。おおよそのグラフをかいて，y の値の増減を確認する。

(1) $x=-3$ のとき，$y=-2\times(-3)^2=-18$

$x=-1$ のとき，$y=-2\times(-1)^2=-2$

y の変域は，$\mathbf{-18 \leqq y \leqq -2}$ ……(答) （右の図参照）

(2) $x=2$ のとき，$y=-2\times2^2=-8$

$x=5$ のとき，$y=-2\times5^2=-50$

y の変域は，$\mathbf{-50 \leqq y \leqq -8}$ ……(答) （右の図参照）

➡ $y=-2x^2$ のグラフ

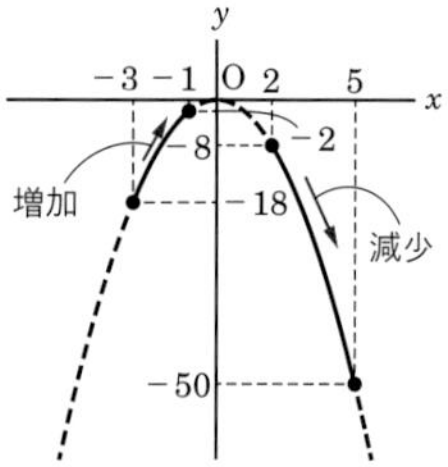

p.132 の $y=2x^2$ のグラフと比べてみる。

類題 11

解答 ➡ 別冊 p.30

関数 $y=-\dfrac{1}{3}x^2$ について，x の変域が次のときの y の変域を求めなさい。

(1) $-6 \leqq x \leqq -3$　　(2) $1 \leqq x \leqq 3$

例題 12 関数 $y=ax^2\ (a<0)$ の x の変域に $x=0$ をふくむ場合

LEVEL：標準

関数 $y=-x^2$ について，x の変域が次のときの y の変域を求めなさい。

(1)　$-2 \leqq x \leqq 4$　　(2)　$-3 \leqq x \leqq 1$

ここに着目！ **x の変域が 0 をふくむ場合，y の変域の最大値は 0 になる。**

解き方　グラフをかいて，x の変域に 0 がふくまれるかを調べる。0 がふくまれているとき，y の最大値は 0，最小値は x の値の絶対値が最大のときの y の値となる。

(1)　x の変域に 0 がふくまれているので，$x=0$ のとき $y=0$ が最大値になる。
$x=4$ のときが y の最小値で，$y=-4^2=-16$
したがって，y の変域は，$\boldsymbol{-16 \leqq y \leqq 0}$ ……答

（右の図参照）

(2)　x の変域に 0 がふくまれているので，$x=0$ のとき $y=0$ が最大値になる。
$x=-3$ のときが y の最小値で，$y=-(-3)^2=-9$
したがって，y の変域は，$\boldsymbol{-9 \leqq y \leqq 0}$ ……答

➡ 0 をふくむ x の変域

(1)

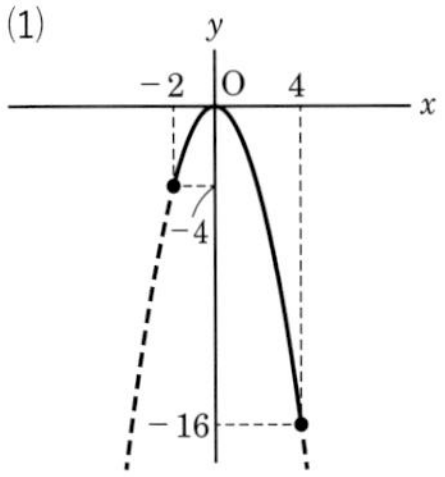

$x=4$ のとき，$y=-16$（最小値）
$x=0$ のとき，$y=0$（最大値）

類題 12

解答 ➡ 別冊 p.30

関数 $y=-\dfrac{1}{2}x^2$ について，x の変域が次のときの y の変域を求めなさい。

(1)　$-5 \leqq x \leqq 6$　　(2)　$-4 \leqq x \leqq 1$

UNIT 3

関数 $y=ax^2$ の変化の割合

目標 関数 $y=ax^2$ の変化の割合を求めることができる。

要点

- $(\text{変化の割合})=\dfrac{(y\text{の増加量})}{(x\text{の増加量})}$
- **$y=ax^2$ の変化の割合は一定ではない。**

例題 13 関数 $y=ax^2$ の変化の割合

LEVEL：標準

関数 $y=2x^2$ について，x の値(あたい)が次のように増加するときの変化の割合を求めなさい。

(1) 2 から 3 まで　　(2) -4 から -2 まで

ここに着目！ $(\text{変化の割合})=\dfrac{(y\text{の増加量})}{(x\text{の増加量})}$

解き方 $(\text{変化の割合})=\dfrac{(y\text{の増加量})}{(x\text{の増加量})}$ の式にあてはめて求める。

(1) $x=2$ のとき，$y=2\times2^2=8$

$x=3$ のとき，$y=2\times3^2=18$

したがって，変化の割合は，

$$\frac{(y\text{の増加量})}{(x\text{の増加量})}=\frac{18-8}{3-2}=\frac{10}{1}=\mathbf{10}$$ ……答

x	…	2	…	3	…
y	…	8	…	18	…

（x：$+1$，y：$+10$）

(2) $x=-4$ のとき，$y=2\times(-4)^2=32$

$x=-2$ のとき，$y=2\times(-2)^2=8$

x	…	-4	…	-2	…
y	…	32	…	8	…

（x：$+2$，y：-24）

$$(\text{変化の割合})=\frac{(y\text{の増加量})}{(x\text{の増加量})}=\frac{8-32}{-2-(-4)}$$

$$=\frac{-24}{2}=\mathbf{-12}$$ ……答

$y=2x^2$ の変化の割合

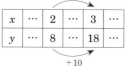

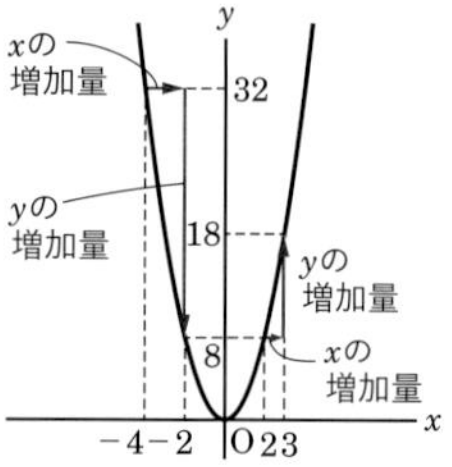

注意

a から b までの増加量は，$b-a$。

類題 13

解答 ➜ 別冊 p.30

関数 $y=-x^2$ について，x の値が次のように増加するときの変化の割合を求めなさい。

(1) 2 から 5 まで　　(2) -6 から -2 まで

例題 14 変化の割合から関数 $y=ax^2$ の式を求める

LEVEL：標準

関数 $y=ax^2$ で，x の値が 1 から 3 まで増加するときの変化の割合が 12 である。a の値を求めなさい。

ここに着目！ 変化の割合を a を用いて表す。⇒ a についての方程式をつくる。

解き方 変化の割合を a を使って表して，これが 12 になるように方程式をつくって解く。

$x=1$ のとき，$y=ax^2=a\times1^2=a$

$x=3$ のとき，$y=ax^2=a\times3^2=9a$

$$(\text{変化の割合})=\frac{(y\text{の増加量})}{(x\text{の増加量})}=\frac{9a-a}{3-1}=\frac{8a}{2}=4a$$

これが 12 になるので，

$4a=12$

$\boldsymbol{a=3}$ ……答

x	…	1	…	3	…
y	…	a	…	$9a$	…

（x の増加量 2，y の増加量 $8a$）

注意

x の値が増加するとき

① y の値が増加するなら変化の割合は正。

② y の値が減少するなら変化の割合は負。

類題 14

解答 ➜ 別冊 p.30

関数 $y=ax^2$ で，x の値が -5 から -2 まで増加するときの変化の割合が 14 である。a の値を求めなさい。

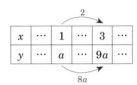

UNIT 4

平均の速さ，1 次関数 $y=ax+b$ と関数 $y=ax^2$ の特徴

目標 平均の速さを求めることができる。$y=ax+b$ と $y=ax^2$ の特徴の違いがわかる。

要点

- （平均の速さ）＝（変化の割合）
- **1 次関数 $y=ax+b$ のグラフは直線**
- **関数 $y=ax^2$ のグラフは放物線**

例題 15 平均の速さ

LEVEL：標準

なめらかな斜面(しゃめん)からボールを転がしたとき，転がり始めてからの時間を x 秒，その間に転がる距離(きょり)を ym とすると，$y=3x^2$ という関係があった。このとき，転がり始めてから 2 秒後から 5 秒後までの平均の速さを求めなさい。

ここに着目！ $(\text{平均の速さ})=\dfrac{(\text{進んだ距離})}{(\text{かかった時間})}$

解き方 かかった時間は x の増加量，進んだ距離は y の増加量だから，x の値(あたい)が 2 から 5 まで増加するときの変化の割合が，平均の速さになる。

x	…	2	…	5	…
y	…	12	…	75	…

$x=2$ のとき，$y=3\times2^2=12$

$x=5$ のとき，$y=3\times5^2=75$

よって，$(\text{平均の速さ})=\dfrac{(\text{進んだ距離})}{(\text{かかった時間})}=\dfrac{(y\text{ の増加量})}{(x\text{ の増加量})}$

$=\dfrac{75-12}{5-2}=\dfrac{63}{3}=21\ (\text{m/s})$

秒速 21m ……答

平均の速さ

（平均の速さ）
＝（進んだ距離）
÷（かかった時間）
で求められる。
小学校で学習した「速さ」とは，この平均の速さのことである。

参考

秒速 am の速さを，am/s と書くこともある。

類題 15

解答 ➜ 別冊 p.30

例題 15 で，次の場合の平均の速さを求めなさい。

(1) 1 秒後から 3 秒後まで (2) 3 秒後から 6 秒後まで

例題 16 1次関数 $y=ax+b$ と関数 $y=ax^2$ の特徴

LEVEL：標準

(1) 関数 $y=2x^2$，(2) 関数 $y=-2x^2$，(3) 1次関数 $y=2x+1$ のそれぞれについて，あてはまるものを次の㋐〜㋔からすべて選び記号で答えなさい。

㋐ この関数は，x の値が増加すると y の値はつねに増加する。

㋑ この関数の変化の割合は一定ではない。

㋒ この関数のグラフは下に開いた放物線である。

㋓ この関数では，$x<0$ のとき，x の値が増加すると y の値は減少する。

㋔ この関数の変化の割合は一定である。

ここに着目！ (1)〜(3)それぞれのグラフをかき，㋐〜㋔のどれがあてはまるかを確認。

解き方 (1) $y=2x^2$

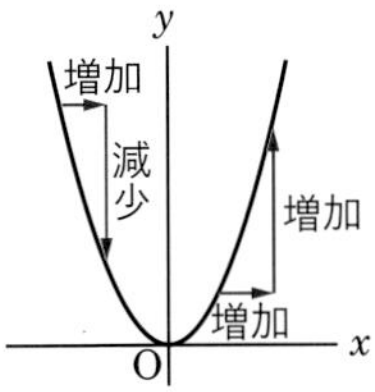

(2) $y=-2x^2$

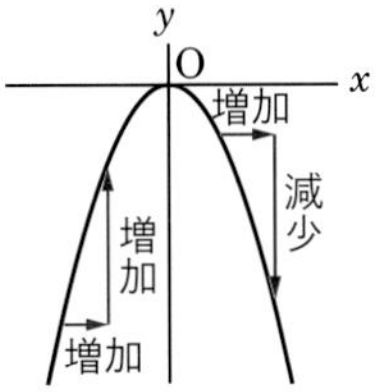

(3) $y=2x+1$

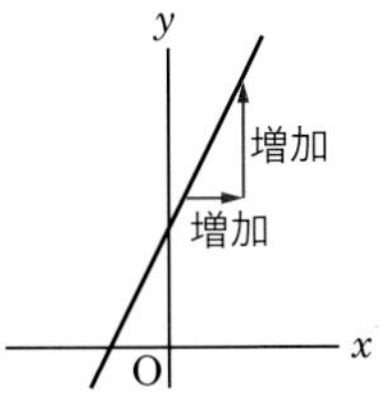

㋐ x の値が増加すると y の値がつねに増加するのは，1次関数 $y=ax+b$ で $a>0$ の場合だから，(3)

㋑ 変化の割合が一定ではないのは，$y=ax^2$ の関数なので，(1)と(2)

㋒ 下に開いた放物線のグラフは，$y=ax^2$ のグラフで $a<0$ のときだから，(2)

㋓ $x<0$ の範囲（はんい）で x が増加すると y の値が減少するのは，(1)

㋔ 変化の割合が一定なのは，(3)

(1)…**㋑と㋓**　(2)…**㋑と㋒**　(3)…**㋐と㋔** ……… 答

➲ 1次関数

$y=ax+b$ の式で表され，変化の割合は a。グラフは，傾き（かたむき）a，切片（せっぺん）b の直線になる。切片 b はグラフと y 軸（じく）との交点の y 座標である。

類題 16

解答 ➜ 別冊 p.31

$x>0$ の範囲で，x の値が増加すると y の値が減少する関数を，次の㋐〜㋒の中から選びなさい。

㋐ $y=\dfrac{1}{2}x^2$　　㋑ $y=3x$　　㋒ $y=-4x^2$

UNIT 1

関数 $y=ax^2$ の利用①

目標 関数 $y=ax^2$ の関係を利用して制動距離や落下の問題を解くことができる。

要点

● 制動距離（せいどうきょり）・落下の問題

y が x の2乗に比例する ⟶ $y=ax^2$ とおく。

例題 17 制動距離の問題

LEVEL：応用

走っている電車のブレーキがきき始めてから，停止するまでに走った距離を制動距離という。一般（いっぱん）に制動距離は，速さの2乗に比例することがわかっている。いま，ある電車が秒速8mの速さで走っているときの制動距離は32mだった。次の問いに答えなさい。

(1) 電車の速さが秒速16mになると，制動距離は何mになりますか。

(2) 秒速 xm の速さで走るときの制動距離を ym として，y を x の式で表しなさい。

ここに着目！

$y = a \; x^2$

（制動距離）$=a\times$（速さ）^{2}

解き方 関数 $y=ax^2$ の関係なので，x，y にあてはまる数を代入して比例定数 a を求める。

(1) 速さが $16\div8=2$（倍）になるので，制動距離は $2^2=4$（倍）になる。

$32\times4=128$ (m)　**128m** ……答

(2) $y=ax^2$ の式に，$x=8$，$y=32$ を代入する。

$32=a\times8^2$　$32=64a$　$a=\dfrac{1}{2}$ より，$\boldsymbol{y=\dfrac{1}{2}x^2}$ ……答

参考

$y=ax^2$ の x と y の値（あたい）の変化

（x：2倍，3倍，4倍）

x	…	8	16	24	32	…
y	…	32	128	288	512	…

（y：4倍，9倍，16倍）

類題 17

解答 ➡ 別冊 p.31

例題17の電車の制動距離が72mのとき，電車の速さを求めなさい。

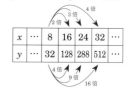

例題 18 落下の問題

LEVEL：応用

高いところから物を落とすとき，落ち始めてから x 秒間に落ちる距離を y m とすると，y は x の 2 乗に比例する。次の問いに答えなさい。

(1) 落ち始めてから 2 秒間で，19.6m 落ちた。y を x の式で表しなさい。

(2) 落ち始めてから 6 秒間では，何 m 落ちますか。

ここに着目！

$$y \quad = a \quad x^2$$

（落ちる距離）＝a×（時間）²

(解き方) y は x の 2 乗に比例するので，$y=ax^2$ とおく。

(1) $y=ax^2$ に $x=2$，$y=19.6$ を代入して，a の値を求める。

$$19.6 = a \times 2^2$$
$$19.6 = 4a$$
$$a = 4.9$$

したがって，**$y=4.9x^2$** ……(答)

(2) $y=4.9x^2$ に $x=6$ を代入する。

$$y = 4.9 \times 6^2$$
$$y = 176.4$$

176.4m ……(答)

[別解]

x が 2 から 6 になったので，x の値は $6 \div 2 = 3$（倍）になった。

したがって，y の値は $3^2 = 9$（倍）になるので，

$19.6 \times 9 = 176.4$（m）としても，求めることができる。

$y=ax^2$ とおいて考えよう。

4 章

関数 $y=ax^2$

✓ 類題 18

解答 ➔ 別冊 p.31

例題 18 の関係で，次の問いに答えなさい。

(1) 落ち始めてから 4 秒間では，何 m 落ちますか。

(2) 落ち始めてから 2 秒後から 4 秒後までの間の平均の速さを求めなさい。

UNIT 2

関数 $y=ax^2$ の利用 ②

目標 振り子や風圧の問題を解くことができる。

要点

● **振り子(ふりこ)，風圧の問題**…y が x の 2 乗に比例する。 ⟶ $y=ax^2$ で表せる。

例題 19 振り子の問題

LEVEL：応用

振り子が 1 往復するのにかかる時間は，おもりの重さや振れ幅(はば)に関係なく一定で，それを周期という。周期が x 秒の振り子の長さを ym とすると，$y=\frac{1}{4}x^2$ という関係がある。次の問いに答えなさい。

(1) 周期が 2 秒の振り子をつくるには，振り子の長さを何 m にすればよいですか。

(2) 長さが 9m の振り子の周期は何秒ですか。

ここに着目！ $y=\frac{1}{4}x^2$ （振り子の長さ）$=\frac{1}{4}\times$（振り子の周期）^{2}

解き方 $y=\frac{1}{4}x^2$ の式に，x か y の値(あたい)を代入すればもう一方の値を求めることができる。

(1) 周期が 2 秒なので，$x=2$ を代入する。

$y=\frac{1}{4}\times2^2=\frac{1}{4}\times4=1$ **1m** ……(答)

(2) 振り子の長さが 9m なので，$y=9$ を式に代入する。

$9=\frac{1}{4}x^2$ $x^2=36$ $x=\pm6$ $x>0$ より，**6 秒** ……(答)

解の確認(かくにん)

解が問題の条件にあっているか確認する。(2)の場合，x は時間なので，$x>0$ である。

類題 19

解答 ➡ 別冊 p.31

周期が x 秒の振り子の長さを ym とすると，$y=\frac{1}{4}x^2$ という関係がある。長さが 2m の振り子の周期は何秒ですか。$\sqrt{2}=1.414$ として求めなさい。

例題 20 風圧の問題

LEVEL：応用

風が平面に垂直にあたるとき，一定面積の平面が風から受ける力は，風速の 2 乗に比例するという。風速が秒速 10m のとき，ある平面が受ける力が 120N であるとすれば，風速が秒速 40m のとき，同じ平面の受ける力はどれだけですか。

ここに着目！

y $=a$ x^2

（平面が受ける力）$=a\times$（風速）^{2}

解き方　まず，$y=ax^2$ の式に，x，y の値を代入して，比例定数 a を求める。a の値を求めたら $y=ax^2$ の式に表し，風速 40m/s，すなわち，$x=40$ を代入して y の値を求めればよい。

$y=ax^2$ で y は受ける力，x は風速なので，$y=120$，$x=10$ を代入する。

$120=a\times10^2$

$120=100a$

$a=1.2$ より，$y=1.2x^2$

この式に，$x=40$ を代入すると，

$y=1.2\times40^2$

$=1.2\times1600$

$=1920$

1920N ……答

➲ 関数 $y=ax^2$ の利用の問題解決の順序

①x，y の値を代入して a の値を求める。

②$y=ax^2$ の式が求められたら，x あるいは y の値を代入してもう一方の値を求める。

③x の値はふつう 2 つ求められるが，問題に適した値を答えとする。

類題 20

解答 ➜ 別冊 p.31

例題 20 の関係で，風速が秒速 30m のとき，同じ平面が受ける力はどれだけですか。

UNIT 3

関数 $y=ax^2$ の利用③

目標 関数 $y=ax^2$ を利用して図形の問題を解くことができる。

要点

- **図形の面積 y を x を使って表す。**

例題 21 図形が重なる部分の面積

LEVEL：応用

右の図の △ABC と △DEF はともに直角二等辺三角形で，それぞれ辺 BC，辺 EF が直線 ℓ 上にある。いま，点 F が点 B と重なっている状態から，点 F が点 C に重なるまで △DEF を動かす。△DEF が $x$cm 動いたとき，重なった部分の面積を $y$cm² とする。このとき，y を x の式で表しなさい。

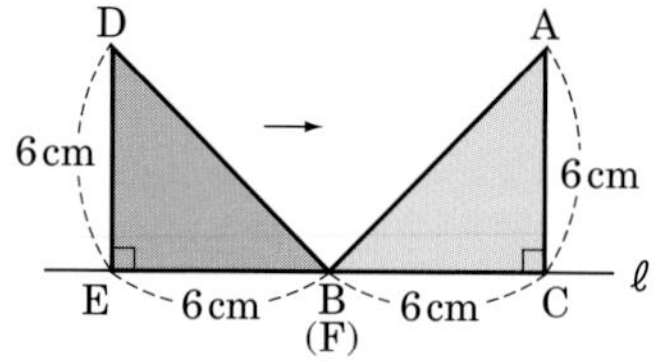

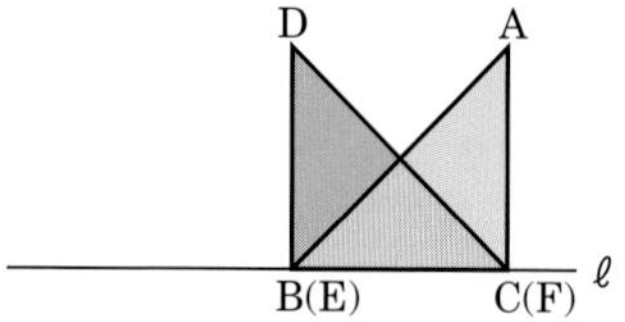

ここに着目！ 重なった部分の形は直角二等辺三角形になる。

解き方 重なった部分は右の図のようになる。
△GBH，△GHF は直角二等辺三角形である。

BF＝$x$cm より，BH＝GH＝$\frac{x}{2}$ cm

重なった部分の面積は △GBF の面積を求めればよい。 $y=\frac{1}{2}\times x\times\frac{x}{2}=\frac{1}{4}x^2$ $\mathbf{y=\frac{1}{4}x^2}$ ……答

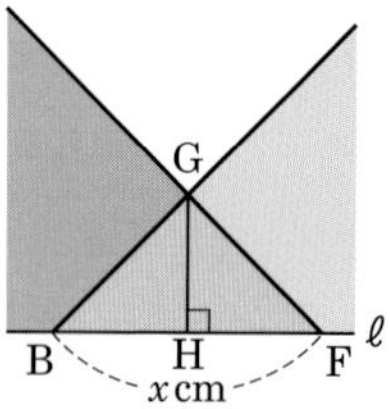

直角二等辺三角形になる理由

左の図の ∠GBH，∠GFH はともに 45° なので，△GBF は直角二等辺三角形になる。また，BF と GH は垂直なので，△GBH，△GHF も直角二等辺三角形になる。

類題 21

解答 ➡ 別冊 p.31

例題 21 で求めた x，y の関係を，グラフに表しなさい。

例題 22 図形上を動く 2 点と面積

LEVEL：応用

1 辺の長さが 6cm の正方形 ABCD で，点 P は点 A を出発して，辺 AB 上を点 B まで動く。また，点 Q は点 P と同時に点 B を出発して，辺 BC 上を点 C まで，点 P と同じ速さで動く。線分 AP の長さが $x$cm のとき △APQ の面積を $y$cm^2 として，次の問いに答えなさい。

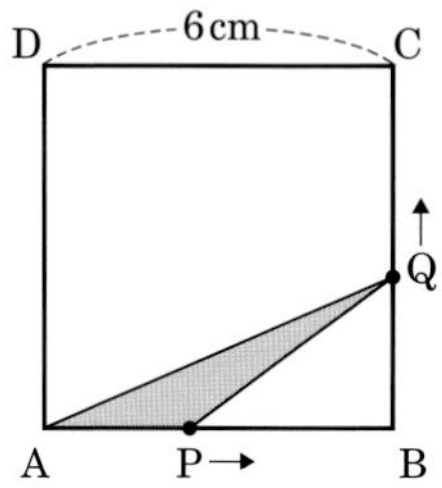

⑴　y を x の式で表しなさい。

⑵　x と y の変域をそれぞれ求めなさい。

ここに着目！ △APQ で AP を底辺，BQ を高さとして考える。

解き方　△APQ の面積を考えるとき，AP を底辺，BQ を高さとして考える。

⑴　点 P と点 Q は同じ速さで動いているので，辺 AP の長さが $x$cm のとき，辺 BQ の長さも $x$cm となる。

したがって，y を求める式は，

$$y=\frac{1}{2}\times x\times x=\frac{1}{2}x^2$$

$\boldsymbol{y=\frac{1}{2}x^2}$ ……答

⑵　点 P は点 A から点 B まで動くので，x の変域は $0\leqq x\leqq 6$

このときの y の変域は $y=\frac{1}{2}x^2$ に $x=0$，$x=6$ をそれぞれ代入して，

$y=0$，$y=18$

よって，$\boldsymbol{0\leqq x\leqq 6,\ 0\leqq y\leqq 18}$ ……答

➲ △APQ

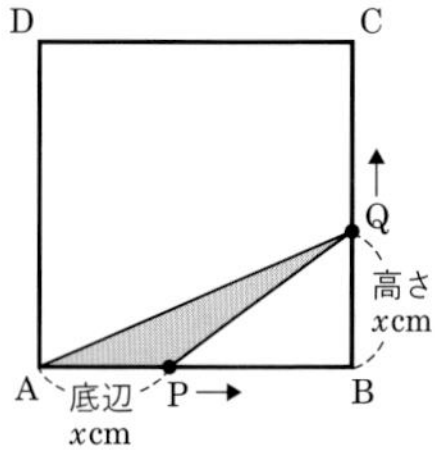

類題 22

解答 ➜ 別冊 p.31

例題 22 の △APQ の面積が 2cm^2 になるのは，線分 AP の長さが何 cm のときですか。

UNIT 4

関数 $y=ax^2$ の利用④

目標 関数 $y=ax^2$ のグラフを利用して問題を解くことができる。

要点

- **放物線と直線の交点の求め方**
  グラフから放物線と直線の交点を読みとる。

例題 23 関数 $y=ax^2$ のグラフの利用

LEVEL：応用

傾(かたむ)きが一定の坂の頂上からボールを転がしたところ，ボールが転がり始めてから x 秒間に転がった距離(きょり)を ym とすると，$y=\frac{1}{4}x^2$ の関係があった。ボールが転がると同時に，あきら君は頂上からこの坂を秒速 1m の速さで歩きだした。あきら君はボールが転がり始めてから何秒後にボールに追いつかれるか。グラフをかいて求めなさい。

ここに着目！ **ボールの転がった距離は $y=\frac{1}{4}x^2$，あきら君の歩いた距離は $y=x$ と表される。**

解き方 あきら君の歩く速さは秒速 1m なので，進む距離は $y=x$ で表される。

$y=\frac{1}{4}x^2$ と $y=x$ のグラフをかくと右の図のようになり，追いつかれるのは 2 つのグラフの交点から 4 秒後とわかる。

4 秒後 ……(答)

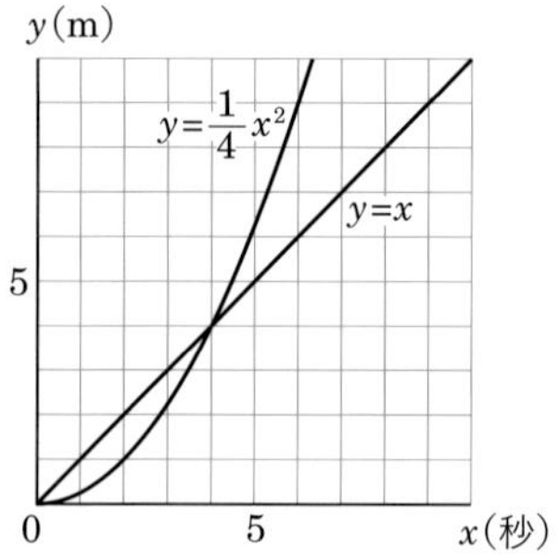

➡ $y=x$
あきら君の歩く速さと進んだ距離の関係は $y=x$ で表される。これは比例の関係で，グラフは原点を通る直線となっている。

類題 23

解答 ➡ 別冊 p.31

例題 23 で，あきら君がボールに追いつかれたのは，頂上から何 m のところですか。

例題 24 関数 $y=ax^2$ のグラフと三角形の面積

LEVEL：応用

関数 $y=2x^2$ と関数 $y=2x+4$ のグラフが2点A，Bで交わっているとき，次の問いに答えなさい。ただし，点Aの x 座標は，点Bの x 座標より小さいものとする。また，原点をOとする。

(1) 2点A，Bの座標を求めなさい。

(2) △OABの面積を求めなさい。

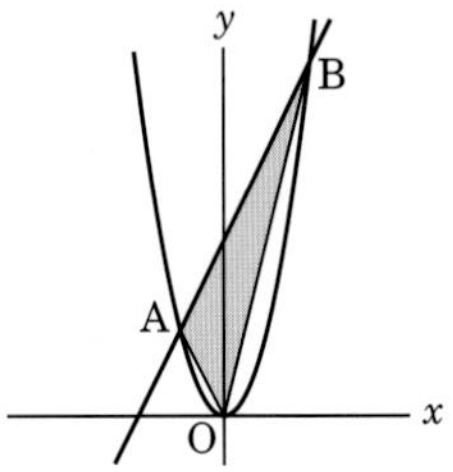

ここに着目！ $y=2x^2$ と $y=2x+4$ のグラフの交点の x 座標は，方程式 $2x^2=2x+4$ を解いて求める。

解き方 (1) $y=2x^2$ と $y=2x+4$ のグラフの交点の x 座標は，2つの式から y を消去した2次方程式 $2x^2=2x+4$ を解けば求められる。

$2x^2=2x+4$

$2x^2-2x-4=0$

$x^2-x-2=0$

$(x+1)(x-2)=0$ より，$x=-1$，$x=2$

$x=-1$ のとき，$y=2\times(-1)^2=2$

$x=2$ のとき，$y=2\times2^2=8$

したがって，座標は，**A(−1，2)，B(2，8)** ……答

(2) 直線 $y=2x+4$ と y 軸(じく)の交点をCとする。△OABを，△OAC，△OBCに分けて底辺をOCとして面積を求める。

Cの y 座標は，$y=2x+4$ の切片(せっぺん)なので，OC＝4

$\triangle OAB=\triangle OAC+\triangle OBC$

$=\dfrac{1}{2}\times4\times1+\dfrac{1}{2}\times4\times2=\mathbf{6}$ ……答

➲ △OACと△OBCの面積

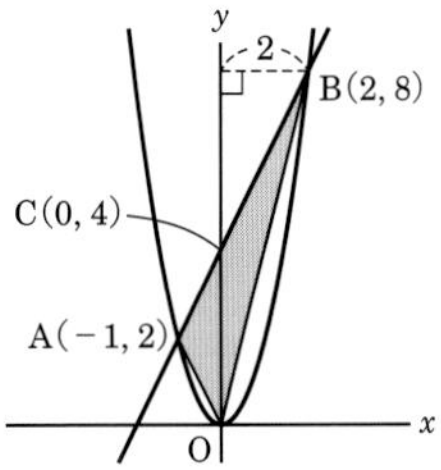

△OAC
底辺4（OCの長さ）
高さ1
（Aの x 座標の絶対値）
△OBC
底辺4（OCの長さ）
高さ2（Bの x 座標）

類題 24

解答 ➜ 別冊 p.31

関数 $y=\dfrac{1}{3}x^2$ のグラフと直線 $y=-x+18$ の交点A，Bの座標を求めなさい。ただし，Aの x 座標は，Bの x 座標より小さいものとする。また，原点をOとするとき，△OABの面積を求めなさい。

UNIT 5

関数 $y=ax^2$ の利用⑤，いろいろな関数①

目標 関数 $y=ax^2$ のグラフや複雑なグラフの問題を解くことができる。

要点

- 放物線と交わる直線は，放物線と直線の交点の座標から求める。

例題 25 関数 $y=ax^2$ のグラフと面積の等しい三角形

LEVEL：応用

放物線 $y=x^2$ と直線 ℓ が 2 点 A，B で交わっている。
点 A の x 座標は -1，点 B の x 座標は 2 である。
原点を O とするとき，次の問いに答えなさい。

(1) 直線 ℓ の式を求めなさい。

(2) △OAB の面積を求めなさい。

(3) x 軸（じく）の正の部分に点 P をとり，△OAP の面積が △OAB の面積と等しくなるようにしたい。点 P の座標を求めなさい。

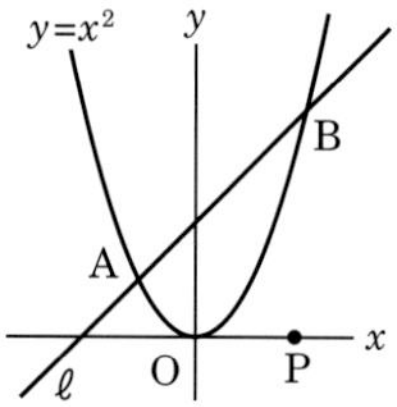

ここに着目！ 通る 2 点の座標 ⇒ $y=ax+b$ に代入 ⇒ 連立方程式で解く。

解き方

(1) $y=(-1)^2=1$ より，A$(-1,\ 1)$ 同様に，B$(2,\ 4)$

$y=ax+b$ に代入すると，$\begin{cases} 1=-a+b \\ 4=2a+b \end{cases}$ より，$a=1$，$b=2$

直線 ℓ の式は，$\boldsymbol{y=x+2}$ ……答

(2) 直線 ℓ の切片（せっぺん）2 より，直線 ℓ と y 軸の交点は C$(0,\ 2)$

$$\triangle OAB=\triangle OAC+\triangle OBC=\frac{1}{2}\times2\times1+\frac{1}{2}\times2\times2=\boldsymbol{3}$$ ……答

(3) 点 P の座標を $(t,\ 0)$ とすると，

$$\triangle OAP=\frac{1}{2}\times t\times 1=3$$ より，$t=6$ **P(6, 0)** ……答

（1 ← 点 A の y 座標）

別解

(1)は，直線の傾き（かたむ）きからも求められる。

（直線 ℓ の傾き）

$$=\frac{4-1}{2-(-1)}=\frac{3}{3}=1$$

$y=ax+b$ に $a=1$ を代入して，ℓ の式は $y=x+b$ とおける。

$x=2$，$y=4$ を代入して，

$4=2+b$ より，$b=2$

よって，$y=x+2$

類題 25

解答 ➜ 別冊 p.32

例題 25 で直線 ℓ と x 軸の交点を Q とするとき，△OAQ と △OBQ の面積の比を求めなさい。

例題 26 複雑な変化を表すグラフ

LEVEL：応用

ある列車が駅を出発してから x 秒間に ym 進むものとする。

いま，出発してから 40 秒間は，$y=\frac{1}{4}x^2$ の関係で進み，40 秒後からは $y=30x-800$ の関係で進む。

次の問いに答えなさい。

(1)　$0 \leqq x \leqq 40$ のときのグラフをかきなさい。

(2)　$40 \leqq x$ のときのグラフをかきなさい。

ここに着目！　$y=ax^2$ のグラフは放物線，$y=ax+b$ のグラフは直線。

解き方　$y=\frac{1}{4}x^2$ のグラフは放物線なので，点をいくつかとる。

$x=20$ のとき，

$$y=\frac{1}{4}\times 20^2=100$$

$x=40$ のとき，

$$y=\frac{1}{4}\times 40^2=400$$

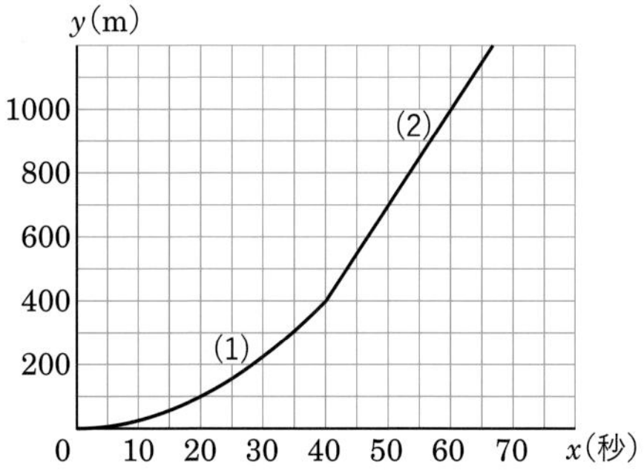

$40 \leqq x$ からは，1 次関数 $y=30x-800$ なので，点 (40，400) を出発点にして，傾き 30 のグラフをかけばよい。

右上の図　……答

いろいろなグラフ

①比例…原点を通る直線

②反比例…双曲線（そうきょくせん）

③ $y=ax+b$ …直線

④ $y=ax^2$ …放物線

これ以外にも例題 26 のように，2 つのグラフがつながったもの，例題 28 で出てくる階段状のグラフなどいろいろある。

類題 26

解答 ➜ 別冊 p.32

列車 A は例題 26 の列車が出発すると同時に，となりの線路を秒速 14m の速さで進んだ。列車 A が例題の列車に追いついたのは何秒後ですか。上のグラフを利用して求めなさい。

UNIT 6

いろいろな関数②

目標 これまで学んだ関数とはちがう関数の問題を解くことができる。

要点

● **x の値（あたい）を決めると，y の値がただ 1 つに決まるとき y は x の関数である。**

例題 27 紙の枚数

LEVEL：応用

1 枚の紙を 2 等分に切り，切ってできた 2 枚を重ねて，また 2 等分する。
この操作をくり返すとき，紙を x 回切ったときにできる紙の枚数を y 枚とする。
次の問いに答えなさい。

(1) y は x の関数であるといえますか。

(2) このようにして紙を 10 回切ったとき，できる紙の枚数は何枚になりますか。
x の値に対応する y の値を求め，表をつくって，求めなさい。

x	0	1	2	3	4	5	6	7	8	9	10
y	1	2	4	8							

ここに着目！ 紙を 2 等分すると枚数は 2 倍になる。

解き方 (1) x の値を決めると，y の値はただ 1 つに決まるから，y は x の関数であると**いえる。** ……答

(2) x の値が 1 増加すると，y の値は 2 倍になる。
したがって，左から，16，32，64，128，256，512，1024
10 回切ったとき，**1024 枚** ……答

グラフ
例題 27 の表にある点をいくつかとり，なめらかな線でつないでみよう。
$y=x^2$ のグラフとはどのようにちがうか確かめてみるとよい。

類題 27

解答 ➡ 別冊 p.32

例題 27 の紙を 9 回切ったときにできた紙を全部重ね，厚さをはかったら 3.2cm あった。
この紙を同じようにして 13 回切ることができるとすると，重ねた紙の厚さはどのくらいになりますか。

例題 28 料金を表すグラフ

LEVEL：応用

A 市のタクシー料金は，次の表のようになっている。あとの問いに答えなさい。

走行距離（そうこうきょり） $x$km	2km まで	2.5km まで	3km まで	3.5km まで	4km まで	4.5km まで
料金 y 円	600	730	860	990	1120	1250

(1) 走行距離 $x$km $(0 < x \leqq 4.5)$ と料金 y 円の関係をグラフに表しなさい。

(2) 走行距離が 3.7km のときの料金はいくらですか。

(3) 1000 円以下で乗車できるのは，何 km までですか。

ここに着目！ y がとびとびの値をとる関数もある。

解き方 (1) グラフに表すと右のような階段状のグラフになる。グラフの端（はし）の点をふくむ場合は●，ふくまない場合は○で表す。**右の図** ……答

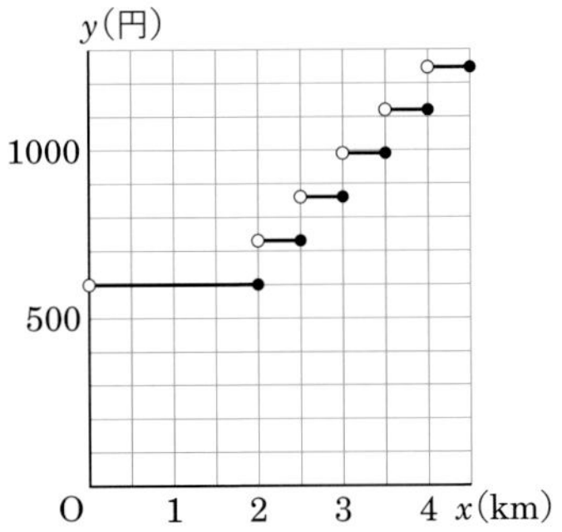

(2) 走行距離 3.7km は $3.5 < x \leqq 4$ の範囲（はんい）にあるので，料金は

1120 円 ……答

(3) 1000 円以下は料金表では，990 円以下，走行距離 3.5km までとなる。

3.5km まで ……答

階段状になるグラフ

y が x の関数で，x の値がある範囲にある間は y の値が一定である場合，これをグラフに表すと，左の図のように階段状のグラフになる。

線がつながっていないグラフもあるんだよ。

類題 28

解答 → 別冊 p.32

例題 28 の料金表で走行距離 2.8km のときの料金はいくらになりますか。

定期テスト対策問題

解答 ➡ 別冊 p.32

問 1 2乗に比例する関数

次のことがらについて，y を x の式で表しなさい。また，y が x の2乗に比例するものには○，しないものには×をつけなさい。

(1) 底辺の長さが $x$cm，高さが底辺の長さの4倍の三角形の面積を $y\text{cm}^2$ とする。

(2) 50km の道のりを，時速 $x$km の速さで行くときのかかる時間を y 時間とする。

(3) 半径が $x$cm，中心角が 120° のおうぎ形の面積を $y\text{cm}^2$ とする。

(4) 面積が 24cm^2 の長方形の縦の長さを $x$cm，横の長さを $y$cm とする。

(5) 周囲の長さが $x$cm の正方形の面積を $y\text{cm}^2$ とする。

問 2 x に対応する y の値

1辺の長さが $x$cm の立方体の表面積を $y\text{cm}^2$ とするとき，次の問いに答えなさい。

(1) 下の表の空欄（くうらん）をうめなさい。

x	0	1	2	3	4	5
y	0		24			

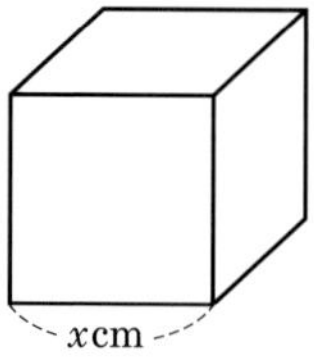

(2) y は x の2乗に比例するといえますか。また y を x の式で表しなさい。

問 3 関数 $y=ax^2$ とグラフ

次の関数のグラフを，右の図にかきなさい。

① $y=\frac{1}{2}x^2$　② $y=\frac{1}{8}x^2$

③ $y=-\frac{1}{2}x^2$　④ $y=-\frac{1}{8}x^2$

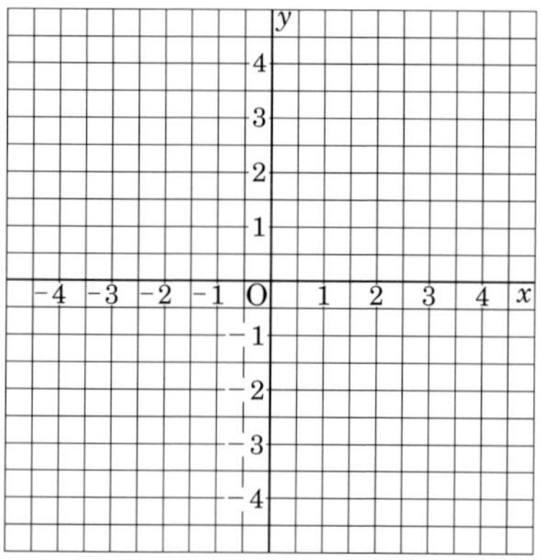

問 4 与えられた点を通るグラフ

次の関数のうち，グラフが点 (2，−8) を通るものを選びなさい。

① $y=2x^2$　② $y=-2x^2$　③ $y=-\frac{1}{2}x^2$　④ $y=4x^2$

問5 関数 $y=ax^2$ の式を求める

次の問いに答えなさい。

(1) y は x の2乗に比例し，$x=2$ のとき $y=-12$ である。y を x の式で表しなさい。

(2) y は x の2乗に比例し，$x=4$ のとき $y=8$ である。$x=-2$ のときの y の値(あたい)を求めなさい。

(3) y が x の2乗に比例し，その関数のグラフが点 $(-2,\ -3)$ を通るとき，y を x の式で表しなさい。

問6 関数 $y=ax^2$ のグラフの特徴

関数 $y=x^2$ について正しく述べているものをすべて選び，記号で答えなさい。

㋐ この関数のグラフは，点 $(-2,\ 4)$ を通る放物線である。

㋑ この関数は，$x>0$ のとき，x の値が増加すると y の値は減少する。

㋒ この関数のグラフは，関数 $y=-x^2$ のグラフと x 軸(じく)について対称(たいしょう)である。

㋓ この関数のグラフは，関数 $y=2x^2$ のグラフより開き方が小さい。

㋔ この関数は，$x<0$ のとき，x の値が増加すると y の値は減少する。

問7 関数 $y=ax^2$ の値の変化

次の問いに答えなさい。

(1) 関数 $y=2x^2$ について，x の値が1から3まで増加するときの変化の割合を求めなさい。

(2) 関数 $y=ax^2$ で，x の値が3から5まで増加するときの変化の割合が4である。a の値を求めなさい。

(3) 2つの関数 $y=ax^2$ と，$y=2x+1$ について，x の値が1から3まで増加するときの変化の割合が等しいとき，a の値を求めなさい。

(4) 関数 $y=ax^2$ において，x の変域が $-3 \leqq x \leqq 6$ のとき，y の変域が $-9 \leqq y \leqq 0$ である。a の値を求めなさい。

問8 平均の速さ

高いところから石を落とすとき，落ち始めてから x 秒間に落ちる距離(きょり)を ym とすると，y は x の2乗に比例する。落ち始めてから3秒間で，44.1m 落ちるという。落ち始めてから4秒後から6秒後までの間の平均の速さを求めなさい。

問 9　関数 $y=ax^2$ のグラフと図形の面積

右の図の放物線は関数 $y=x^2$ のグラフである。また，点 A，B，C はこの放物線上の点，BC は x 軸（じく）に平行な線分，点 D は BC と y 軸との交点で，点 A の y 座標は $\frac{9}{4}$ である。ただし，座標の 1 目もりの長さは 1cm とし，BC＝4cm とする。

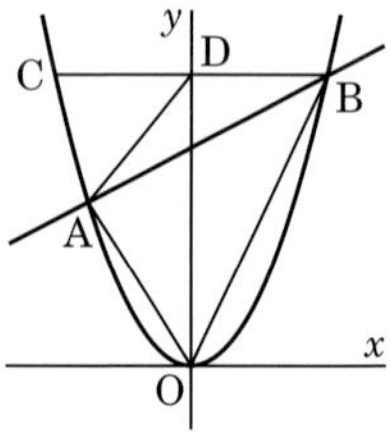

(1)　点 A の座標を求めなさい。

(2)　点 B の座標を求めなさい。

(3)　グラフが直線 AB になる 1 次関数を求めなさい。

(4)　四角形 AOBD の面積を求めなさい。

問 10　図形が重なる部分の面積

右の図の四角形 ABCD は AD∥BC の台形で，∠C＝90°，BC＝8cm，AD＝CD＝4cm である。四角形 EFGH は EF＝4cm，EH＝8cm の長方形で，直線 BC 上を図のように毎秒 2cm の速さで右へ動く。点 G が B と重なってから x 秒後の 2 つの四角形が重なった部分の面積を $y$cm² として，次の問いに答えなさい。ただし点 G が C と重なったとき，長方形 EFGH は止まるものとする。

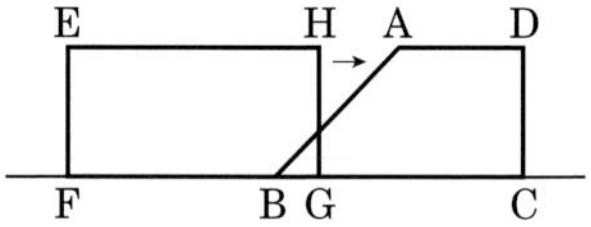

(1)　次の各場合のとき，y を x の式で表しなさい。

　①　$0 \leqq x \leqq 2$　　　②　$2 \leqq x \leqq 4$

(2)　x と y の関係を表すグラフをかきなさい。

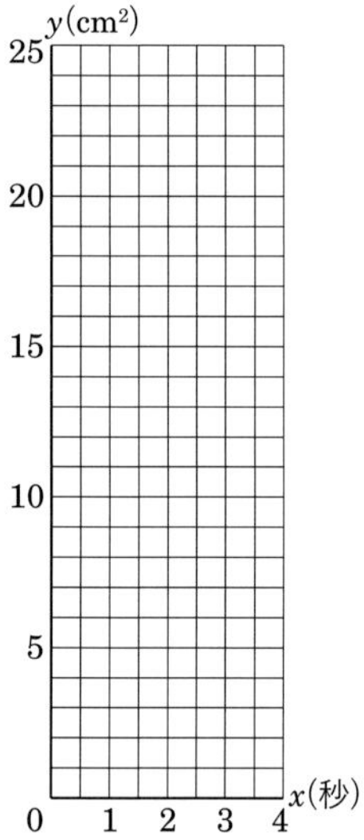

問 11　関数 $y=ax^2$ のグラフと三角形の面積

右の図のように，原点 O を通る直線 $y=x$ が放物線 $y=ax^2$ と点 A で交わっている。点 A の x 座標は 1 である。また，点 (−2，0) を通り直線 OA に平行な直線が放物線と 2 点 B，C で交わっている。次の問いに答えなさい。

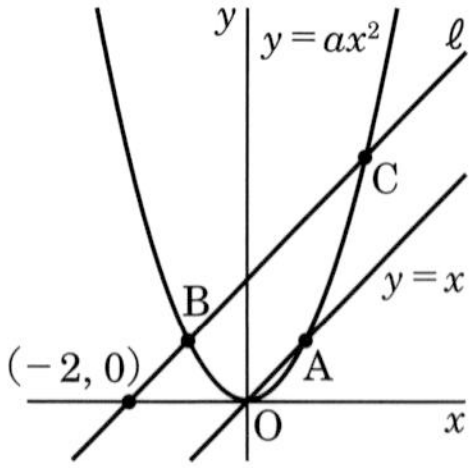

(1)　a の値（あたい）を求めなさい。

(2)　直線 ℓ の式を求めなさい。

(3)　△ABC の面積を求めなさい。

KUWASHII MATHEMATICS

中3数学

5章

相似な図形

例題一覧

UNIT 1

相似な図形

目標 相似な図形の性質がわかる。

要点

- 1つの図形を形を変えずに一定の割合に**拡大**または**縮小**したとき，その図形ともとの図形は**相似**(そうじ)であるという。
- 相似な図形は記号∽を使って表す。たとえば，右の△ABCと△DEFが相似であるとき，△ABC∽△DEFと表す。

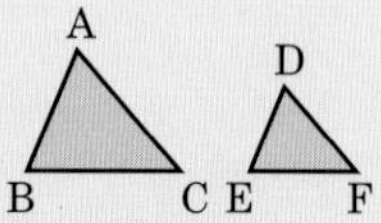

例題 1 相似な図形

LEVEL：基本

下の図の四角形EFGHは，四角形ABCDを2倍に拡大したものであり，2つの図形は相似である。

このとき，次の□にあてはまる数や記号を書きなさい。

(1) EF＝□AB

(2) BC：FG＝1：□

(3) ∠B＝∠□

(4) ∠C＝∠□

(5) 四角形ABCD∽四角形□

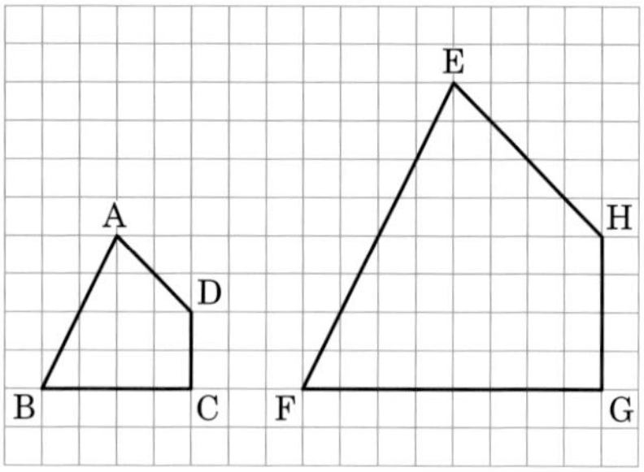

ここに着目！ **相似な図形の性質 ⇒ 対応する辺の比はすべて等しく，対応する角の大きさはそれぞれ等しい。**

解き方 2倍に拡大したので対応する辺の比は1：2となる。

(1) **2**　(2) **2**　(3) **F**　(4) **G**　(5) **EFGH** ……答

相似の表し方

相似な図形を∽を使って表すときは，対応する頂点を周にそって同じ順にかく。

類題 1

解答 ➡ 別冊 p.35

例題1の四角形ABCDの辺CDの長さが1.5cmのとき，四角形EFGHの辺GHの長さは何cmですか。また，∠D＝135°のとき，∠Hは何度ですか。

例題 2　相似の中心，相似の位置　LEVEL：基本

右の図は点 O から頂点 A に対応する頂点 A′ を OA′＝3OA となるようにとったものである。同様にして，頂点 B′，C′ をとり △A′B′C′ をかいた。

次の □ にあてはまる数や記号を書きなさい。

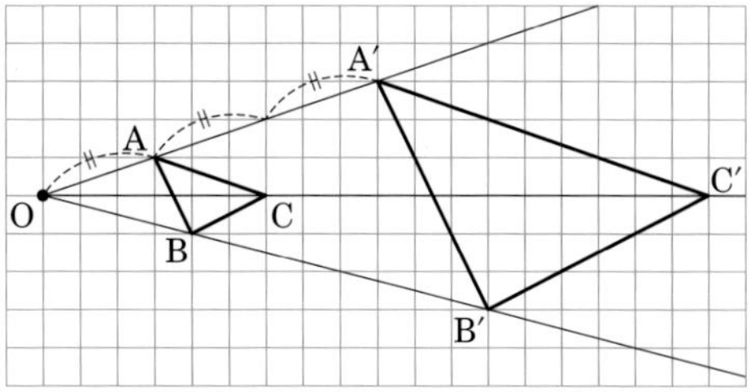

(1)　A′B′＝□AB

(2)　∠C＝∠□

(3)　AC∥□

(4)　△ABC∽△□

ここに着目！ △ABC と △A′B′C′ の対応する辺の比

OA′＝3OA ⇒ AB：A′B′＝BC：B′C′＝AC：A′C′＝1：3

解き方　△ABC と △A′B′C′ のように，2 つの図形の対応する点どうしを通る直線がすべて 1 点 O に集まり，O から対応する点までの距離（きょり）の比がすべて等しいとき，2 つの図形は，O を相似の中心として，相似の位置にあるという。このとき 2 つの図形は相似で，△A′B′C′ は △ABC を 3 倍に拡大した図になる。

(1)　**3** ……答

(2)　**C′** ……答

(3)　相似の位置にある図形の対応する辺は平行になる。

A′C′ ……答

(4)　**A′B′C′** ……答

➲ 相似の位置にある図形

拡大図・縮図をかくとき，下の図のように，相似の中心 O はどこにとってもよい。

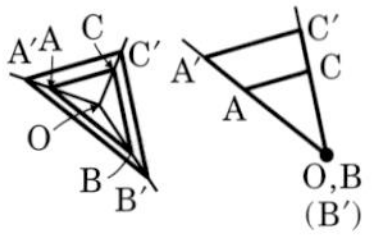

類題 2

解答 ➜ 別冊 p.35

右の図のような △ABC をかき，相似の中心を適当にとって，各辺を $\frac{1}{2}$ に縮小した △A′B′C′ をかきなさい。

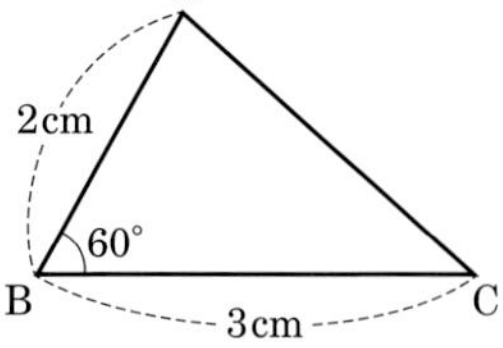

UNIT 2

相似比

目標 相似比を求めたり，相似比を使って辺の長さを求めることができる。

要点

- 相似(そうじ)な 2 つの図形で，対応する線分の長さの比を**相似比**(そうじひ)という。
- 相似な図形の対応する辺の長さは，相似比を使って求める。

例題 3 相似比

LEVEL：標準

右の図で，四角形 ABCD∽四角形 EFGH である。

(1) 辺 AB に対応する辺を答えなさい。

(2) 辺 CD に対応する辺を答えなさい。

(3) 四角形 ABCD と四角形 EFGH の相似比を求めなさい。

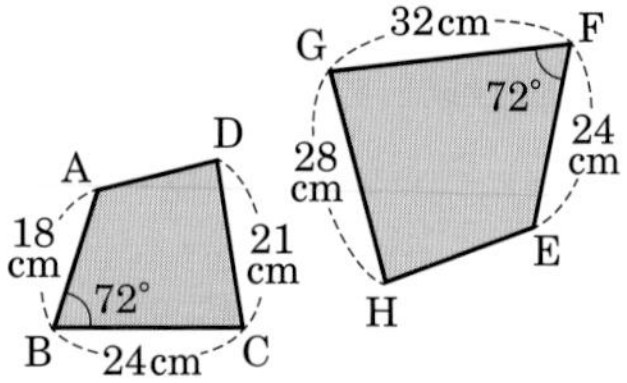

ここに着目！ 対応する辺の長さを比で表す。

解き方 図から対応する頂点をしっかり読みとる。

(1) 辺 AB に対応する辺は**辺 EF** ……答

(2) 辺 CD に対応する辺は**辺 GH** ……答

(3) 対応する辺の比を求める。

AB：EF＝18：24＝3：4

同様に辺 CD と辺 GH で求めてもよい。

CD：GH＝21：28＝3：4

相似比は，**3：4** ……答

対応する頂点

2 つの図形が相似であるとき

対応している

四角形 ABCD∽四角形 EFGH

対応している

なので，対応する頂点をすぐ見つけられる。

類題 3

解答 ➡ 別冊 p.35

右の図で，△ABC∽△DEF であるとき，△ABC と△DEF の相似比を求めなさい。

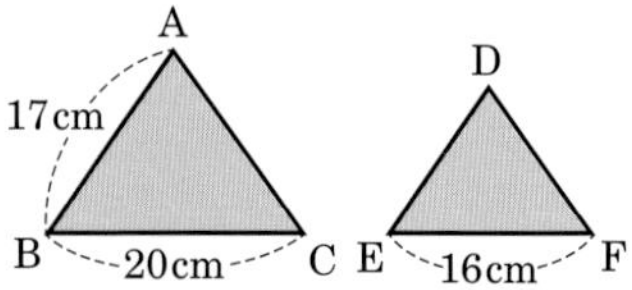

例題 4　相似な図形の辺の長さ　LEVEL：標準

右の図で，四角形ABCD∽四角形EFGHである。

(1)　四角形ABCDと四角形EFGHの相似比を求めなさい。

(2)　辺AB，HGの長さを求めなさい。

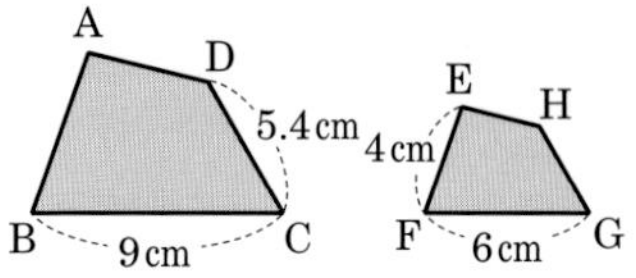

ここに着目！　(2)　相似な図形の対応する辺の比は等しい ⇒ AB：EF＝BC：FG

解き方　(1)　辺の長さがわかる対応する辺から，相似比(辺の比)を求める。

BC：FG＝9：6＝3：2

相似比は，**3：2** ……答

(2)　相似比は3：2なので，

AB：EF＝3：2より，

AB＝$x$cmとすると，

x：4＝3：2

2x＝12

x＝6　**AB＝6cm** ……答

DC：HG＝3：2より，

HG＝$y$cmとすると，

5.4：y＝3：2

3y＝10.8

y＝3.6　**HG＝3.6cm** ……答

➡ 相似比

相似比3：2を比の値(あたい)を用いて$\frac{3}{2}$と表すこともある。

➡ となり合う2辺の比

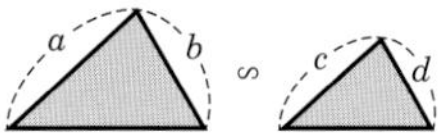

a：c＝b：dならば，

a：b＝c：d

であり，相似な三角形ではとなり合う2辺の比は等しい。

相似な図形では，対応する辺の比は等しいね。

類題 4

解答 ➡ 別冊 p.35

右の図で，四角形ABCD∽四角形EFGHである。
このとき辺BC，EHの長さを求めなさい。

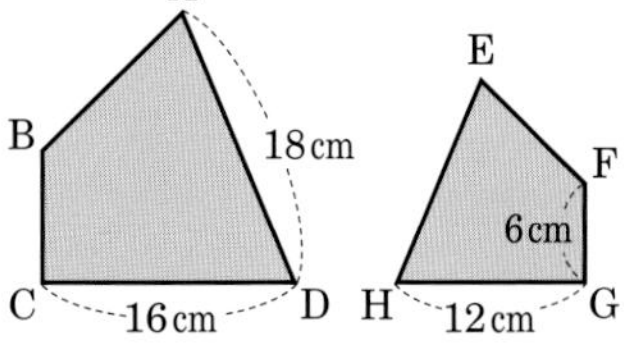

UNIT 3

三角形の相似条件

目標 三角形の相似条件がわかる。

要点

● 三角形の相似条件

① 3組の辺の比がすべて等しい。

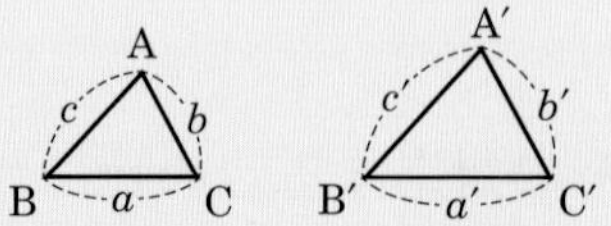

$a:a'=b:b'=c:c'$

② 2組の辺の比とその間の角がそれぞれ等しい。

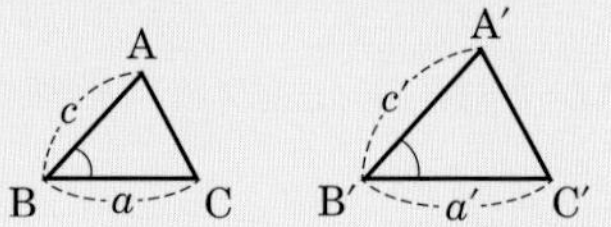

$a:a'=c:c'$

$\angle B=\angle B'$

③ 2組の角がそれぞれ等しい。

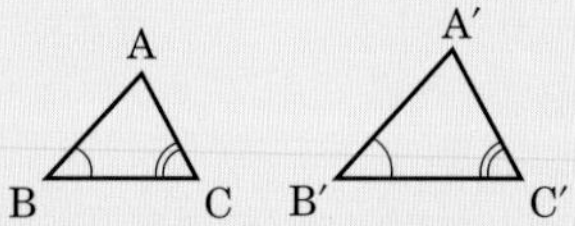

$\angle B=\angle B'$, $\angle C=\angle C'$

例題 5 三角形の相似条件

LEVEL：基本

下の三角形を相似な三角形の組に分けなさい。

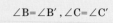

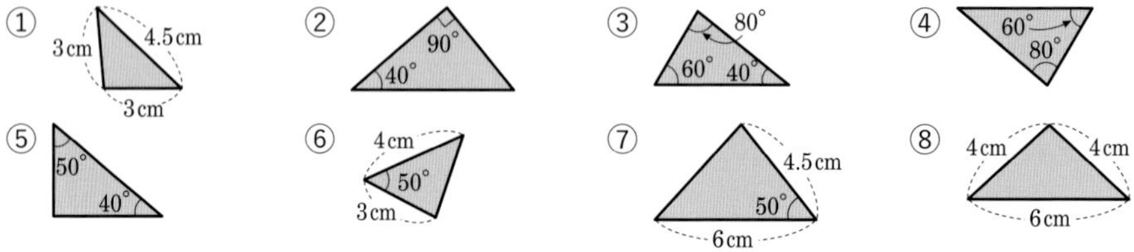

ここに着目！ 2つの三角形は相似条件のどれかが成り立つとき相似である。

解き方 対応している辺や角をよく見て相似な三角形を見つける。

①と⑧，②と⑤，③と④，⑥と⑦ ……答

注意

図にかかれていない角の大きさや，裏返しになっている図に注意する。

類題 5

解答 → 別冊 p.36

例題5で見つけた相似な三角形の組の相似条件をそれぞれ答えなさい。

例題 6　相似な三角形の組

LEVEL：標準

次のそれぞれの図で，相似な三角形を記号∽を使って表しなさい。
また，そのときに使った相似条件をいいなさい。

(1)

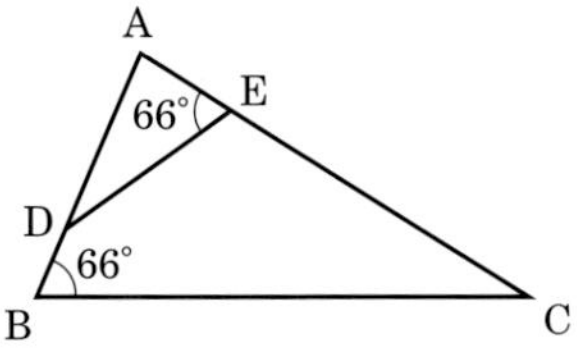

(2)

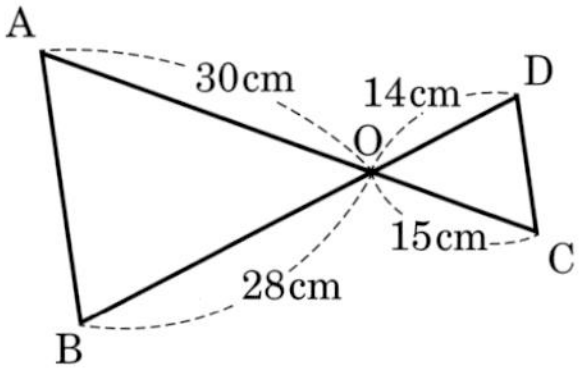

ここに着目!　位置をなおして考える。

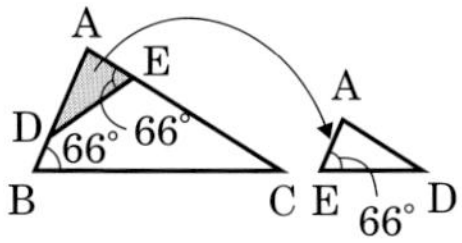

解き方　対応する角や辺をまず見つける。相似条件のどれにあてはまるかを考える。重なっている三角形は，取り出して位置をなおして比べてみるとよくわかる。

(1)　△ABC と △AED において，
∠BAC＝∠EAD(共通)，∠ABC＝∠AED＝66°
2 組の角がそれぞれ等しいから，**△ABC∽△AED**　……答

(2)　△ABO と △CDO において，
AO：CO＝30：15＝2：1，BO：DO＝28：14＝2：1 より，
AO：CO＝BO：DO　また，∠AOB＝∠COD(対頂角)
2 組の辺の比とその間の角がそれぞれ等しいから，
△ABO∽△CDO　……答

➡ 位置をなおす

(2)

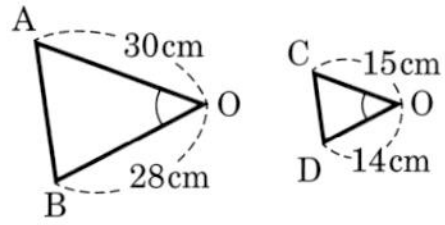

類題 6

解答 ➡ 別冊 p.36

右の図で，相似な三角形を記号∽を使って表しなさい。
また，そのときに使った相似条件をいいなさい。

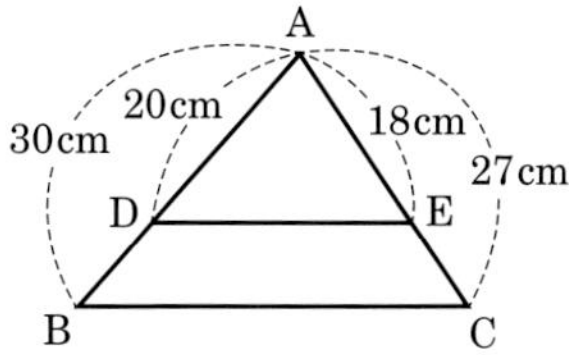

UNIT 4

三角形の相似条件と証明

目標 三角形の相似条件を使って証明問題を解くことができる。

要点

- 対応する辺の比や角について調べ，どの相似（そうじ）条件が使えるか考える。

例題 7 相似条件を使った証明

LEVEL：標準

$\angle A=90^\circ$ である直角三角形 ABC で，頂点 A から辺 BC にひいた垂線を AD とする。このとき，△ABD∽△CAD となることを証明しなさい。

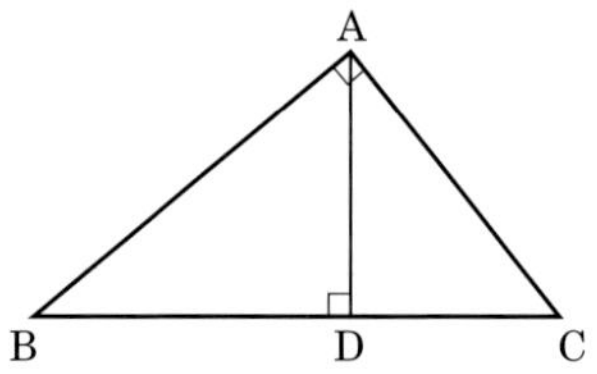

ここに着目！ 等しい角を 2 組見つける。
⇒「2 組の角がそれぞれ等しい」の相似条件が使える。

解き方 図に辺の長さは書いていないので，対応する角で考える。どちらの三角形も 90° の角があるので，あと 1 組等しい角が見つかれば，相似条件が使える。

［証明］

△ABD と △CAD において，

$\angle ADB=\angle CDA=90^\circ$ …①

$\angle ABD=90^\circ-\angle BAD$，$\angle CAD=90^\circ-\angle BAD$ より，

$\angle ABD=\angle CAD$ …②

①，②より，2 組の角がそれぞれ等しいから，

△ABD∽△CAD

参考

∠ABD と ∠CAD は，どちらも 90° から ∠BAD をひいた大きさなので，等しくなる。

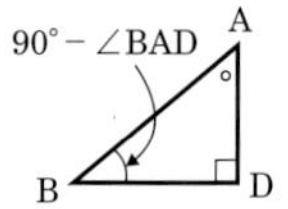

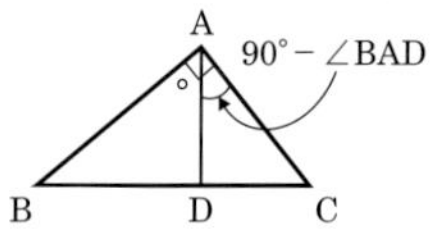

類題 7

解答 ➔ 別冊 p.36

例題 7 で，△ABC∽△DAC となることを証明しなさい。

例題 8 相似条件を使った証明と辺の長さ

LEVEL：標準

右の図で，△ABC は，AB＝AC の二等辺三角形である。
辺 AC 上に，BC＝BD となるように点 D をとるとき，△ABC∽△BDC であることを証明しなさい。
また，BC＝7cm，DC＝4.9cm のとき，辺 AB の長さを求めなさい。

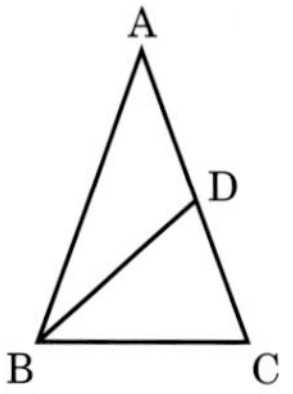

ここに着目！ **相似である。⇒ 対応する辺の長さを求めることができる。**

解き方 △ABC は二等辺三角形なので，∠ABC＝∠ACB となる。
また，△BDC も二等辺三角形なので，∠BCD＝∠BDC となる。
［証明］
△ABC と △BDC において，
2 つの三角形は二等辺三角形なので，
∠ABC＝∠ACB，∠BCD＝∠BDC …①
また，
∠ACB＝∠BCD（共通） …②
①，②より，
∠ABC＝∠BDC …③
②，③より，2 組の角がそれぞれ等しいから，
△ABC∽△BDC
△ABC∽△BDC なので，AB：BD＝BC：DC より，
AB＝$x$cm とすると，
x：7＝7：4.9
4.9x＝49 x＝10 **AB＝10cm** ……答

参考
位置をなおす。

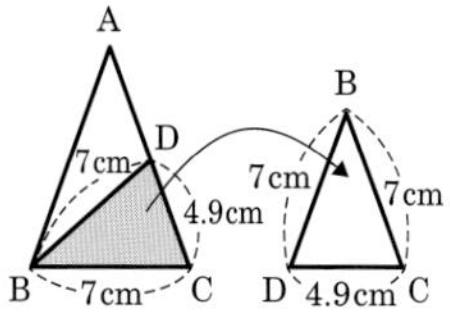

同じ向きになおすとわかりやすいね。

類題 8

解答 ➜ 別冊 p.36

右の図で，AB＝12cm，BD＝8cm，DC＝10cm，AD＝6cm のとき，△ABC∽△DBA であることを証明しなさい。
また，辺 AC の長さを求めなさい。

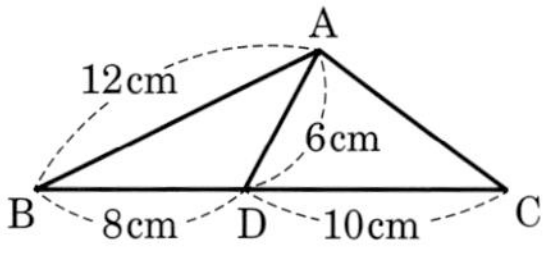

UNIT 5

相似の利用

目標 相似を利用して，測定できない長さを求めることができる。

要点

● 縮図を利用して実際の長さを求める。

例題 9 距離を求める

LEVEL：標準

川をはさんだ2地点A，P間の距離(きょり)を求めるために，適当な地点Bを決めて測定したら，AB＝40m，∠PAB＝50°，∠PBA＝60°であった。縮図をかいて，A，P間の距離を求めなさい。

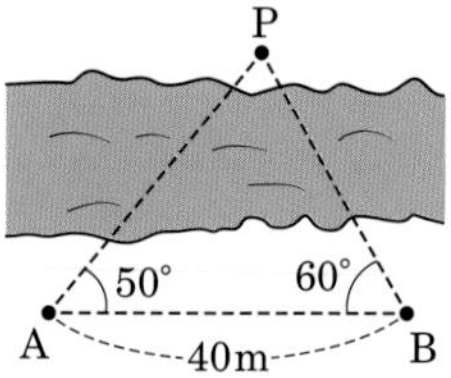

ここに着目！ （縮図でのAPの長さ）：（APの距離）＝（縮図でのABの長さ）：（ABの距離）

解き方 ABの長さを4cmにして，縮図をかくと右の図のようになる。
この図でA′P′の長さは約3.7cmになるのでAPの距離を$x$cmとすると，
A′P′：AP＝A′B′：ABより，

$3.7：x＝4：4000$

$x=\dfrac{3.7\times4000}{4}=3700$　**約37m** ……答

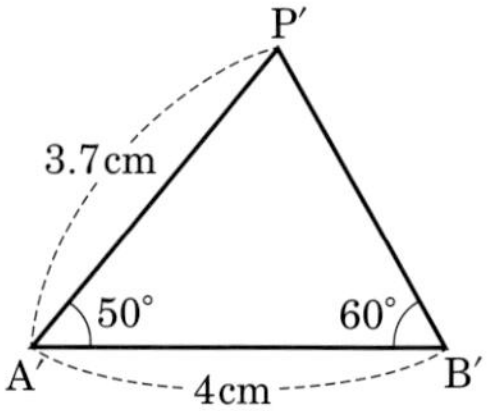

縮尺

実際の距離を縮図に表すときの縮小する割合を縮尺という。
左の解き方では，
$\dfrac{4\,(\mathrm{cm})}{4000\,(\mathrm{cm})}$より，縮尺は$\dfrac{1}{1000}$である。

類題 9

解答 → 別冊 p.36

川をはさんだ2地点A，P間の距離を求めるために，適当な地点Bを決めて測定したら，AB＝40m，∠PAB＝45°，∠PBA＝45°であった。縮図をかいて，A，P間の距離を求めなさい。

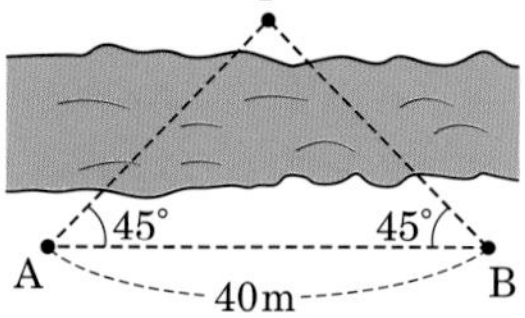

例題 10 高さを求める

LEVEL：標準

木の高さ AB を測るため，木の根本 B から 8m 離(はな)れた地点 C に立って，木の頂上 A を見上げたら，水平の方向に対して，34° 上に見えた。目の高さを 1.2m として，縮図をかいて，木の高さ AB を求めなさい。

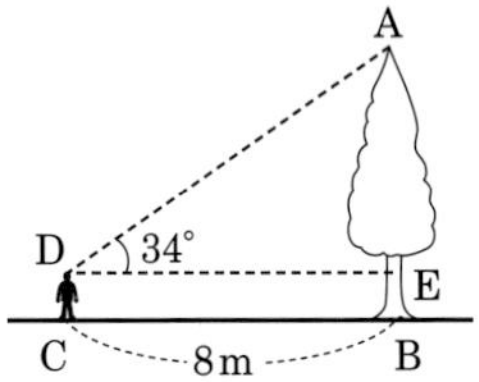

ここに着目！

（縮図での AE の長さ）		（AE の長さ）		（縮図での DE の長さ）		（DE の距離）
A′E′	：	x	＝	**D′E′**	：	**8m**

解き方　DE の距離を 4cm にして縮図をかくと，右の図のようになる。

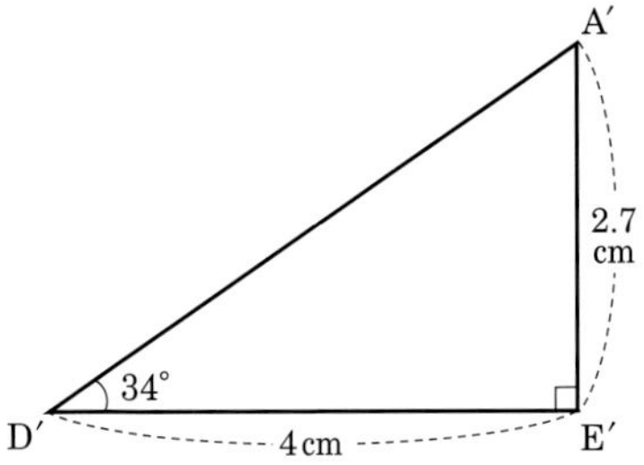

この図で，A′E′ の長さは約 2.7cm になるので，AE の長さを $x$cm とすると，

$2.7 : x = 4 : 800$

$$x = \frac{2.7 \times 800}{4} = 540$$

540cm＝5.4m

これに目の高さ 1.2m を加えると，木の高さ AB は，

5.4＋1.2＝6.6（m）　**約 6.6m** ……答

実際の図と縮図

実際の図での △ADE と縮図の △A′D′E′ は相似(そうじ)である。相似条件は
∠ADE＝∠A′D′E′＝34°,
∠AED＝∠A′E′D′＝90° で，
2 組の角がそれぞれ等しいである。

類題 10

解答 → 別冊 p.36

校舎の屋上までの高さを測るのに，校舎から 24m 離れたところから屋上を見上げたら，水平の方向に対して，40° 上に見えた。目の高さを 1.5m として，縮図をかいて，校舎の高さを求めなさい。

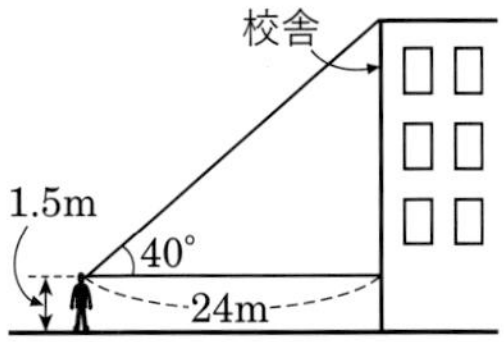

UNIT 1

三角形と比の定理の証明

目標 三角形と比の定理を理解し，それを用いて辺の長さを求めることができる。

要点

● **三角形と比の定理**

△ABC の辺 AB，AC 上の点をそれぞれ D，E とするとき，DE∥BC ならば，

1 AD：AB＝AE：AC＝DE：BC

2 AD：DB＝AE：EC

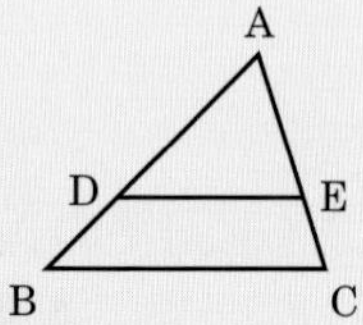

例題 11 三角形と比の定理の証明① LEVEL：基本

△ABC の辺 BC に平行な直線が 2 辺 AB，AC と交わる点をそれぞれ D，E とするとき，AD：AB＝AE：AC＝DE：BC となることを証明しなさい。

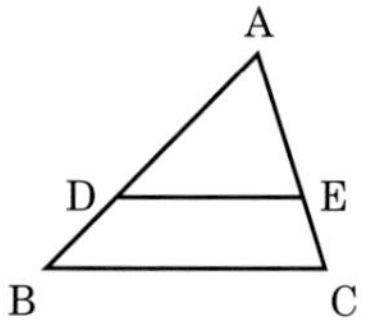

ここに着目！ 平行線に注目して，相似な三角形を見つける。

解き方 DE∥BC より ∠ADE＝∠ABC，∠AED＝∠ACB となることを利用して相似(そうじ)な三角形を見つける。

［証明］

△ADE と △ABC において，
DE∥BC より，∠ADE＝∠ABC，∠AED＝∠ACB
2 組の角がそれぞれ等しいから，△ADE∽△ABC
相似な図形の対応する辺の比は等しいから，
AD：AB＝AE：AC＝DE：BC

➡ **同位角**
平行線の同位角は等しいので，∠ADE＝∠ABC，∠AED＝∠ACB である。

類題 11

解答 ➡ 別冊 p.37

例題 11 で，AD＝8cm，AB＝12cm，AC＝9cm のとき，AE の長さを求めなさい。

例題 12 三角形と比の定理の証明②

LEVEL：標準

△ABC の辺 BC に平行な直線が 2 辺 AB，AC と交わる点をそれぞれ D，E とするとき，AD：DB＝AE：EC となることを証明しなさい。

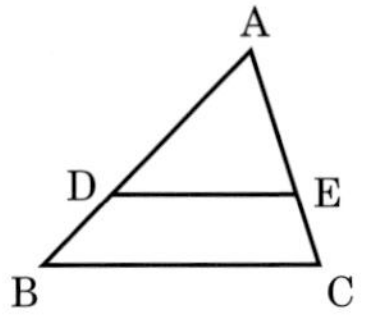

ここに着目！ **補助線をひいて，相似な三角形をつくる。**

解き方 D から辺 AC に平行な補助線をひき，相似な三角形をつくる。

[証明]

D を通り辺 AC に平行な直線をひき，辺 BC との交点を F とする。

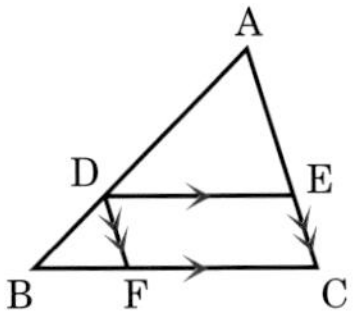

△ADE と △DBF において，

DE∥BC より，∠ADE＝∠DBF

DF∥AC より，∠DAE＝∠BDF

2 組の角がそれぞれ等しいから，△ADE∽△DBF

よって，AD：DB＝AE：DF

また，四角形 DFCE は平行四辺形だから，DF＝EC

ゆえに，AD：DB＝AE：EC

➡ **平行四辺形**

DE∥FC，DF∥EC より，四角形 DFCE は平行四辺形になる。

➡ **平行四辺形の性質**

平行四辺形の向かい合う辺の長さは等しい。

類題 12

解答 ➡ 別冊 p.37

右の図で，DE∥BC のとき，x の値(あたい)を求めなさい。

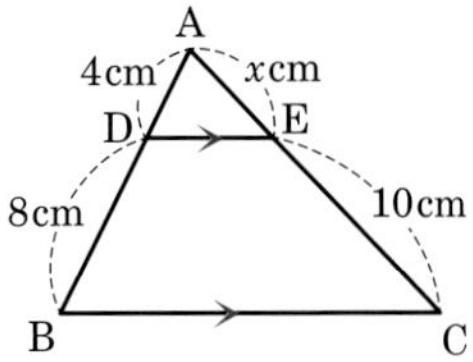

UNIT 2

三角形と比の定理の逆の証明

目標 三角形と比の定理の逆の証明ができる。

要点

● **三角形と比の定理の逆**

△ABC の辺 AB，AC 上の点をそれぞれ D，E とするとき，

1 AD：AB＝AE：AC　　2 AD：DB＝AE：EC

1または，2ならば，DE∥BC

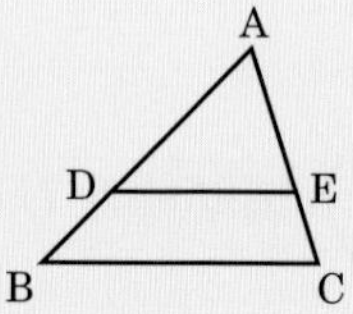

例題 13 三角形と比の定理の逆の証明①

LEVEL：標準

△ABC で，辺 AB，AC 上に AD：AB＝AE：AC となるように点 D，E をとると，DE∥BC となることを証明しなさい。

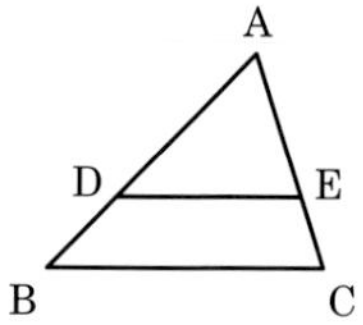

ここに着目！ **同位角が等しいとき，2 直線は平行である。**

解き方 2 つの三角形の相似（そうじ）を証明し，同位角を見つける。

［証明］**△ADE と △ABC において，**

AD：AB＝AE：AC　また，∠A は共通

ゆえに，2 組の辺の比とその間の角がそれぞれ等しいから，

△ADE∽△ABC　よって，∠ADE＝∠ABC

同位角が等しいから，DE∥BC

➲ 平行線になる条件

1 直線に交わる 2 直線は，
①同位角が等しい
あるいは
②錯角（さっかく）が等しい
とき平行である。

類題 13

解答 ➡ 別冊 p.37

右の図で，DE∥BC であるといえますか。

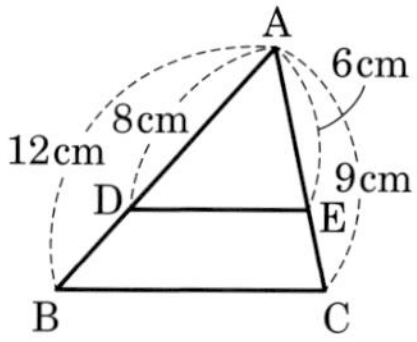

例題 14 三角形と比の定理の逆の証明②

LEVEL：標準

△ABC で，辺 AB，AC 上に AD：DB＝AE：EC となるように点 D，E をとると，DE∥BC になることを証明しなさい。

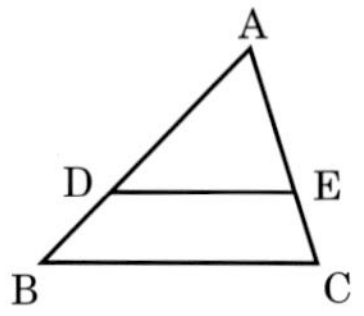

ここに着目！ 平行四辺形の向かい合う辺は平行である。

解き方　右の図のように，補助線をひく。このときできた四角形 DBCF が平行四辺形であることを証明する。

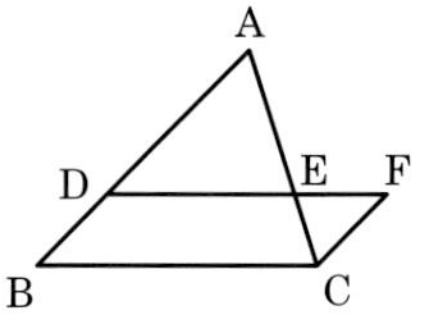

［証明］

点 C を通り辺 BA に平行な直線をひき，直線 DE との交点を F とする。
△ADE と △CFE において，
∠AED＝∠CEF　（対頂角）
AB∥CF より，∠ADE＝∠CFE（錯角）
2 組の角がそれぞれ等しいから，△ADE∽△CFE
相似な図形では，対応する辺の比は等しいから，
**　AD：CF＝AE：CE　…①**
仮定より，AD：DB＝AE：EC　…②
①，②から，AD：DB＝AD：CF
よって，DB＝CF
DB＝CF，DB∥CF だから，四角形 DBCF は平行四辺形となり，DE∥BC

平行四辺形になる条件

四角形の 1 組の向かい合う辺が等しくて平行であるとき，その四角形は平行四辺形である。

例題 14 の結果を使って類題 14 を解こう。

類題 14

解答 ➡ 別冊 p.37

右の図で，DE∥BC であるといえますか。

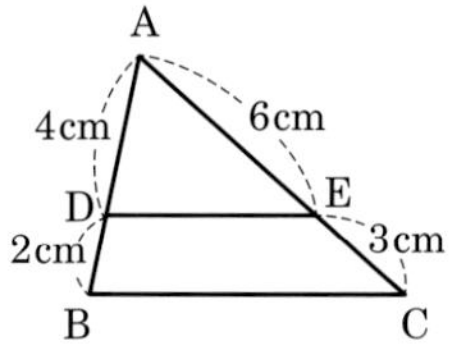

UNIT 3

三角形と比の定理，三角形と比の定理の逆

目標 三角形と比の定理を使って問題を解くことができる。

要点

● **三角形と比の定理**

DE∥BC ならば，

・AD：AB＝AE：AC＝DE：BC

・AD：DB＝AE：EC

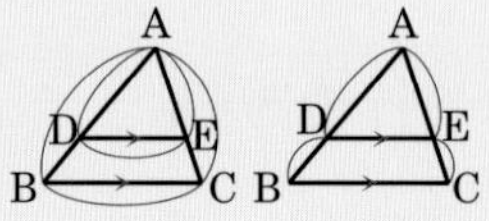

● **三角形と比の定理の逆**

・AD：AB＝AE：AC ならば，DE∥BC

・AD：DB＝AE：EC ならば，DE∥BC

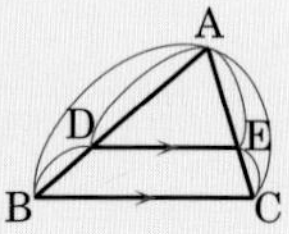

例題 15 三角形と比の定理

LEVEL：標準

右の図で，DE∥BC とするとき，x の値（あたい）を求めなさい。

(1)

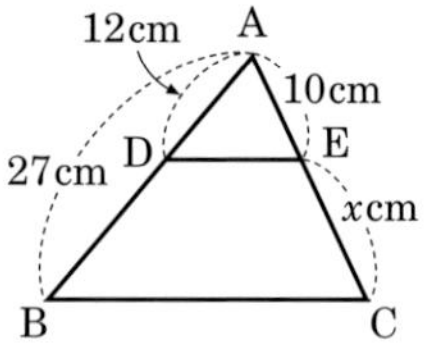

(2)

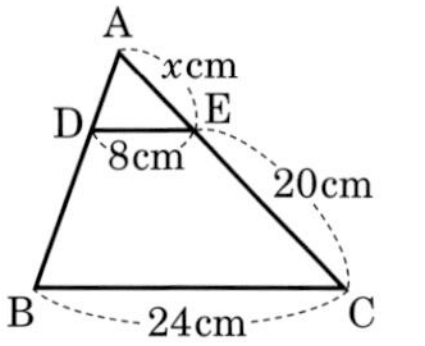

ここに着目！ **三角形と比の定理を使って比例式で表す。**

解き方 (1) AD：DB＝AE：EC より，$12:(27-12)=10:x$

$12x=150$ $\boldsymbol{x=12.5}$ ……答

(2) AE：AC＝DE：BC より，$x:(x+20)=8:24$

$x:(x+20)=1:3$ $3x=x+20$ $\boldsymbol{x=10}$ ……答

注意

(2)で，AE：EC＝DE：BC としないように注意する。

類題 15

解答 ➔ 別冊 p.37

右の図で，DE∥BC のとき，x，y の値を求めなさい。

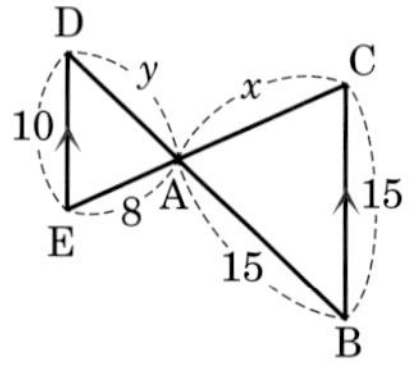

例題 16 三角形と比の定理の逆

LEVEL：標準

右の図で，線分 DE，EF，FD のうち，△ABC の辺に平行なものはどれか答えなさい。

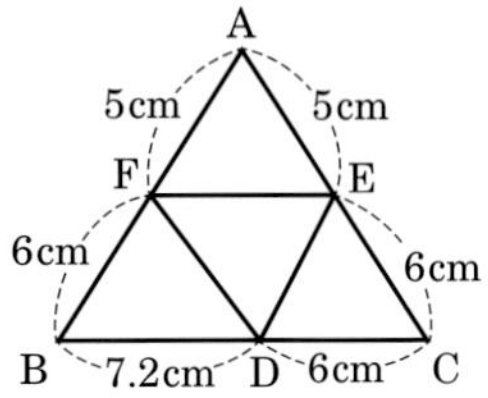

ここに着目！ △ABC で AF：FB＝AE：EC ならば FE∥BC

解き方 おのおのの辺の比を簡単にして，それぞれ比べてみる。

FE と BC において，

AF：FB＝5：6，AE：EC＝5：6

より，AF：FB＝AE：EC だから，FE∥BC

FD と AC において，

BF：FA＝6：5，BD：DC＝7.2：6＝6：5

より，BF：FA＝BD：DC だから，FD∥AC

ED と AB において，

CD：DB＝6：7.2＝5：6，CE：EA＝6：5

より，CD：DB≒CE：EA だから，ED と AB は平行ではない。

EF，FD ……答

逆

あることがらの仮定と結論を入れかえたことがらを「逆」という。「○○○ならば×××」の逆は「×××ならば○○○」である。逆はつねに正しいとは限らないが，三角形と比の定理の逆は正しいといえる。

類題 16

解答 ➜ 別冊 p.37

右の図で，点 O と △ABC の各頂点を通る直線 OA，OB，OC 上に，それぞれ，点 A′，B′，C′ を OA′＝2OA，OB′＝2OB，OC′＝2OC となるようにとり，△A′B′C′ をかいたものである。AB∥A′B′ となることを証明しなさい。

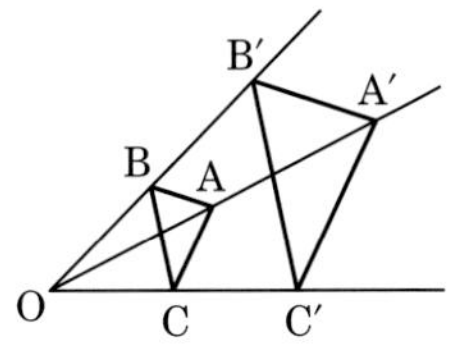

5章 相似な図形

UNIT 4

中点連結定理

目標 中点連結定理の証明ができ，中点連結定理を利用して問題を解くことができる。

要点

● 中点連結定理

△ABC の 2 辺 AB，AC の中点をそれぞれ M，N とすると，MN∥BC，$\mathrm{MN}=\frac{1}{2}\mathrm{BC}$ が成り立つ。

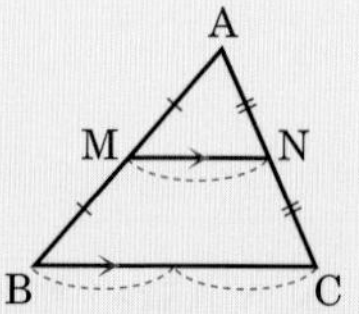

例題 17 中点連結定理の証明

LEVEL：標準

△ABC の 2 辺 AB，AC の中点をそれぞれ M，N とすると，MN∥BC，$\mathrm{MN}=\frac{1}{2}\mathrm{BC}$ であることを証明しなさい。

ここに着目! 中点は，線分を 1：1 に分ける点である。

解き方 三角形と比の定理とその逆を使って証明する。

［証明］**AM：MB＝AN：NC だから，**
三角形と比の定理の逆より，MN∥BC
また，AM：AB＝AN：AC＝1：2，
MN∥BC より，
MN：BC＝AM：AB＝1：2
したがって，$\mathrm{MN}=\frac{1}{2}\mathrm{BC}$

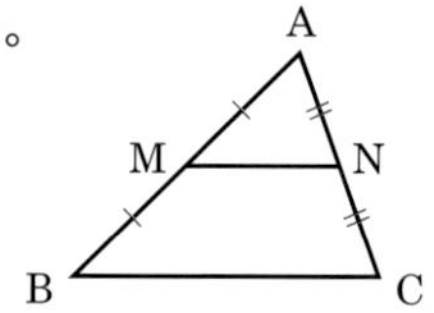

注意

△ABC∽△AMN で，相似（そうじ）比（ひ）は 2：1 である。

参考

MN：BC＝1：2 より，

$2\mathrm{MN}=\mathrm{BC} \rightarrow \mathrm{MN}=\frac{1}{2}\mathrm{BC}$

類題 17

解答 ➜ 別冊 p.37

右の図の △ABC で，点 P，Q，R はそれぞれ辺 AB，BC，CA の中点である。△PQR の周の長さを求めなさい。

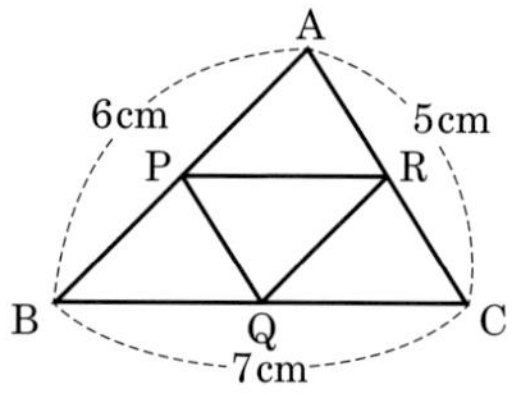

例題 18 中点連結定理の利用

LEVEL：標準

四角形 ABCD の 4 つの辺 AB，BC，CD，DA の中点をそれぞれ，P，Q，R，S とするとき，四角形 PQRS は平行四辺形であることを証明しなさい。

ここに着目！ 中点連結定理を使うために，三角形をつくる。

解き方 対角線 BD をひくと，△ABD で，P，S はそれぞれ AB，AD の中点となる。

［証明］

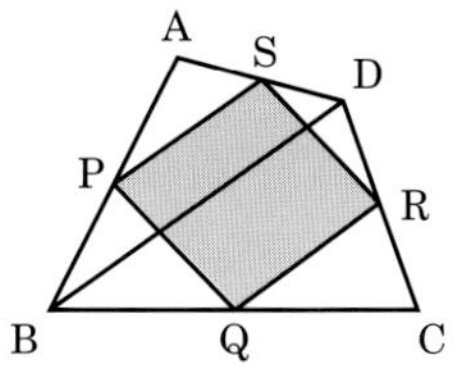

四角形 ABCD の対角線 BD をひくと，
△ABD において，P は AB の中点，
S は AD の中点だから，

$$\mathbf{PS /\!/ BD,\ PS = \frac{1}{2} BD}$$

△CDB においても同様にして，

$$\mathbf{QR /\!/ BD,\ QR = \frac{1}{2} BD}$$

したがって，PS∥QR，PS＝QR
1 組の対辺が平行でその長さが等しいから，四角形 PQRS は，平行四辺形である。

［別解］

PS∥QR に加えて，SR∥PQ を証明すれば，2 組の対辺が平行となるので，四角形 PQRS は，平行四辺形であると証明できる。

平行四辺形になる条件

① 2 組の対辺がそれぞれ平行である。（定義）
② 2 組の対辺がそれぞれ等しい。
③ 2 組の対角がそれぞれ等しい。
④対角線がそれぞれの中点で交わる。
⑤ 1 組の対辺が平行でその長さが等しい。

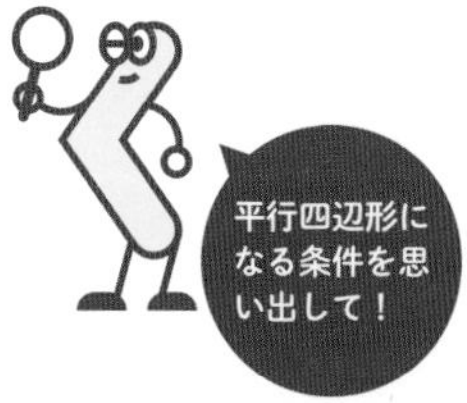

平行四辺形になる条件を思い出して！

類題 18

解答 ➡ 別冊 p.37

右の図で，四角形 ABCD は，AD∥BC の台形である。E，F をそれぞれ辺 AB，対角線 AC の中点とするとき，線分 EF，EG の長さを求めなさい。

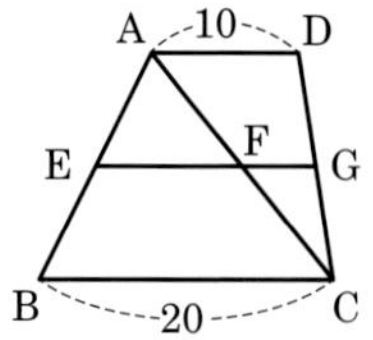

UNIT 5

平行線と比

目標 平行線と比の定理を使って，線分の長さを求めることができる。

要点

● **平行線と比の定理**

平行な 3 つの直線 a，b，c が直線 ℓ とそれぞれ A，B，C で交わり，直線 ℓ' とそれぞれ A′，B′，C′ で交われば，

AB：BC＝A′B′：B′C′

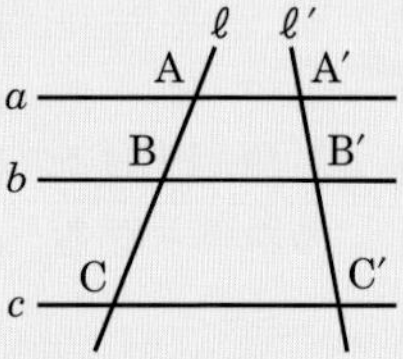

例題 19 平行線と比

LEVEL：標準

次の図で，$a /\!/ b /\!/ c$ のとき，x の値(あたい)を求めなさい。

(1)

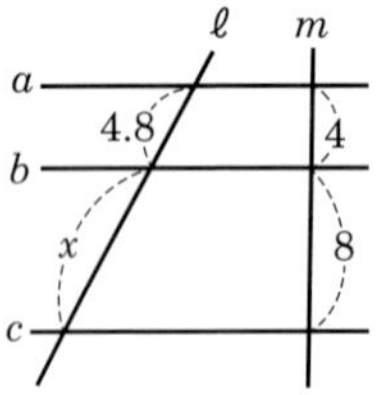

(2)

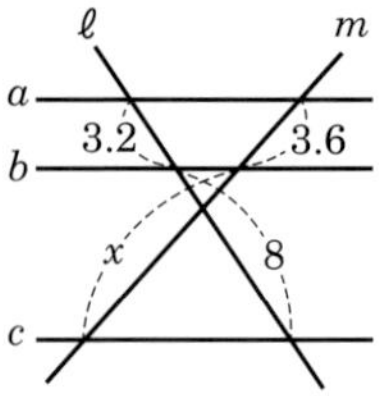

(3)

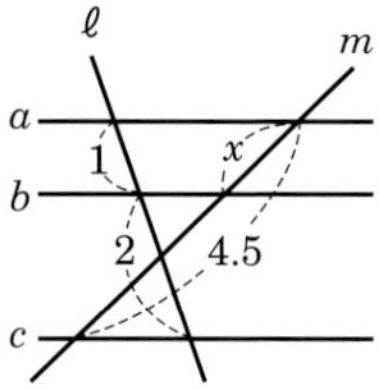

ここに着目! 交わっている直線も平行移動すれば定理が使える。

解き方 (1) $4.8 : x = 4 : 8$ $\boldsymbol{x = 9.6}$ ……答

(2) $3.2 : 8 = 3.6 : x$ $2 : 5 = 3.6 : x$ $\boldsymbol{x = 9}$ ……答

(3) $1 : 2 = x : (4.5 - x)$ $2x = 4.5 - x$ $\boldsymbol{x = 1.5}$ ……答

参考

$a : b = c : d$ ならば，$ad = bc$

類題 19

解答 ➡ 別冊 p.38

右の図で，直線 ℓ，m，n が平行であるとき，x，y の値を求めなさい。

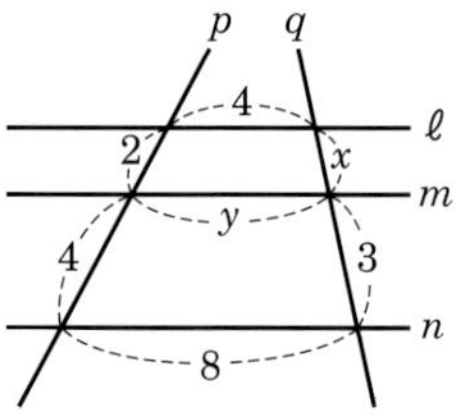

例題 20 平行線と比の利用

LEVEL：標準

AD∥BC である台形 ABCD の対角線の交点 O を通って BC に平行な直線が，AB，DC と交わる点をそれぞれ E，F とする。AD＝10cm，BC＝15cm のとき，EF の長さを求めなさい。

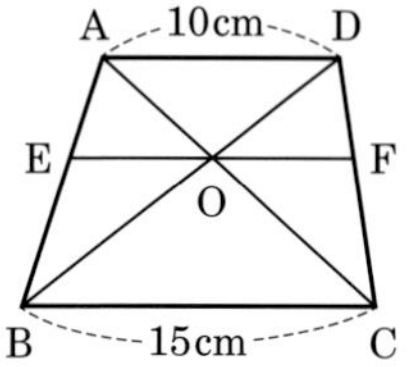

ここに着目！ **AO：CO＝AD：CB に目をつける。**

解き方 △AOD と △COB において，

AD∥BC より，∠DAO＝∠BCO(錯角(さっかく)) …①

∠AOD＝∠COB(対頂角) …②

①，②より，2 組の角がそれぞれ等しいから，

　△AOD∽△COB

よって，AO：CO＝AD：CB＝10：15＝2：3

また，△AEO∽△ABC より，EO：BC＝AO：AC

　EO：15＝2：(2＋3)

　$EO=\frac{30}{5}=6$

FO も同様に考えて，FO：BC＝DO：DB より，

　FO：15＝2：5

　FO＝6

したがって，EF＝EO＋FO＝6＋6＝12

12cm ……答

➲ EO＝OF

例題 20 の図では，つねに EO＝OF となる。なぜなら，

△ABC で EO∥BC より，

　EO：BC＝AE：AB …①

同様に，△DBC で，

　OF：BC＝DF：DC …②

また，AD∥EF∥BC より，

　AE：AB＝DF：DC …③

①，②，③より，

　EO：BC＝OF：BC

よって，EO＝OF

類題 20

解答 ➡ 別冊 p.38

右の図で，AB∥CD のとき，次の問いに答えなさい。

(1) BC＝15 のとき，PC の長さを求めなさい。

(2) AB∥PQ で，BD＝10 のとき BQ，PQ の長さを求めなさい。

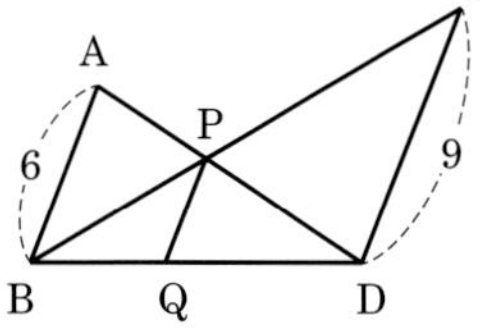

5章 相似な図形

UNIT 6

角の二等分線と辺の比

目標 三角形の角の二等分線と辺の比の証明ができて，利用した問題を解ける。

要点

- ∠BAD＝∠DAC ならば，AB：AC＝BD：DC

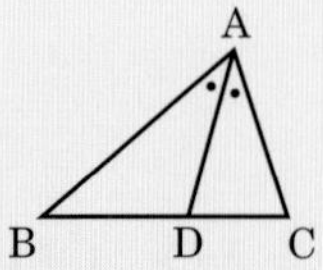

例題 21 角の二等分線と辺の比の証明

LEVEL：応用

右の図のように，∠A の二等分線が辺 BC と交わる点を D とすれば，AB：AC＝BD：DC であることを証明しなさい。

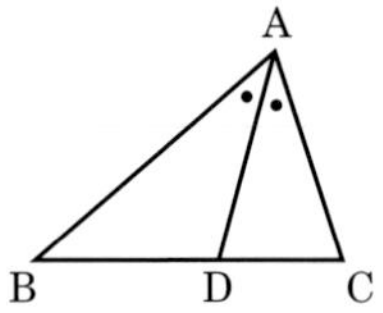

ここに着目！ 二等辺三角形の性質と平行線と線分の比の性質を用いて，証明する。

解き方 ［証明］**点 C を通り，辺 DA に平行な直線と，BA を延長した直線との交点を E とする。**

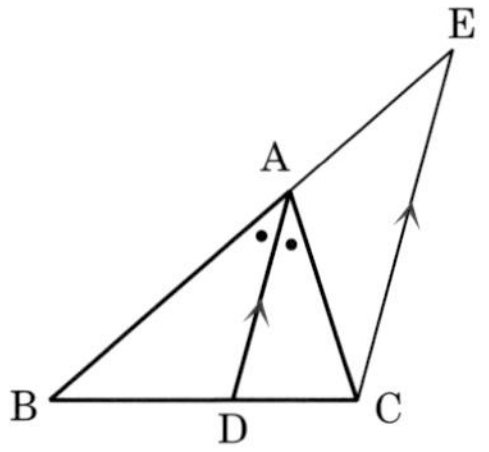

AD∥EC から，

∠BAD＝∠AEC（同位角）

∠DAC＝∠ACE（錯角（さっかく））

仮定より，∠BAD＝∠DAC

よって，∠AEC＝∠ACE

△ACE は二等辺三角形になるから，AE＝AC …①

△BEC で，AD∥EC より，BA：AE＝BD：DC …②

①，②より，AB：AC＝BD：DC

➡ 等しい角

例題 21 では，平行線の性質を使って，等しい角を見つけると下の図のようになる。

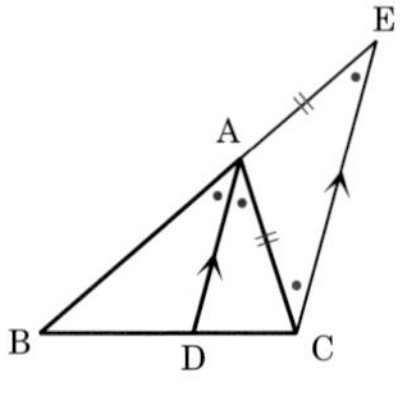

類題 21

解答 ➡ 別冊 p.38

例題 21 を BA の延長上に AC＝AE となる点 E をとって，証明しなさい。

例題 22 角の二等分線と辺の比

LEVEL：標準

下の図で，印をつけた角の大きさが等しいとき，x の値（あたい）を求めなさい。

(1)
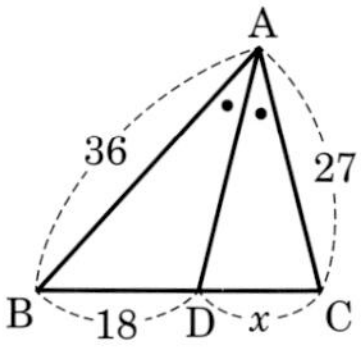

(2)
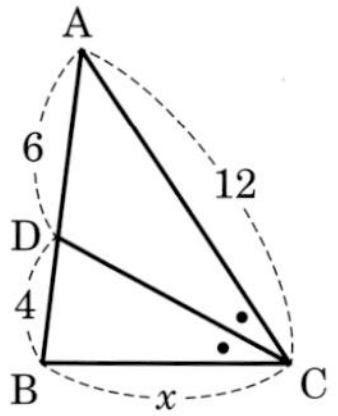

(3)
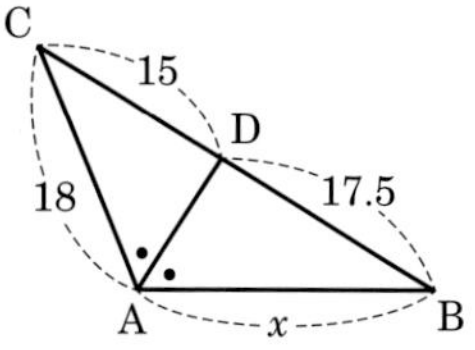

ここに着目！ 2 等分されている角に注目して比をつくる。

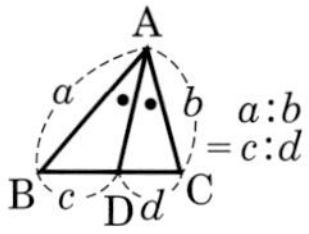

解き方 (1) AB：AC＝BD：DC より，

$36 : 27 = 18 : x$

$4 : 3 = 18 : x$

$4x = 54$　$\boldsymbol{x = 13.5}$ ……答

(2) CA：CB＝AD：BD

$12 : x = 6 : 4$

$12 : x = 3 : 2$

$3x = 24$　$\boldsymbol{x = 8}$ ……答

(3) AB：AC＝BD：DC

$x : 18 = 17.5 : 15$

$x : 18 = 7 : 6$

$6x = 126$　$\boldsymbol{x = 21}$ ……答

➡ 比はできるだけ簡単に

比例式をつくるとき，x をふくまないほうの比はできるだけ簡単にしておくと，計算ミスが少なくなる。

類題 22

解答 ➡ 別冊 p.38

右の図で，∠BAD＝∠CAD のとき，x の値を求めなさい。

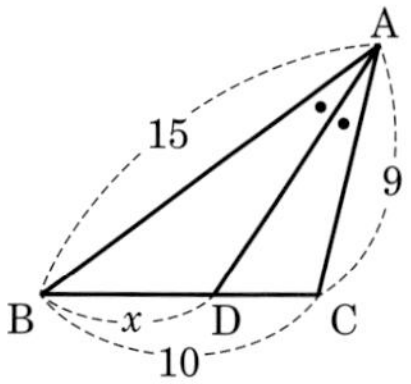

UNIT 1

相似な平面図形の周と面積①

目標 相似な図形の周の長さの比や面積の比と相似比との関係がわかる。

要点

- **相似（そうじ）な 2 つの図形で相似比が $m:n$ ならば，**
  周の長さの比は $m:n$，面積比は $m^2:n^2$

例題 23 相似な平面図形の周と面積

LEVEL：標準

右の図で，△ABC と △PQR が相似のとき，次の問いに答えなさい。

(1) △ABC と △PQR の相似比を求めなさい。

(2) △ABC と △PQR の周の長さの比を求めなさい。

(3) △ABC の面積が 48cm^2 のとき，△PQR の面積を求めなさい。

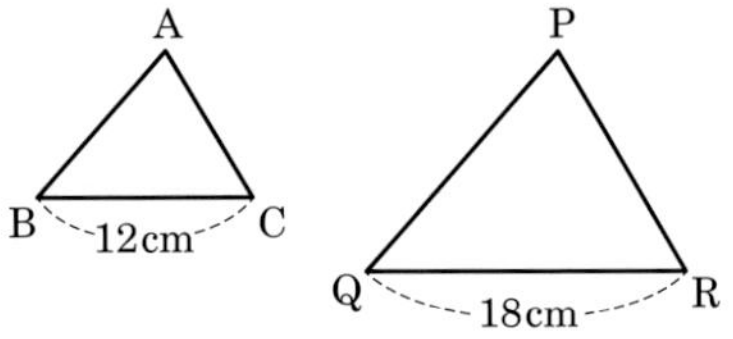

ここに着目！ **対応する辺の比 ⇒ 相似比　面積比 ⇒ 相似比の 2 乗**

解き方 まず，対応する辺の比から相似比を求める。周の長さの比は，相似比と等しく，面積比は，相似比の 2 乗に等しい。

(1) BC：QR＝12：18＝2：3　**2：3** ……答

(2) 周の長さの比は相似比と等しいので，**2：3** ……答

(3) 面積比は相似比の 2 乗になるので，相似比が 2：3 より，
面積比は，$2^2:3^2=4:9$
△ABC の面積は 48cm^2 だから，
$48:x=4:9$　$4x=432$　$x=108$　$\mathbf{108cm^2}$ ……答

◎ 相似な図形の周の長さ

相似な図形で，周の長さの比は相似比と等しいが，これは図形が多角形でも，円やおうぎ形などの曲線でできた図形でも成り立つ。

類題 23

解答 ➡ 別冊 p.38

中心角の等しい 2 つのおうぎ形があり，半径がそれぞれ 5cm，8cm のとき，周の長さの比と面積比を求めなさい。

例題 24 三角形を分ける

LEVEL：標準

△ABC の辺 AB の中点を M，辺 AC の中点を N として，点 M，N を結ぶ。△AMN＝24cm^2 のとき，四角形 MBCN の面積を求めなさい。

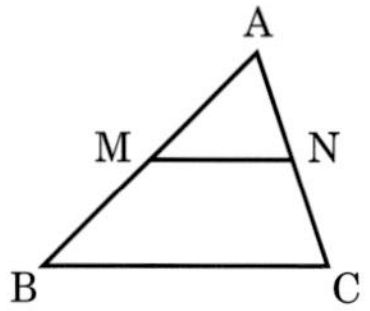

ここに着目！ **△AMN と △ABC の面積比を求める。**

解き方 M，N が中点なので，AM：AB＝1：2 より，△AMN と △ABC の相似比は 1：2 となる。

△AMN∽△ABC で，相似比は 1：2 だから，面積比は，

△AMN：△ABC＝1^2：2^2＝1：4

△ABC の面積を $x$cm^2 とすると，

24：x＝1：4　x＝96

四角形 MBCN の面積は △ABC の面積から △AMN の面積をひいたものなので，

96－24＝72

72cm^2 ……答

［別解］

△AMN：四角形 MBCN

＝△AMN：(△ABC－△AMN)

＝1：(4－1)＝1：3

よって，四角形 MBCN の面積を $x$cm^2 とすると，

24：x＝1：3　x＝72　**72cm^2** ……答

➡ 相似な三角形の面積の比

三角形の辺を 2 等分，3 等分したときの面積比は以下のようになる。

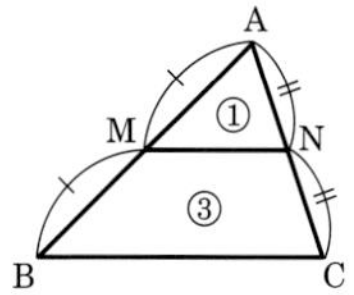

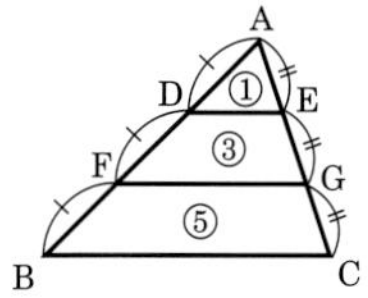

✓ 類題 24

解答 ➜ 別冊 p.39

右の図で，AD＝DF＝FB，AE＝EG＝GC である。

△AFG＝24cm^2 のとき，四角形 DFGE，四角形 FBCG の面積を，それぞれ求めなさい。

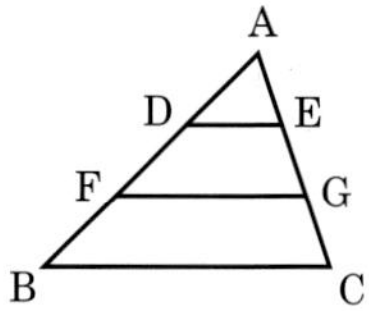

UNIT 2

相似な平面図形の周と面積②

目標 相似比と面積比の関係を利用して問題を解くことができる。

要点

- 相似（そうじ）な図形では，

  相似比　$m:n$ ⟶ 面積比　$m^2:n^2$

例題 25 円を分ける

LEVEL：標準

右の図のように点Oを中心として，半径の比が1：2：3の3つの円がある。円㋐の面積が9πcm^{2}のとき，㋑，㋒の部分の面積を求めなさい。

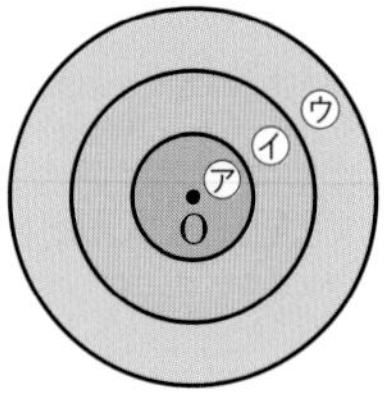

ここに着目！ 円はいつでも相似な図形である。

解き方 円は相似な図形なので，半径の比が相似比となる。相似比から面積比を求める。

相似比1：2：3より，3つの円の面積比は，

$1^2:2^2:3^2=1:4:9$

㋐：(㋐＋㋑)：(㋐＋㋑＋㋒)＝1：4：9より，

㋐：㋑：㋒＝1：3：5

㋐の面積が9πcm^{2}より，1：3：5＝9π：㋑：㋒

㋑の面積　$9\pi\times3=27\pi$　**27πcm^2** ……答

㋒の面積　$9\pi\times5=45\pi$　**45πcm^2** ……答

参考

$a:b=c:d$ならば，$ad=bc$

類題 25

解答 → 別冊 p.39

相似な2つの円の相似比が4：5で，2つの円の面積の合計が164πcm^{2}のとき，大きいほうの円の面積を求めなさい。

例題 26 相似な図形と面積

LEVEL：標準

右の図のAD∥BCである台形ABCDで，AD＝6cm，BC＝9cm，△AOD＝12cm^{2}として，次の問いに答えなさい。

(1) △COBの面積を求めなさい。

(2) 台形ABCDの面積を求めなさい。

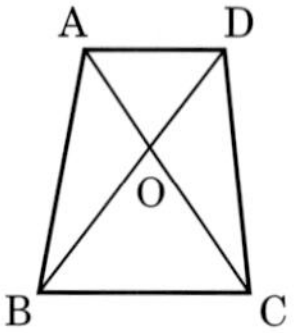

ここに着目！ 高さが共通な三角形の面積比は，底辺の長さの比に等しい。

解き方 (1) AD∥BCより，△AOD∽△COB

よって，AD：CB＝6：9＝2：3より，

△AOD：△COB＝2^2：3^2＝4：9

△COBの面積を$x$cm^{2}とすると，

12：x＝4：9

4x＝108　x＝27　**27cm^2** ……答

(2) △AODと△BOAは，ODおよびBOを底辺とみると，高さが共通である。（右の図参照）

△AOD：△BOA＝DO：BO

＝AD：CB＝2：3

よって，△BOAの面積を$y$cm^{2}とすると，

12：y＝2：3　2y＝36　y＝18

同様に，△AOD：△DOC＝2：3より，△DOCの面積も18cm^2

ゆえに，台形ABCD＝△AOD＋△BOA＋△COB＋△DOC

＝12＋18＋27＋18＝75（cm^2）

75cm^2 ……答

参考

(1)

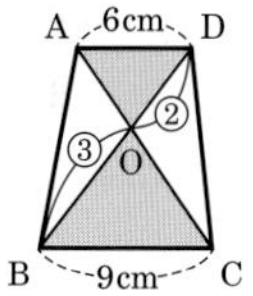

(2)

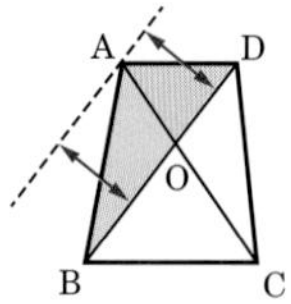

類題 26

解答 ➜ 別冊 p.39

右の図のAD∥BCである台形ABCDで，AD＝4cm，BC＝6cm，△OBC＝9cm^{2}のとき，台形ABCDの面積を求めなさい。

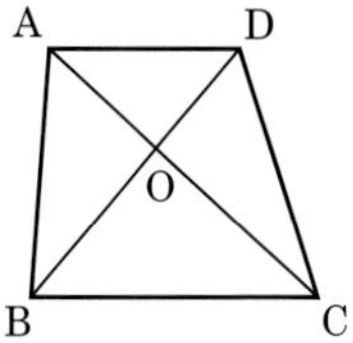

UNIT 3

相似な立体の表面積と体積①

目標 相似な立体の表面積の比や体積比と相似比との関係がわかる。

要点

● 相似（そうじ）な立体では，相似比が $m:n$ ならば，
表面積の比は $m^2:n^2$，体積比は $m^3:n^3$

例題 27 相似な立体の表面積と体積

LEVEL：基本

2 つの立方体 P，Q があり，相似比が 2：3 である。立方体 P の表面積が 216cm^2，体積が 216cm^3 のとき，立方体 Q の表面積と体積を求めなさい。

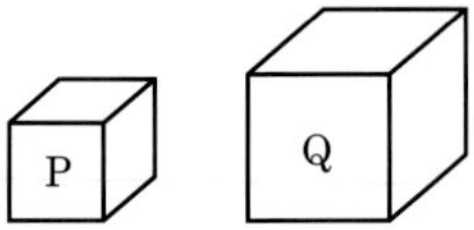

ここに着目！ 相似比が 2：3 ならば，
表面積の比は $2^2:3^2$，体積比は $2^3:3^3$

解き方 すべての立方体は相似である。相似比が 2：3 なので，表面積の比は $2^2:3^2=4:9$，体積比は $2^3:3^3=8:27$ となる。
立方体 Q の表面積を $x\text{cm}^2$ とすると，
$216:x=4:9 \quad x=486$
立方体 Q の体積を $y\text{cm}^3$ とすると，
$216:y=8:27 \quad y=729$
表面積…**486cm²**，体積…**729cm³** ……（答）

➲ 大きな数の比

$216:y=8:27$ で
$8y=27\times216=5832$ と計算するのは大変なので，
$y=\dfrac{27\times\overset{27}{\cancel{216}}}{\underset{1}{\cancel{8}}}$ と，途中（とちゅう）で約分しておくほうが計算が簡単になる。

類題 27

解答 ➜ 別冊 p.39

円柱 A と円柱 B は相似で，相似比が 3：2 である。円柱 B の表面積が $28\pi\text{cm}^2$ で，体積が $20\pi\text{cm}^3$ のとき，円柱 A の表面積と体積を求めなさい。

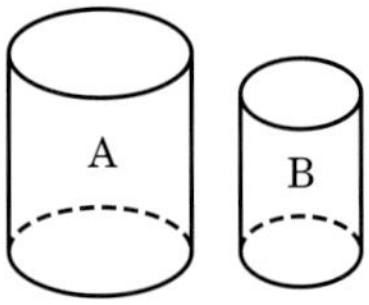

例題 28 三角錐を分ける　LEVEL：応用

右の図は，三角錐（さんかくすい）O-ABC の辺 OA を 3：1 に分ける点 P を通って底面 ABC に平行な平面で切り，切り口を △PQR としたものである。

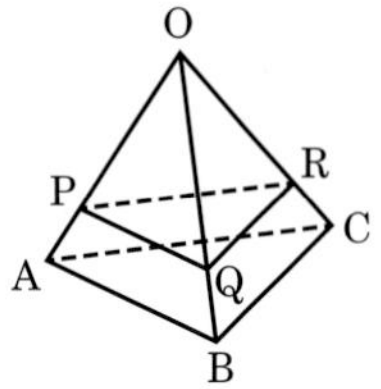

(1) △PQR と △ABC の面積の比を求めなさい。

(2) 三角錐 O-ABC の体積が 192cm^3 のとき，三角錐 O-PQR の体積を求めなさい。

ここに着目! **OP：PA＝3：1 より，OP：OA＝3：4 ← 相似比**

解き方　OP：PA が 3：1 なので，OP：OA＝3：4

三角錐 O-PQR と三角錐 O-ABC は相似で，相似比は 3：4 となるから，面積比は $3^2：4^2＝9：16$，体積比は $3^3：4^3＝27：64$ となる。

(1) △PQR と △ABC は相似な三角錐 O-PQR と O-ABC の底面で，相似比は 3：4 だから，その面積比は，

$3^2：4^2＝9：16$

9：16 ……答

(2) 三角錐 O-PQR と三角錐 O-ABC の体積比は，27：64

三角錐 O-PQR の体積を $x\text{cm}^3$ とすると，

$x：192＝27：64$

$64x＝192\times27$

$x＝\dfrac{192\times27}{64}＝81$

81cm^3 ……答

相似な立体

相似な立体では，

①対応する辺の比だけでなく高さの比も相似比に等しくなる。

②底面積，側面積など，対応する面積の比は，相似比の 2 乗になる。

類題 28

解答 → 別冊 p.39

右の図のような，高さが 15cm で底面積が 50cm^2 である三角錐 O-ABC を底面に平行な平面 DEF で 2 つに分けた。

OD：DA＝2：3 とする。三角錐 O-DEF の体積を求めなさい。

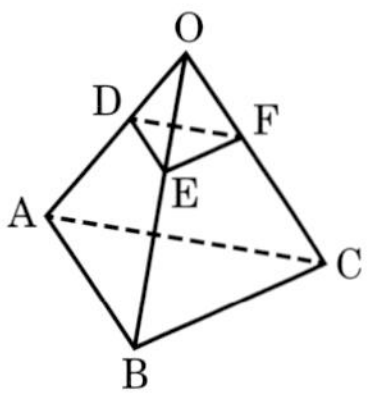

UNIT 4

相似な立体の表面積と体積②

目標 相似比を使って円錐の表面積や体積を求めることができる。

要点

- 相似な立体では，相似比が $m:n$ ならば，
  各部分の面積比は $m^2:n^2$，体積比は $m^3:n^3$

例題 29 円錐を分ける

LEVEL：応用

右の図の円錐を，高さを3等分する点を通って底面に平行な2つの平面で切ってできる立体を，それぞれP，Q，Rとする。

(1) P，Q，Rの底面の円の面積比を求めなさい。

(2) P，Q，Rの側面積の比を求めなさい。

(3) P，Q，Rの体積比を求めなさい。

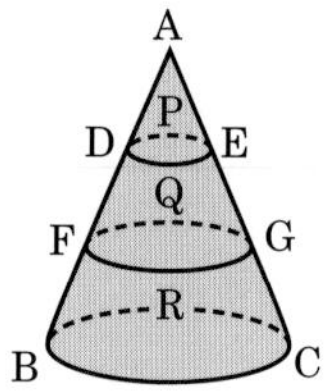

ここに着目！ 相似比が $1:k$ のとき，　面積比は $1:k^2$，体積比は $1:k^3$

解き方 3つの円錐P，P+Q，P+Q+RでAD：AF：AB＝1：2：3なので，3つの円錐の相似比は，1：2：3である。

(1) 底面の円の面積比は，$1^2:2^2:3^2=$ **1：4：9** ……答

(2) 円錐P，P+Q，P+Q+Rの側面積を，S，S'，S'' とする。
3つの円錐は相似だから，$S:S':S''=1:4:9$
P，Q，Rの側面積は，S，$S'-S$，$S''-S'$ となる。
ゆえに，$S:(S'-S):(S''-S')=$ **1：3：5** ……答

(3) 円錐P，P+Q，P+Q+Rの体積比は，$1^3:2^3:3^3=1:8:27$
Qの体積は，円錐(P+Q)－円錐P，Rの体積は，
円錐(P+Q+R)－円錐(P+Q)より，P，Q，Rの体積比は，
$1:(8-1):(27-8)=$ **1：7：19** ……答

体積比

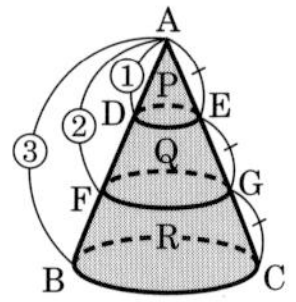

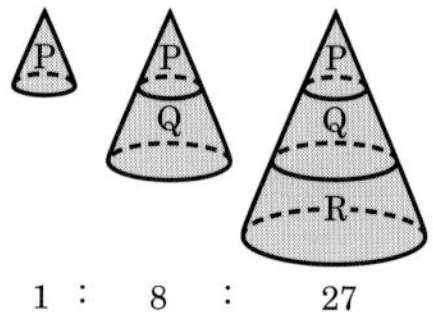

類題 29

解答 ➡ 別冊 p.39

例題29の円錐で，Pの体積が $4\pi \mathrm{cm}^3$ のとき，QとRの体積を求めなさい。

例題 30 円錐の形をした容器

LEVEL：応用

右の図のような，底面の直径が 20cm，深さが 18cm の円錐の容器がある。
この容器に 12cm の深さまで水を入れたとき，水の体積は何 cm^3 になりますか。

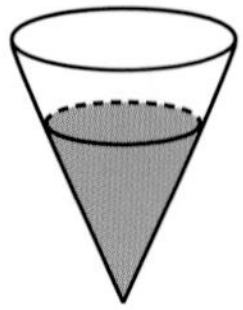

ここに着目！ 水の入っている部分と容器は相似である。

解き方　水の入っている部分と，容器は相似である。相似比は深さの比として求めることができる。

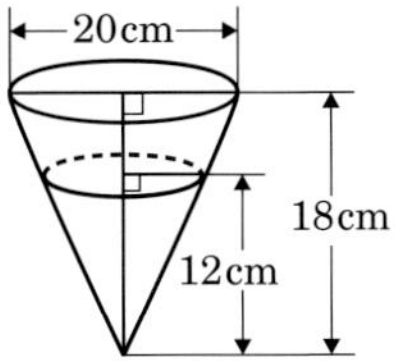

容器の深さは 18cm，水の深さは 12cm なので，

相似比は，$18:12=3:2$

体積比は，$3^3:2^3=27:8$

容器の容積は，$\dfrac{1}{3}\times\pi\times10^2\times18=600\pi\ (cm^3)$

したがって，水の体積を x cm^3 とすると，

$$600\pi : x = 27 : 8$$
$$27x = 4800\pi$$
$$x=\frac{4800}{27}\pi=\frac{1600}{9}\pi$$

$\dfrac{1600}{9}\pi$ cm^3 ……（答）

● 円錐の体積の求め方

（円錐の体積）

$=\dfrac{1}{3}\times$（底面積）$\times$（高さ）

$=\dfrac{1}{3}\times\pi\times$（底面の半径）$^2\times$（高さ）

水の入った部分は，円錐とみなせるね。

類題 30

解答 ➜ 別冊 p.39

右の図のような円錐形の容器がある。この容器に $32\pi cm^3$ の水が入っているとき，水の深さがもとの深さの半分になると，水の体積は何 cm^3 になりますか。

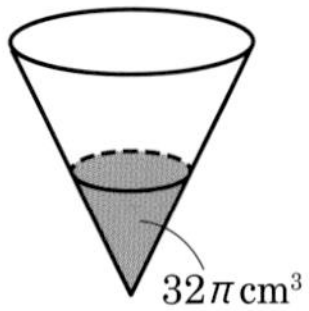

UNIT 5

相似な立体の表面積と体積③

目標 相似な立体の応用問題を解くことができる。

要点

- 相似な立体では，
  相似比 $m:n$ ⟶ 体積比 $m^3:n^3$

例題 31 円錐の一部分の形をした容器

LEVEL：応用

右の図のような円錐を底面に平行な平面で切ってできた容器に，全体の深さの半分のところまで水を入れると，水の体積は全体のどれだけになりますか。

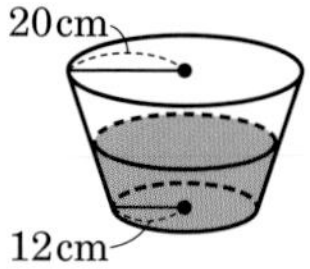

ここに着目！ 相似な立体を平面にかきなおして辺の比を確認する。

解き方 容器を横から見ると，容器は円錐の先の部分を取った形。
右の図で，OC：OA＝12：20＝3：5　M は AC の中点より，OC：OM＝3：4　円錐 OCD，OMN，OAB の体積を，V，V'，V'' とすると，

$V:V':V''=3^3:4^3:5^3=27:64:125$

（水の体積）：（全体の体積）$=(V'-V):(V''-V)$
$=(64-27):(125-27)=37:98$

よって，水の体積は，全体の体積の $\dfrac{37}{98}$ ……答

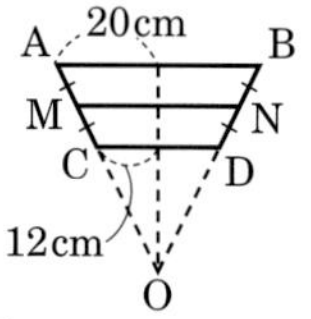

➡ 水の体積

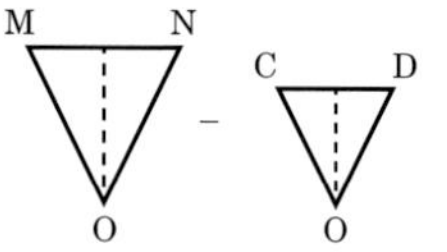

➡ 全体の体積

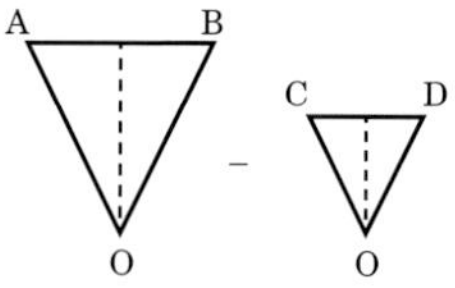

類題 31

解答 ➡ 別冊 p.39

高さ 9cm の円錐を，底面に平行な平面で切り，右の図のような立体をつくった。

(1) 立体の高さを求めなさい。
(2) 立体の体積を求めなさい。

例題 32 相似な立体の応用

LEVEL：応用

1000 円を持ってジュースを買いに行った。右の図のようにジュースは相似な円柱形の缶（かん）に入っていて，どちらも中身は同じだった。ジュース A は 90 円，ジュース B は 200 円である。
1000 円でできるだけたくさん買うとき，A，B どちらのジュースを何本買ったほうが得ですか。

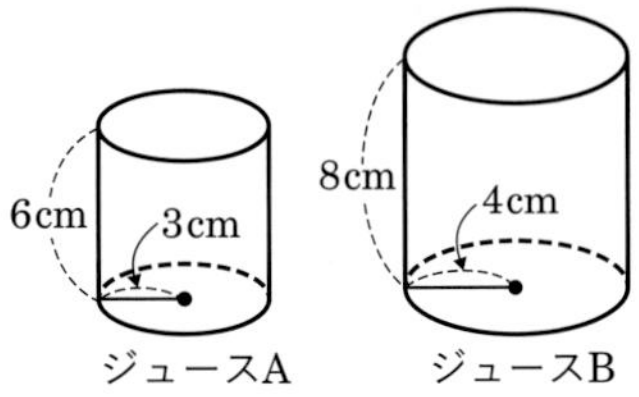

ここに着目！ ジュース A と B の体積比を求める。

解き方　2 つのジュースの缶の相似比は 3：4 なので，体積比は，
$3^3 : 4^3 = 27 : 64$ となる。
1000 円でジュース A は 11 本，ジュース B は 5 本買える。
ジュース A を 11 本買ったときとジュース B を 5 本買ったときの総体積の比は，
$(27\times11) : (64\times5) = 297 : 320$ より，
ジュース B を 5 本買ったほうが得 ……答

A を買うほうが得になるときの A の代金
A が 12 本買えるとき，
$27\times12=324$ より，
(ジュース A)：(ジュース B)
$=324:320$
で，A のほうが得になる。
12 本買うには，
$1000\div12=83.3\cdots$
より，A が 83 円以下なら A のほうが得である。

類題 32

解答 ➡ 別冊 p.40

内部が全部つまった金属製の円錐がある。これをつぶして，もとの円錐と相似比が 3：1 の小さい円錐をつくると，全部でいくつつくれますか。

定期テスト対策問題

解答 ➡ 別冊 p.40

問 1 相似な図形の辺と角

右の図で，四角形 ABCD と四角形 PQRS は相似（そうじ）である。このとき，次の問いに答えなさい。

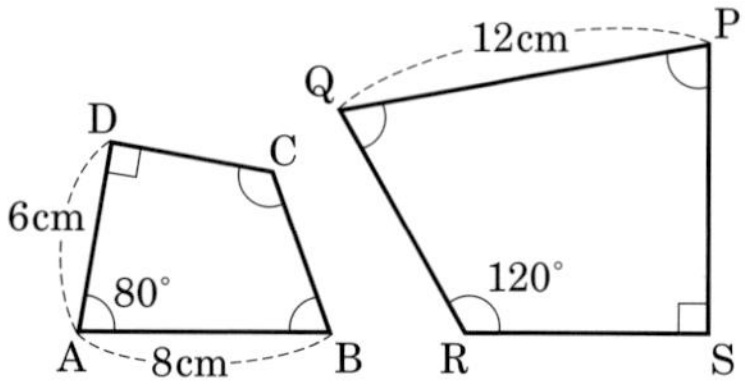

(1) 四角形 ABCD と四角形 PQRS の相似比を求めなさい。

(2) ∠C に対応する角はどれですか。

(3) 辺 PS の長さを求めなさい。

(4) ∠B の大きさを求めなさい。

問 2 相似な三角形と相似条件

次の図で，相似な三角形を記号を使って表しなさい。また，そのときに使った相似条件をいいなさい。

(1)

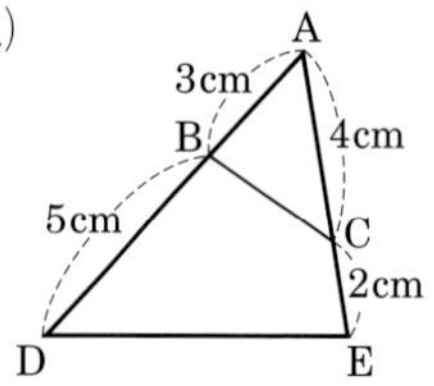

(2)

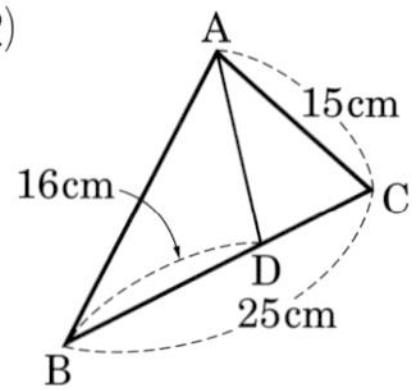

(3)

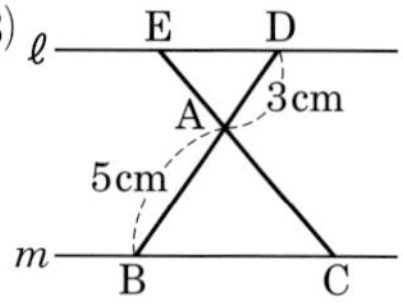

(ℓ // m)

問 3 相似な三角形の証明

∠CAB＝90° である直角三角形 ABC において，点 A から辺 BC へ垂線 AD をひく。また，∠B の二等分線が線分 AD，辺 AC と交わる点をそれぞれ E，F とする。

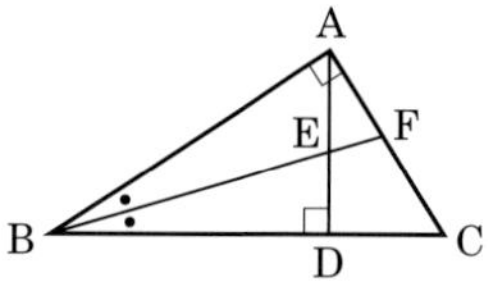

(1) △ABF∽△DBE であることを証明しなさい。

(2) △ABE∽△CBF であることを証明しなさい。

(3) △AEF は，二等辺三角形であることを証明しなさい。

問 4 縮図の利用

ポールの高さ AB を測るため，12m 離れている地点 C，D から A を見上げたら，水平の方向に対して，それぞれ 38°，57° 上に見えた。目の高さを 1.3m として，縮図をかいて，高さ AB を求めなさい。ただし，C，D，B は一直線上にある。

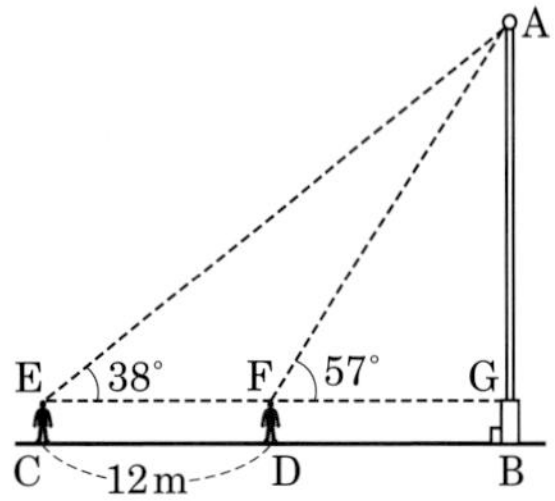

問 5 平行線，角の二等分線と辺の比

次の図で，x，y の値を求めなさい。

(1) DE∥BC

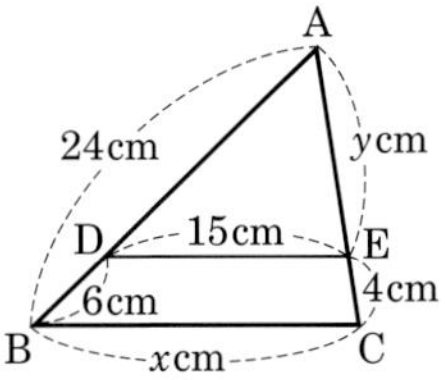

(2) ℓ∥m∥n

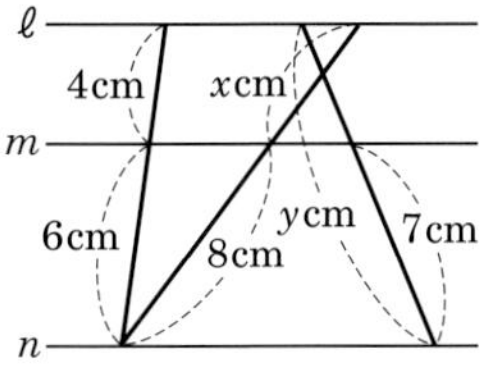

(3) ∠BAD＝∠CAD

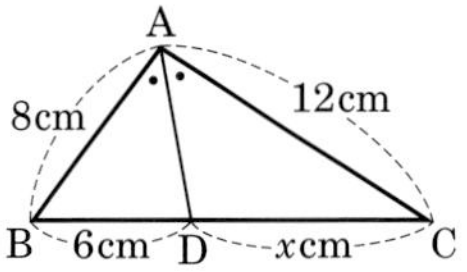

問 6 平行線と辺の比

右の図で，線分 AB，CD，PQ は，いずれも線分 BD に垂直である。AB＝8cm，CD＝12cm として，次の問いに答えなさい。

(1) AP：PD，BP：BC を求めなさい。

(2) PQ の長さを求めなさい。

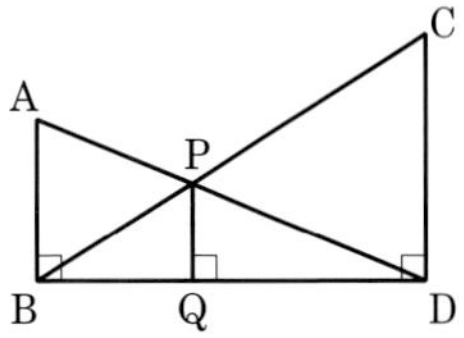

問 7 平行線と比(辺の長さを求める)

右の図で，AD＝4cm，BC＝8cm，AE：EB＝5：3，AD∥EF∥BC とする。このとき，線分 PQ の長さを求めなさい。

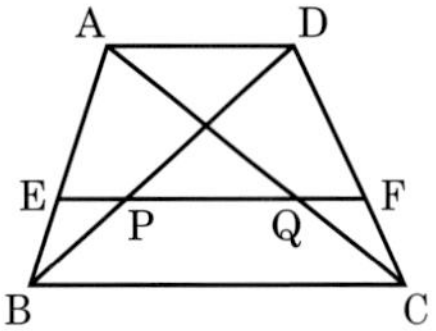

問 8 平行線と比(図形の証明)

四角形 ABCD で，AB＝CD，AD≠BC とする。AC，BC，AD の中点をそれぞれ，L，M，N とするとき，△LMN は二等辺三角形であることを証明しなさい。

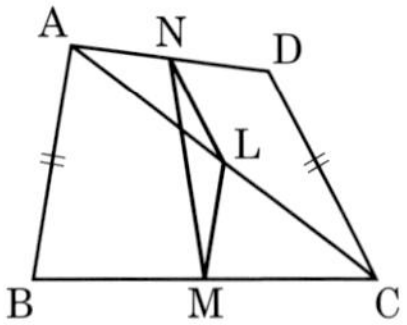

問 9 平行線と比の利用

右の図で，四角形 ABCD は正方形で，点 E，点 F はそれぞれ辺 AD，DC の中点である。また点 G は，線分 AF，BE の交点である。このとき，BG：GE を求めなさい。

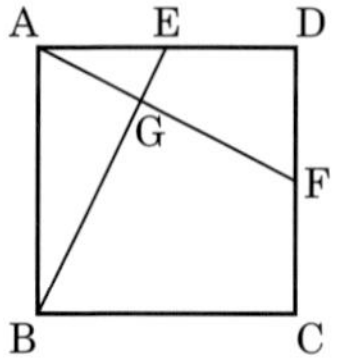

問 10 相似な図形と面積

平行四辺形 ABCD で，辺 AD を 3 等分する点のうち点 D に近いほうを E，線分 AC と線分 BE の交点を F とする。次の問いに答えなさい。

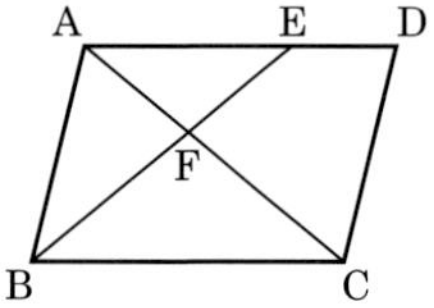

(1) △AEF∽△CBF であることを証明しなさい。

(2) △AEF と △CBF の面積比を求めなさい。

(3) △AEF の面積が 4cm² のとき，四角形 EFCD の面積を求めなさい。

問 11 相似な三角錐と体積

三角錐（さんかくすい）O–ABC の 1 辺 OA を 3 等分する点のうち点 O に近いほうの点 A′ を通り，平面 OBC に平行な平面で，この三角錐を切り，2 つの立体 A–A′B′C′ と A′B′C′–OBC に分けた。立体 A–A′B′C′ の体積が 96cm³ のとき，立体 A′B′C′–OBC の体積を求めなさい。

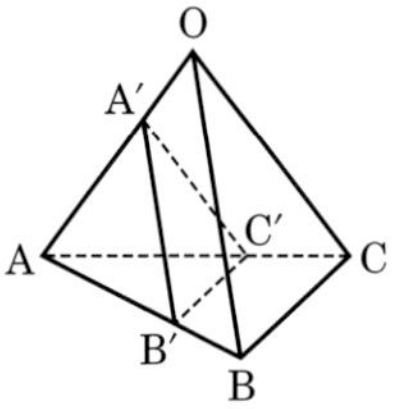

問 12 相似な円錐と体積

右の図のような円錐の容器に，270cm³ の水を入れたら，水面の高さが 9cm になった。水面をさらに 6cm 高くするには，何 cm³ の水を追加すればよいですか。

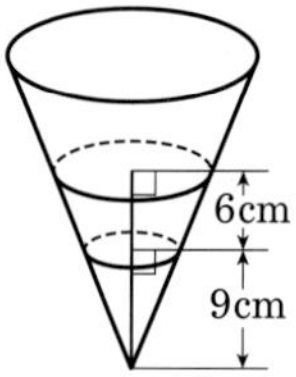

KUWASHII MATHEMATICS

中3 数学

6章

円

例題一覧

1	円周角の定理の証明	基本
2	円周角と中心角	標準
3	1つの弧に対する円周角	標準
4	円周角と弧	標準
5	大きさが等しい円周角に対する弧と証明	標準
6	等しい弧に対する円周角と証明	標準
7	直径と円周角	応用
8	三角形の内角と外角の大小関係	応用
9	円周角の定理の逆	標準
10	4点が同一円周上にあることの証明	応用
11	円の接線の作図	標準
12	接線の長さ	標準
13	円内の点を通る2直線と円の交点	標準
14	円外の点を通る2直線と円の交点	標準
15	円の性質を使った三角形の相似の証明	標準
16	平方根の長さの線分の作図	応用

UNIT 1

円周角の定理①

目標 円周角の定理を理解し，円周角の大きさや中心角を求めることができる。

要点

- **円周角**（えんしゅうかく）… $\overset{\frown}{AB}$ を除いた円周上に点 P をとるとき，
  ∠APB を $\overset{\frown}{AB}$ に対する円周角という。
- **円周角の定理**… 1 つの弧（こ）に対する円周角の大きさは一定であり，
  その弧に対する中心角の半分である。

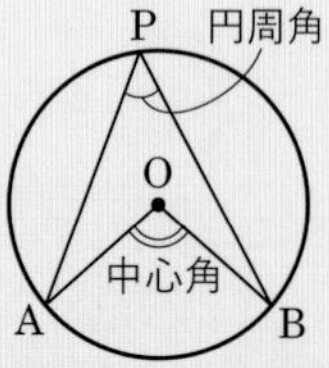

例題 1 円周角の定理の証明　LEVEL：基本

円 O の円周上に 2 点 A，B をとり，点 P を $\overset{\frown}{AB}$ を除く円周上にとり，∠APB を考える。円の中心 O が ∠APB の内部にあるとき，

$\angle APB = \frac{1}{2}\angle AOB$ となることを証明しなさい。

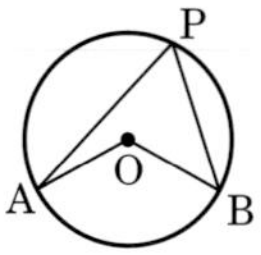

ここに着目！ **直径 PC をひき，三角形の外角を使って証明する。**

解き方 ［証明］**直径 PC をひき，∠OPA＝∠a，∠OPB＝∠b とする。**

OP＝OA より，∠OAP＝∠a

∠AOC＝∠OPA＋∠OAP＝2∠a

同様にして，∠BOC＝2∠b

したがって，∠AOB＝2(∠a＋∠b)

∠APB＝∠a＋∠b だから，∠AOB＝2∠APB

$$\angle APB = \frac{1}{2}\angle AOB$$

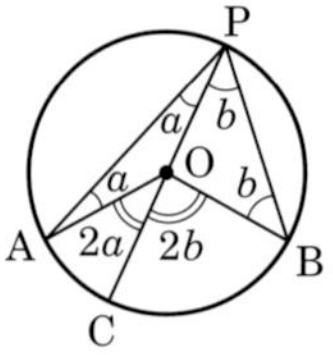

参考

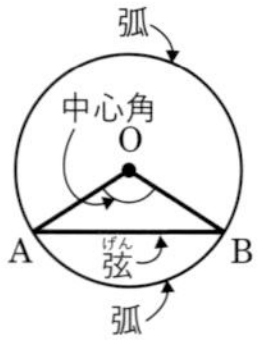

類題 1

解答 → 別冊 p.42

例題 1 で，PB が直径となる場合も

$\angle APB = \frac{1}{2}\angle AOB$ となることを証明しなさい。

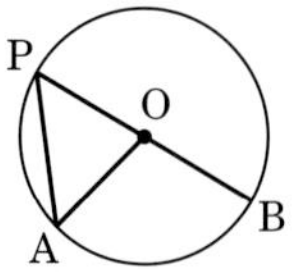

例題 2 円周角と中心角　LEVEL：標準

下の図で，$\angle x$ の大きさを求めなさい。

(1)
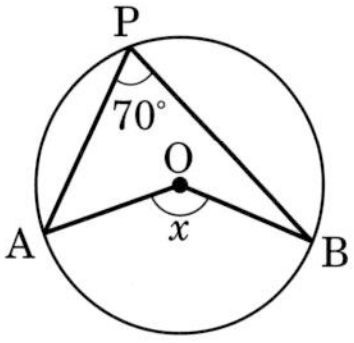

(2)
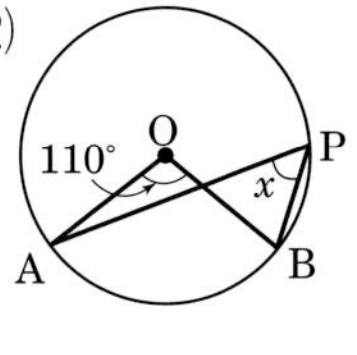

(3)
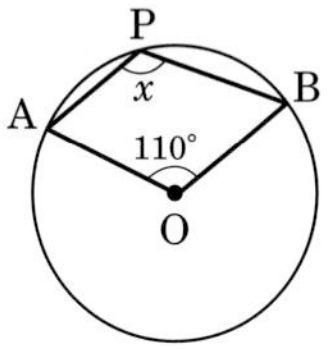

ここに着目！ **円周角の大きさは中心角の半分であり，中心角は円周角の大きさの 2 倍である。**

解き方 図の中で，中心角と円周角をはっきりさせておく。

(1) $\angle x$ は $\overset{\frown}{AB}$ に対する中心角だから，円周角の大きさの 2 倍になる。

$\angle x = 70° \times 2 = \mathbf{140°}$ ……答

(2) $\angle x$ は $\overset{\frown}{AB}$ に対する円周角だから，大きさは中心角の半分になる。

$\angle x = 110° \div 2 = \mathbf{55°}$ ……答

(3) $\angle x$ は $\overset{\frown}{AB}$ の大きいほうに対する円周角であり，110° はその $\overset{\frown}{AB}$ に対する中心角ではない。

中心角は，$360° - 110° = 250°$

よって，$\angle x = 250° \div 2 = \mathbf{125°}$ ……答

注意

(3)
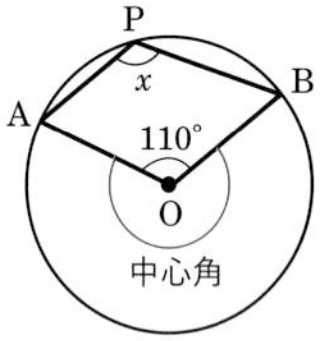

円周角 $\angle APB$ に対する弧は，$\overset{\frown}{AB}$ の大きいほうであり，したがって，中心角も大きい $\overset{\frown}{AB}$ に対するものになる。

類題 2

解答 → 別冊 p.42

下の図で，$\angle x$ の大きさを求めなさい。

(1)
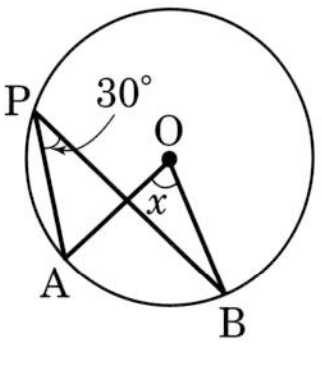

(2)
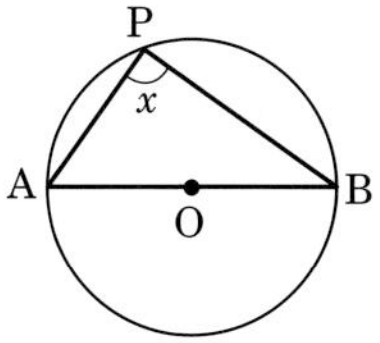

(3)
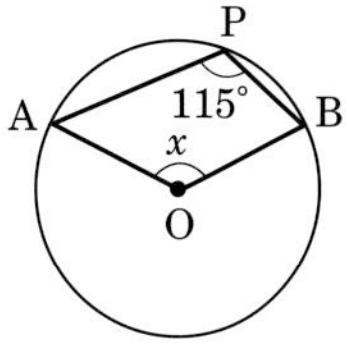

UNIT 2

円周角の定理②，円周角と弧①

目標 弧と円周角の関係を理解し，円周角の大きさや中心角を求めることができる。

要点

- 弧(こ)と円周角の定理
  - ・同じ弧に対する円周角の大きさは等しい。
  - ・1つの円で等しい円周角に対する弧は等しい。
  - ・1つの円で等しい弧に対する円周角の大きさは等しい。

例題 3 1つの弧に対する円周角

LEVEL：標準

次の図で，$\angle x$ の大きさを求めなさい。

(1)

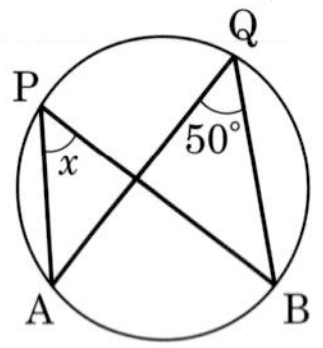

(2)

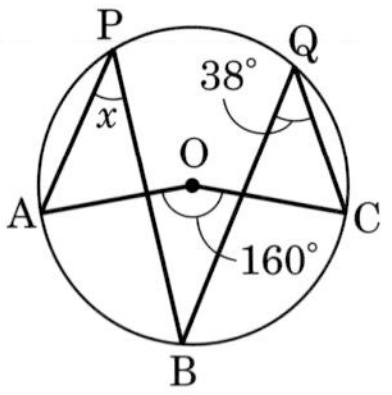

ここに着目！ 同じ弧に対する円周角の大きさは等しい。

解き方 円周角をたどって弧の両端(りょうたん)をさがす。その弧に対するほかの円周角を見つける。

(1) $\angle \mathrm{APB} = \angle \mathrm{AQB}$ だから，$\boldsymbol{\angle x = 50^\circ}$ ……答

(2) $\overset{\frown}{\mathrm{AC}}$ に対する中心角は160°。$\overset{\frown}{\mathrm{AC}}$ を $\overset{\frown}{\mathrm{AB}}$，$\overset{\frown}{\mathrm{BC}}$ に分けているから，$\angle x = 160^\circ \div 2 - 38^\circ = \mathbf{42^\circ}$ ……答

注意
まず，円周角がどの弧に対するものなのか，かならず確認する。

類題 3

解答 ➡ 別冊 p.42

右の図で，$\angle x$ の大きさを求めなさい。

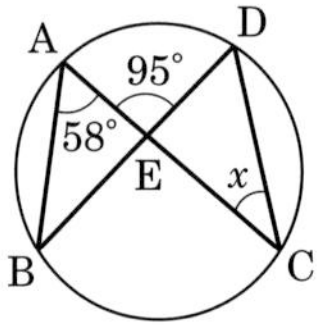

例題 4　円周角と弧　LEVEL：標準

下の図で，$\angle x$，$\angle y$ の大きさを求めなさい。

(1)　$\overset{\frown}{AB}=\overset{\frown}{CD}=\overset{\frown}{DE}$

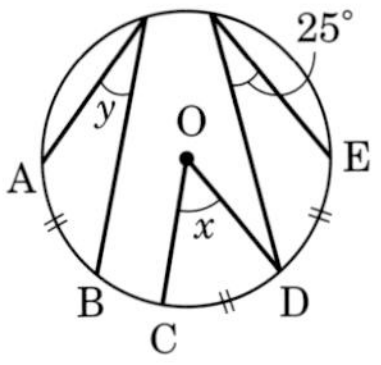

(2)　$\overset{\frown}{AB}=\overset{\frown}{BC}=\overset{\frown}{CD}=\overset{\frown}{DE}=\overset{\frown}{EA}$

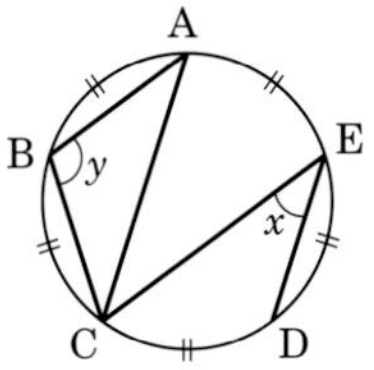

ここに着目！ 1つの円において，等しい弧に対する円周角の大きさは等しい。

解き方　等しい弧に対する円周角の大きさは等しいことを使って，角の大きさを求める。

(1)　$\overset{\frown}{AB}=\overset{\frown}{DE}$ より，$\angle y=25°$

また，$\angle x$ は $\overset{\frown}{CD}$ に対する中心角であり，$\overset{\frown}{CD}$ に対する円周角の大きさは $\overset{\frown}{CD}=\overset{\frown}{DE}$ より 25° であるから，

$\angle x=25°\times2=50°$

$\angle x=50°$，$\angle y=25°$ ……答

(2)　5つの弧が円周を5等分しているので，1つの弧に対する中心角は，$360°\div5=72°$

したがって，$\overset{\frown}{CD}$ に対する円周角の大きさは，

$\angle x=72°\div2=36°$

また，$\angle y$ は $\overset{\frown}{AC}$ の大きいほうに対する円周角で，

$\overset{\frown}{AC}=\overset{\frown}{CD}+\overset{\frown}{DE}+\overset{\frown}{AE}$ より，$\angle y=36°\times3=108°$

$\angle x=36°$，$\angle y=108°$ ……答

別解

(2)

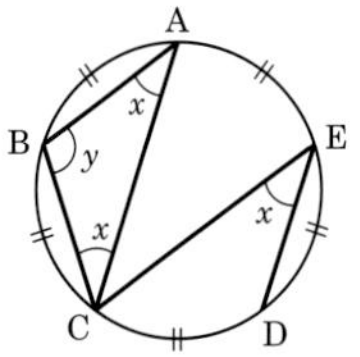

図のように △ABC で考えると，

$\angle BAC=\angle ACB=\angle x=36°$

$\angle y=180°-36°\times2=108°$

と求めることもできる。

類題 4

解答 → 別冊 p.43

右の図で，$\overset{\frown}{AB}=\overset{\frown}{BC}=\overset{\frown}{CD}$ である。$\angle x$，$\angle y$ の大きさを求めなさい。

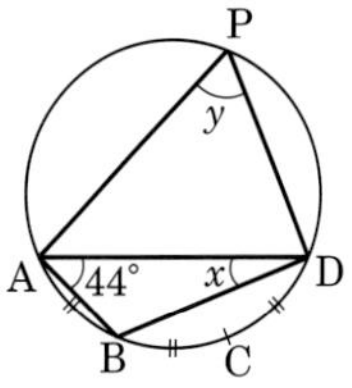

UNIT 3

円周角と弧②

目標 円周角と弧の証明ができる。

要点

- **1つの円の円周角と弧(こ)の関係**

  円周角の大きさが等しい ⇄ 弧が等しい

例題 5 大きさが等しい円周角に対する弧と証明

LEVEL：標準

1つの円で，平行な弦(げん) AB，CD の間に切り取られる 2 つの弧 AC，BD は等しい。
これを証明しなさい。

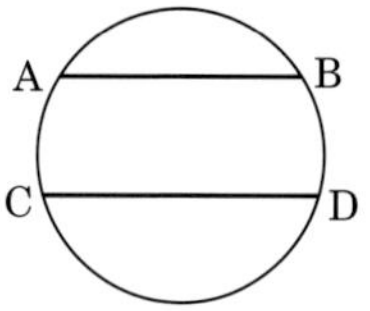

ここに着目！ それぞれの円周角の大きさが等しい ⇒ $\overset{\frown}{AC}=\overset{\frown}{BD}$

解き方 $\overset{\frown}{AC}=\overset{\frown}{BD}$ を証明するには，$\overset{\frown}{AC}$，$\overset{\frown}{BD}$ に対する円周角の大きさが等しいことを証明すればよい。
A と D を結ぶ補助線をひく。

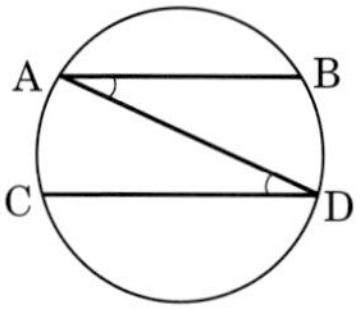

［証明］

AB∥CD だから，A と D を結ぶと，
平行線の錯角(さっかく)より，∠ADC＝∠BAD
円周角の大きさが等しいから，
$\overset{\frown}{AC}=\overset{\frown}{BD}$

参考

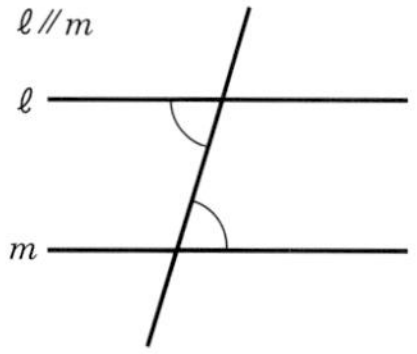

平行線の錯角は等しい。

類題 5

解答 → 別冊 p.43

右の図のように，1つの円において，2 つの弦 AB，CD が点 P で交わっている。このとき，PA＝PC ならば，$\overset{\frown}{AD}=\overset{\frown}{BC}$ であることを証明しなさい。

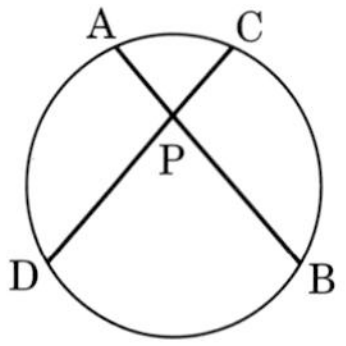

例題 6 等しい弧に対する円周角と証明

LEVEL：標準

右の図で，$\overset{\frown}{AB}=\overset{\frown}{CD}$ ならば，AD∥BC であることを証明しなさい。

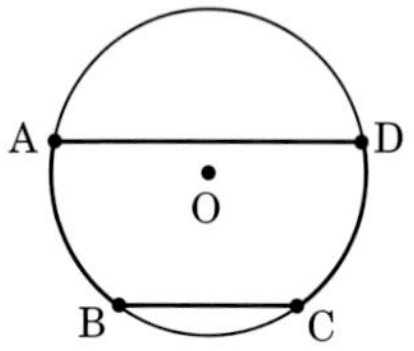

ここに着目！ それぞれの錯角が等しい ⇒ AD∥BC

解き方　AD∥BC であることを証明するには，例題 5 の逆で，錯角が等しいことをいえばよい。

［証明］

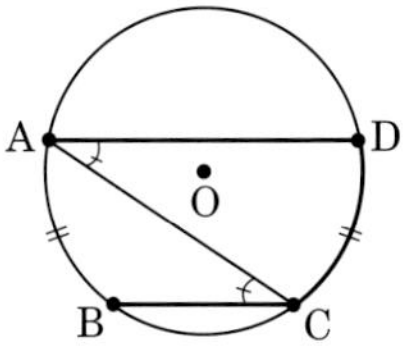

A と C を結ぶ。
$\overset{\frown}{AB}=\overset{\frown}{CD}$ より，等しい弧に対する円周角の大きさは等しいから，
∠ACB＝∠CAD
錯角が等しいから，AD∥BC

➲ 平行であることの証明

2 直線が平行であることを証明するには，
・同位角が等しい
・錯角が等しい
のいずれかをいう。

類題 6

解答 ➜ 別冊 p.43

右の図の円で，弧 AB，弧 AC が等しいとき，弧 AB，弧 AC を 2 等分する点をそれぞれ M，N とすれば，MN∥BC であることを証明しなさい。

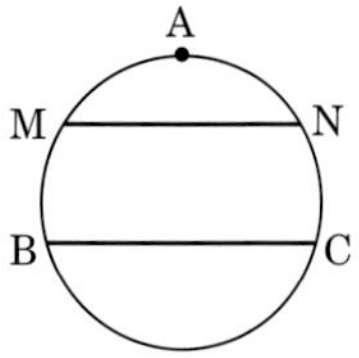

UNIT 4 直径と円周角，三角形の内角と外角の大小関係

目標 直径と円周角の定理がわかる。三角形の外角と内角の関係を使って証明できる。

要点

- **直径と円周角の定理**…半円の弧（こ）に対する円周角は直角である。
- **三角形の内角と外角の関係**…$\angle a < \angle b$

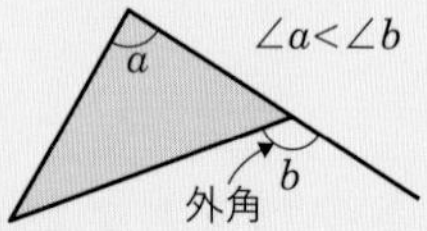

例題 7 直径と円周角

LEVEL：応用

右の図で，$\angle x$ の大きさを求めなさい。

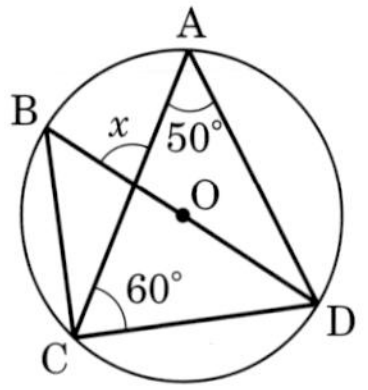

ここに着目！ **弦 AB が直径ならば，$\overset{\frown}{AB}$ に対する円周角は直角である。**

解き方 BD が直径なので，$\angle BCD = 90°$

$\angle BCA = 90° - 60° = 30°$

$\overset{\frown}{CD}$ に対する円周角なので，$\angle CBD = \angle CAD = 50°$

よって，$\angle x = \angle CBD + \angle BCA = 50° + 30° = 80°$

$\angle x = 80°$ ……答

注意

AC は直径ではない。直径はかならず，円の中心を通ることに気をつける。

類題 7

解答 ➡ 別冊 p.43

右の図で，$\angle x$ の大きさを求めなさい。

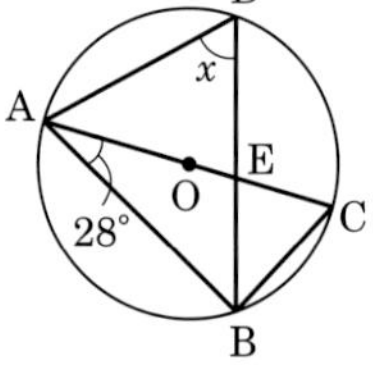

例題 8 三角形の内角と外角の大小関係

LEVEL：応用

右の図のように，点 P が円の弧と弦で囲まれた図形の外にあり，AP，BP が弧 ACB と交わらない場合について，$\angle \mathrm{APB} < \angle a$ となることを証明しなさい。

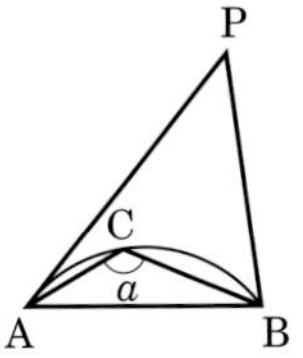

ここに着目！

三角形の外角はそれととなり合わない内角の和に等しい。
$\angle a + \angle b = \angle c$

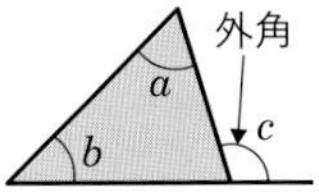

解き方　AC を延長して BP との交点を Q として，$\angle \mathrm{APB}$ と $\angle \mathrm{AQB}$，$\angle \mathrm{AQB}$ と $\angle \mathrm{ACB}$ の関係を調べる。

［証明］

AC を延長して，BP との交点を Q とすると，

$\angle \mathrm{APB} = \angle \mathrm{AQB} - \angle \mathrm{PAQ}$

よって，$\angle \mathrm{APB} < \angle \mathrm{AQB}$　…①

また，$\angle \mathrm{AQB} = \angle \mathrm{ACB} - \angle \mathrm{CBQ}$

よって，$\angle \mathrm{AQB} < \angle \mathrm{ACB}$　…②

①，②より，$\angle \mathrm{APB} < \angle \mathrm{ACB} = \angle a$

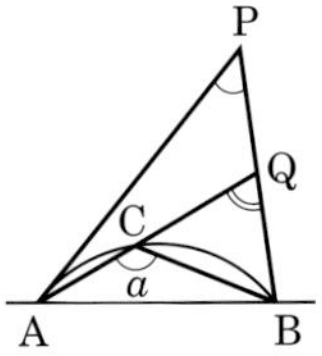

三角形の内角と外角の大小関係

$\angle a + \angle b = \angle c$ より，
$\angle a < \angle c$，$\angle b < \angle c$
がいえる。

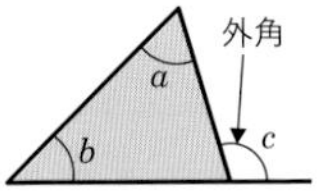

類題 8

解答 ➜ 別冊 p.43

例題 8 で，$\angle \mathrm{APB}$ の内部の弧上に点 C をとって，PC と AB の交点を D としたのが右の図である。この図を利用して，$\angle \mathrm{APB} < \angle a$ となることを証明しなさい。

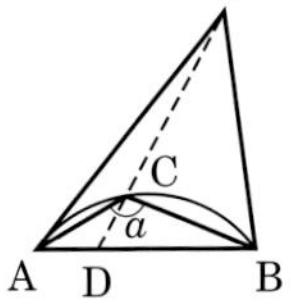

6章 円

UNIT 5

円周角の定理の逆

目標 円周角の定理の逆を使って，同じ円周上にある点を見つけることができる。

要点

- **円周角の定理の逆**… 4 点 A，B，P，Q について，P，Q が直線 AB の同じ側にあって，**∠APB＝∠AQB ならば，この 4 点は 1 つの円周上にある。**

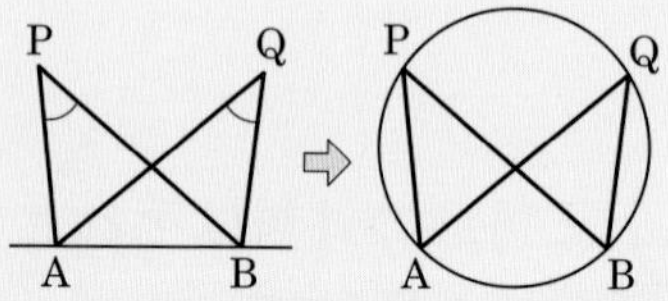

例題 9 円周角の定理の逆

LEVEL：標準

次の①～③で，4 点 A，B，C，D が 1 つの円周上にあるのは，どれですか。

①
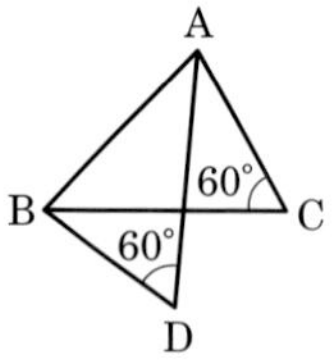

②
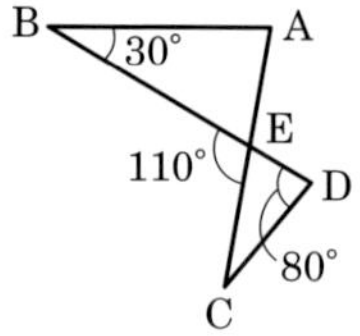

③
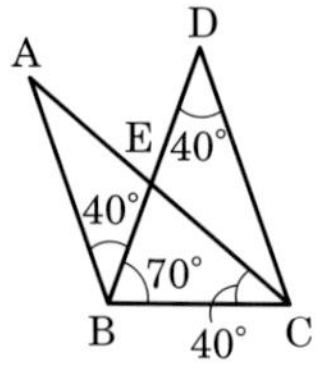

ここに着目！ 等しい角をさがす。

解き方
① ∠ACB＝∠ADB＝60° なので，同じ円周上にある。
② ∠ACD＝∠BEC－∠CDE＝110°－80°＝30°
∠ABD＝∠ACD＝30° より，同じ円周上にある。
③ ∠BAC＝180°－(40°＋70°＋40°)＝30° より，
∠BAC≠∠BDC なので，同じ円周上にない。
よって，①，② ……答

三角形の外角

② ∠BEC は△CED の外角なので，
∠BEC
＝∠CDE＋∠DCE

類題 9

解答 → 別冊 p.43

例題 9 ③で，点 A の位置を半直線 EA にそって動かすとき，∠ABD の大きさが何度になれば，4 点 A，B，C，D は 1 つの円周上にあるといえますか。

例題 10 4点が同一円周上にあることの証明 LEVEL：応用

右の図で，△ABC∽△ADEのとき，点A，B，C，D，E，Fのうち，1つの円周上にある4点の組を答えなさい。

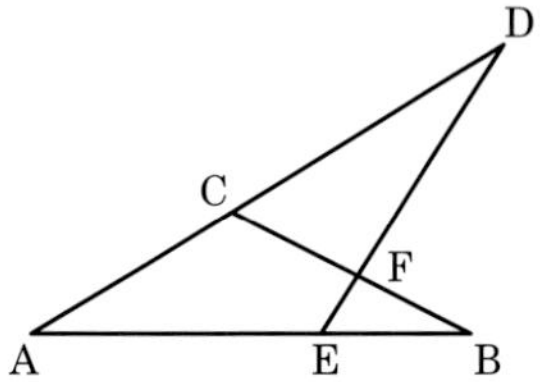

ここに着目！ 相似な三角形 ⇒ 対応する角はすべて等しい。

解き方 円周角の定理の逆を使うためには，等しい角を見つける必要がある。2つの三角形が相似なので，対応する角に目をつけて等しい角をさがす。

△ABC∽△ADEより，

対応する角は等しいから，

∠ABC＝∠ADE

2点B，Dは直線ECについて同じ側にあり，∠CDE＝∠CBEだから，4点E，B，D，Cは同じ円周上にある。

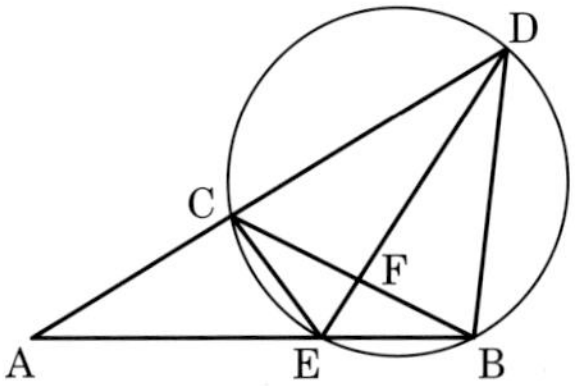

点E，B，D，C ……答

等しい角

左の図のように，点E，B，D，Cは1つの円周上にあるので，

∠CDE＝∠CBE

だけでなく，

∠BCD＝∠BED

∠ECB＝∠EDB

∠CED＝∠CBD

も成り立つ。

（円周角の定理）

類題 10 解答 ➡ 別冊 p.44

右の図で，点A，B，C，Dは，1つの円周上にあるといえますか。その理由も答えなさい。

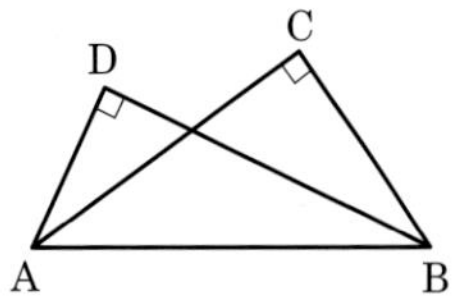

6章 円

UNIT 1

円の接線の作図

目標 円の接線の作図ができ，円と接線の関係がわかる。

要点

- **円と接線の定理**…円外の1点から，その円にひいた2つの接線の長さは等しい。

例題 11 円の接線の作図

LEVEL：標準

右の図の点Aから円Oに接線をひきなさい。

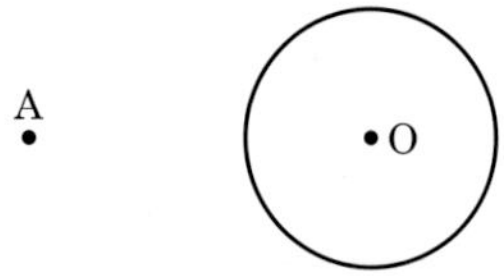

ここに着目！ 半円の弧に対する円周角は直角である。

解き方 ① AOの中点Mをとる。

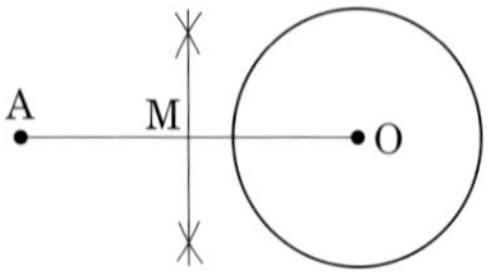

② 中心M，半径AMの円をかく。

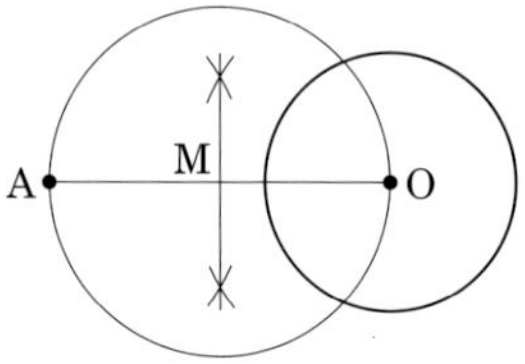

③ 円Oと交わる点をP，P′とし，AP，AP′をひく。（接線は2本ひける。）

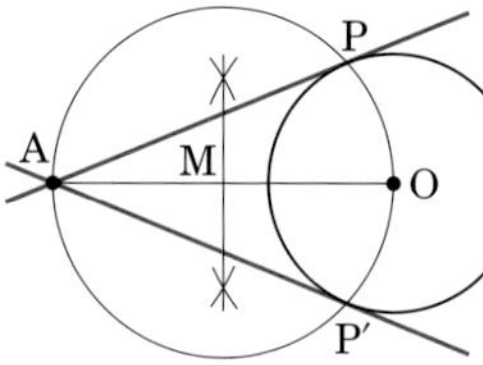

右の図 ……答

解説

半円の弧に対する円周角は90°になるので，AOを直径とする円と円Oの交点をPとすると，∠APO＝90°となり，直線APは円Oの接線である。

類題 11

解答 ➡ 別冊 p.44

右の図において，直線CD上の点で，∠APB＝90°となる点Pを作図しなさい。

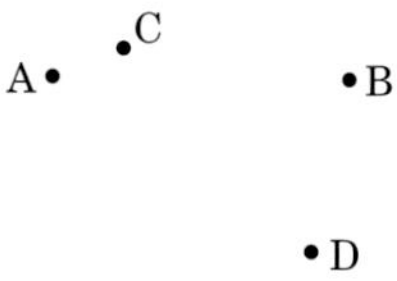

例題 12 接線の長さ

LEVEL：標準

右の図のように，円外の点 A から円 O への接線 AP，AP′ をひいた。このとき，次の問いに答えなさい。

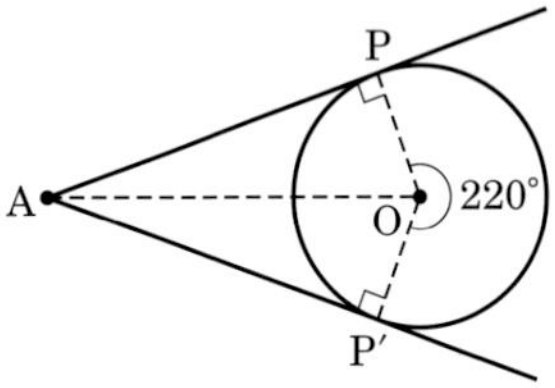

(1) AP＝AP′ であることを証明しなさい。

(2) ∠POP′＝220° のとき，∠PAP′ の大きさを求めなさい。

ここに着目！ **直角三角形の合同を証明する。**

解き方 △APO と △AP′O は，直角三角形なので，2 つの三角形の合同が証明できれば，AP＝AP′ がいえる。

(1) ［証明］

△APO と △AP′O において，

∠APO＝∠AP′O＝90°　…①

円 O の半径なので，PO＝P′O　…②

AO は共通　…③

①，②，③より，直角三角形の斜辺（しゃへん）と他の 1 辺がそれぞれ等しいから，△APO≡△AP′O

よって，AP＝AP′

(2) ∠POP′＝220° より，小さいほうの ∠POP′ の大きさは，

$360° - 220° = 140°$

また，四角形 APOP′ で，内角の和は，360°

∠APO＝∠AP′O＝90°

よって，$\angle PAP' = 360° - (140° + 90° \times 2) =$ **40°** ……答

➲ **直角三角形の合同条件**

①斜辺と 1 つの鋭角（えいかく）がそれぞれ等しい。

②斜辺と他の 1 辺がそれぞれ等しい。

類題 12

解答 ➡ 別冊 p.44

右の図で，PA，PB は円 O の接線で，点 A，B はその接点である。∠x の大きさを求めなさい。

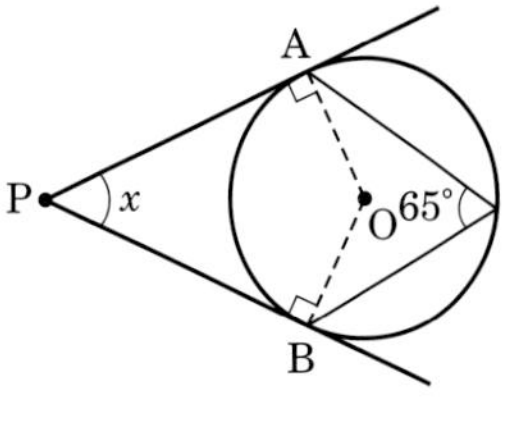

UNIT 2

円の性質の利用①

目標 円の性質を利用して，円と相似の問題を解くことができる。

要点

● **円の性質**…同じ弧（こ）に対する円周角の大きさは等しい。

例題 13 円内の点を通る 2 直線と円の交点

LEVEL：標準

右の図のように，円 O に 2 本の弦（げん） AB，CD をひき，その交点を P とする。このとき，PA：PD＝PC：PB となることを証明しなさい。

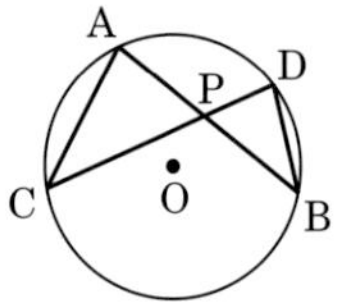

ここに着目! △ACP∽△DBP を証明する。

解き方 ［証明］

△ACP と △DBP において，

∠CAP＝∠BDP …① （$\overset{\frown}{CB}$ に対する円周角）

∠APC＝∠DPB …② （対頂角）

①，②より，2 組の角がそれぞれ等しいから，

△ACP∽△DBP

相似な三角形の対応する辺の比は等しいから，

PA：PD＝PC：PB

➡ **$\overset{\frown}{CB}$ に対する円周角**

∠CAB と ∠CDB は等しい。

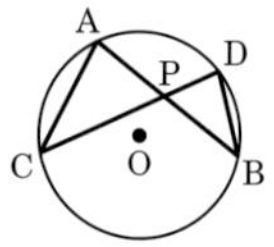

類題 13

解答 ➡ 別冊 p.44

右の図のように，円に 2 本の弦 AB，CD をひき，その交点を P とする。例題 13 の結果を利用して，線分 DP の長さを求めなさい。

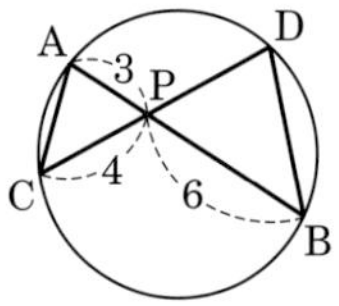

例題 14 円外の点を通る 2 直線と円の交点

LEVEL：標準

右の図のように，円外の点 P を通る 2 本の直線と円との交点を A，B，C，D とするとき，
PA：PD＝PC：PB となることを証明しなさい。

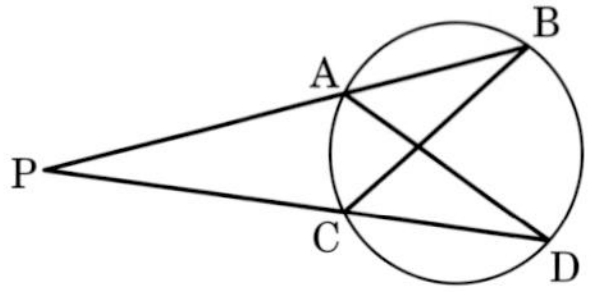

ここに着目！ **△PAD∽△PCB を証明する。**

解き方 点 P が円外にあっても，円内にある場合と同様に考える。
△PAD と △PCB の相似（そうじ）を証明すればよい。

［証明］

△PAD と △PCB において，

∠P は共通 …①

∠PDA＝∠PBC …② （$\overset{\frown}{AC}$ に対する円周角）

①，②より，2 組の角がそれぞれ等しいから，

△PAD∽△PCB

相似な三角形の対応する辺の比は等しいから，

PA：PD＝PC：PB

三角形の相似条件

- 3 組の辺の比がすべて等しい。
- 2 組の辺の比とその間の角がそれぞれ等しい。
- 2 組の角がそれぞれ等しい。

類題 14

解答 ➡ 別冊 p.44

右の図のように，円外の点 P を通る 2 本の直線と円との交点を A，B，C，D とする。例題 14 の結果を利用して，
PA＝3cm，AB＝5cm，PC＝4cm のとき，線分 CD の長さを求めなさい。

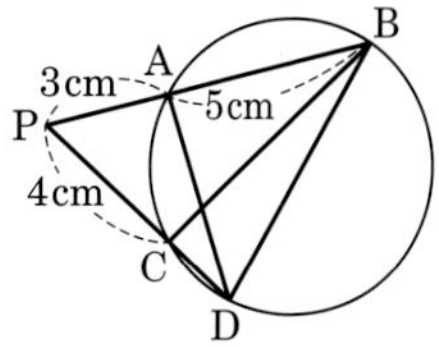

UNIT 3

円の性質の利用②

目標 円の性質を使った証明ができる。

要点

- **円の性質**　・同じ弧(こ)に対する円周角の大きさは等しい。
　　　　　　　・半円の弧に対する円周角は，直角である。

例題 15 円の性質を使った三角形の相似の証明

LEVEL：標準

右の図のように，円周上の 3 点 A，B，C を頂点とする △ABC がある。
∠BAC の二等分線が，辺 BC，$\overset{\frown}{BC}$ と交わる点を，それぞれ D，E とするとき，△ABE∽△BDE であることを証明しなさい。

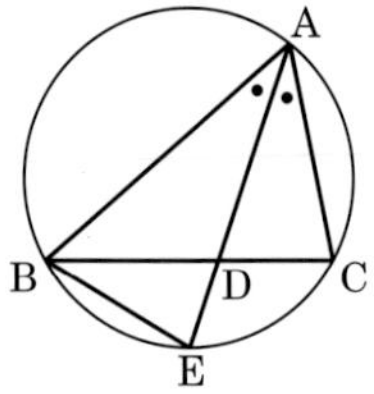

ここに着目！ 等しい 2 組の角を見つける。←角の二等分線に着目。

解き方 2 つの三角形が相似(そうじ)となることを証明するには，等しい角を 2 組見つければよい。角の二等分線でできた角に着目し，同じ弧に対する円周角をさがす。

［証明］

△ABE と △BDE において，

∠AEB＝∠BED　（共通）　…①

∠A の二等分線だから，∠BAE＝∠CAE

また，$\overset{\frown}{EC}$ に対する円周角だから，∠CAE＝∠CBE

よって，∠BAE＝∠DBE　…②

①，②より，2 組の角がそれぞれ等しいから，

△ABE∽△BDE

➲ **位置をなおして考える**

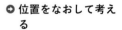

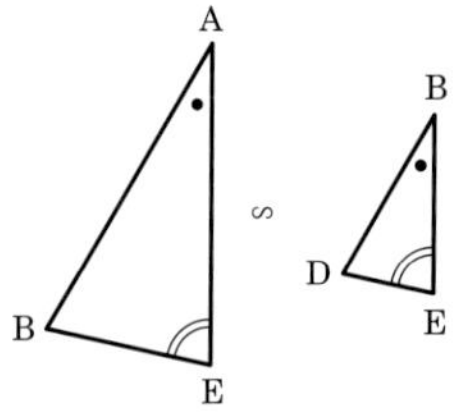

類題 15

解答 ➜ 別冊 p.44

例題 15 の図で，E と C を結んだとき，△BEC は二等辺三角形になることを証明しなさい。

例題 16

平方根の長さの線分の作図

LEVEL：応用

円の性質を使って，$\sqrt{5}$ の長さの線分をかいた。
次の手順を読み，$PQ=\sqrt{5}$ であることを証明しなさい。

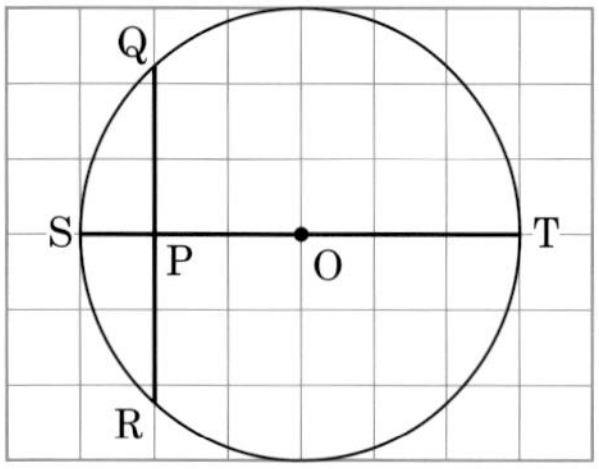

［手順］

① 5を1と5の積と考える。
② ①の数の和，すなわち，6を直径とする円Oをかく。
③ 円Oの直径を①の2つの数の比1：5に分ける点をPとする。
④ Pを通るこの直径の垂線をひき，円Oとの交点をQ，Rとすれば，$PQ=PR=\sqrt{5}$ である。

ここに着目！ **PQ：PT＝PS：PR を利用する。**

解き方　QとS，RとTを結ぶ。

［証明］

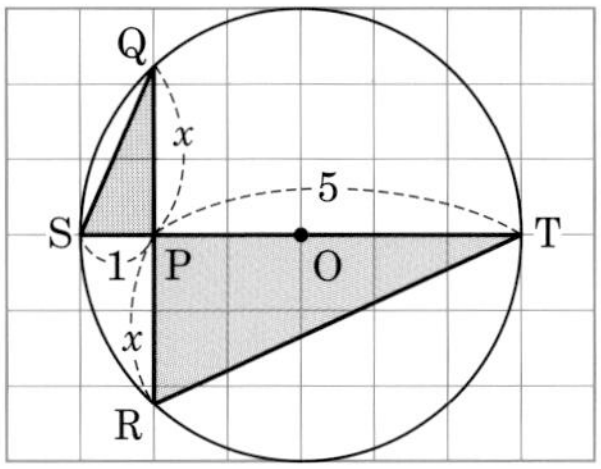

△PQSと△PTRにおいて，
∠PQS＝∠PTR
（$\overset{\frown}{SR}$ に対する円周角）
∠QSP＝∠TRP
（$\overset{\frown}{QT}$ に対する円周角）
2組の角がそれぞれ等しいから，
△PQS∽△PTR
よって，PQ：PT＝PS：PR
PQ＝PR＝x とすると，
$x:5=1:x$
$x^2=5$
$x=\pm\sqrt{5}$
$x>0$ より，$x=\sqrt{5}$ となる。したがって，$PQ=\sqrt{5}$

PQ＝PRとなる理由

△OQPと△ORPで，
OQ＝OR　（円Oの半径）
OPは共通
∠OPQ＝∠OPR＝90°
よって，直角三角形の斜辺（しゃへん）と他の1辺が等しいから，
△OQP≡△ORP
したがって，PQ＝PR

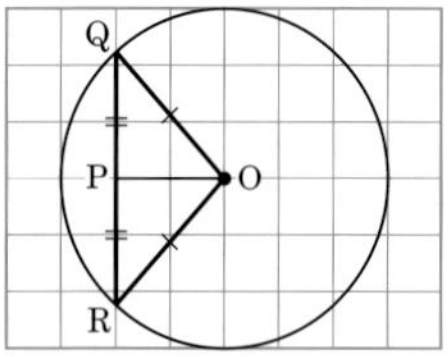

類題 16

解答 ➡ 別冊 p.44

例題16と同じ方法で $\sqrt{3}$ の線分を作図しなさい。

定期テスト対策問題

解答 ➡ 別冊 p.45

問 1 円周角と中心角

次の図で，$\angle x$，$\angle y$ の大きさを求めなさい。

(1)

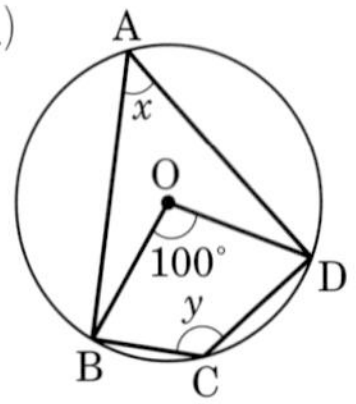

(2)

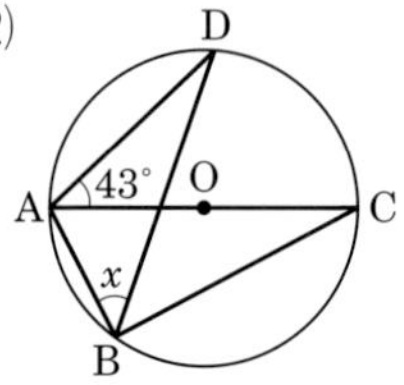

(3)

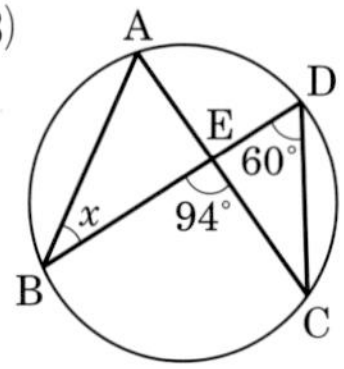

(4)

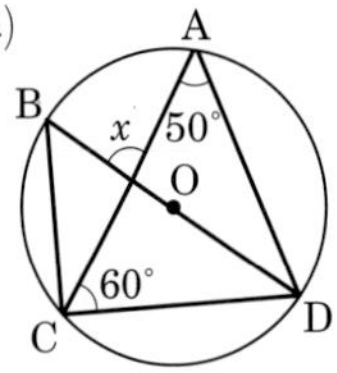

(5)

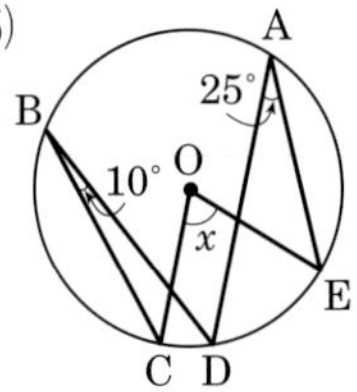

(6)

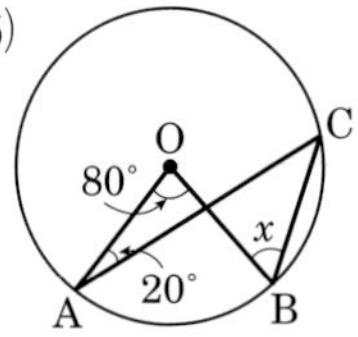

問 2 円周角と弧

右の図で，線分 AB は円 O の直径であり，点 D は弧(こ) BC を 2 等分する点である。

$\angle$BAD$=18°$ のとき，次の問いに答えなさい。

(1) $\angle$BOC の大きさを求めなさい。

(2) $\angle$ADC の大きさを求めなさい。

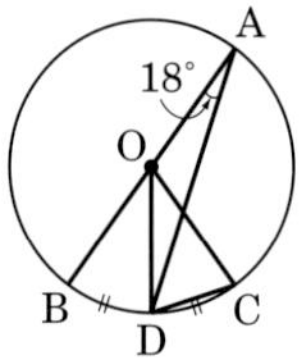

問 3 円周角の定理

右の図のように，円と円外の点 P がある。4 点 A，B，C，D は点 P からひいた 2 本の直線とこの円との交点であり，点 E は弦(げん) AD と弦 BC との交点である。$\angle$PAD$=25°$，$\angle$AEC$=70°$ のとき，$\angle$APC の大きさを求めなさい。

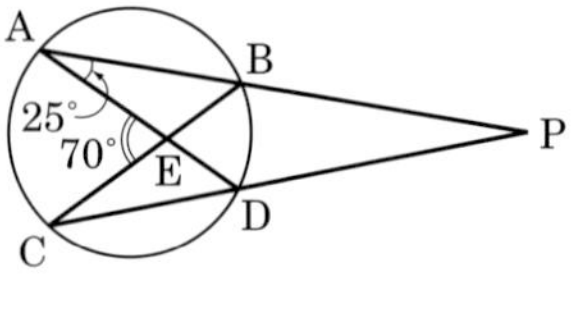

問 4 円周角の定理を利用した三角形の合同の証明

線分 AB を直径とする半円 O の弧の上に点 C がある。$\overset{\frown}{AP}=\overset{\frown}{PC}$ となるような点 P を $\overset{\frown}{AC}$ の上にとり，点 P と点 B を結び，弦 AC との交点を D とする。点 D から弦 AB に垂線 DE をひいたとき，DE＝DC であることを証明しなさい。

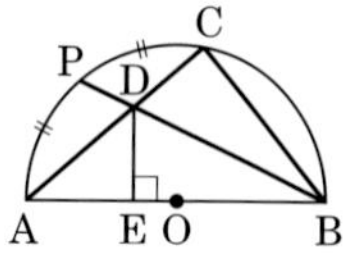

問 5 弧の長さと円周角

右の図の円で，$\overset{\frown}{AB}$ を 4 等分する点をとり，点 A に近いほうから順に C，D とする。また，弦 AD と弦 BC との交点を E とする。∠AEC＝87° のとき，∠CBD の大きさを求めなさい。

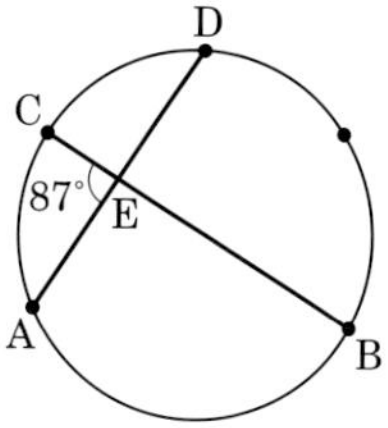

問 6 弧の長さと円周角

右の図のように，線分 AB を直径とする円 O の周上に，点 A，B と重ならないように点 C をとり，$\overset{\frown}{AC}$ を 2 等分する点を D とする。中心 O と点 D を結び，点 B と点 C を結ぶ。このとき，OD∥BC となることを証明しなさい。

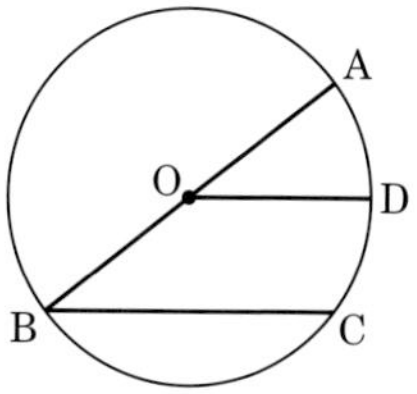

問 7 円周角の定理の逆

次の図で，4 点 A，B，C，D が 1 つの円周上にあるものを選びなさい。

①

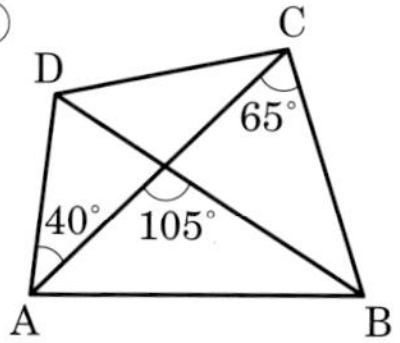

②

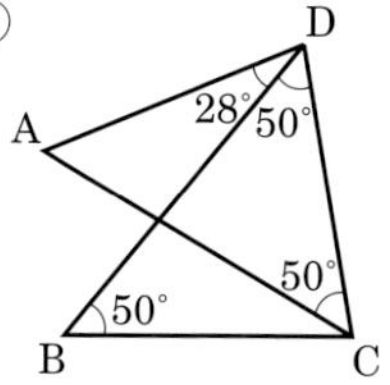

③

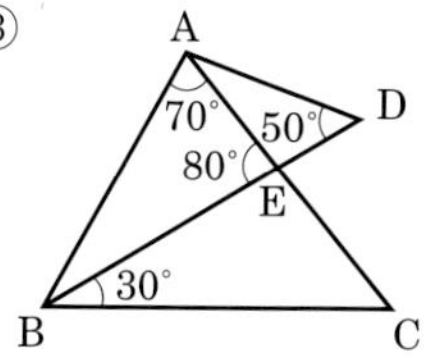

問 8 直角三角形に接する円

右の図のように，AB＝15cm，AC＝8cm，BC＝17cm，∠A＝90° の直角三角形 ABC が，3 点 P，Q，R で円 I に接している。このとき，円 I の半径を求めなさい。

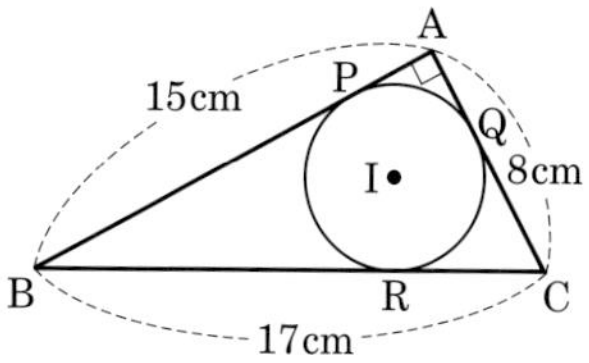

問 9 接線と角の大きさ

右の図のように，円 O が 2 直線とそれぞれ点 A，B で接している。このとき ∠x，∠y の大きさを求めなさい。

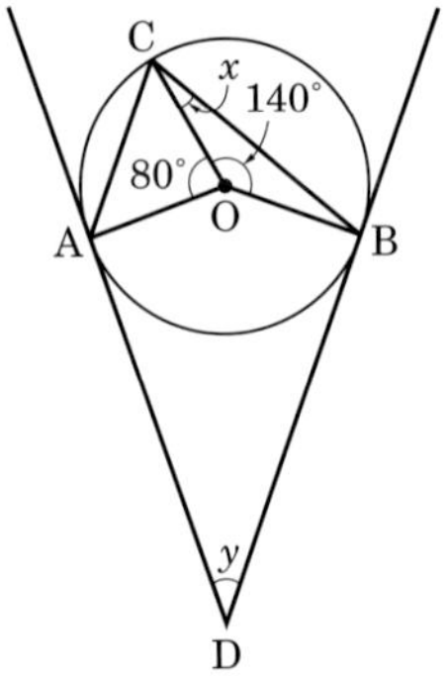

問 10 円の性質の利用

右の図で，線分 AB は円 O の直径，点 D は $\overset{\frown}{AB}$ を 2 等分する点，点 C は点 D をふくまない $\overset{\frown}{AB}$ 上の点で，点 E は弦 AB と弦 CD の交点である。次の問いに答えなさい。

(1) △ACD∽△ECB であることを証明しなさい。

(2) ∠CAD＝70° のとき，∠AEC の大きさを求めなさい。

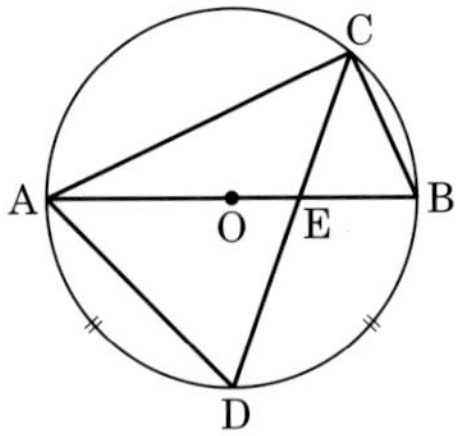

問 11 円外の点を通る 2 直線がつくる三角形

右の図で，4 点 A，B，C，D は円周上の点である。次の問いに答えなさい。

(1) △PBC∽△PDA を証明しなさい。

(2) AB＝5cm，PC＝4cm，CD＝2cm のとき，PA の長さを求めなさい。

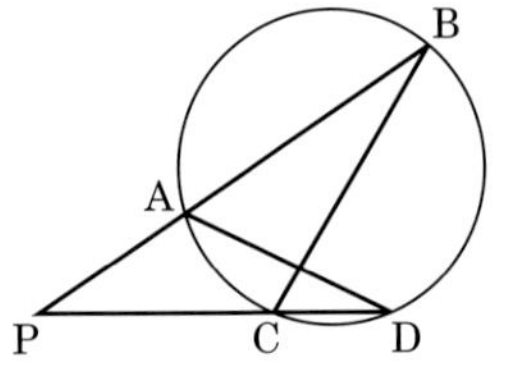

問 12 円の内外の点を通る 2 直線がつくる三角形

次の図において，x の値（あたい）を求めなさい。

(1)

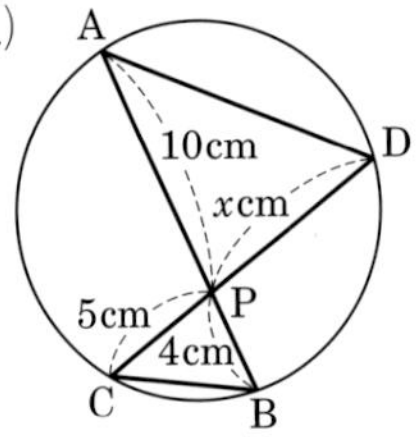

(2)

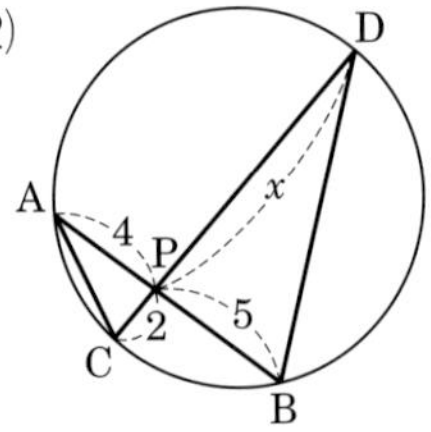

(3)

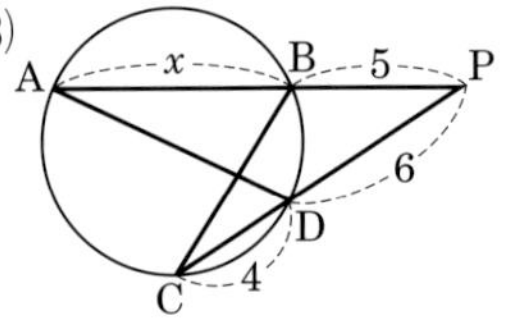

7章

三平方の定理

例題一覧

1	正方形の中に正方形をつくる	標準
2	直角三角形の外に正方形をつくる	応用
3	直角三角形の斜辺の長さを求める	基本
4	直角三角形の斜辺以外の辺の長さを求める	基本
5	条件のある直角三角形の斜辺の長さ	標準
6	直角三角形を見分ける	標準
7	直角三角形であることの証明	標準
8	直角三角形になる条件	標準
9	長方形の対角線の長さ	基本
10	三角形の高さ	標準
11	特別な直角三角形の3辺の比	標準
12	2点間の距離	標準
13	弦の長さ	標準
14	接線の長さ	標準
15	球の切り口の円	標準
16	直方体の対角線の長さ	標準
17	円錐の高さ	応用
18	角錐の高さ	応用
19	長方形を折り返す	応用
20	表面にかけたひもの最短の長さ	応用

UNIT 1

三平方の定理の証明

目標 三平方の定理の証明ができる。

要点

- 三平方の定理（さんへいほう）…直角三角形の直角をはさむ 2 辺の長さを a，b，斜辺（しゃへん）の長さを c とすると，$\boldsymbol{a^2+b^2=c^2}$ の関係が成り立つ。

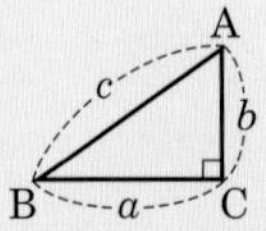

例題 1 正方形の中に正方形をつくる

LEVEL：標準

$\angle C=90°$ の直角三角形 ACB があり，$BC=a$，$CA=b$，$AB=c$ とするとき，$a^2+b^2=c^2$ が成り立つことを証明しなさい。

ここに着目！ **$a+b$ と c を 1 辺とする正方形の面積で考える。**

解き方 右の図のように，直角三角形 ACB と合同な直角三角形を，1 辺が c の正方形のまわりにかくと，外側に 1 辺が $a+b$ の正方形ができる。この面積について考える。

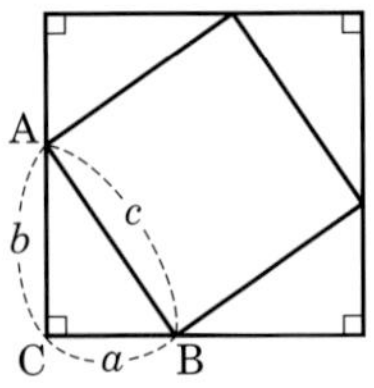

[証明]

（内側の正方形の面積）＝（外側の正方形の面積）－△ACB×4 より，

$$c^2=(a+b)^2-\frac{1}{2}ab\times4=a^2+2ab+b^2-2ab=a^2+b^2$$

したがって，$a^2+b^2=c^2$

参考

$(a+b)^2$
$=a^2+2ab+b^2$
（$2ab$）← 忘れないこと

ピタゴラスの定理

三平方の定理のことをギリシャの数学者の名にちなんで**ピタゴラスの定理**ともいう。

類題 1

解答 ➡ 別冊 p.47

$\angle E=90°$ の直角三角形 ABE と合同な直角三角形を右の図のように並べると，$a^2+b^2=c^2$ が成り立つことを証明しなさい。

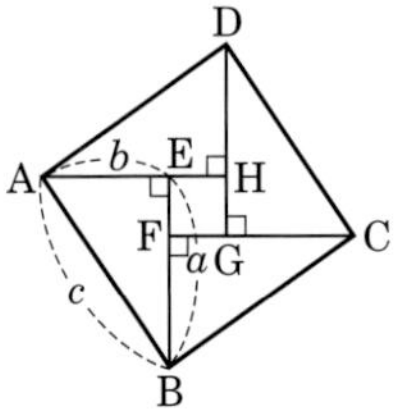

例題 2 直角三角形の外に正方形をつくる

LEVEL：応用

右の図は，∠C＝90° の直角三角形 ABC の 3 辺をそれぞれ 1 辺とする正方形をかき，点 C から辺 AB に垂線をひいたものである。次の順序で三平方の定理が成り立つことを示しなさい。

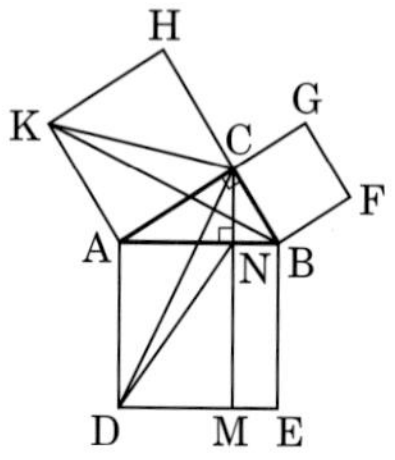

(1) △ABK≡△ADC を証明しなさい。

(2) △ACK＝△ADN を証明しなさい。

(3) $AC^2+BC^2=AB^2$ が成り立つことを証明しなさい。

ここに着目！ **正方形 ADEB＝正方形 ACHK＋正方形 BFGC を証明する。**

解き方

(1) **△ABK と △ADC で，**
AK＝AC，AB＝AD　(正方形の 1 辺)
∠BAK＝90°＋∠BAC＝∠DAC
2 組の辺とその間の角がそれぞれ等しいから，
△ABK≡△ADC　…①

(2) **AK⊥AC，BC⊥AC より，AK∥BC**
よって，△ACK＝△ABK　…②
同様に，AD∥CM より，△ADN＝△ADC　…③
①，②，③より，△ACK＝△ADN

(3) **正方形 ACHK＝2△ACK，長方形 ADMN＝2△ADN**
だから，(2)より，正方形 ACHK＝長方形 ADMN　…④
同様に，正方形 BFGC＝長方形 BNME　…⑤
④＋⑤より，正方形 ACHK＋正方形 BFGC
＝長方形 ADMN＋長方形 BNME＝正方形 ADEB
よって，正方形 ACHK＋正方形 BFGC＝正方形 ADEB
ゆえに，$AC^2+BC^2=AB^2$

平行線と面積

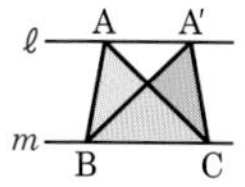

ℓ∥m ならば，△ABC＝△A′BC となり 2 つの三角形の面積は等しい。この関係を(2)の証明では利用している。

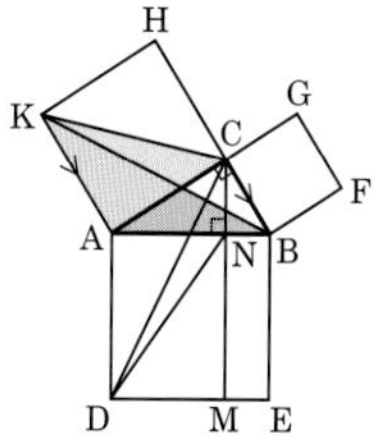

AC^2

線分 AC の長さの 2 乗を AC^2 のように表す。

類題 2

解答 → 別冊 p.47

右の図の △ABC は ∠C＝90° の直角三角形である。点 C から辺 AB に垂線 CD をひき，AD＝x，BD＝y とするとき，$b^2=cx$，$a^2=cy$ を導き，$a^2+b^2=c^2$ が成り立つことを証明しなさい。

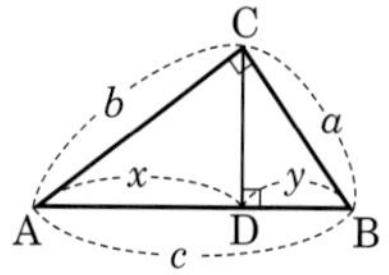

UNIT 2

三平方の定理①

目標 三平方の定理を利用して，直角三角形の辺の長さを求めることができる。

要点

● 三平方の定理… $a^2+b^2=c^2$

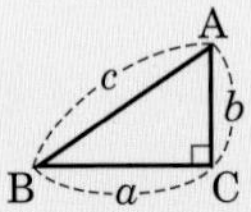

例題 3 直角三角形の斜辺の長さを求める

LEVEL：基本

次の図で，x の値(あたい)を求めなさい。

(1) (2) (3)

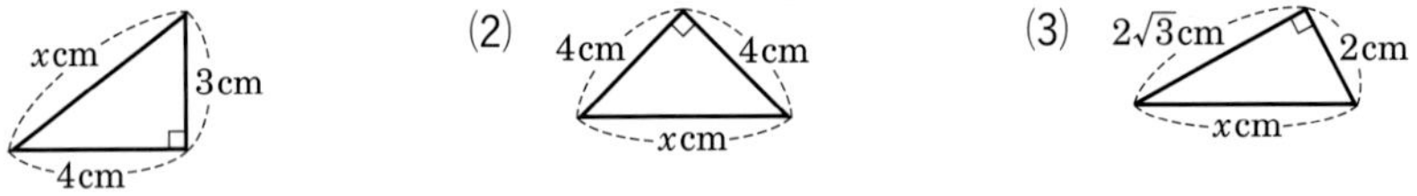

ここに着目！ 斜辺は直角に向き合う辺である。三平方の定理から，斜辺の長さを求める。

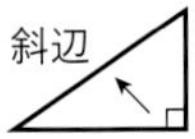

解き方 斜辺(しゃへん)の長さを求めるので，$a^2+b^2=c^2$ で $c=x$ とする。

(1) $4^2+3^2=x^2$　$x^2=25$　$x=\pm5$　$x>0$ より，$\boldsymbol{x=5}$ …… 答

(2) $4^2+4^2=x^2$　$x^2=32$　$x=\pm\sqrt{32}=\pm4\sqrt{2}$

$x>0$ より，$\boldsymbol{x=4\sqrt{2}}$ …… 答

(3) $(2\sqrt{3})^2+2^2=x^2$　$12+4=x^2$　$x^2=16$　$x=\pm4$

$x>0$ より，$\boldsymbol{x=4}$ …… 答

➲ $x>0$

x は辺の長さなので，$x>0$ となることに注意する。

類題 3

解答 ➡ 別冊 p.47

次の図で，x の値を求めなさい。

(1) (2) (3)

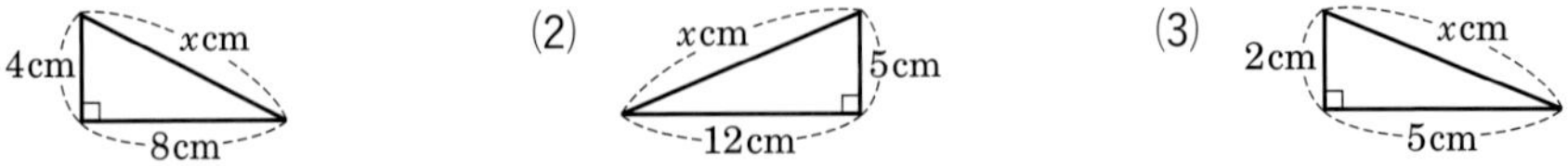

例題 4 直角三角形の斜辺以外の辺の長さを求める

LEVEL：基本

次の図で，x の値を求めなさい。

(1)
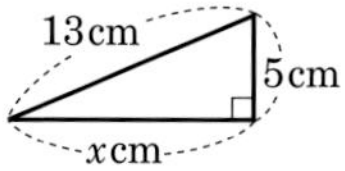

(2)
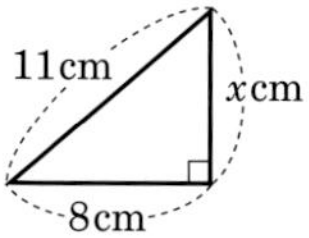

(3)
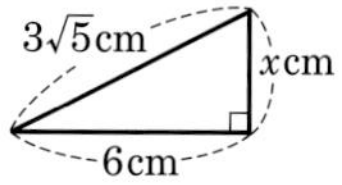

ここに着目！ $a^2+b^2=c^2$ の式に代入する。

解き方 辺の長さなので，$x>0$ になる。

(1) $x^2+5^2=13^2$　$x^2+25=169$

$x^2=169-25=144$　$x=\pm12$

$x>0$ より，$\boldsymbol{x=12}$ ……答

(2) $8^2+x^2=11^2$　$64+x^2=121$

$x^2=121-64=57$　$x=\pm\sqrt{57}$

$x>0$ より，$\boldsymbol{x=\sqrt{57}}$ ……答

(3) $6^2+x^2=(3\sqrt{5})^2$　$36+x^2=45$

$x^2=45-36=9$　$x=\pm3$

$x>0$ より，$\boldsymbol{x=3}$ ……答

参考

$(3\sqrt{5})^2=3\sqrt{5}\times3\sqrt{5}$
$=3\times\sqrt{5}\times3\times\sqrt{5}$
$=3\times3\times\sqrt{5}\times\sqrt{5}$
$=9\times5$
$=45$

類題 4

解答 ➡ 別冊 p.47

次の図で，x の値を求めなさい。

(1)
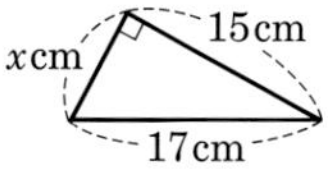

(2)
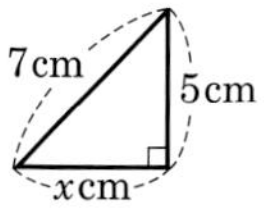

(3)
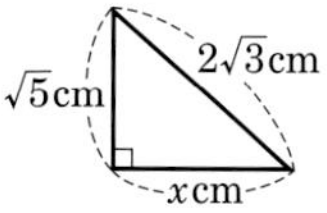

UNIT 3

三平方の定理②，三平方の定理の逆①

目標 条件のある直角三角形の斜辺の長さがわかる。直角三角形を見分けられる。

要点

- 直角三角形の辺…3つの辺のうち，最も長い辺は斜辺（しゃへん）である。
- **三平方の定理の逆**…△ABC で3辺の長さ a，b，c の間に $a^2+b^2=c^2$ が成り立てば，△ABC は直角三角形である。

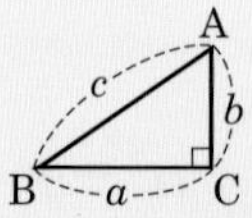

例題 5 条件のある直角三角形の斜辺の長さ

LEVEL：標準

直角三角形 ABC で，辺 AB は辺 AC より 2cm 長く，辺 AC は辺 BC より 7cm 長くなっている。斜辺の長さを求めなさい。

ここに着目！ **最も短い辺 BC を x で表し，三平方の定理に代入する。**

解き方 AB＞AC＞BC より，斜辺は AB である。直角三角形 ABC をかき，BC を $x$cm として，ほかの辺を x を使って表す。

右の図より，AC＝$(x+7)$cm，AB＝$(x+9)$cm

これを三平方の定理にあてはめると，

$x^2+(x+7)^2=(x+9)^2$

これを展開し整理する。

$x^2+x^2+14x+49=x^2+18x+81$

$x^2-4x-32=0$

$(x+4)(x-8)=0$　$x=-4$，$x=8$　$x>0$ より，$x=8$

したがって，斜辺の長さは，8＋9＝**17（cm）** ……答

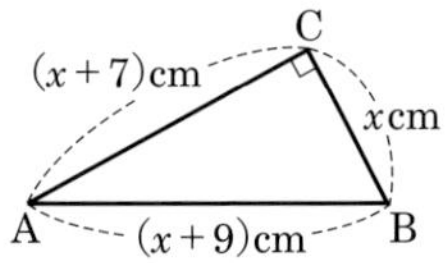

➡ 2次方程式を解く

例題5は，BC を $x$cm として三平方の定理にあてはめると，x についての2次方程式となる。

x の値（あたい）は2つ求められるが，x は辺の長さなので，$x>0$ のほうを選ぶ。

類題 5

解答 ➡ 別冊 p.47

直角三角形 ABC で，辺 AB は辺 BC より 3cm 長く，辺 BC は辺 AC より 3cm 長くなっている。斜辺の長さを求めなさい。

例題 6 直角三角形を見分ける

LEVEL：標準

次の長さを3辺とする三角形のうち，直角三角形はどれですか。

① 6cm，7cm，8cm

② 6cm，8cm，10cm

③ $\sqrt{7}$ cm，$\sqrt{10}$ cm，$3\sqrt{2}$ cm

ここに着目！

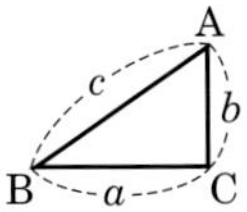

$a^2+b^2=c^2 \Rightarrow$

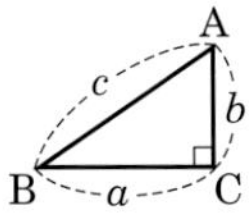

$\angle C=90^\circ$

三平方の定理の逆

解き方 3辺のうちで最も長い辺を見つける。最も長い辺の長さの平方とほかの2辺の長さの平方の和が等しくなれば，直角三角形である。

① 最も長い辺は8cmの辺。
したがって，$6^2+7^2=36+49=85$，$8^2=64$
$6^2+7^2 \neq 8^2$ だから，直角三角形ではない。

② 最も長い辺は10cmの辺。
したがって，$6^2+8^2=36+64=100=10^2$ となるので，直角三角形である。

③ 最も長い辺は $3\sqrt{2}$ cmの辺。
したがって，$(\sqrt{7})^2+(\sqrt{10})^2=7+10=17$，$(3\sqrt{2})^2=18$
$(\sqrt{7})^2+(\sqrt{10})^2 \neq (3\sqrt{2})^2$ だから，直角三角形ではない。

よって，② ……答

平方根の大小

正の数，a，b について，$a<b$ ならば，$\sqrt{a}<\sqrt{b}$

たとえば，$\sqrt{10}$ と $3\sqrt{2}$ の大きさは，$3\sqrt{2}=\sqrt{18}$ より，$\sqrt{10}<\sqrt{18}$ となる。

平方して $\sqrt{\ }$ をはずして比べてもよい。

類題 6

解答 ➡ 別冊 p.47

次の長さを3辺とする三角形のうち，直角三角形はどれですか。

① 1cm，$\sqrt{2}$ cm，$\sqrt{3}$ cm

② 5cm，7cm，9cm

③ 3cm，6cm，$3\sqrt{3}$ cm

UNIT 4

三平方の定理の逆②

目標 直角三角形であることの証明ができる。

要点

- **三角形の3つの辺の長さを a, b, c とするとき，$a^2+b^2=c^2$ が成り立てば，その三角形は直角三角形で，長さが c の辺は斜辺（しゃへん），長さがそれぞれ a, b の辺は直角をはさむ2辺である。**

例題 7 直角三角形であることの証明

LEVEL：標準

3辺の長さが 3cm，4cm，5cm の三角形をかいたとき，この三角形は直角三角形になることを証明しなさい。

ここに着目！ 三平方の定理の逆を利用する。

解き方 [証明]

最も長い辺は 5cm の辺なので，$3^2+4^2=9+16=25$，$5^2=25$ より，$3^2+4^2=5^2$ となるので，3辺の長さが 3cm，4cm，5cm の三角形は直角三角形になる。

辺の比

例題7の結果から，辺の比が 3：4：5 の三角形は直角三角形になることがわかる。

類題 7

解答 → 別冊 p.48

3辺の長さが 5cm，12cm，13cm の三角形は，直角三角形になることを証明しなさい。

COLUMN

コラム

辺が整数の比になる直角三角形

例題7の (3，4，5) のように，直角三角形の3辺の長さになる整数の組をピタゴラス数といいます。ほかにも，次のような辺の比の直角三角形があります。

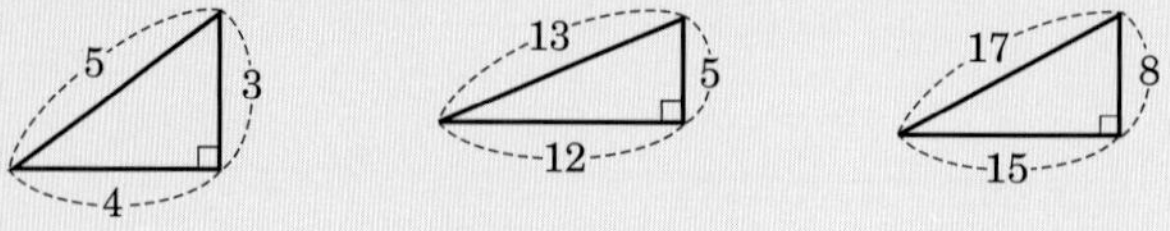

例題 8 直角三角形になる条件

LEVEL：標準

2 辺の長さが，8cm，10cm の三角形がある。この三角形が直角三角形であるためには，残りの 1 辺の長さは何 cm であればよいですか。

ここに着目！ **求める辺の長さを $x$cm として，$a^2+b^2=c^2$ の式にあてはめる。**

解き方　残りの 1 辺が，斜辺の場合と，それ以外の辺の場合とに分けて考える。

求める辺が斜辺の場合，斜辺の長さを $x$cm として，$a^2+b^2=c^2$ にあてはめると，

$$8^2+10^2=x^2$$
$$64+100=x^2$$
$$x^2=164$$
$$x=\pm\sqrt{164}=\pm2\sqrt{41}\quad x>0 \text{ より，} x=2\sqrt{41}$$

求める辺が斜辺以外の場合，斜辺の長さは 10cm。

求める辺の長さを $x$cm とすると，

$$8^2+x^2=10^2$$
$$x^2=100-64$$
$$x^2=36$$
$$x=\pm6\quad x>0 \text{ より，} x=6$$

よって，残りの 1 辺の長さは，**$2\sqrt{41}$ cm か 6cm** ……答

参考

・斜辺の長さが $x$cm の場合

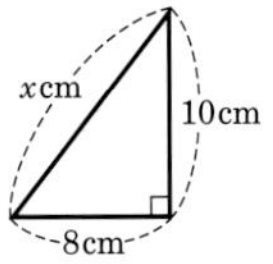

・斜辺以外の辺の長さが $x$cm の場合

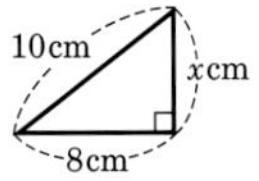

残りの 1 辺が，斜辺の場合とそれ以外の場合とがあるよ。

類題 8

解答 ➜ 別冊 p.48

2 辺の長さが，5cm，12cm の三角形がある。この三角形が直角三角形であるためには，残りの 1 辺の長さは何 cm であればよいですか。

UNIT 1

三平方の定理の利用①

目標 三平方の定理を利用して，対角線の長さや高さを求めることができる。

要点

● 長方形の対角線の長さ，三角形の高さ

直角三角形を見つける ──→ 三平方の定理の利用

例題 9 長方形の対角線の長さ

LEVEL：基本

次の長方形や正方形の対角線の長さを求めなさい。

(1) 縦 4cm，横 8cm の長方形

(2) 1 辺の長さが 8cm の正方形

ここに着目！ 2 辺の長さが a，b の長方形の対角線の長さは，$\sqrt{a^2+b^2}$

解き方 図をかいて，直角三角形を見つける。対角線は直角三角形の斜辺（しゃへん）になる。

(1) 対角線の長さを $x$cm とすると，

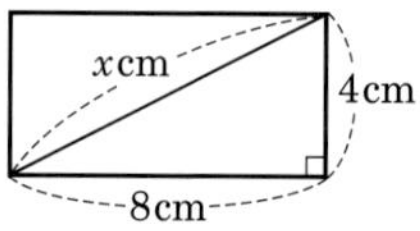

$4^2+8^2=x^2$　$x^2=80$

$x=\pm\sqrt{80}=\pm4\sqrt{5}$

$x>0$ より，$x=4\sqrt{5}$　**$4\sqrt{5}$ cm** ……答

(2) 対角線の長さを $x$cm とすると，

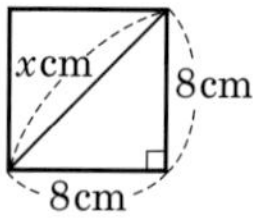

$8^2+8^2=x^2$　$x^2=128$

$x=\pm\sqrt{128}=\pm8\sqrt{2}$

$x>0$ より，$x=8\sqrt{2}$　**$8\sqrt{2}$ cm** ……答

➡ $\sqrt{a^2+b^2}$

(1) $a=4$，$b=8$ だから，対角線の長さは，$\sqrt{4^2+8^2}$ $=\sqrt{80}$ $=4\sqrt{5}$ となる。このように，最初から $\sqrt{\ }$ の中に入れて計算してもよい。

類題 9

解答 ➡ 別冊 p.48

次の長方形や正方形の対角線の長さを求めなさい。

(1) 縦 7cm，横 24cm の長方形

(2) 1 辺の長さが $2\sqrt{2}$ cm の正方形

例題 10 三角形の高さ

LEVEL：標準

1辺の長さが6cmの正三角形について，次の問いに答えなさい。

(1) 高さを求めなさい。

(2) 面積を求めなさい。

ここに着目！ 頂点から垂線をひき直角三角形をつくる。

解き方 1辺の長さが6cmの正三角形ABCにおいて，頂点Aから辺BCに垂線AHをひくと，HはBCの中点になる。

(1) 直角三角形ABHでAHの長さを求めればよい。

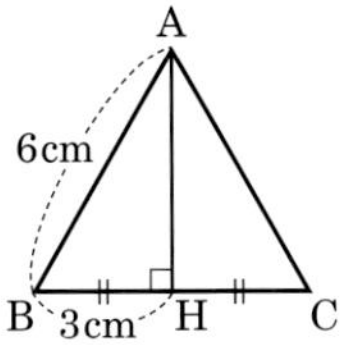

右の図で，BH＝3cmだから，

△ABHで，$3^2+AH^2=6^2$

$AH^2=6^2-3^2=27$

AH＞0より，$AH=\sqrt{27}=3\sqrt{3}$ (cm)

$3\sqrt{3}$ cm ……答

(2) 底辺の長さ6cm，高さ$3\sqrt{3}$ cmだから，面積は，

$\frac{1}{2}\times 6\times 3\sqrt{3}=9\sqrt{3}$ (cm^2)

$9\sqrt{3}$ cm^2 ……答

➡ 1辺の長さが a の正三角形

1辺が a の正三角形の高さは，

$\frac{\sqrt{3}}{2}a$

面積は，

$\frac{\sqrt{3}}{4}a^2$

で表される。

例題10の辺の長さ6cmを，この式にあてはめて計算してみるとよい。

類題 10

解答 ➡ 別冊 p.48

1辺の長さが10cmの正三角形の面積を求めなさい。

UNIT 2

三平方の定理の利用②

目標 特別な直角三角形の辺の比がわかる。 2点間の距離を求めることができる。

要点

● **特別な直角三角形の辺の比**

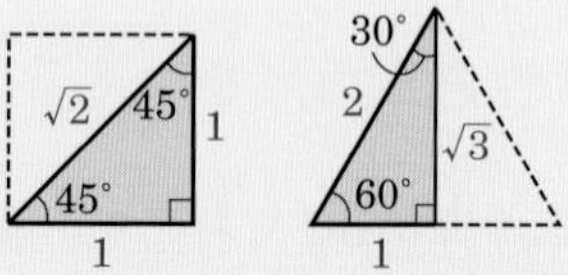

例題 11 特別な直角三角形の3辺の比

LEVEL：標準

下の図で，x，y の値(あたい)をそれぞれ求めなさい。

(1)

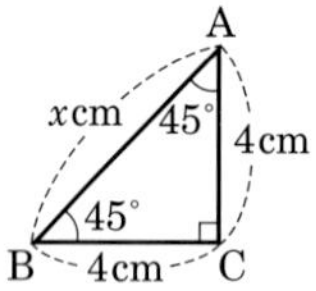

(2)

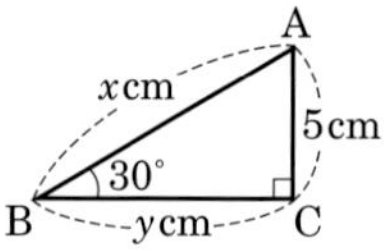

ここに着目！ **1：1：$\sqrt{2}$ か 1：2：$\sqrt{3}$ の比にあてはめて比例式をつくる。**

解き方 (1) 45°，45°，90° の直角二等辺三角形なので，

BC：AB＝1：$\sqrt{2}$ だから，

4：x＝1：$\sqrt{2}$　$\boldsymbol{x=4\sqrt{2}}$ ……答

(2) 30°，60°，90° の直角三角形なので，

AC：AB＝1：2 だから，

5：x＝1：2　$\boldsymbol{x=10}$ ……答

AC：BC＝1：$\sqrt{3}$ だから，

5：y＝1：$\sqrt{3}$　$\boldsymbol{y=5\sqrt{3}}$ ……答

➡ 1：2：$\sqrt{3}$ の見分け方

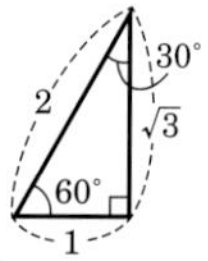

斜辺(しゃへん)は2，最も短い辺は1の割合になることに注目。辺の比をまちがえないようにする。

類題 11

解答 ➡ 別冊 p.48

3つの角が30°，60°，90° の直角三角形で，斜辺の長さが 8cm のとき，ほかの2辺の長さを求めなさい。

例題 12 2点間の距離 LEVEL：標準

点 P(3, −3) と点 Q(−6, 3) があるとき，2点間の距離 PQ を求めなさい。

ここに着目！ **求める線分を斜辺とする直角三角形をつくる。**

解き方 右の図のように P, Q の座標をとり，線分 PQ を斜辺とし，座標軸に平行な2つの辺をもつ直角三角形をつくる。三平方の定理を使って斜辺の長さを求める。これが点 P, Q 間の距離になる。

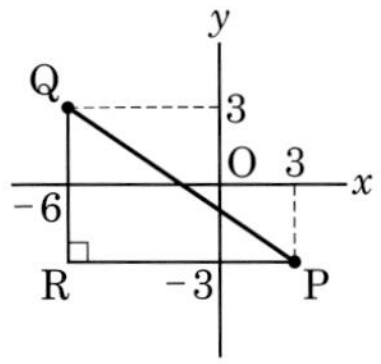

△PQR で，

$\angle QRP = 90°$

$PR = 3 - (-6) = 9$

$QR = 3 - (-3) = 6$

したがって，

$PQ^2 = 9^2 + 6^2 = 117$

$PQ > 0$ より，$PQ = \sqrt{117} = 3\sqrt{13}$

$\mathbf{PQ = 3\sqrt{13}}$ ……答

➡ $\sqrt{(x_2 - x_1)^2 + (y_2 - y_1)^2}$

上の式は，2点 $P(x_1, y_1)$ と $Q(x_2, y_2)$ の間の距離を表す式である。

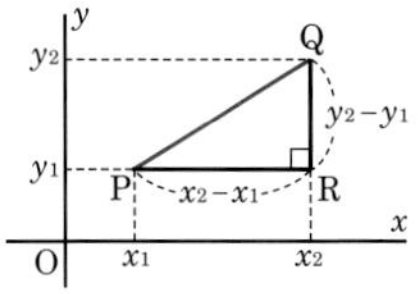

類題 12 解答 ➡ 別冊 p.48

次の2点間の距離を求めなさい。

(1) (2, 3), (6, 5)

(2) (−2, 1), (3, −3)

UNIT 3

三平方の定理の利用③

目標 三平方の定理を使って，弦の長さや接線の長さを求めることができる。

要点

- 弦（げん）の長さ，接線の長さ…直角三角形をつくって求める。

例題 13 弦の長さ

LEVEL：標準

半径 13cm の円 O の弦を AB とする。中心 O と弦 AB との距離（きょり）が 5cm であるとき，弦 AB の長さを求めなさい。

ここに着目！ 円の中心から弦に垂線をひく。

解き方 右の図のように，O から AB に垂線 OH をひくと，H は弦 AB の中点である。

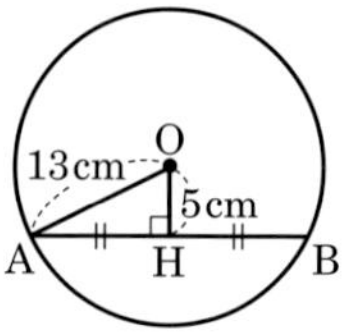

OA＝13cm（半径），OH＝5cm で，

△OAH は直角三角形だから，

$AH^2+5^2=13^2$

よって，$AH^2=13^2-5^2=144$

AH＞0 より，$AH=\sqrt{144}=12$（cm）

H は弦 AB の中点だから，AB＝2×12＝24（cm）

24cm ……（答）

➡ 弦

円周上の 2 点 A，B を結んだ線分を弦 AB という。

➡ 二等辺三角形

△OAB は OA＝OB の二等辺三角形。二等辺三角形の頂点から底辺にひいた垂線は底辺を 2 等分する。

類題 13

解答 ➡ 別冊 p.48

右の図のように，円 O の弦 AB と直交する半径を OC とし，AB と OC の交点を D とすると，AD＝12cm，CD＝8cm であった。このとき，円 O の半径は何 cm ですか。

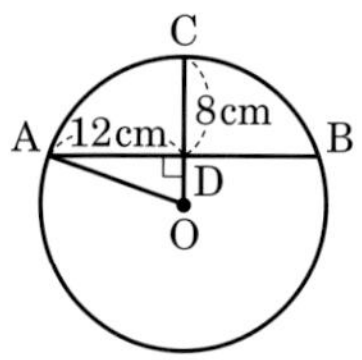

例題 14 接線の長さ

LEVEL：標準

右の図で，線分 AP は，点 P を接点とする円 O の接線である。円 O の半径を 2cm，線分 AO の長さを 5cm とするとき，接線 AP の長さを求めなさい。

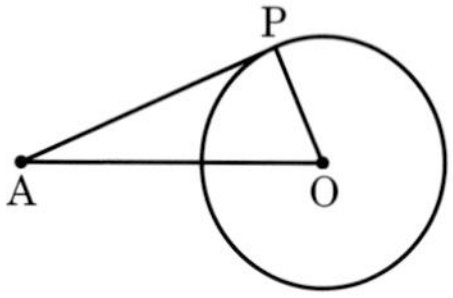

ここに着目！ **円の接線は，接点を通る半径に垂直である。**

解き方 円の接線 AP と円の半径 OP は垂直なので，$\angle OPA = 90°$。したがって，$\triangle OAP$ は $\angle OPA$ を直角とする直角三角形となり，斜辺（しゃへん）は OA である。
三平方の定理を使って AP の長さを求める。

$$OP^2 + AP^2 = OA^2$$
$$2^2 + AP^2 = 5^2$$
$$AP^2 = 5^2 - 2^2 = 21$$

$AP > 0$ より，$\mathbf{AP = \sqrt{21}\ cm}$ ……答

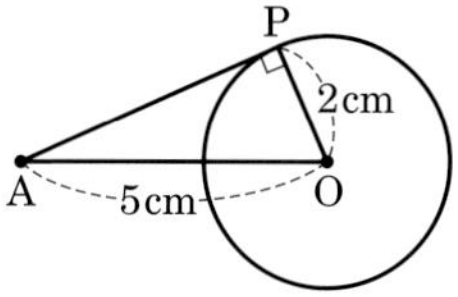

接線の長さ

半径が r の円に円の中心との距離が d である点からひいた接線の長さは，$\sqrt{d^2 - r^2}$ である。

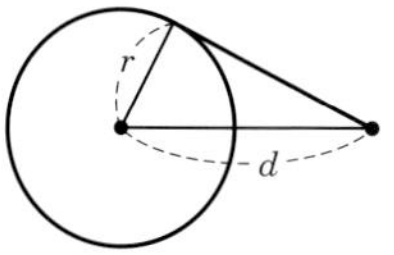

類題 14

解答 ➡ 別冊 p.49

右の図で，線分 AP は点 A を接点とする円 O の接線である。x の値（あたい）を求めなさい。

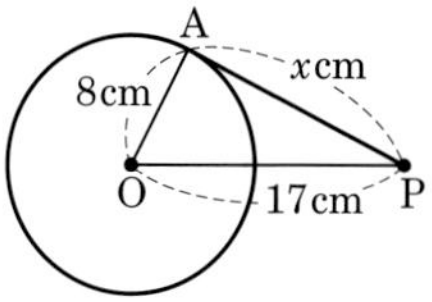

UNIT 4

三平方の定理の利用④

目標 三平方の定理を利用して空間図形の計測ができる。

要点

- **立体への応用**…球や直方体に直角三角形を見つける。

例題 15 球の切り口の円

LEVEL：標準

半径 20cm の球を，中心からの距離(きょり)が 12cm の平面で切るとき，切り口の円の半径を求めなさい。

ここに着目！ 球の半径を斜辺とする直角三角形を考える。

解き方 右の図のように，球を 1 つの平面で切ったときの切り口は円になる。球の中心 O から平面に垂線 OH をひくと，H は切り口の円の中心となる。

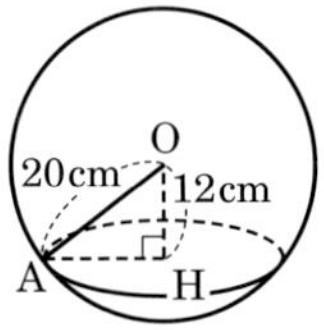

右の図で，OA＝20cm が斜辺(しゃへん)，
OH＝12cm，∠AHO＝90° の直角三角形ができる。
AH＝$x$cm とおくと，三平方の定理より，

$$x^2+12^2=20^2$$

よって，$x^2=20^2-12^2=256$

$x>0$ だから，$x=\sqrt{256}=16$

16cm ……答

➡ 球の切り口

半径が r の球を中心からの距離が d である平面で切った切り口の円の半径 R は，

$R=\sqrt{r^2-d^2}$

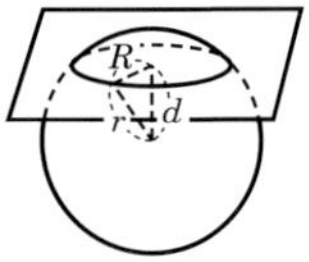

類題 15

解答 ➡ 別冊 p.49

半径 6cm の球を，中心からの距離が 4cm の平面で切るとき，切り口の円の半径を求めなさい。

例題 16 直方体の対角線の長さ

LEVEL：標準

右の図の直方体で，AB＝8cm，BC＝9cm，AE＝12cm のとき，対角線 EC の長さを求めなさい。

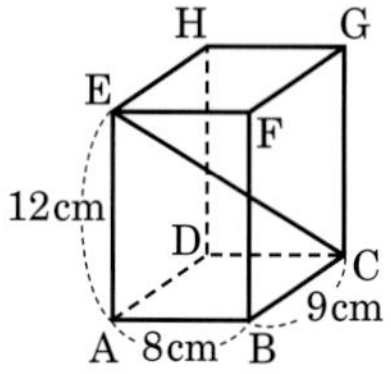

ここに着目！ **3 辺の長さが a，b，c の直方体の対角線の長さ ℓ は，**
$$\ell=\sqrt{a^2+b^2+c^2}$$

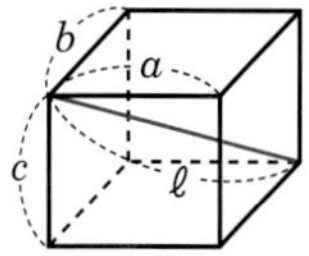

解き方　右の図で，A と C を結ぶと，△ABC，△ACE はどちらも直角三角形になる。
まず AC^2 を求める。それを使って EC の長さを求める。

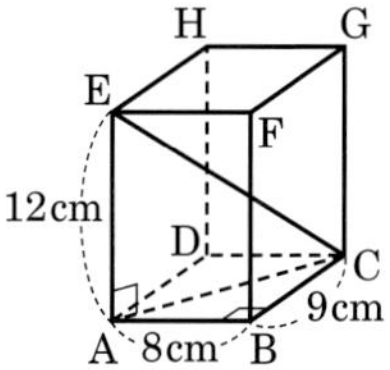

△ABC は ∠ABC＝90°，AB＝8cm，BC＝9cm の直角三角形だから，

$AC^2=AB^2+BC^2=8^2+9^2=145$

また，△ACE は ∠EAC＝90°，AE＝12cm の直角三角形だから，

$EC^2=AE^2+AC^2=12^2+145=289$

EC＞0 より，$EC=\sqrt{289}=17$ (cm)

17cm ……答

上の「ここに着目！」より，$EC=\sqrt{8^2+9^2+12^2}=17$ (cm) と求めることができる。

∠EAC＝90°

左の直方体を，E，A，C，G を通る平面で切ると，切り口は，長方形になるから ∠EAC＝90° になる。

立方体の対角線

直方体と同じように考えて，1 辺の長さが a の立方体の対角線の長さは，
$\sqrt{a^2+a^2+a^2}=\sqrt{3}\,a$
となる。

類題 16

解答 → 別冊 p.49

次の直方体や立方体の対角線の長さを求めなさい。

(1)　長さが 3cm，4cm，5cm の 3 辺をもつ直方体

(2)　1 辺の長さが 10cm の立方体

UNIT 5

三平方の定理の利用⑤

目標 三平方の定理を利用して，円錐や角錐の高さを求めることができる。

要点

● 円錐（えんすい）や角錐の高さ…高さ h を 1 辺の長さとする直角三角形を考える。

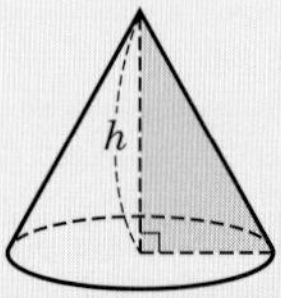

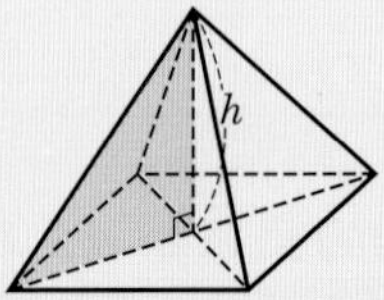

例題 17 円錐の高さ

LEVEL：応用

右の図のような，底面の半径が 2cm，母線の長さが 7cm の円錐の体積を求めなさい。

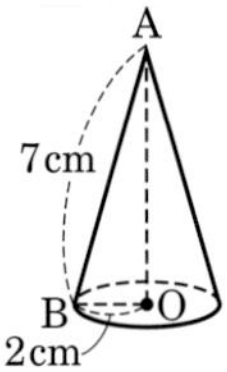

ここに着目！ **母線が斜辺，底面の半径がほかの 1 辺の直角三角形を考える。**

解き方 体積を求めるには高さがわかればよい。頂点から底面に垂線をひき，底面との交点を O とすると，△ABO は直角三角形となる。

AO＝$h$cm とすると，

$$h^2+2^2=7^2$$

$$h^2=45$$

$h>0$ より，$h=\sqrt{45}=3\sqrt{5}$

したがって，体積は，

$$\frac{1}{3}\times\pi\times2^2\times3\sqrt{5}=\mathbf{4\sqrt{5}\,\pi\ (cm^3)}$$ ……答

➲ 円錐の体積

底面の半径が r，高さが h の円錐で，体積 V は，

$$V=\frac{1}{3}\pi r^2h$$

類題 17

解答 ➡ 別冊 p.49

底面の半径が 6cm，母線の長さが 10cm の円錐の体積を求めなさい。

例題 18 角錐の高さ

LEVEL：応用

右の図は，底面の１辺の長さが 12cm の正四角錐である。
OA = 10cm のとき，この正四角錐の体積を求めなさい。

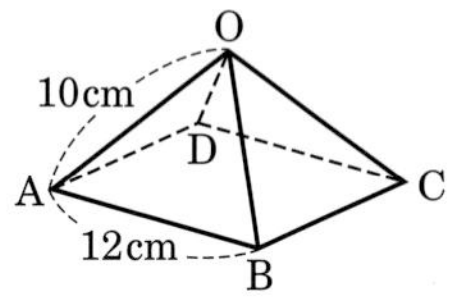

ここに着目！ まず底面の正方形の対角線の長さを求める。

解き方　右の図のように，頂点から底面に垂線 OH をひくと，これが高さになる。H は底面の対角線の交点である。

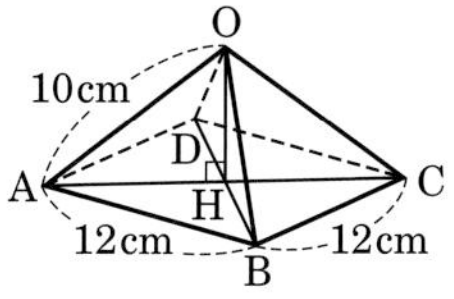

したがって，まず対角線 AC の長さから AH の長さを求め，直角三角形 AOH で OH の長さを求めればよい。

△ABC は ∠B = 90° の直角二等辺三角形だから，

$AB^2+BC^2=AC^2$ より，$12^2+12^2=AC^2$　$AC^2=288$

AC > 0 より，$AC=\sqrt{288}=12\sqrt{2}$ (cm)

H は AC の中点だから，$AH=6\sqrt{2}$ (cm)

△AOH は，OA = 10 (cm)，$AH=6\sqrt{2}$ (cm)，∠AHO = 90° の直角三角形だから，$AH^2+OH^2=OA^2$ より，$(6\sqrt{2})^2+OH^2=10^2$

$OH^2=100-72=28$　OH > 0 より，$OH=\sqrt{28}=2\sqrt{7}$ (cm)

よって，体積は，$\frac{1}{3}\times 12^2\times 2\sqrt{7}=$ **$96\sqrt{7}$ (cm³)** ……(答)

➡ 2つの直角三角形

△ABC

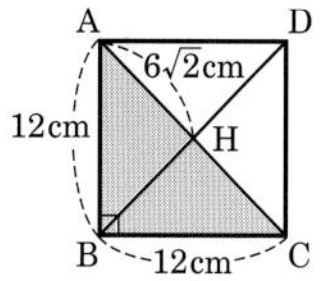

↓

△AOH

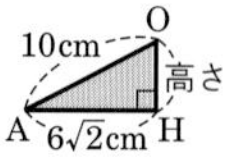

上の図のように，平面にかきなおして，辺の長さを求める。

➡ 円錐，角錐の体積

円錐，角錐の体積は，

$\frac{1}{3}\times$ (底面積) × (高さ)

で求める。

類題 18

解答 ➡ 別冊 p.49

右の図のような，すべての辺の長さが 6cm の正四角錐の体積を求めなさい。

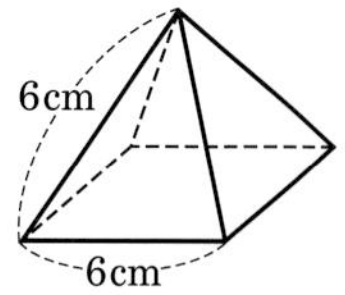

UNIT 6

三平方の定理の利用⑥

目標 三平方の定理を使った応用問題を解くことができる。

要点

- **折り返した図形や立体の表面にかけた最短のひもの長さ**
  直角三角形のあるところなら三平方の定理が使える。

例題 19 長方形を折り返す

LEVEL：応用

右の図は，長方形 ABCD を，対角線 AC を折り目として折った図である。△ACE は二等辺三角形であることを証明しなさい。

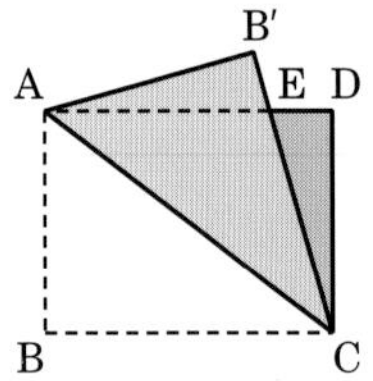

ここに着目！ 折り返す前後で対応する角の大きさは等しくなる。

解き方 **長方形の対辺だから，AE∥BC**
よって，∠EAC＝∠ACB （錯角(さっかく)） …①
AC で折り返されたので，
∠ECA＝∠ACB …②
①，②から，∠EAC＝∠ECA
よって，△ACE は二等辺三角形である。

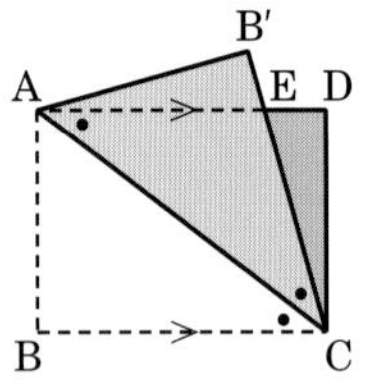

二等辺三角形になる条件

左の図のように，2 つの角が等しいので，△ACE は二等辺三角形となる。

類題 19

解答 ➡ 別冊 p.49

例題 19 で，AB＝6cm，BC＝8cm のとき，線分 EC の長さを求めなさい。

例題 20 表面にかけたひもの最短の長さ

LEVEL：応用

右の図の直方体は，AB＝6cm，AD＝4cm，AE＝3cm である。この直方体の表面に，点 A から辺 CD を通って点 G まで糸をかける。かける糸の長さが最も短くなるときの，糸の長さを求めなさい。

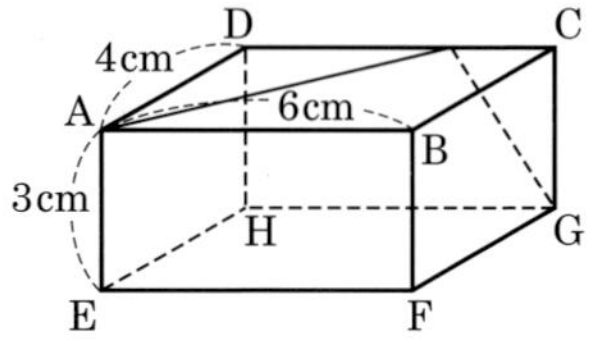

ここに着目！ **展開図をかいて点 A と点 G を直線で結ぶ。**

解き方 展開図をかいて考える。

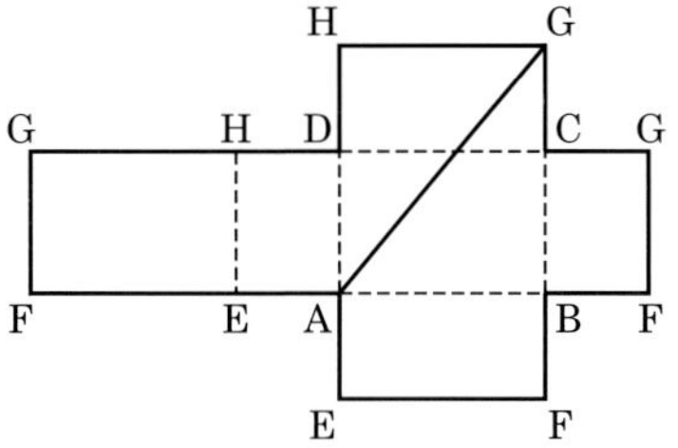

長さが最も短くなるのは，点 A と点 G を直線で結んだときである。

△ABG で，

∠ABG＝90°

AB＝6cm

BG＝BC＋CG より，

BG＝4＋3＝7 (cm)

よって，三平方の定理より，

$AB^2+BG^2=AG^2$

$6^2+7^2=AG^2$

$AG^2=85$

AG＞0 より，AG＝$\sqrt{85}$ cm

$\sqrt{85}$ cm ……… 答

見取図

糸が辺 DC と交わった点を P とする。

AP＋PG の長さが最小になればよい。

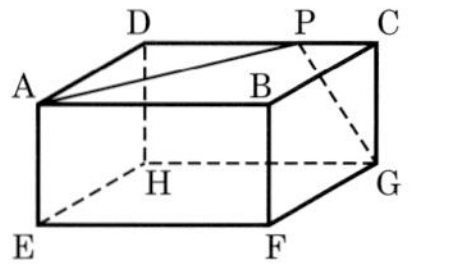

類題 20

解答 → 別冊 p.49

右の図のような直方体があり，AD＝6cm，DC＝8cm，AE＝5cm である。点 A から辺 EF を通って点 G まで糸をかける。かける糸の長さが最も短くなるようにかけるとき，糸の長さを求めなさい。

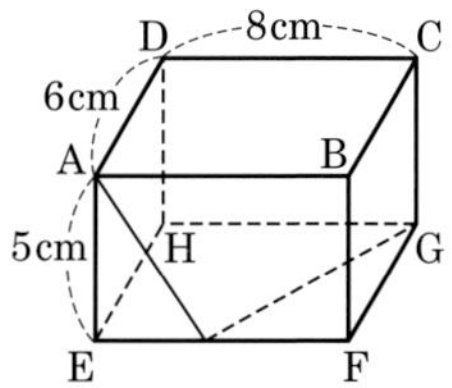

定期テスト対策問題

解答 ➜ 別冊 p.50

問 1 直角三角形の辺の長さを求める

次の図で，x の値(あたい)を求めなさい。

(1)

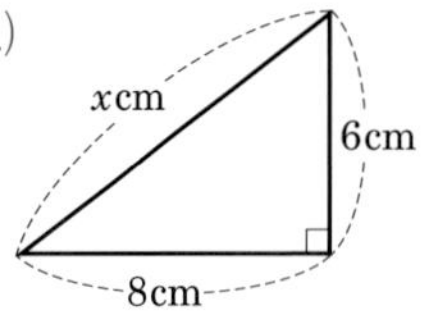

(2)

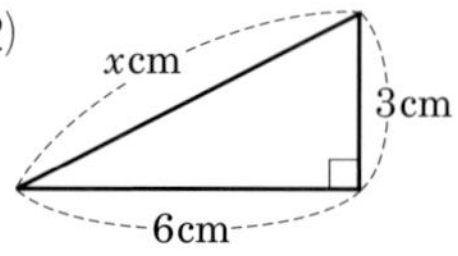

(3)

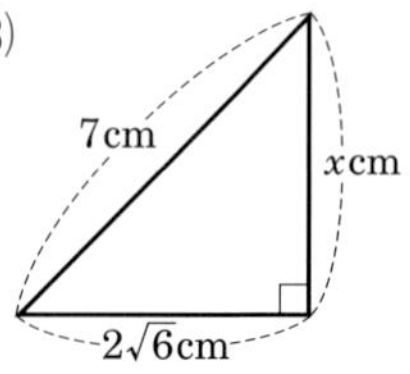

(4)

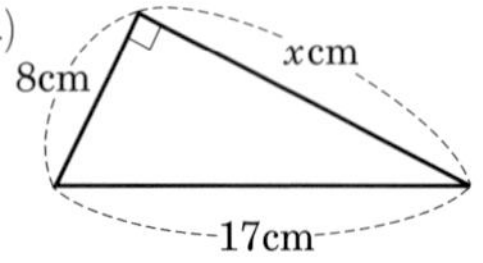

(5)

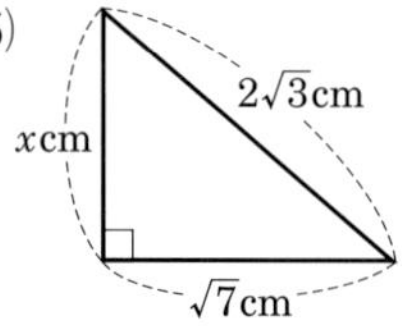

(6)

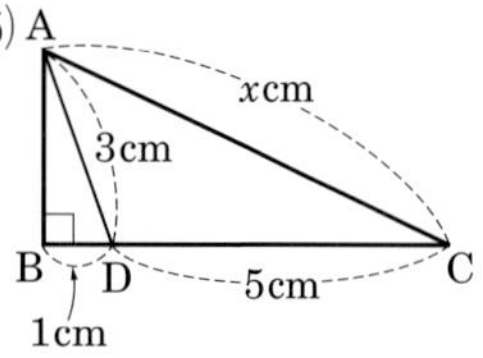

問 2 直角三角形を見分ける

次の長さを 3 辺とする三角形のうち，直角三角形はどれですか。

① 4cm，5cm，6cm　　② 1.2cm，1.6cm，2cm

③ 6cm，4cm，$2\sqrt{5}$ cm　　④ 1cm，$\sqrt{3}$ cm，$\sqrt{5}$ cm

問 3 直角三角形の各辺を 1 辺とする正方形の面積

∠C＝90° の △ABC で，BC を 1 辺とする正方形の面積を 144cm^2，AC を 1 辺とする正方形の面積を 25cm^2 とすると，斜辺(しゃへん) AB を 1 辺とする正方形の面積はいくらですか。

問 4 対辺にひいた垂線と三角形の辺の長さ

右の図のような △ABC がある。点 D は，頂点 C から辺 AB にひいた垂線と辺 AB の交点である。

AB＝13cm，AC＝10cm，CD＝8cm であるとき，辺 BC の長さを求めなさい。

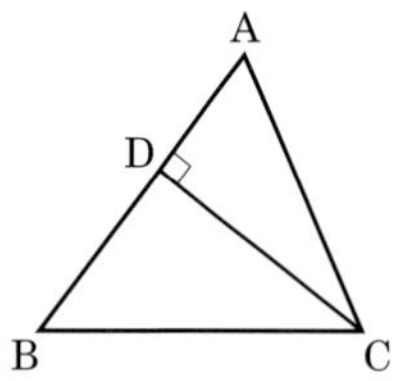

問 5 平面や空間のいろいろな長さ

次の問いに答えなさい。

(1) 1辺の長さが12cmの正三角形の高さを求めなさい。

(2) 2つの対角線の長さが$2\sqrt{5}$cm，14cmであるひし形の1辺の長さを求めなさい。

(3) 2点A(2，3)，B(−3，−2)の間の距離を求めなさい。

(4) 縦5cm，横4cm，高さ7cmの直方体の対角線の長さを求めなさい。

(5) 右の△ABCの面積を求めなさい。

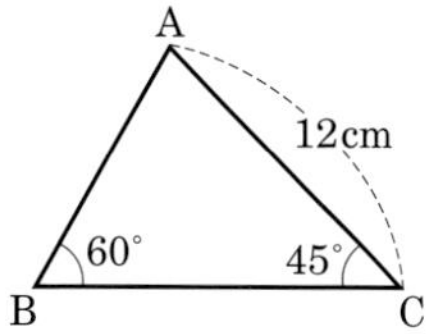

問 6 三角形の3辺の長さと面積

3辺の長さが，10cm，17cm，21cmである三角形の面積を求めなさい。

問 7 折り返した図形の辺の長さ

右の図は，AB＝BC＝12cmである直角二等辺三角形の紙を線分EFを折り目として，点Aが辺BCの中点Dに重なるように折ったものである。線分BEの長さを求めなさい。

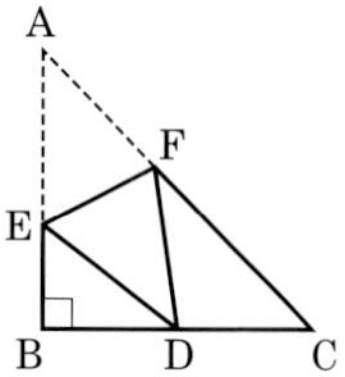

問 8 円に接する正三角形の面積

右の図で，3点A，B，Cは円Oの周上にあり，△ABCは正三角形である。円Oの半径を4cmとするとき，△ABCの面積を求めなさい。

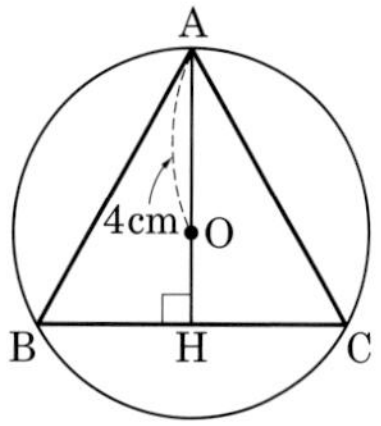

問 9 円錐の展開図と底面の半径・体積

側面の展開図が，右の図のように，中心角240°，半径6cmのおうぎ形になる円錐がある。

(1) この円錐の底面の半径を求めなさい。

(2) この円錐の体積を求めなさい。

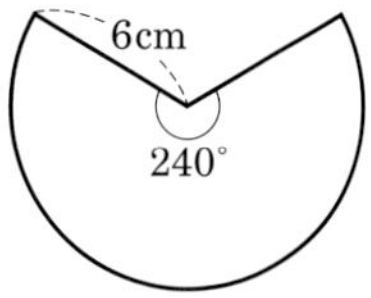

問10 垂直に交わる 2 直線に関する問題

右の図のように，直線 $y=-2x+10$ が y 軸（じく），x 軸と交わる点をそれぞれ A，B とする。原点 O を通り，直線 AB と垂直な直線が AB と交わる点を C として，次の問いに答えなさい。

(1) 線分 AB の長さを求めなさい。

(2) 線分 OC の長さを求めなさい。

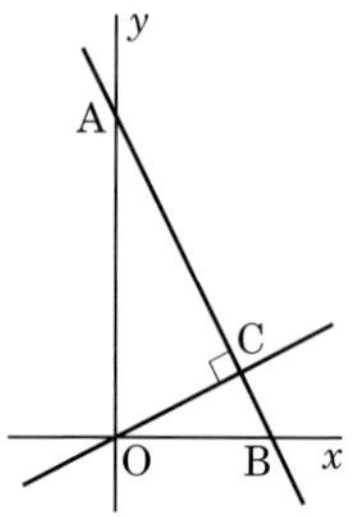

問11 直方体を平面で切ってできる立体の問題

右の図のような直方体 ABCD–EFGH を頂点 A，F，C を通る平面で切るとき，次の問いに答えなさい。

(1) 三角錐（さんかくすい） B–AFC の体積を求めなさい。

(2) △AFC の面積を求めなさい。

(3) 頂点 B から △AFC にひいた垂線の長さを求めなさい。

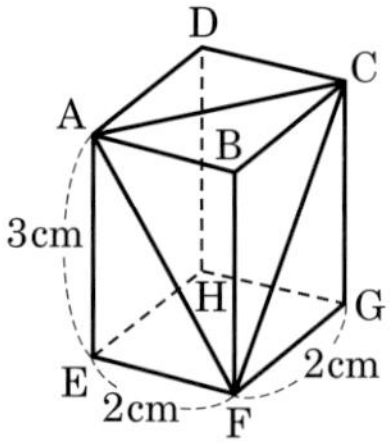

問12 表面にかけたひもの最短の長さ

右の図のような正四角錐 O–ABCD の辺 OB 上に点 P をとり，ひもを頂点 A から点 P を通り頂点 C までかける。かけるひもの長さが最も短くなるときの，ひもの長さを求めなさい。

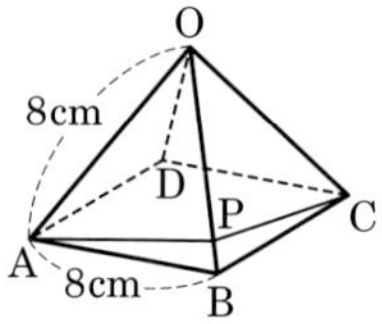

問13 円を折り曲げた図形の問題

右の図は，直径 AB の円を AB を折り目として折り曲げ，折り曲げられた 2 つの面がたがいに垂直になるようにしたものである。このとき，図のようにそれぞれの半円の周上に点 P，Q を ∠PAB＝60°，∠QAB＝30° となるように定めた。点 P，Q から線分 AB にひいた垂線を PH，QK とするとき，△PQH の面積を求めなさい。ただし，直径 AB の長さは 4cm とする。

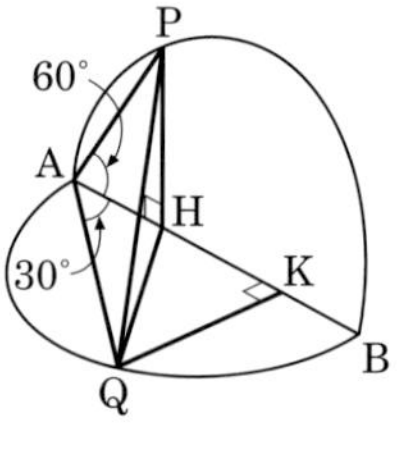

8章

標本調査

例題一覧

1	全数調査と標本調査	基本
2	母集団，標本，標本の大きさ	標準
3	標本の抽出	基本
4	割合をもとに推定する	標準
5	総数を推定する	標準

UNIT 1

標本調査①

目標 標本調査に使う用語の意味が理解できる。

要点

- **全数調査**(ぜんすうちょうさ)…調査しようとする集団全部について調査すること。
- **標本調査**(ひょうほんちょうさ)…調査しようとする集団の一部分を調査して，集団全体の傾向(けいこう)を推測する調査のこと。
- **母集団**(ぼしゅうだん)…標本調査を行うとき，傾向を知りたい集団全体のこと。
- **標本**…母集団の一部分として取り出して実際に調べたもの。
  また，取り出したデータの個数を，**標本の大きさ**という。

例題 1 全数調査と標本調査

LEVEL：基本

次の①～④のうち，標本調査がよいものはどれですか。

① 高校の入学試験　② テレビ番組の視聴率調査(しちょうりつちょうさ)

③ ある工場で製造された電球の寿命(じゅみょう)　④ 学校の定期健康診断(ていきけんこうしんだん)

ここに着目！ **標本調査 ⇒ 調査対象の一部を調べて全体の傾向を推測する。**

解き方 集団全体について１つ残らず調べる必要があるときは全数調査，一部でよいときは標本調査を選ぶ。

① 受験生１人１人の学力を調べるのが目的。全数調査。

② 時間，労力，費用の点から考えて，標本調査がよい。

③ １つ残らず調査すると商品がなくなる。標本調査がよい。

④ 生徒１人１人の健康状態を調べるのが目的。全数調査。

よって，**②，③** ……答

標本調査をする理由

- 全数調査をするには時間や費用がかかる。
- 全数調査が，現実的には不可能。
- 調査の目的から，およその傾向がわかればよい。

類題 1

解答 → 別冊 p.53

次の①～④のうち，標本調査がよいものはどれですか。

① 缶詰(かんづめ)の品質検査　② 学校で行う体重測定

③ 漢字検定試験　④ 新聞社が行う世論調査

例題 2 母集団，標本，標本の大きさ

LEVEL：標準

ある中学校の生徒 415 人から，24 人を選び出して通学時間の調査を行った。この調査の母集団，標本は，それぞれ何ですか。また，標本の大きさをいいなさい。

ここに着目！ **母集団 ⇒ 集団全体，標本 ⇒ 選び出したデータ。**

解き方 標本調査をするとき，特徴(とくちょう)や傾向を調べたい集団全体を母集団，調査のために取り出した母集団の一部分を標本という。
この例題の場合，母集団は生徒全体を表し，標本は選び出した生徒を指す。
標本の大きさは，取り出したデータの個数をいうので，選び出した生徒の人数を答えればよい。

母集団…**ある中学校の生徒全体 415 人** ……答

標本…**選び出した生徒 24 人** ……答

標本の大きさ…**24** ……答

➲ 大きさ

母集団でも標本でも，そのデータの個数をそれぞれの「大きさ」という。
この例題では，母集団の大きさは 415 である。

類題 2

解答 ➡ 別冊 p.53

次の調査の①母集団，②標本，③標本の大きさを答えなさい。

⑴ ある県の中学 3 年生の家庭での学習時間を調査するために，県下の中学 3 年生から，1000 人を選び出して調査した。

⑵ ある工場で 5000 本の蛍光灯(けいこうとう)を製造したが，製造過程で 500 本目ごとの製品 10 本の寿命を検査した。

⑶ 赤球と白球が合わせて 200 個が入った箱から 10 個を取り出して，赤球と白球の数を調べた。

UNIT 2

標本調査②，標本調査の利用①

目標 標本の選び方や標本の割合を利用して母集団の比率を求めることができる。

要点

- **標本の取り出し方**…母集団から，かたよりの起こらない方法で標本を取り出す。これを無作為(むさくい)に抽出(ちゅうしゅつ)するという。
- **比率をもとにして推測する**…抽出した標本の比率から母集団の比率を推定できる。

例題 3 標本の抽出

LEVEL：基本

ある中学校で，3 年生 210 人から 30 人を選び生活調査をするとき，標本の選び方として適当なものはどれですか。

① 女子の中から 30 人をさいころで選ぶ。
② ある組の出席番号 1 から 30 までの人を選ぶ。
③ 全員にあたりくじ 30 本のくじをひかせる。
④ 早く登校してきた 30 人を選ぶ。

ここに着目！ **無作為に抽出する ⇒ かたよりなく選ぶ。**

解き方 標本を選ぶときは，母集団のようすをそのまま反映させることが大切である。したがって，選ぶ人の感情やくせが入らないように，かたよりなく選ぶ必要がある。
①は女子だけが選ばれている。②はある組だけが選ばれている。④は，早く登校してきた人だけが選ばれているので，どれも無作為ではない。
よって，③ ……答

無作為に抽出する
次のような方法がある。
・乱数さいを使う。
・乱数表を使う。
・コンピューターを使う。

類題 3

解答 ➡ 別冊 p.53

ある学校で，生活調査をするとき，標本 20 人の選び方として適当なものはどれですか。

① 希望者 20 人を選ぶ。
② クラス委員 20 人を選ぶ。
③ 出席番号から乱数表で 20 名を選ぶ。
④ くじびきで 20 名を選ぶ。

例題 4

割合をもとに推定する

LEVEL：標準

ある工場で大量に製造される製品から 100 個を無作為に抽出したところ，そのうち 2 個が不良品だった。この工場で 20000 個の製品をつくると，およそ何個の不良品がふくまれていると考えられますか。

ここに着目！ **標本の割合 ⇒ 母集団での割合を推定する。**

解き方　無作為に抽出していれば，不良品の数の発生する割合は標本と母集団でほぼ等しくなると推定される。

標本では，100 個のうち 2 個が不良品なので，不良品の割合は，

$$\frac{2}{100}=\frac{1}{50}$$

したがって，母集団，すなわち 20000 個の製品の中で不良品の個数は，

$$20000\times\frac{1}{50}=400$$

よって，**およそ 400 個** ……答

↑答えは断定せずに「およそ」あるいは「約」をつける

母集団の比率の推定

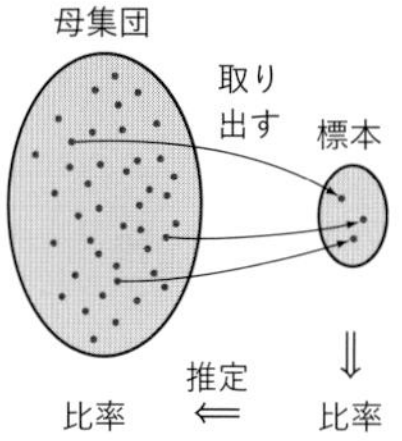

標本での比率と，母集団での比率は，ほぼ等しい。

標本の割合から母集団の割合を推定できるよ。

類題 4

解答 → 別冊 p.53

袋(ふくろ)の中に白い碁石(ごいし)と黒い碁石が合わせて 250 個入っている。この袋の中から，30 個の碁石を無作為に抽出したら，白い碁石が 12 個入っていた。この袋の中には，白い碁石がおよそ何個入っていると考えられますか。

UNIT 3

標本調査の利用②

目標 標本調査の比率をもとに，総数を求めることができる。

要点

● 標本の割合 ──→ 全体の総数を推定する。

例題 5 総数を推定する

LEVEL：標準

白い米つぶがたくさん入っている箱の中に，黒く塗った米つぶを 300 個入れてかき混ぜた。そこから米つぶを 100 個取り出すと，そのうち 12 個が黒い米つぶであった。最初に箱の中にあった白い米つぶはおよそ何個であると考えられますか。

ここに着目！

米つぶ 100 個 ⇒ 黒い米つぶ：白い米つぶ
12 個　　(100－12) 個

解き方 100 個の米つぶで黒い米つぶと白い米つぶの割合を求めてから，黒い米つぶ 300 個に対する白い米つぶの数を求める。

100 個の米つぶのうち，黒い米つぶは 12 個より，白い米つぶは，

$100-12=88$(個)

よって，その比は，(黒)：(白)$=12:88=3:22$

黒い米つぶ 300 個に対する白い米つぶを x 個とすると，

$3:22=300:x \quad 3x=6600 \quad x=2200$

およそ 2200 個 ……答

➡ 母集団と標本

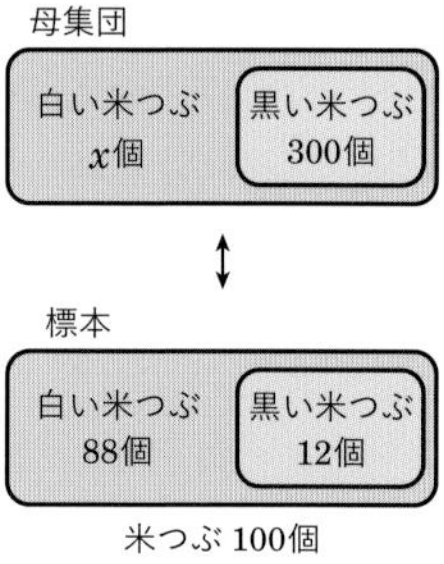

類題 5

解答 ➡ 別冊 p.53

ある養殖場で養殖しているハマチの数を調べることにした。あるとき 400 匹のハマチを網ですくい，印をつけて池に返した。1 週間後に 300 匹のハマチを網ですくって，印のついているハマチの数を調べたところ，9 匹であった。この養殖場にいるハマチの数はおよそ何匹であると推定されますか。百の位を四捨五入して答えなさい。

定期テスト対策問題

解答 ➜ 別冊 p.53

問1 全数調査と標本調査

次の調査のうち，全数調査が適当でないものはどれですか。すべて答えなさい。

① ある中学校の３年生の睡眠(すいみん)時間の調査

② 日本の中学生の１か月の小遣(こづか)いの平均の調査

③ ある工場で生産されたジュースの品質検査

④ ５年ごとに行う国勢調査

問2 母集団，標本，標本の大きさ

ある工場で製造した缶詰(かんづめ)の品質を調査するために，300個を無作為(むさくい)に抽出(ちゅうしゅつ)して，調査をした。次の問いに答えなさい。

(1) この調査の母集団は何ですか。

(2) この調査の標本は何ですか。また，標本の大きさはいくらですか。

問3 割合をもとに推定する

全校生徒720人の中学校で，通学時間を調査するため100人の標本調査を行ったところ，通学時間が20分未満の生徒が68人いた。全校生徒中，通学時間が20分以上の生徒はおよそ何人いると考えられますか。

問4 総数を推定する

袋(ふくろ)の中にたくさんの球が入っている。そのうち50個だけが赤球で，ほかは白球であり，球の総数は100の倍数であることがわかっている。いま，「袋の中をよくかき混ぜてから，1度に10個ずつ取り出して，その色を調べてもとにもどす」ということを20回くり返し，各回ごとにふくまれていた赤球の個数について表をつくると，右のようになった。

(1) 表から１回あたりの赤球の個数の平均値を求めなさい。

(2) (1)の結果から考えて，袋の中の球の個数は何個とするのが最も適当ですか。

赤の個数	回数
0	3
1	11
2	4
3	1
4	1
計	20

TRY!

思考力を鍛える問題

入試では思考力を問う問題が増えている。課題は何か，どんな知識・技能を使えばよいか，どう答えたらよいかを身につけよう。

解答 ➡ 別冊 p.54

問 1 **文香さんと英太さんが，次のような数学の課題に取り組んでいる。2人の会話を読んで，[ア]～[カ]にあてはまる数を答えなさい。**

> 次の［　　］に $\sqrt{}$ を使った式やことばをあてはめて，問題を完成させなさい。また，解き方と答えも書きなさい。
> 4枚のカード [9]，[21]，[60]，[84] がある。このカードをよくきってから1枚ずつ2回続けてひき，1回目にひいたカードの数を m，2回目にひいたカードの数を n とするとき，［　　　　　　　］になる確率を求めよ。ただし，どのカードを取り出すことも同様に確からしいものとする。

文香さん「一応できたんだけど，聞いてもらっていいかな。」
英太さん「もちろん。」
文香さん「$8 \leqq \sqrt{m+n} \leqq 9$ になる確率を求めよ，はどうかな。」
英太さん「いいと思うよ。続きを聞かせて。」
文香さん「うん。$m+n$ は，$9+21=30$，$9+60=69$，$9+84=93$，…，と全部で [ア] 通りある。そのうち，$8 \leqq \sqrt{m+n} \leqq 9$ になるのは [イ] 通りあるから，求める確率は，[ウ] である。」
英太さん「文香さん，すごい。」
文香さん「ありがとう。英太さんのも教えて。」
英太さん「うん。$\sqrt{\dfrac{n}{m}}$ が有理数になる確率を求めよ，にしたんだ。$\dfrac{n}{m}$ は，$\dfrac{21}{9}=\dfrac{7}{3}$，$\dfrac{60}{9}=\dfrac{20}{3}$，$\dfrac{84}{9}=\dfrac{28}{3}$，…，と全部で [エ] 通りある。そのうち，$\sqrt{\dfrac{n}{m}}$ が有理数になるのは [オ] 通りあるから，求める確率は，[カ] である。」
文香さん「さすが英太さん。」
英太さん「何だか照れるな。」
文香さん「発表するのが楽しみだね。」
英太さん「そうだね。」

問2 **図1において，㋐は関数 $y=\frac{1}{3}x^2$，㋑は関数 $y=ax^2$ のグラフであり，$a<0$ である。**
点A，Bは㋐のグラフ上にあり，点Aと点Bの y 座標は等しい。また，点Cは㋑のグラフ上にあり，点Bと点Cの x 座標は等しい。点Aの x 座標が -3 のとき，次の問いに答えなさい。

(1) 点Aの座標を求めなさい。
(2) 点Bと点Cを結んだ線分BCの長さが12であるとき，a の値(あたい)を求めなさい。
(3) 図2のように，y 軸(じく)上に点Dをとり，点Oと点A，点Oと点B，点Aと点D，点Bと点Dをそれぞれ結んで，正方形OADBをつくる。このとき，次の問いに答えなさい。
① 点Dの座標を求めなさい。
② x 軸上に点E(4, 0)をとる。点Eを通り，正方形OADBの面積を2等分する直線の式を求めなさい。
③ 点Oと点Cを結んだ線分OCを1辺とする正方形をつくる。この正方形と，正方形OADBの面積の比が5：2であるとき，a の値を求めなさい。

図1

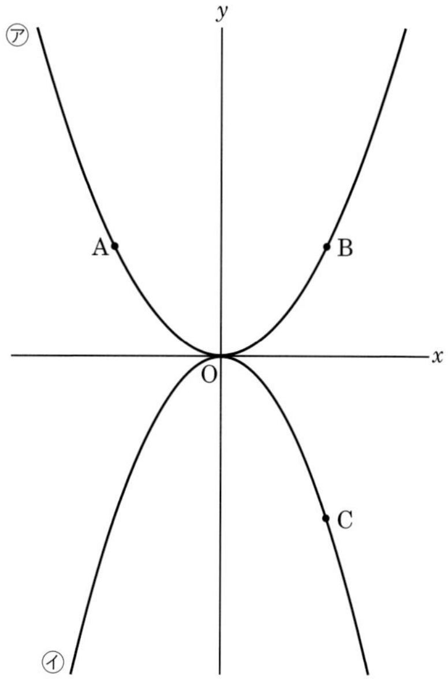

図2

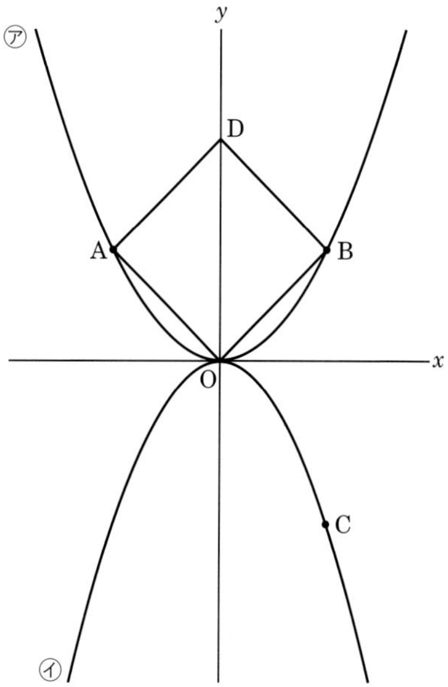

TRY!
思考力を鍛える問題

問 3 **図 1 のように，線分 AB を直径とする円 O がある。また，線分 AB 上に点 A，B と異なる点 P をとり，線分 PB を直径とする円を円 O′ とする。点 A から円 O′ に 2 つの接線をひき，接点をそれぞれ Q，R とする。さらに，2 つの直線 AQ，AR と円 O との交点で，A 以外の点をそれぞれ C，D とする。このとき，次の問いに答えなさい。**

図 1

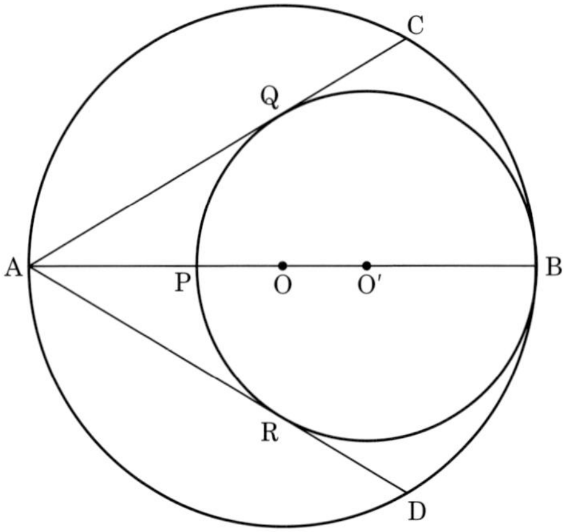

(1) 点 O′ と点 Q，点 O′ と点 R をそれぞれ結ぶと，△AQO′≡△ARO′ より，AQ＝AR となることが証明できる。次の □ に［証明］の続きを書き，証明を完成させなさい。

［証明］

△AQO′ と △ARO′ において，

□

合同な図形の対応する辺は等しいから，AQ＝AR

(2) △AQO′∽△ACB を証明しなさい。

(3) 図 2 のように，円 O の半径を 6cm，円 O′ の半径を 4cm とするとき，次の問いに答えなさい。

① 線分 AQ の長さを求めなさい。
② 線分 AC の長さを求めなさい。
③ △ACP の面積を求めなさい。
④ △APR の面積を求めなさい。
⑤ △ACR の面積を求めなさい。
⑥ 線分 CR の長さを求めなさい。

図 2

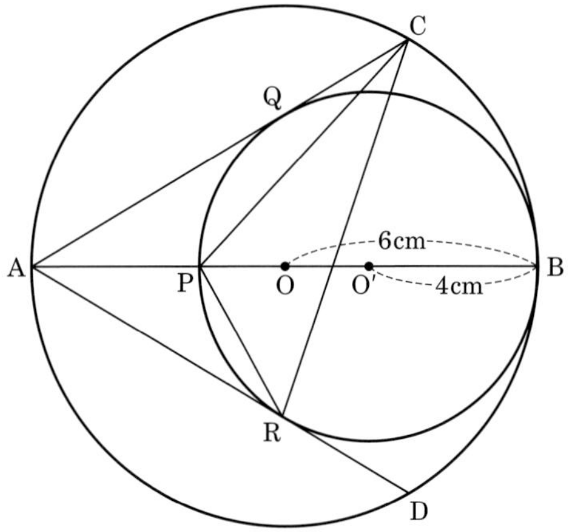

問 4　図1のように，1辺の長さが6cmの正八面体がある。
このとき，次の問いに答えなさい。

(1) 次の［ア］～［ウ］にあてはまる数を答えなさい。
正八面体は，［ア］個の合同な正三角形で囲まれた立体で，頂点が［イ］個，辺が［ウ］本ある。

(2) △ABCの面積を求めなさい。

(3) 点Aから辺CD，DF，FEを通って点Bまで1本の糸をかける。糸の長さが最も短くなるとき，その長さを求めなさい。

(4) 図2で，点Mは辺ACの中点で，2点P，Qは正八面体の辺上を動く点である。2点P，Qは点Aを同時に出発し，点Pは秒速1cmの速さで辺AB上を1往復する。また，点Qは秒速2cmの速さで点Aから点Bまで，A→C→D→F→Bの順に辺AC，CD，DF，FB上を動く。2点P，Qが点Aを出発してからx秒後の△APQの面積を$y$cm^{2}とするとき，次の問いに答えなさい。

① $x=2$のとき，yの値(あたい)を求めなさい。

② $6 \leqq x \leqq 9$のとき，$y=15$となるxの値を求めなさい。

③ $9 \leqq x \leqq 12$のとき，線分CP，PMの長さの和が最も短くなるときのxの値を求めなさい。また，そのときのyの値も求めなさい。

図1

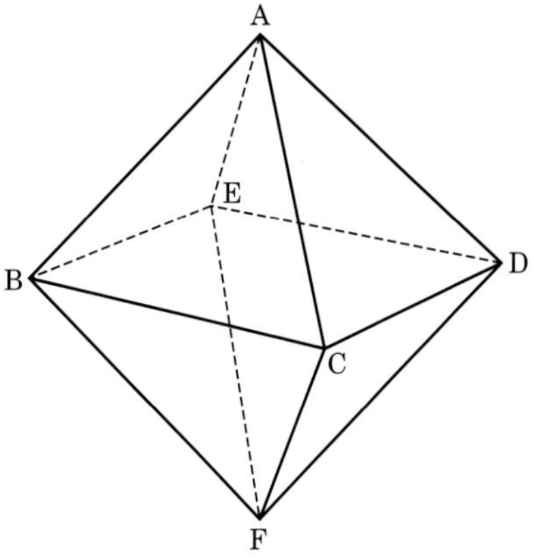

図2

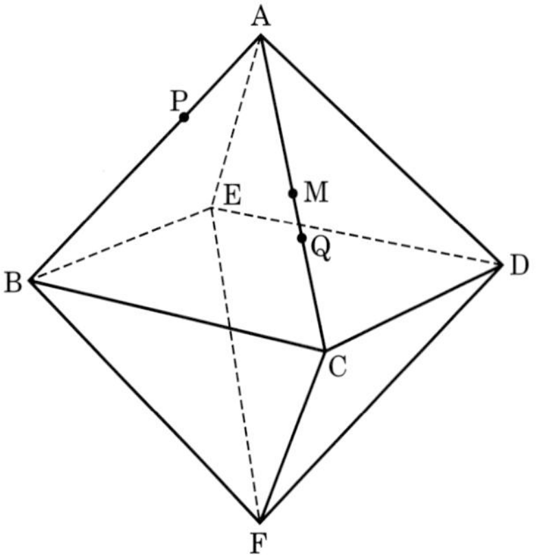

TRY!　思考力を鍛える問題

問 5 **形も大きさも同じ円形のカードがたくさんある。これらを図1のように，各段に並べるカードを順に2枚ずつ増やしてn段(nは3以上の整数)並べる。図2のように，それぞれのカードは・印で示した点でほかのカードと接しており，あるカードが接しているカードの枚数をそのカードに書く。たとえば，図2は$n=3$のときのもので，カードAは1枚のカードと接しているので，カードAに書かれる数は1となる。同様に，カードBに書かれる数は2，カードCに書かれる数は3，カードDに書かれる数は4となる。このようにして，すべてのカードにほかのカードと接している枚数をそれぞれ書いたものが図3である。このとき，次の問いに答えなさい。**

図1

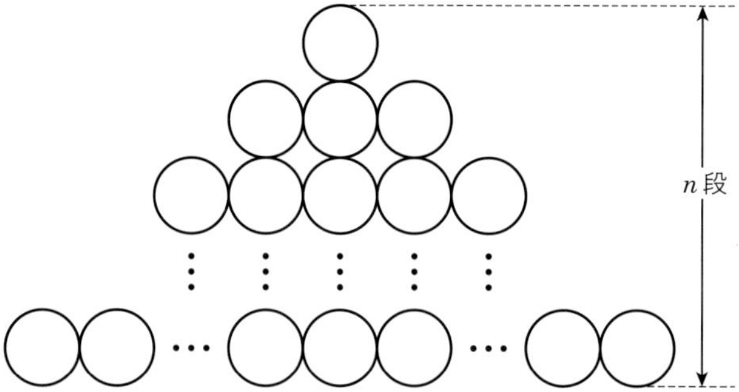

図2

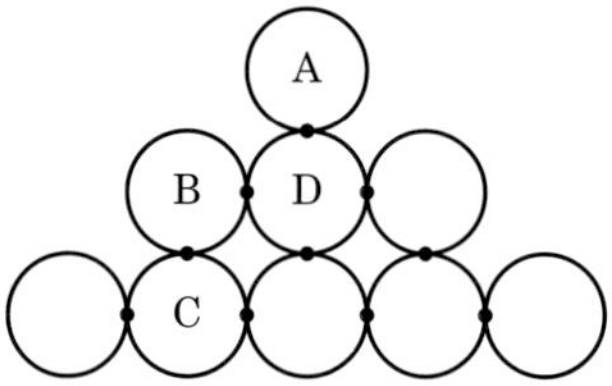

図3

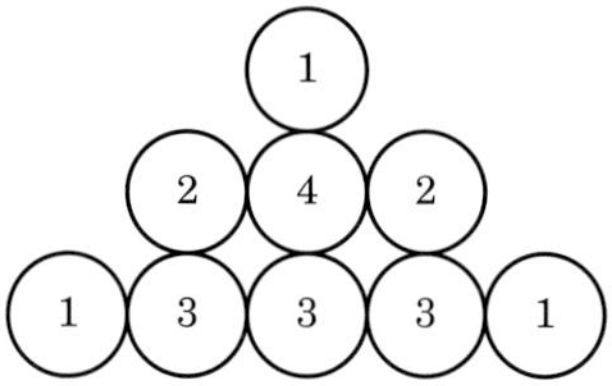

(1) $n=3$のときのカードの総数は，数えると9枚である。
文香さんと英太さんは，$n=3$のときの図を利用して，$n=x$のときのカードの総数を計算で求める式を導き出し，次のように説明した。[ア]～[オ]にあてはまる式をそれぞれ答えなさい。

《文香さんの説明》
図4のように，$n=3$のときのものと，その上下を入れかえたものを組み合わせて平行四辺形をつくると，カードが6枚ずつ3段あるから，総数は18枚である。実際の総数は，この半分だから，9枚である。$n=x$のとき，同じように平行四辺形をつくると，カードが[ア]枚ずつx段あるから，総数は[イ]枚になる。実際の総数は，この半分だから，[ウ]枚と表せる。

図4

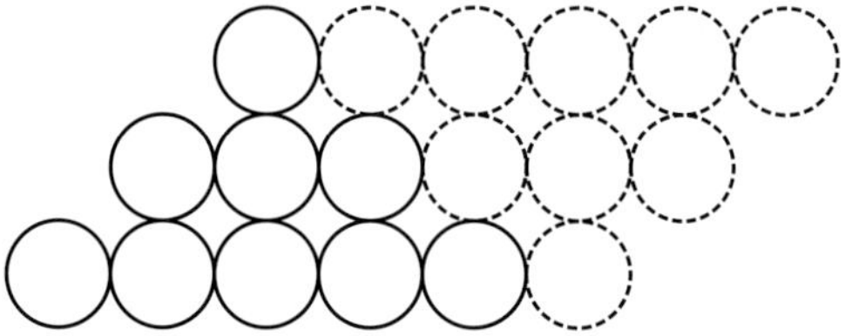

《英太さんの説明》

図5のように，$n=3$ のときの一部のカードを移動させて正方形をつくると，カードが1辺に3枚あるから，総数は9枚である。$n=x$ のとき，同じように正方形をつくると，カードが1辺に［エ］枚あるから，総数は［オ］枚と表せる。

図5

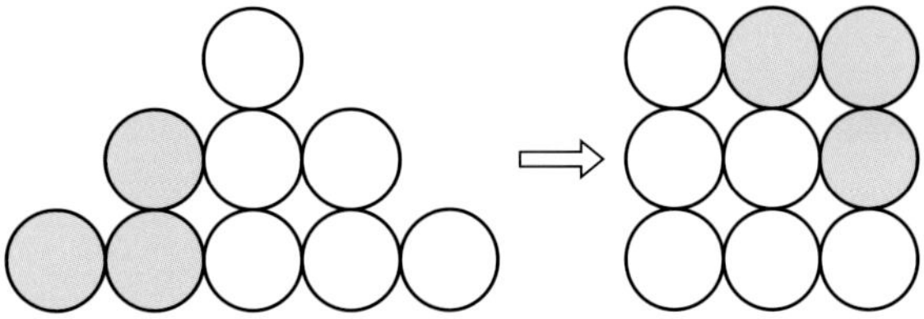

(2) $n=x$ のとき，カードの総数は81枚であった。このとき，x の値(あたい)を求めなさい。

(3) $n=4$ のとき，2が書かれたカードの枚数を求めなさい。

(4) $n=x$ のとき，2が書かれたカードの枚数は56枚であった。このとき，x の値を求めなさい。

(5) $n=5$ のとき，3が書かれたカードの枚数を求めなさい。

(6) $n=x$ のとき，3が書かれたカードの枚数は141枚であった。このとき，x の値を求めなさい。

(7) $n=6$ のとき，4が書かれたカードの枚数を求めなさい。

(8) $n=x$ のとき，4が書かれたカードの枚数は225枚であった。このとき，x の値を求めなさい。

(9) $n=7$ のとき，カードに書かれた数の合計を求めなさい。

(10) $n=x$ のとき，カードに書かれた数の合計は420であった。このとき，x の値を求めなさい。

入試問題にチャレンジ 1

制限時間： 50分	点

解答 ➜ 別冊 p.59

問 1 小問集合　⑺⑻5点×2，他4点×6

次の問いに答えなさい。

⑴ $(x+8)(x-6)$ を展開しなさい。　［栃木県］

⑵ x^2+6x+8 を因数分解しなさい。　［長崎県］

⑶ $\sqrt{32}-\sqrt{18}+\sqrt{2}$ を計算しなさい。　［和歌山県］

⑷ $(\sqrt{7}-1)^2$ を計算しなさい。　［東京都］

⑸ 2次方程式 $2x^2+4x-7=x^2-2$ を解きなさい。　［滋賀県］

⑹ $\frac{9}{2}<\sqrt{n}<5$ となるような自然数 n の個数を求めなさい。　［高知県］

⑺ 関数 $y=\frac{1}{2}x^2$ について，x の値（あたい）が4から6まで増加するときの変化の割合を求めなさい。　［愛知県］

⑻ 右の図のように，円Oの周上に3点A，B，Cがある。∠BOC＝126°，∠OCA＝38°のとき，∠ABOの大きさを求めなさい。　［大分県］

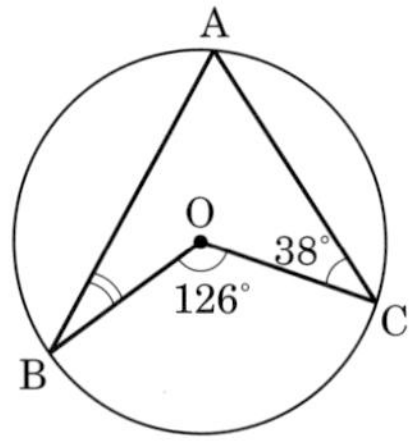

問 2 関数 $y=ax^2$ のグラフと図形の面積　6点×4

図1，図2のように，関数 $y=x^2$ のグラフ上に2点A，Bがあり，2点A，Bの x 座標はそれぞれ -1，2である。原点をOとして，次の問いに答えなさい。　［長崎県］

⑴ 点Bの y 座標を求めなさい。

⑵ 直線ABの式を求めなさい。

⑶ △OABの面積を求めなさい。

⑷ 図2のように，原点Oを通り直線ABに平行な直線上に，x 座標が正である点Pをとる。四角形OABPの面積が $\frac{11}{2}$ のとき，点Pの x 座標を求めなさい。

図1
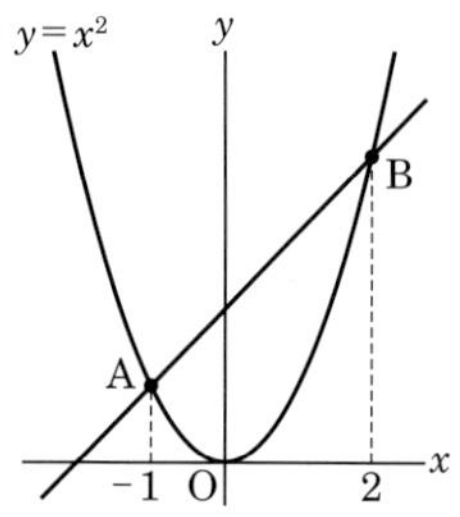

図2
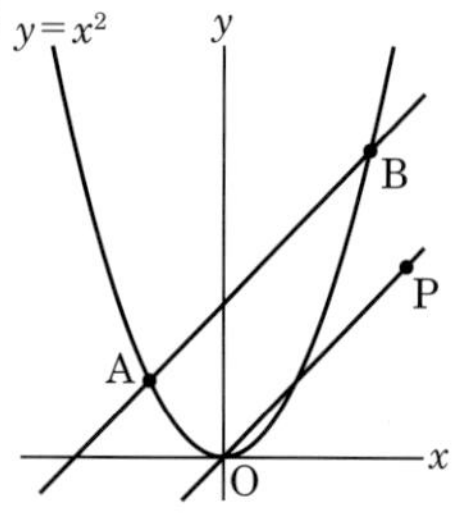

問3 相似な三角形の証明　6点×4

右図において，△ABC は AB＝AC＝11cm の二等辺三角形であり，頂角 ∠BAC は鋭角(えいかく)である。D は，A から辺 BC にひいた垂線と辺 BC との交点である。E は辺 AB 上にあって A，B と異なる点であり，AE＞EB である。F は，E から辺 AC にひいた垂線と辺 AC との交点である。G は，E を通り辺 AC に平行な直線と C を通り線分 EF に平行な直線との交点である。このとき，四角形 EGCF は長方形である。H は，線分 EG と辺 BC との交点である。このとき，4 点 B，H，D，C はこの順に一直線上にある。次の問いに答えなさい。　［大阪府］

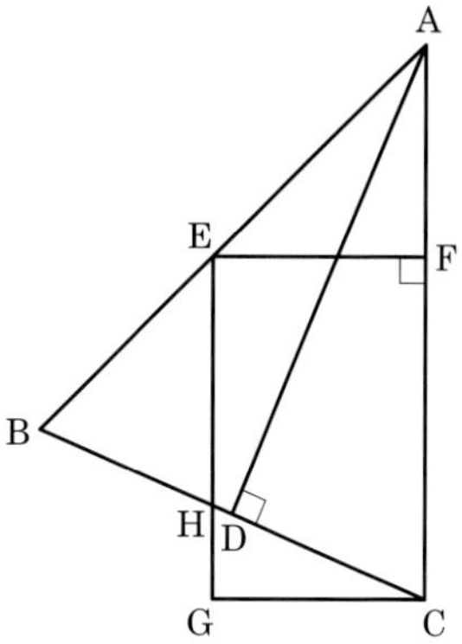

⑴　△AEF の内角 ∠AEF の大きさを $a°$ とするとき，△AEF の内角 ∠EAF の大きさを a を用いて表しなさい。

⑵　△ABD∽△CHG であることを証明しなさい。

⑶　HG＝2cm，HC＝5cm であるとき，次の問いに答えなさい。

①　線分 BD の長さを求めなさい。

②　線分 FC の長さを求めなさい。

問4 立方体の辺上を動く点と面積　6点×3

右の図のように，1 辺の長さが 10cm の立方体があり，点 M は辺 GH の中点である。点 P は《ルール》にしたがって移動する。

《ルール》 点 P は毎秒 1cm の速さで，点 A から点 G まで A→B→F→G の順に，辺 AB，BF，FG 上を動く。

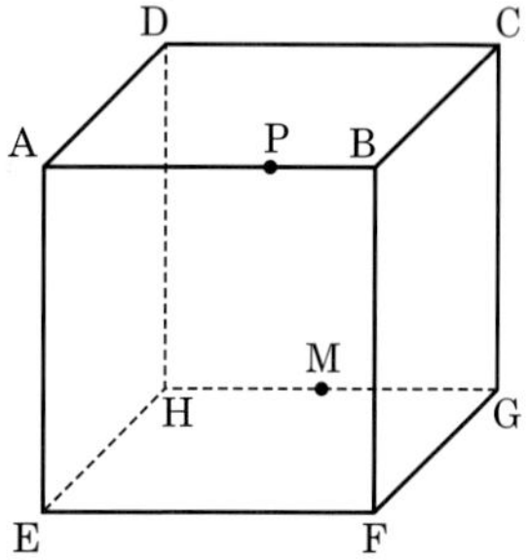

点 P が点 A を出発してから x 秒後の △AFP の面積を $y$cm²とする。ただし，点 P が点 F にあるときは $y=0$ とする。次の問いに答えなさい。　［秋田県］

⑴　$x=6$ のとき，y の値を求めなさい。

⑵　$10 \leqq x \leqq 20$ のとき，$y=24$ となる x の値を求めなさい。求める過程も書きなさい。

⑶　$20 \leqq x \leqq 30$ のとき，線分 BP，PM の長さの和が最も短くなる x の値を求めなさい。また，そのときの y の値も求めなさい。

入試問題にチャレンジ 2

制限時間： 50分	点

解答 ➡ 別冊 p.61

問1 小問集合

(1)〜(4)5点×4，(5)〜(8)6点×4

次の問いに答えなさい。

(1) $x^2-8x-20$ を因数分解しなさい。 ［福島県］

(2) $\sqrt{24}-\dfrac{18}{\sqrt{6}}$ を計算しなさい。 ［秋田県］

(3) $(\sqrt{7}+2\sqrt{5})(\sqrt{7}-2\sqrt{5})$ を計算しなさい。 ［大阪府］

(4) 2次方程式 $(x+3)(x-8)+4(x+5)=0$ を解きなさい。 ［愛知県］

(5) $\sqrt{67-2n}$ の値(あたい)が整数になるような自然数 n のうち，最も小さいものを求めなさい。 ［長崎県］

(6) ある数 a の小数第1位を四捨五入した近似値(きんじち)が130であるとき，a の値の範囲(はんい)を，不等号を使って表しなさい。 ［大分県］

(7) 関数 $y=x^2$ について，x の変域が $a \leqq x \leqq 2$ のとき，y の変域は $0 \leqq y \leqq 9$ である。このときの a の値を求めなさい。 ［高知県］

(8) 右の図のように，線分ABを直径とする円Oの周上に2点C，Dがあり，AB⊥CDである。∠ACD＝58°のとき，∠x の大きさを求めなさい。 ［和歌山県］

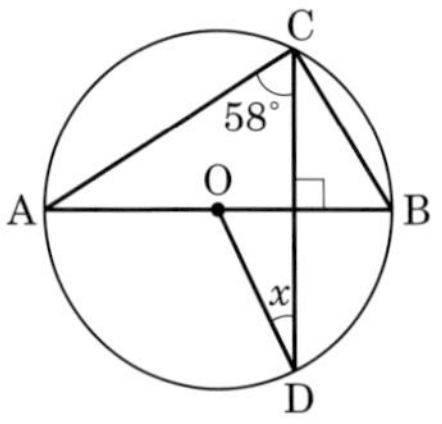

問2 関数 $y=ax^2$ のグラフと三角形

7点×3

右の図のように，2つの関数 $y=x^2$ …①，$y=\dfrac{1}{3}x^2$ …② のグラフがある。②のグラフ上に点Aがあり，点Aの x 座標を正の数とする。点Aを通り，y 軸(じく)に平行な直線と①のグラフとの交点をBとし，点Aと y 軸について対称(たいしょう)な点をCとする。点Oは原点とする。次の問いに答えなさい。 ［北海道］

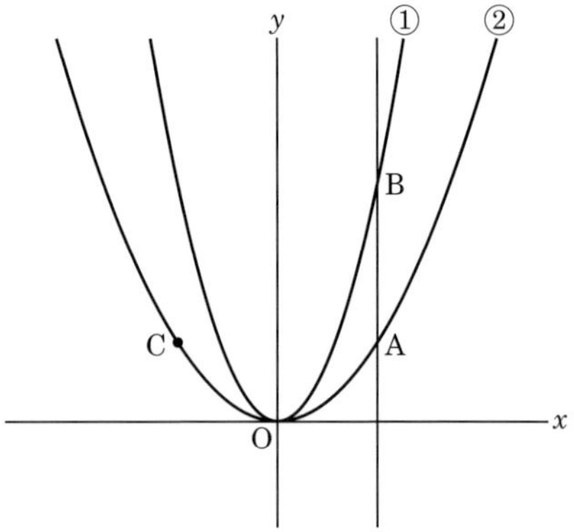

(1) 点Aの x 座標が2のとき，点Cの座標を求めなさい。

(2) 点Bの x 座標が6のとき，2点B，Cを通る直線の傾(かたむ)きを求めなさい。

(3) 点Aの x 座標を t とする。△ABCが直角二等辺三角形となるとき，t の値を求めなさい。

問 3 円に接する三角形に関する問題　7点×3

右の図1のように，円Oの周上に点A，B，C，Dがあり，△ABCは正三角形である。また，線分BD上に，BE＝CDとなる点Eをとる。このとき，次の問いに答えなさい。

［富山県］

⑴　△ABE≡△ACDを証明しなさい。

⑵　右の図2のように，線分AEの延長と円Oとの交点をFとし，AD＝2cm，CD＝4cmとするとき，次の問いに答えなさい。

①　△BFEの面積を求めなさい。

②　線分BCの長さを求めなさい。

図1

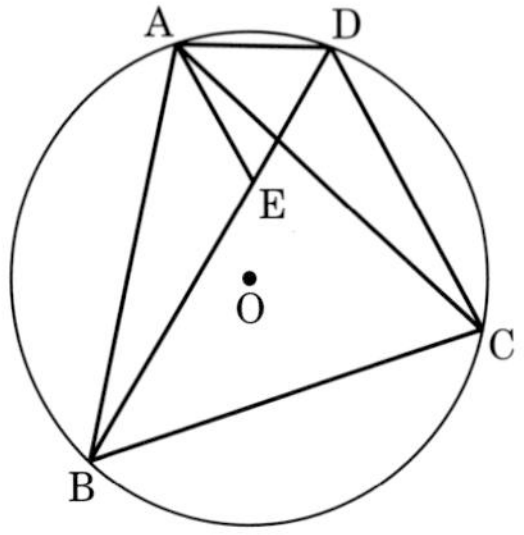

図2

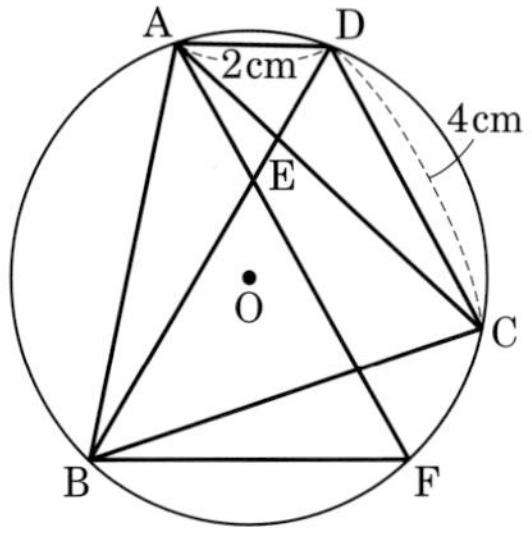

問 4 三角錐に関する問題　7点×2

右の図1に示した立体A-BCDは，AB＝9cm，BC＝BD＝CD＝6cm，∠ABC＝∠ABD＝90°の三角錐（さんかくすい）である。辺CD上にある点をP，辺AB上にある点をQとし，点Pと点Qを結ぶ。次の問いに答えなさい。

［東京都］

⑴　次の［　　］の中の「**あ**」にあてはまる数字を答えなさい。

点Pが辺CDの中点，AQ＝6cmのとき，線分PQの長さは，［**あ**］cmである。

⑵　次の［　　］の中の「**い**」「**う**」「**え**」にあてはまる数字をそれぞれ答えなさい。

右の図2は，図1において，点Pが頂点Cと一致するとき，辺ADの中点をRとし，点Pと点R，点Qと点Rをそれぞれ結んだ場合を表している。

AQ＝8cmのとき，立体R-AQPの体積は，［**いう**］$\sqrt{［\textbf{え}］}$ cm^3である。

図1

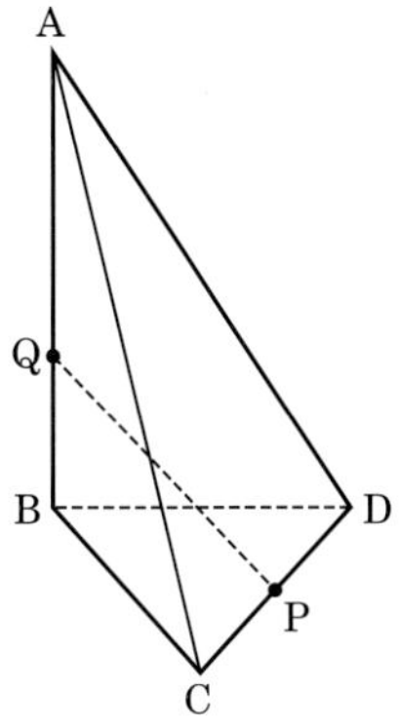

図2

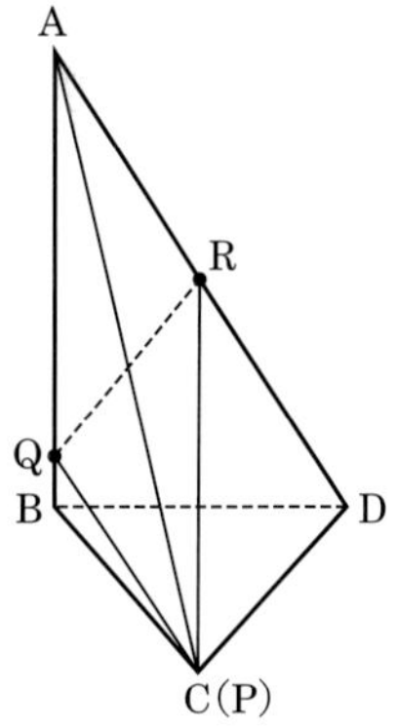

入試問題にチャレンジ 3

制限時間： 50分	点

解答 ➡ 別冊 p.62

問 1 小問集合

(7)(8)5点×2，他4点×6

次の問いに答えなさい。

(1) $2x^2-18$ を因数分解しなさい。 ［北海道］

(2) $(a+2)(a-1)-(a-2)^2$ を計算しなさい。 ［和歌山県］

(3) $2\sqrt{7}-\sqrt{20}+\sqrt{5}-\dfrac{7}{\sqrt{7}}$ を計算しなさい。 ［鹿児島県］

(4) $(\sqrt{2}-\sqrt{6})^2+\dfrac{12}{\sqrt{3}}$ を計算しなさい。 ［長崎県］

(5) 2次方程式 $3x^2-5x+2=0$ を解きなさい。 ［秋田県］

(6) 2次方程式 $x^2-ax-12=0$ の解の1つが2のとき，a の値(あたい)ともう1つの解を求めなさい。ただし，答えを求める過程がわかるように，途中(とちゅう)の式も書くこと。 ［高知県］

(7) 関数 $y=ax^2$ （a は定数）について，x の変域が $-2 \leqq x \leqq 4$ のときの y の変域が $-4 \leqq y \leqq 0$ であるとき，a の値を求めなさい。 ［愛知県］

(8) 右の図のように，円周上に4点A，B，C，Dがあり，$\overset{\frown}{BC}=\overset{\frown}{CD}$ である。線分ACと線分BDの交点をEとする。∠ACB＝76°，∠AED＝80°のとき，∠ABEの大きさは何度ですか。 ［広島県］

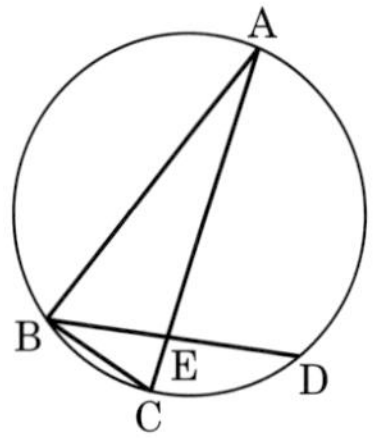

問 2 関数 $y=ax^2$ のグラフと立体の体積

6点×3

右の図のように，関数 $y=\dfrac{1}{4}x^2$ のグラフ上に4点A，B，C，Dがあり，それぞれの x 座標は -4，-2，2，4である。このとき，次の問いに答えなさい。 ［富山県］

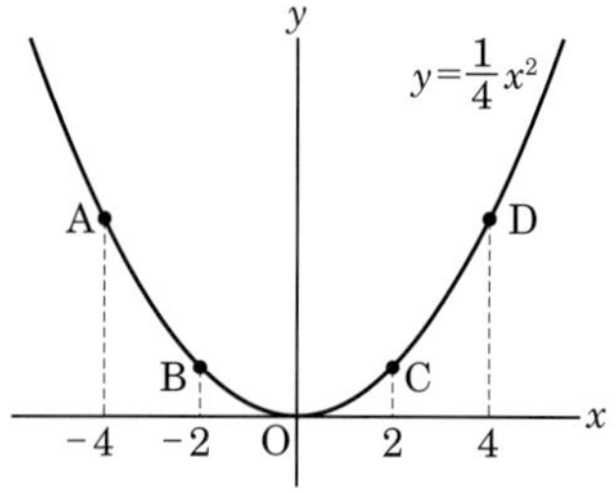

(1) 関数 $y=\dfrac{1}{4}x^2$ について，x の値が -4 から -2 まで増加するときの変化の割合を求めなさい。

(2) 直線CDと y 軸(じく)との交点の座標を求めなさい。

(3) y 軸と直線AD，BCとの交点をそれぞれ点E，Fとする。四角形ABFEを y 軸を軸として1回転させてできる立体の体積を求めなさい。ただし，円周率は π とする。

問 3 円に接する三角形に関する問題　6点×4

右の図のように，四角形 ABCD の 4 つの頂点 A，B，C，D が円 O の周上にある。線分 AC と BD の交点を E とする。また，E を通り辺 BC と平行な直線と辺 AB との交点を F とする。次の問いに答えなさい。［岐阜県］

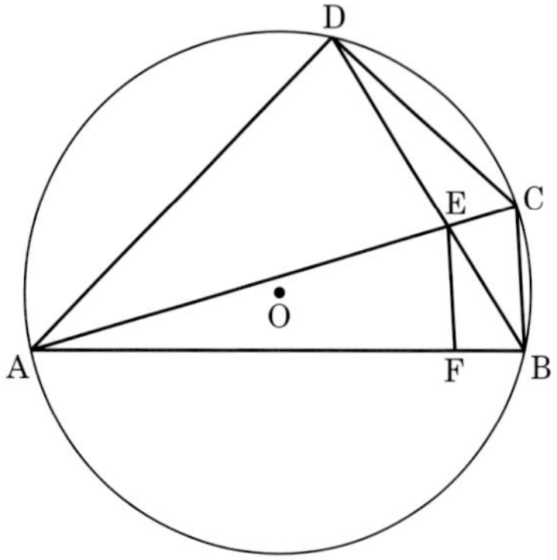

⑴　△ACD∽△EBF であることを証明しなさい。

⑵　AC が円 O の直径で，OA＝6cm，BC＝3cm，CE＝2cm のとき，次の問いに答えなさい。

① AB の長さを求めなさい。

② BF の長さを求めなさい。

③ △ACD の面積を求めなさい。

問 4 正四角錐を半球の形の容器に沈める　6点×4

右の図 1 のように，すべての辺の長さが 6cm の鉄でできた正四角錐(せいしかくすい) O-ABCD のおもりがある。底面の正方形 ABCD の対角線の交点を H とすると，線分 OH は底面 ABCD に垂直である。次の問いに答えなさい。［大分県］

図 1

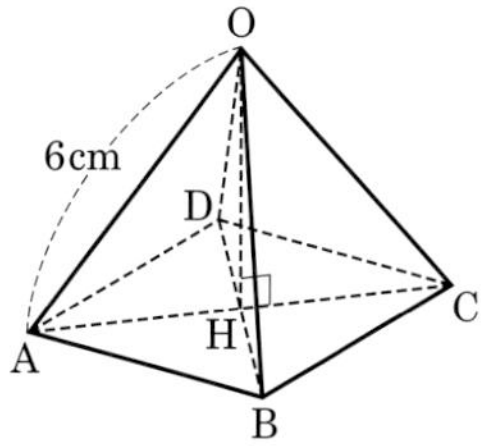

⑴　線分 AH の長さを求めなさい。

⑵　正四角錐 O-ABCD の体積を求めなさい。

⑶　右の図 2 のように，半球の形をした容器がある。この容器いっぱいに水を入れて，容器を固定する。図 1 の正四角錐 O-ABCD の底面 ABCD と水面が平行な状態を保ったまま，正四角錐 O-ABCD を容器の水の中に静かに沈(しず)めたところ，容器から水があふれた。図 3 のように，頂点 A，B，C，D を半球の形をした容器の内側にぴったりとくっつけて，正四角錐 O-ABCD を静止させた。このとき，水面と辺 OA，OB，OC，OD の交点が各辺の中点となった。次の問いに答えなさい。ただし，容器の厚さは考えないものとする。

① 正四角錐 O-ABCD を静止するまで沈めたときに，あふれた水の体積を求めなさい。

② 半球の形をした容器の半径を求めなさい。

図 2

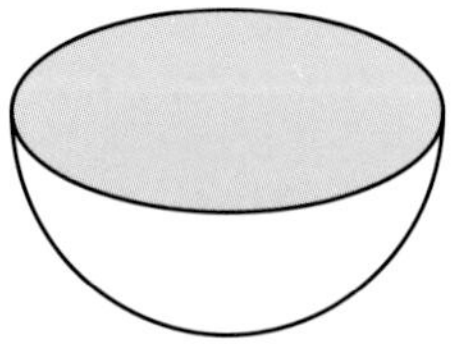

図 3

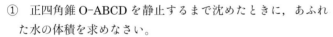

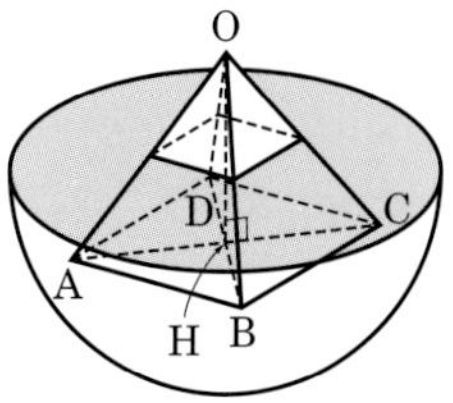

さくいん

INDEX

☞ **青字**の項目は，特に重要なものであることを示す。**太字**のページは，その項目の主な説明のあるページを示す。

□ 編集協力　㈲四月社　田中浩子
□ アートディレクション　北田進吾
□ 本文デザイン　堀 由佳里　山田香織　畠中脩大　川邉美唯
□ 図版作成　㈲デザインスタジオエキス.

シグマベスト
くわしい 中３数学

編　者　文英堂編集部
発行者　益井英郎
印刷所　中村印刷株式会社
発行所　株式会社文英堂
〒601-8121　京都市南区上鳥羽大物町28
〒162-0832　東京都新宿区岩戸町17
(代表)03-3269-4231

くわしい

KUWASHII

MATHEMATICS

解答と解説

ΣBEST シグマベスト

文英堂
BUN-EIDO.CO.JP

中3数学

1章 多項式

類題

1 (1) $\mathbf{5x^2-20xy}$

(2) $\mathbf{-\frac{3}{4}a^2+\frac{1}{2}ab-\frac{1}{4}a}$

解説 分配法則を使ってかっこをはずす。

(1) $5x(x-4y)=5x\times x-5x\times 4y$

$=5x^2-20xy$

(2) $-\frac{1}{4}a(3a-2b+1)$

$=\left(-\frac{1}{4}a\right)\times 3a-\left(-\frac{1}{4}a\right)\times 2b+\left(-\frac{1}{4}a\right)\times 1$

$=-\frac{3}{4}a^2+\frac{1}{2}ab-\frac{1}{4}a$

2 (1) $\mathbf{12xy+30y^2}$

(2) $\mathbf{-4a^2-2ab+\frac{3}{2}a}$

解説 分配法則を使ってかっこをはずす。

(1) $(2x+5y)\times 6y$

$=2x\times 6y+5y\times 6y$

$=12xy+30y^2$

(2) $(8a+4b-3)\times\left(-\frac{1}{2}a\right)$

$=8a\times\left(-\frac{1}{2}a\right)+4b\times\left(-\frac{1}{2}a\right)-3\times\left(-\frac{1}{2}a\right)$

$=-4a^2-2ab+\frac{3}{2}a$

3 (1) $\mathbf{2xy-5y}$　(2) $\mathbf{-3a-b}$

解説 除法は乗法になおして計算する。

(1) $(4x^2y-10xy)\div 2x$

$=(4x^2y-10xy)\times\frac{1}{2x}=\frac{4x^2y}{2x}-\frac{10xy}{2x}$

$=2xy-5y$

(2) $(12a^2b+4ab^2)\div(-4ab)$

$=(12a^2b+4ab^2)\times\left(-\frac{1}{4ab}\right)$

$=-\frac{12a^2b}{4ab}-\frac{4ab^2}{4ab}=-3a-b$

4 (1) $\mathbf{6xy+3}$　(2) $\mathbf{-6a+4}$

解説 分数係数の単項式(たんこうしき)も逆数になおして乗法にする。

(1) $(2x^2y+x)\div\frac{1}{3}x=(2x^2y+x)\times\frac{3}{x}$

$=\frac{2x^2y\times 3}{x}+\frac{x\times 3}{x}=6xy+3$

(2) $(9a^2b-6ab)\div\left(-\frac{3}{2}ab\right)$

$=(9a^2b-6ab)\times\left(-\frac{2}{3ab}\right)$

$=-\frac{9a^2b\times 2}{3ab}+\frac{6ab\times 2}{3ab}=-6a+4$

5 (1) $\mathbf{ab-5a-2b+10}$

(2) $\mathbf{8xy+4x-6y-3}$

解説 $(a+b)(c+d)=ac+ad+bc+bd$ を利用して展開(てんかい)する。

(1) $(a-2)(b-5)=ab-5a-2b+10$

(2) $(4x-3)(2y+1)=8xy+4x-6y-3$

6 (1) $\mathbf{x^2-3x-10}$　(2) $\mathbf{4x^2-8x+3}$

(3) $\mathbf{m^2-25}$　(4) $\mathbf{2x^2+11xy+5y^2}$

解説 展開したあと，同類項(どうるいこう)があればまとめる。

(1) $(x+2)(x-5)=x^2-5x+2x-10$

$=x^2-3x-10$

(2) $(2x-3)(2x-1)=4x^2-2x-6x+3$

$=4x^2-8x+3$

(3) $(m+5)(m-5)=m^2-5m+5m-25$

$=m^2-25$

(4) $(2x+y)(x+5y)=2x^2+10xy+xy+5y^2$

$=2x^2+11xy+5y^2$

7 (1) $\boldsymbol{x^4-x^3-2x^2+3x-3}$
(2) $\boldsymbol{-a^4+2a^3+a^2-8a+12}$

(解説) 項数(こうすう)が多くなっても，分配法則を使って展開する。同類項は忘れずにまとめる。

(1) $(x^2-x+1)(x^2-3)$
$=x^2(x^2-3)-x(x^2-3)+(x^2-3)$
$=x^4-3x^2-x^3+3x+x^2-3$
$=x^4-x^3-2x^2+3x-3$

(2) $(a^2-2a+3)(-a^2+4)$
$=a^2(-a^2+4)-2a(-a^2+4)+3(-a^2+4)$
$=-a^4+4a^2+2a^3-8a-3a^2+12$
$=-a^4+2a^3+a^2-8a+12$

8 (1) $\boldsymbol{2x^2+5x-11}$
(2) $\boldsymbol{2m^2-5mn-4m+n+2}$

(解説) 展開した2つの多項式(たこうしき)の加法・減法の計算をする。同類項を見落とさないようにする。

(1) $(x-2)(x+3)+(x-1)(x+5)$
$=(x^2+3x-2x-6)+(x^2+5x-x-5)$
$=(x^2+x-6)+(x^2+4x-5)$
$=x^2+x-6+x^2+4x-5$
$=2x^2+5x-11$

(2) $m(2m-3n)-(2m-1)(n+2)$
$=(2m^2-3mn)-(2mn+4m-n-2)$
$=2m^2-3mn-2mn-4m+n+2$
$=2m^2-5mn-4m+n+2$

9 (1) $\boldsymbol{x^2+5x+6}$ (2) $\boldsymbol{y^2+y-12}$
(3) $\boldsymbol{a^2-7a-18}$ (4) $\boldsymbol{x^2-11x+24}$

(解説) $(x+a)(x+b)=x^2+(a+b)x+ab$ の乗法公式を使う。

(1) $(x+3)(x+2)=x^2+(3+2)x+3\times2$
$=x^2+5x+6$

(2) $(y+4)(y-3)=y^2+\{4+(-3)\}y+4\times(-3)$
$=y^2+y-12$

(3) $(a-9)(a+2)=a^2+\{(-9)+2\}a+(-9)\times2$
$=a^2-7a-18$

(4) $(x-3)(x-8)$
$=x^2+\{(-3)+(-8)\}x+(-3)\times(-8)$
$=x^2-11x+24$

10 (1) $\boldsymbol{4x^2-8x-5}$ (2) $\boldsymbol{x^2-9xy+14y^2}$
(3) $\boldsymbol{16a^2+4ab-2b^2}$

(解説) $(x+a)(x+b)$ の形なので公式を使う。

(1)公式の x を $2x$ と考える。
$(2x-5)(2x+1)$
$=(2x)^2+\{(-5)+1\}\times2x+(-5)\times1$
$=4x^2-8x-5$

(2)公式の a を $-2y$，b を $-7y$ と考える。
$(x-2y)(x-7y)$
$=x^2+\{(-2y)+(-7y)\}x+(-2y)\times(-7y)$
$=x^2-9xy+14y^2$

(3)公式の x を $4a$，a を $2b$，b を $-b$ と考える。
$(4a+2b)(4a-b)$
$=(4a)^2+\{2b+(-b)\}\times4a+2b\times(-b)$
$=16a^2+4ab-2b^2$

11 (1) $\boldsymbol{x^2+12x+36}$ (2) $\boldsymbol{a^2+20a+100}$
(3) $\boldsymbol{64+16y+y^2}$ (4) $\boldsymbol{x^2+0.2x+0.01}$

(解説) 和の平方の公式 $(x+a)^2=x^2+2ax+a^2$ を使う。

(1)公式の a を6と考える。
$(x+6)^2=x^2+2\times6\times x+6^2$
$=x^2+12x+36$

(2)公式の x を a，a を10と考える。
$(a+10)^2=a^2+2\times10\times a+10^2$
$=a^2+20a+100$

(3)公式の x を8，a を y と考える。
$(8+y)^2=8^2+2\times y\times8+y^2$
$=64+16y+y^2$

(4)公式の a を0.1と考える。
$(x+0.1)^2=x^2+2\times0.1\times x+0.1^2$
$=x^2+0.2x+0.01$

12 (1) $\boldsymbol{a^2+14ab+49b^2}$
(2) $\boldsymbol{4x^2+12xy+9y^2}$
(3) $\boldsymbol{\frac{1}{4}x^2+x+1}$
(4) $\boldsymbol{9x^2+2.4x+0.16}$

(解説) $(x+a)^2$ の形なので公式を使う。

(1)公式の x を a，a を $7b$ と考える。

$(a+7b)^2=a^2+2\times 7b\times a+(7b)^2$

$=a^2+14ab+49b^2$

(2)公式の x を $2x$，a を $3y$ と考える。

$(2x+3y)^2=(2x)^2+2\times 3y\times 2x+(3y)^2$

$=4x^2+12xy+9y^2$

(3)公式の x を $\frac{1}{2}x$，a を 1 と考える。

$\left(\frac{1}{2}x+1\right)^2=\left(\frac{1}{2}x\right)^2+2\times 1\times\frac{1}{2}x+1^2$

$=\frac{1}{4}x^2+x+1$

(4)公式の x を $3x$，a を 0.4 と考える。

$(3x+0.4)^2=(3x)^2+2\times 0.4\times 3x+0.4^2$

$=9x^2+2.4x+0.16$

13 (1) $\boldsymbol{a^2-10a+25}$　(2) $\boldsymbol{64-16m+m^2}$

(3) $\boldsymbol{x^2-0.4x+0.04}$　(4) $\boldsymbol{x^2-\frac{1}{2}x+\frac{1}{16}}$

(解説) 差の平方の公式 $(x-a)^2=x^2-2ax+a^2$ を使う。

(1)公式の x を a，a を 5 と考える。

$(a-5)^2=a^2-2\times 5\times a+5^2=a^2-10a+25$

(2)公式の x を 8，a を m と考える。

$(8-m)^2=8^2-2\times m\times 8+m^2=64-16m+m^2$

(3)公式の a を 0.2 と考える。

$(x-0.2)^2=x^2-2\times 0.2\times x+0.2^2$

$=x^2-0.4x+0.04$

(4)公式の a を $\frac{1}{4}$ と考える。

$\left(x-\frac{1}{4}\right)^2=x^2-2\times\frac{1}{4}\times x+\left(\frac{1}{4}\right)^2$

$=x^2-\frac{1}{2}x+\frac{1}{16}$

14 (1) $\boldsymbol{9x^2-6x+1}$　(2) $\boldsymbol{a^2-6ab+9b^2}$

(3) $\boldsymbol{4x^2-2xy+\frac{1}{4}y^2}$

(4) $\boldsymbol{0.09y^2-0.6xy+x^2}$

(解説) $(x-a)^2$ の形なので公式を使う。

(1)公式の x を $3x$，a を 1 と考える。

$(3x-1)^2=(3x)^2-2\times 1\times 3x+1^2$

$=9x^2-6x+1$

(2)公式の x を a，a を $3b$ と考える。

$(a-3b)^2=a^2-2\times 3b\times a+(3b)^2$

$=a^2-6ab+9b^2$

(3)公式の x を $2x$，a を $\frac{1}{2}y$ と考える。

$\left(2x-\frac{1}{2}y\right)^2=(2x)^2-2\times\frac{1}{2}y\times 2x+\left(\frac{1}{2}y\right)^2$

$=4x^2-2xy+\frac{1}{4}y^2$

(4)公式の x を $0.3y$，a を x と考える。

$(0.3y-x)^2=(0.3y)^2-2\times x\times 0.3y+x^2$

$=0.09y^2-0.6xy+x^2$

15 (1) $\boldsymbol{y^2-25}$　(2) $\boldsymbol{64-a^2}$

(3) $\boldsymbol{x^2-\frac{1}{4}}$　(4) $\boldsymbol{m^2-1}$

(解説) 和と差の積の公式 $(x+a)(x-a)=x^2-a^2$ を使う。

(1)公式の x を y，a を 5 と考える。

$(y+5)(y-5)=y^2-5^2=y^2-25$

(2)公式の x を 8 と考える。

$(8+a)(8-a)=8^2-a^2=64-a^2$

(3)公式の a を $\frac{1}{2}$ と考える。

$\left(x+\frac{1}{2}\right)\left(x-\frac{1}{2}\right)=x^2-\left(\frac{1}{2}\right)^2=x^2-\frac{1}{4}$

(4)公式の x を m，a を 1 と考える。

$(m+1)(m-1)=m^2-1^2=m^2-1$

16 (1) $\boldsymbol{x^2-4y^2}$　(2) $\boldsymbol{25x^2-36}$

(3) $\boldsymbol{9m^2-0.01n^2}$　(4) $\boldsymbol{\frac{4}{9}a^2-\frac{1}{16}b^2}$

(解説) $(x+a)(x-a)$ の形なので公式を使う。

(1)公式の a を $2y$ と考える。

$(x+2y)(x-2y)=x^2-(2y)^2=x^2-4y^2$

(2)公式の x を $5x$，a を 6 と考える。

$(5x-6)(5x+6)=(5x)^2-6^2=25x^2-36$

(3)公式の x を $3m$，a を $0.1n$ と考える。
$(3m+0.1n)(3m-0.1n)=(3m)^2-(0.1n)^2$
$=9m^2-0.01n^2$
(4)公式の x を $\frac{2}{3}a$，a を $\frac{1}{4}b$ と考える。
$\left(\frac{2}{3}a+\frac{1}{4}b\right)\left(\frac{2}{3}a-\frac{1}{4}b\right)$
$=\left(\frac{2}{3}a\right)^2-\left(\frac{1}{4}b\right)^2=\frac{4}{9}a^2-\frac{1}{16}b^2$

17 (1) $\boldsymbol{a^2-2ab+b^2-2ac+2bc+c^2}$
(2) $\boldsymbol{x^2+2xy+y^2-9}$

(解説) 多項式(たこうしき)の一部を1つの文字におきかえて展開する。
(1) $a-b$ を M とおく。
$(a-b-c)^2=(M-c)^2$
$=M^2-2cM+c^2$ ← M をもとにもどす
$=(a-b)^2-2c(a-b)+c^2$
$=a^2-2ab+b^2-2ac+2bc+c^2$
(2) $x+y$ を M とおく。
$(x+y+3)(x+y-3)$
$=(M+3)(M-3)=M^2-3^2=M^2-9$
$=(x+y)^2-9=x^2+2xy+y^2-9$

18 (1) $\boldsymbol{8m+16}$ (2) $\boldsymbol{a^2+24a+75}$

(解説) まず多項式(たこうしき)の乗法の部分を展開してから加法・減法の計算をする。かっこをはずすときは符号(ふごう)に注意する。
(1) $(m+2)^2-(m-6)(m+2)$
$=m^2+4m+4-(m^2-4m-12)$
$=m^2+4m+4-m^2+4m+12=8m+16$
(2) $(a+5)(a+7)+(a+6)^2-(a+2)(a-2)$
$=a^2+12a+35+(a^2+12a+36)-(a^2-4)$
$=a^2+12a+35+a^2+12a+36-a^2+4$
$=a^2+24a+75$

19 (1) $\boldsymbol{x^2-x-30}$ (2) $\boldsymbol{36-x^2}$
(3) $\boldsymbol{m^2-4m-32}$ (4) $\boldsymbol{9a^2-16b^2}$

(解説) 交換法則(こうかんほうそく)を使って，項(こう)を入れかえてから展開する。
(1) $(x+5)(-6+x)=(x+5)(x-6)$
$=x^2-x-30$
(2) $(6-x)(x+6)=(6-x)(6+x)=36-x^2$
(3) $(m+4)(-8+m)=(m+4)(m-8)$
$=m^2-4m-32$
(4) $(3a+4b)(-4b+3a)$
$=(3a+4b)(3a-4b)=9a^2-16b^2$

20 (1) $\boldsymbol{x^2+14x+49-y^2}$
(2) $\boldsymbol{a^2-10a+25+ab-5b-2b^2}$

(解説) 項(こう)を入れかえて，多項式の一部を同じ文字におきかえてから展開する。
(1) $x+7$ を M とおく。
$(x+y+7)(x-y+7)$
$=(x+7+y)(x+7-y)$
$=(M+y)(M-y)$
$=M^2-y^2$
$=(x+7)^2-y^2$
$=x^2+14x+49-y^2$
(2) $a-5$ を M とおく。
$(a+2b-5)(a-b-5)$
$=(a-5+2b)(a-5-b)$
$=(M+2b)(M-b)$
$=M^2+bM-2b^2$
$=(a-5)^2+b(a-5)-2b^2$
$=a^2-10a+25+ab-5b-2b^2$

21 (1) $\boldsymbol{x(5y+2z)}$ (2) $\boldsymbol{x(x-2)}$
(3) $\boldsymbol{x(a+b+c)}$ (4) $\boldsymbol{a(a^2+a+1)}$

(解説) 共通因数(きょうつういんすう)を見つけて，それをくくり出す。
(1)共通因数は x。
$5xy+2xz=x(5y+2z)$
(2)共通因数は x。
$x^2-2x=x(x-2)$
(3)共通因数は x。
$ax+bx+cx=x(a+b+c)$
(4)共通因数は a。a をくくり出したので，最後の項(こう)は0ではなく1となる。
$a^3+a^2+a=a(a^2+a+1)$

22 (1) $\boldsymbol{-2x(2x-3)}$
(2) $\boldsymbol{4y(2a-b+4c)}$
(3) $\boldsymbol{3ab(3x-2y+4z)}$
(4) $\boldsymbol{2ab(2a+ab-3b)}$

(解説) 係数にも注意して，共通因数をすべてくくり出す。
(1)共通因数は $-2x$。$-$でくくるとかっこの中の符号(ふごう)が変わることに注意する。
$-4x^2+6x=-2x(2x-3)$
(2)共通因数は $4y$。
$8ay-4by+16cy$
$=4y(2a-b+4c)$
(3)共通因数は $3ab$。
$9abx-6aby+12abz$
$=3ab(3x-2y+4z)$
(4)共通因数は $2ab$。
$4a^2b+2a^2b^2-6ab^2$
$=2ab(2a+ab-3b)$

23 (1) $\boldsymbol{(x+1)(x+3)}$ (2) $\boldsymbol{(x-3)(x-8)}$
(3) $\boldsymbol{(x+10)(x-2)}$ (4) $\boldsymbol{(y+3)(y-5)}$

(解説) $x^2+(a+b)x+ab=(x+a)(x+b)$ を利用して因数分解(いんすうぶんかい)する。
(1)和が 4，積が 3 になる 2 数を見つける。
$x^2+4x+3=(x+1)(x+3)$
(2)和が -11，積が 24 になる 2 数を見つける。
$x^2-11x+24=(x-3)(x-8)$
(3)和が 8，積が -20 になる 2 数を見つける。
$x^2+8x-20=(x+10)(x-2)$
(4)和が -2，積が -15 になる 2 数を見つける。
$y^2-2y-15=(y+3)(y-5)$

24 (1) $\boldsymbol{(x+2y)(x+y)}$
(2) $\boldsymbol{(m+3n)(m-8n)}$
(3) $\boldsymbol{(a+4b)(a-5b)}$
(4) $\boldsymbol{(x+9y)(x+2y)}$

(解説) (1)和が $3y$，積が $2y^2$ になる 2 式を見つける。
$x^2+3xy+2y^2=(x+2y)(x+y)$
(2)和が $-5n$，積が $-24n^2$ になる 2 式を見つける。
$m^2-5mn-24n^2=(m+3n)(m-8n)$
(3)和が $-b$，積が $-20b^2$ になる 2 式を見つける。
$a^2-ab-20b^2=(a+4b)(a-5b)$
(4)和が $11y$，積が $18y^2$ になる 2 式を見つける。
$x^2+11xy+18y^2=(x+9y)(x+2y)$

25 (1) $\boldsymbol{(x+5)^2}$ (2) $\boldsymbol{(x+6)^2}$
(3) $\boldsymbol{(m+1)^2}$ (4) $\boldsymbol{\left(a+\frac{1}{2}\right)^2}$

(解説) $x^2+2ax+a^2$ の形をしていれば，和の平方の公式を利用して因数分解する。
(1) $25=5^2$，$10x=2\times5\times x$ より，
$x^2+10x+25=(x+5)^2$
(2) $36=6^2$，$12x=2\times6\times x$ より，
$x^2+12x+36=(x+6)^2$
(3) $1=1^2$，$2m=2\times1\times m$ より，
$m^2+2m+1=(m+1)^2$
(4) $\frac{1}{4}=\left(\frac{1}{2}\right)^2$，$a=2\times\frac{1}{2}\times a$ より，
$a^2+a+\frac{1}{4}=\left(a+\frac{1}{2}\right)^2$

26 (1) $\boldsymbol{(4x+5y)^2}$ (2) $\boldsymbol{(4a+b)^2}$
(3) $\boldsymbol{(10a+3b)^2}$ (4) $\boldsymbol{(5x+0.2y)^2}$

(解説) 和の平方の公式を利用して因数分解する。
(1) $16x^2+40xy+25y^2$
$=(4x)^2+2\times5y\times4x+(5y)^2$
$=(4x+5y)^2$
(2) $16a^2+8ab+b^2$
$=(4a)^2+2\times b\times4a+b^2=(4a+b)^2$
(3) $100a^2+60ab+9b^2$
$=(10a)^2+2\times3b\times10a+(3b)^2$
$=(10a+3b)^2$
(4) $25x^2+2xy+0.04y^2$
$=(5x)^2+2\times0.2y\times5x+(0.2y)^2$
$=(5x+0.2y)^2$

27 (1) $(\boldsymbol{x-2})^2$　(2) $(\boldsymbol{x-8})^2$
(3) $(\boldsymbol{a-4})^2$　(4) $(\boldsymbol{y-11})^2$

(解説) $x^2-2ax+a^2$ の形をしていれば，差の平方の公式を利用して因数分解する。
(1) $4=2^2$，$4x=2\times2\times x$ より，
$x^2-4x+4=(x-2)^2$
(2) $64=8^2$，$16x=2\times8\times x$ より，
$x^2-16x+64=(x-8)^2$
(3) $16=4^2$，$8a=2\times4\times a$ より，
$a^2-8a+16=(a-4)^2$
(4) $121=11^2$，$22y=2\times11\times y$ より，
$y^2-22y+121=(y-11)^2$

28 (1) $(\boldsymbol{3x-4y})^2$　(2) $(\boldsymbol{5x-6y})^2$
(3) $(\boldsymbol{2x-7y})^2$　(4) $\left(\boldsymbol{\frac{1}{3}a-\frac{1}{4}b}\right)^2$

(解説) 差の平方の公式を利用して因数分解する。
(1) $9x^2-24xy+16y^2$
$=(3x)^2-2\times4y\times3x+(4y)^2$
$=(3x-4y)^2$
(2) $25x^2-60xy+36y^2$
$=(5x)^2-2\times6y\times5x+(6y)^2$
$=(5x-6y)^2$
(3) $4x^2-28xy+49y^2$
$=(2x)^2-2\times7y\times2x+(7y)^2$
$=(2x-7y)^2$
(4) $\frac{1}{9}a^2-\frac{1}{6}ab+\frac{1}{16}b^2$
$=\left(\frac{1}{3}a\right)^2-2\times\frac{1}{4}b\times\frac{1}{3}a+\left(\frac{1}{4}b\right)^2$
$=\left(\frac{1}{3}a-\frac{1}{4}b\right)^2$

29 (1) $(\boldsymbol{x+5})(\boldsymbol{x-5})$　(2) $(\boldsymbol{6+y})(\boldsymbol{6-y})$
(3) $(\boldsymbol{a+10})(\boldsymbol{a-10})$
(4) $\left(\boldsymbol{x+\frac{1}{2}}\right)\left(\boldsymbol{x-\frac{1}{2}}\right)$

(解説) x^2-a^2 の形をしていたら，和と差の積の公式を利用して因数分解する。
(1) $x^2-25=x^2-5^2=(x+5)(x-5)$
(2) $36-y^2=6^2-y^2=(6+y)(6-y)$
(3) $a^2-100=a^2-10^2=(a+10)(a-10)$
(4) $x^2-\frac{1}{4}=x^2-\left(\frac{1}{2}\right)^2=\left(x+\frac{1}{2}\right)\left(x-\frac{1}{2}\right)$

30 (1) $(\boldsymbol{5x+7y})(\boldsymbol{5x-7y})$
(2) $(\boldsymbol{2m+11n})(\boldsymbol{2m-11n})$
(3) $(\boldsymbol{xy+3z})(\boldsymbol{xy-3z})$
(4) $\left(\boldsymbol{\frac{2}{5}a+\frac{3}{4}b}\right)\left(\boldsymbol{\frac{2}{5}a-\frac{3}{4}b}\right)$

(解説) 和と差の積の公式を利用して因数分解する。係数も文字も平方の形をしていることが必要。
(1) $25x^2-49y^2=(5x)^2-(7y)^2$
$=(5x+7y)(5x-7y)$
(2) $4m^2-121n^2=(2m)^2-(11n)^2$
$=(2m+11n)(2m-11n)$
(3) $x^2y^2-9z^2=(xy)^2-(3z)^2$
$=(xy+3z)(xy-3z)$
(4) $\frac{4}{25}a^2-\frac{9}{16}b^2=\left(\frac{2}{5}a\right)^2-\left(\frac{3}{4}b\right)^2$
$=\left(\frac{2}{5}a+\frac{3}{4}b\right)\left(\frac{2}{5}a-\frac{3}{4}b\right)$

31 (1) $\boldsymbol{3(a+3)(a-3)}$
(2) $\boldsymbol{3y(x-1)(x-4)}$
(3) $\boldsymbol{3x(x+1)(x-4)}$
(4) $\boldsymbol{-2a(x+3)^2}$

(解説) まず，共通因数でくくり，さらに公式を利用して因数分解する。
(1) $3a^2-27=3(a^2-9)$
$=3(a+3)(a-3)$
(2) $3x^2y-15xy+12y$
$=3y(x^2-5x+4)$
$=3y(x-1)(x-4)$
(3) $3x^3-9x^2-12x$
$=3x(x^2-3x-4)$
$=3x(x+1)(x-4)$
(4)共通因数 $-2a$ でくくる。かっこの中の符号(ふごう)が変わることに注意する。

$-2ax^2-12ax-18a$
$=-2a(x^2+6x+9)$
$=-2a(x+3)^2$

32 (1) $(\boldsymbol{x+y-1})(\boldsymbol{x+y-3})$
(2) $(\boldsymbol{a+b-1})^2$

(解説) 共通している部分を1つの文字におきかえてから公式にあてはめて因数分解する。おきかえた文字をもとにもどす。
(1) $x+y$ を M とおく。
$(x+y)^2-4(x+y)+3$
$=M^2-4M+3$
$=(M-1)(M-3)$
$=(x+y-1)(x+y-3)$
(2) $a+b$ を M とおく。
$(a+b)^2-2(a+b)+1$
$=M^2-2M+1$
$=(M-1)^2$
$=(a+b-1)^2$

33 (1) $(\boldsymbol{2x-y+z})(\boldsymbol{2x-y-z})$
(2) $(\boldsymbol{x+y-2})(\boldsymbol{x-y+2})$

(解説) 項(こう)を3項と1項に分ける。乗法公式が利用できるように，項の並べ方や－でくくるなど，くふうが必要。
(1) $4x^2+y^2-z^2-4xy$
$=4x^2-4xy+y^2-z^2$
$=(2x-y)^2-z^2$
$=\{(2x-y)+z\}\{(2x-y)-z\}$
$=(2x-y+z)(2x-y-z)$
(2)後ろの3項を－でくくる。
x^2-y^2+4y-4
$=x^2-(y^2-4y+4)$
$=x^2-(y-2)^2$
$=\{x+(y-2)\}\{x-(y-2)\}$
$=(x+y-2)(x-y+2)$

34 (1) $(\boldsymbol{x+1})(\boldsymbol{y-1})$
(2) $(\boldsymbol{a+b})(\boldsymbol{a-b-c})$

(解説) 項(こう)を2項ずつに分けて，共通因数を見つけ，1つの文字におきかえて因数分解する。
(1)前の2項を x でくくる。$y-1$ を M とおく。
$xy-x+y-1$
$=x(y-1)+(y-1)$
$=xM+M$
$=M(x+1)$
$=(x+1)(y-1)$
(2)項を入れかえて，a^2-b^2 を因数分解し，後ろの2項は $-c$ でくくる。$a+b$ を M とおく。
a^2-ac-b^2-bc
$=(a^2-b^2)-ac-bc$
$=(a+b)(a-b)-c(a+b)$
$=M(a-b)-cM$
$=M(a-b-c)$
$=(a+b)(a-b-c)$

35 (1) **199** (2) **300**

(解説) 平方の差の公式を利用する。
(1) 100^2-99^2
$=(100+99)\times(100-99)$
$=199\times1$
$=199$
(2) $17.5^2-2.5^2$
$=(17.5+2.5)\times(17.5-2.5)$
$=20\times15$
$=300$

36 (1) **110.25** (2) **3591**

(解説) (1) $10.5=10+0.5$ と考え，和の平方の公式を利用する。
$10.5^2=(10+0.5)^2$
$=10^2+2\times0.5\times10+0.5^2$
$=100+10+0.25$
$=110.25$
(2) $63=60+3$，$57=60-3$ と考えて，和と差の積の公式を利用する。
$63\times57=(60+3)\times(60-3)$
$=60^2-3^2$

$=3600-9$

$=3591$

37 (1) **2500** (2) **400**

(解説) 因数分解してから代入する。

(1) x^2+4x+4

$=(x+2)^2=(48+2)^2=50^2$

$=2500$

(2) $a^2-6ab+9b^2$

$=(a-3b)^2=(26-3\times2)^2=(26-6)^2$

$=20^2=400$

38 (1) **−45** (2) **30**

(解説) 式を展開して簡単にしてから代入する。

(1) $(a+2b)(a+4b)-(a-3b)^2$

$=a^2+6ab+8b^2-(a^2-6ab+9b^2)$

$=a^2+6ab+8b^2-a^2+6ab-9b^2$

$=12ab-b^2$

$=12\times(-1)\times3-3^2$

$=-36-9$

$=-45$

(2) $(x-6y)(x+3y)+6y(x+3y)$

$=x^2-3xy-18y^2+6xy+18y^2$

$=x^2+3xy$

$=(-6)^2+3\times(-6)\times\dfrac{1}{3}$

$=36-6$

$=30$

39 $\boldsymbol{\pi x(2r+x)}$ **cm²**

(解説) 半径 $r$cm を $x$cm 長くした半径は $(r+x)$cm。(円の面積)$=\pi\times$(半径)^2 より，増えた面積は，

$\pi(r+x)^2-\pi r^2$

$=\pi(r^2+2rx+x^2)-\pi r^2$

$=\pi r^2+2\pi rx+\pi x^2-\pi r^2$

$=2\pi rx+\pi x^2$

$=\pi x(2r+x)\,(\mathrm{cm}^2)$

40 **n を整数とすると，連続する 3 つの整数は，$n-1$，n，$n+1$ と表せる。**
このとき，真ん中の数の 2 乗から 1 をひいた数は，
$n^2-1=(n-1)(n+1)$
$(n-1)(n+1)$ は残りの 2 数の積だから，真ん中の数の 2 乗から 1 をひいた数は，残りの 2 数の積に等しい。

(解説) 真ん中の数の 2 乗から 1 をひいた数は，n^2-1 と表せる。残り 2 数の積は，$(n-1)(n+1)$ と表せる。

定期テスト対策問題

1 (1) $\boldsymbol{2x^2+2xy}$ (2) $\boldsymbol{-2x^2y+3xy^2-6xy}$
(3) $\boldsymbol{a^3bc+a^2b^2c+abc^3}$ (4) $\boldsymbol{2a-1}$
(5) $\boldsymbol{-3x^2+2y}$ (6) $\boldsymbol{\dfrac{9}{2}x-6y}$

(解説) (6) $(-3x^2y^2+4xy^3)\div\left(-\dfrac{2}{3}xy^2\right)$

$=(-3x^2y^2+4xy^3)\times\left(-\dfrac{3}{2xy^2}\right)$

$=\dfrac{3x^2y^2\times3}{2xy^2}-\dfrac{4xy^3\times3}{2xy^2}=\dfrac{9}{2}x-6y$

2 (1) $\boldsymbol{a^2-ab}$ (2) $\boldsymbol{-14x^2+13xy+32y^2}$
(3) $\boldsymbol{2x^2-\dfrac{19}{6}xy-y^2}$
(4) $\boldsymbol{27a^2-14ab+3b^2}$

(解説) (3) $x(2x-3y)-\dfrac{1}{6}y(x+6y)$

$=2x^2-3xy-\dfrac{1}{6}xy-y^2$

$=2x^2-\dfrac{19}{6}xy-y^2$

(4) $9a\left(3a-\dfrac{2}{3}b\right)-10b\left(\dfrac{4}{5}a-\dfrac{3}{10}b\right)$

$=27a^2-6ab-8ab+3b^2$

$=27a^2-14ab+3b^2$

3 (1) $\boldsymbol{2x^2+5x-12}$

(2) $\boldsymbol{15a^2-13a-6}$

(3) $\boldsymbol{3m^2-5mn-2n^2}$

(4) $\boldsymbol{x^3-5x^2+8x-4}$

(5) $\boldsymbol{8y^3-1}$

(6) $\boldsymbol{a^3-3a^2b+3ab^2-b^3}$

解説 かっこをはずして，同類項（どうるいこう）をまとめる。

(5) $(2y-1)(4y^2+2y+1)$

$=8y^3+4y^2+2y-4y^2-2y-1=8y^3-1$

4 (1) $\boldsymbol{x^2+8x+15}$　(2) $\boldsymbol{a^2-6a-7}$

(3) $\boldsymbol{x^2-7x+10}$　(4) $\boldsymbol{25a^2+10a-3}$

(5) $\boldsymbol{x^2+8x+16}$　(6) $\boldsymbol{x^2-1.2x+0.36}$

(7) $\boldsymbol{x^2+x+\frac{1}{4}}$　(8) $\boldsymbol{4x^2-12xy+9y^2}$

(9) $\boldsymbol{x^2-49}$　(10) $\boldsymbol{9a^2-25}$

(11) $\boldsymbol{16x^2-4y^2}$

(12) $\boldsymbol{\frac{4}{9}a^2-\frac{1}{25}b^2}$

解説 どの乗法公式を使うか，よく見きわめる。

5 (1) $\boldsymbol{x^2-9x+20}$

(2) $\boldsymbol{a^2b^2-3ab-10}$

(3) $\boldsymbol{16-x^2}$

(4) $\boldsymbol{a^2+2ab+b^2+2a+2b-3}$

(5) $\boldsymbol{4x^2-4xy+y^2-4xz+2yz+z^2}$

(6) $\boldsymbol{x^2-y^2-4y-4}$

解説 交換法則（こうかんほうそく）を使ったり，1つの文字におきかえたりして，くふうして展開する。

(1) $(x-4)(-5+x)=(x-4)(x-5)$

$=x^2-9x+20$

(2) $(-5+ab)(ab+2)=(ab-5)(ab+2)$

$=a^2b^2-3ab-10$

(3) $(4-x)(x+4)=(4-x)(4+x)=16-x^2$

(4) $a+b$ を M とおく。

$(a+b+3)(a+b-1)=(M+3)(M-1)$

$=M^2+2M-3$ ← M をもとにもどす

$=(a+b)^2+2(a+b)-3$

$=a^2+2ab+b^2+2a+2b-3$

(5) $2x-y$ を M とおく。

$(2x-y-z)^2=(M-z)^2$

$=M^2-2Mz+z^2$ ← M をもとにもどす

$=(2x-y)^2-2(2x-y)z+z^2$

$=4x^2-4xy+y^2-4xz+2yz+z^2$

(6) $y+2=M$ とおく。

$(x+y+2)(x-y-2)$

$=\{x+(y+2)\}\{x-(y+2)\}$

$=(x+M)(x-M)$

$=x^2-M^2$ ← M をもとにもどす

$=x^2-(y+2)^2$

$=x^2-(y^2+4y+4)$

$=x^2-y^2-4y-4$

6 (1) $\boldsymbol{-5x+1}$　(2) $\boldsymbol{x-33}$

(3) $\boldsymbol{2x^2-8x-20}$　(4) $\boldsymbol{14x^2+10x-15}$

解説 乗法公式を使って展開したあと，同類項（どうるいこう）をまとめる。

(2) $(x-8)(x+3)-(x-3)^2$

$=x^2-5x-24-(x^2-6x+9)$

$=x^2-5x-24-x^2+6x-9$

$=x-33$

(4) $(4x-3)(4x+5)-2x(x-1)$

$=16x^2+8x-15-2x^2+2x$

$=14x^2+10x-15$

7 (1) $\boldsymbol{a(5a-3b)}$　(2) $\boldsymbol{2abc(a-3b+4c)}$

(3) $\boldsymbol{(x+8)(x+7)}$　(4) $\boldsymbol{(x-16)(x-3)}$

(5) $\boldsymbol{(x-45)(x+2)}$　(6) $\boldsymbol{(x-10)(x+18)}$

(7) $\boldsymbol{(x-9)^2}$　(8) $\boldsymbol{(3x+1)^2}$

(9) $\boldsymbol{(3a-5)^2}$　(10) $\boldsymbol{(x+7)(x-7)}$

(11) $\boldsymbol{(1+ab)(1-ab)}$　(12) $\boldsymbol{\left(\frac{a}{4}+b\right)\left(\frac{a}{4}-b\right)}$

(13) $\boldsymbol{(2y+x)(2y-x)}$

(14) $\boldsymbol{(2ab+5c)(2ab-5c)}$

解説 (1)，(2)は共通因数をくくり出す。(3)～(14)は乗法公式を使う。(13)，(14)は符号（ふごう）に注意する。

8 (1)ア… **18**　イ… **9**　(2)ア… $\mathbf{\frac{1}{4}}$　イ… $\mathbf{\frac{1}{2}}$
(3)ア… **32**　イ… **16**　(4)ア… **2**　イ… **3**
(5)ア… **18**　イ… **9**

(解説) 左辺を因数分解したものが右辺，右辺を展開したものが左辺になるように，係数を比較(ひかく)してみるとよい。

9 (1) $\boldsymbol{3x(x-3)^2}$　(2) $\boldsymbol{y(x-1)^2}$
(3) $\boldsymbol{2xy(2x+3y)(2x-3y)}$
(4) $\boldsymbol{(a-b)(x-1)}$
(5) $\boldsymbol{(a-8)(a-2)}$
(6) $\boldsymbol{(a+b+c)(a+b-c)}$
(7) $\boldsymbol{(x-y-1)(x-y-2)}$
(8) $\boldsymbol{(x-1)(y-1)}$

(解説) (1)〜(3)はまず共通因数をくくり出してから，さらに乗法公式を使って因数分解する。(4)，(7)，(8)は共通な部分を1つの文字におきかえて考える。

(1) $3x^3-18x^2+27x=3x(x^2-6x+9)$
$=3x(x-3)^2$
(2) $x^2y-2xy+y=y(x^2-2x+1)$
$=y(x-1)^2$
(3) $8x^3y-18xy^3=2xy(4x^2-9y^2)$
$=2xy(2x+3y)(2x-3y)$
(4) $a-b$ を M とおく。
$x(a-b)-a+b=x(a-b)-(a-b)=xM-M$
$=M(x-1)=(a-b)(x-1)$
(5) $(a-4)(a-6)-8=a^2-10a+24-8$
$=a^2-10a+16=(a-8)(a-2)$
(6) $(a+b)^2-c^2=\{(a+b)+c\}\{(a+b)-c\}$
$=(a+b+c)(a+b-c)$
(7) $x-y$ を M とおく。
$(x-y)^2-3(x-y)+2=M^2-3M+2$
$=(M-1)(M-2)=(x-y-1)(x-y-2)$
(8) $y-1$ を M とおく。
$xy-x-y+1=x(y-1)-(y-1)$
$=xM-M=M(x-1)=(y-1)(x-1)$

10 (1) **488601**　(2) **2499**
(3) **100**　(4) **4899.91**

(解説) 展開や因数分解を利用する。

(1) $699^2=(700-1)^2$
$=700^2-2\times1\times700+1^2$
$=490000-1400+1=488601$
(2) $51\times49=(50+1)\times(50-1)$
$=50^2-1^2=2500-1=2499$
(3) $26^2-24^2=(26+24)\times(26-24)$
$=50\times2=100$
(4) $70.3\times69.7=(70+0.3)\times(70-0.3)$
$=70^2-0.3^2=4900-0.09=4899.91$

11 (1) **25**　(2) **23**　(3) **14**

(解説) そのままの式に代入せず，くふうして簡単にしてから代入する。

(1) $(x+4)^2-x(x+5)$
$=x^2+8x+16-x^2-5x$
$=3x+16=3\times3+16=25$
(2) $x^2-2xy+y^2-2x+2y-1$
$=(x-y)^2-2(x-y)-1$
$=(-4)^2-2\times(-4)-1$
$=16+8-1=23$
(3) $x^2+y^2=(x+y)^2-2xy$
$=(-2)^2-2\times(-5)=4+10=14$

12 (1) **$\boldsymbol{n}$ を整数とすると，連続する2つの偶数(ぐうすう)は，$\boldsymbol{2n}$，$\boldsymbol{2n+2}$ と表せる。**
連続する2つの偶数の2乗の差は，
$\boldsymbol{(2n+2)^2-(2n)^2=4n^2+8n+4-4n^2}$
$\boldsymbol{=8n+4}$
$\boldsymbol{=4(2n+1)}$
$\boldsymbol{n}$ は整数より，$\boldsymbol{2n+1}$ も整数だから，$\boldsymbol{4(2n+1)}$ は4の倍数である。
したがって，連続する2つの偶数の2乗の差は4の倍数になる。

(2) n を整数とすると，連続する 3 つの整数は，$n-1$，n，$n+1$ と表せる。
最も大きい数の 2 乗は $(n+1)^2$，
最も小さい数の 2 乗は $(n-1)^2$ だから，
$(n+1)^2-(n-1)^2$
$=(n^2+2n+1)-(n^2-2n+1)$
$=4n$
$4n$ は真ん中の数の 4 倍だから，連続する 3 つの整数のうち，最も大きい数の 2 乗から最も小さい数の 2 乗をひいた数は，真ん中の数の 4 倍に等しい。

13 (1) $\mathbf{4\pi b(2a+b)cm^2}$
(2) $\mathbf{ab+\frac{1}{2}b^2}$

(解説) (1)大きくした球の半径は，$(a+b)$cm
表面積は，$4\pi(a+b)^2$cm^2
もとの球の表面積は，$4\pi a^2$cm^2
$4\pi(a+b)^2-4\pi a^2$
$=4\pi(a^2+2ab+b^2)-4\pi a^2$
$=4\pi a^2+8\pi ab+4\pi b^2-4\pi a^2$
$=8\pi ab+4\pi b^2$
$=4\pi b(2a+b)$(cm^2)
(2)正方形の面積は，$(a+b)^2$
斜線(しゃせん)が入っていない三角形の面積は，
$\frac{1}{2}\times a\times(a+b)$ が 2 つと $\frac{1}{2}b^2$
よって，
$(a+b)^2-\frac{1}{2}a(a+b)\times 2-\frac{1}{2}b^2$
$=a^2+2ab+b^2-a^2-ab-\frac{1}{2}b^2$
$=ab+\frac{1}{2}b^2$

2章 平方根

類題

1 (1) **5，−5** (2) **1，−1**
(3) **0.7，−0.7** (4) **10，−10**
(5) **13，−13** (6) $\mathbf{\frac{1}{3}}$，$\mathbf{-\frac{1}{3}}$
(7) $\mathbf{\frac{3}{2}}$，$\mathbf{-\frac{3}{2}}$ (8) $\mathbf{\frac{5}{4}}$，$\mathbf{-\frac{5}{4}}$

(解説) 正の数には平方根(へいほうこん)は 2 つある。絶対値が等しく符号(ふごう)が異なる。

2 (1) $\pm\sqrt{3}$ (2) $\pm\sqrt{0.72}$
(3) $\pm\sqrt{2.3}$ (4) $\pm\sqrt{\frac{7}{5}}$

(解説) 平方根を表すときは，正負をまとめて ± として表す。

3 ②，④

(解説) ① $\sqrt{(-7)^2}=\sqrt{49}=7$
③ $-\sqrt{7^2}=-7$

4 (1) $\sqrt{13}<\sqrt{17}$ (2) $-\sqrt{6}<-\sqrt{5}$
(3) $\frac{1}{5}<\sqrt{\frac{1}{21}}$ (4) $-\sqrt{10}<-3<-\sqrt{8}$

(解説) 平方して大小を比べる。ただし，負の数のときは平方するともとの大小関係と逆になる。
(2) $(-\sqrt{6})^2=6$，$(-\sqrt{5})^2=5$ より，
$(-\sqrt{6})^2>(-\sqrt{5})^2$ よって，$-\sqrt{6}<-\sqrt{5}$
(3) $\left(\frac{1}{5}\right)^2=\frac{1}{25}$，$\left(\sqrt{\frac{1}{21}}\right)^2=\frac{1}{21}$ より，
$\left(\frac{1}{5}\right)^2<\left(\sqrt{\frac{1}{21}}\right)^2$ よって，$\frac{1}{5}<\sqrt{\frac{1}{21}}$
(4) $(-\sqrt{10})^2=10$，$(-3)^2=9$，$(-\sqrt{8})^2=8$ より，
$(-\sqrt{10})^2>(-3)^2>(-\sqrt{8})^2$

よって，$-\sqrt{10}<-3<-\sqrt{8}$

5 有理数(ゆうりすう)…①，③，⑤
無理数(むりすう)…②，④

(解説) $\sqrt{4}=2$，$-\sqrt{121}=-11$ より，①，⑤は有理数である。
無理数は，分数で表せない数である。

6 $\sqrt{5}$ …**点 C**　$-\dfrac{1}{8}$ …**点 B**
$\sqrt{16}$ …**点 D**　$-\sqrt{\dfrac{4}{9}}$ …**点 A**

(解説) $2^2=4$，$(\sqrt{5})^2=5$，$3^2=9$ だから，
$2^2<(\sqrt{5})^2<3^2$。したがって，$2<\sqrt{5}<3$ より，
$\sqrt{5}$ は 2 と 3 の間にあるので，$\sqrt{5}$ は点 C。
$-\dfrac{1}{8}=-0.125$ より，点 B。$\sqrt{16}=4$ より，点 D。
$-\sqrt{\dfrac{4}{9}}=-\dfrac{2}{3}=-0.66\cdots$ より，点 A となる。

7 (1) **17**　(2) **4 個**

(解説) 2 乗してあてはまる数を求める。
(1) $4^2<a<4.2^2$ より，$16<a<17.64$
a にあてはまる自然数は 17。
(2) $1.5^2<a<2.5^2$ より，$2.25<a<6.25$
a にあてはまる自然数は，3，4，5，6 の 4 個。

8 (1) **6**　(2) **21**

(解説) $\sqrt{}$ の中の数を素因数分解する。$\sqrt{}$ の中が平方数であれば $\sqrt{}$ をはずすことができる。
(1) $\sqrt{96a}=\sqrt{2\times2\times2\times2\times2\times3\times a}$
$=\sqrt{(2\times2)^2\times2\times3\times a}$
したがって，$a=2\times3=6$ であればよい。
(2) $\sqrt{\dfrac{28n}{3}}=\sqrt{\dfrac{2\times2\times7\times n}{3}}=\sqrt{\dfrac{2^2\times7\times n}{3}}$ より，
$n=3\times7=21$ であればよい。

9 (1) **0.125**　(2) $\mathbf{0.\dot{4}\dot{5}}$　(3) $\mathbf{0.\dot{2}5\dot{9}}$

(解説) 分数を小数にするには，分子を分母でわればよい。余りが 0 になれば有限小数(ゆうげんしょうすう)，同じ数がくり返されれば循環小数(じゅんかんしょうすう)となる。

10 (1) $\dfrac{\mathbf{7}}{\mathbf{45}}$　(2) $\dfrac{\mathbf{232}}{\mathbf{99}}$
(3) $\dfrac{\mathbf{569}}{\mathbf{90000}}$　(4) $\dfrac{\mathbf{1402}}{\mathbf{999}}$

(解説) (1) $0.1\dot{5}=x$ とおくと，
$$\begin{array}{rr} 100x= & 15.555\cdots \\ -)\quad 10x= & 1.555\cdots \\ \hline 90x= & 14 \end{array}$$
よって，$x=\dfrac{14}{90}=\dfrac{7}{45}$
(2) $2.\dot{3}\dot{4}=x$ とおくと，
$$\begin{array}{rr} 100x= & 234.3434\cdots \\ -)\quad x= & 2.3434\cdots \\ \hline 99x= & 232 \end{array}$$
よって，$x=\dfrac{232}{99}$
(3) $0.0063\dot{2}=x$ とおくと，
$$\begin{array}{rr} 100000x= & 632.222\cdots \\ -)\quad 10000x= & 63.222\cdots \\ \hline 90000x= & 569 \end{array}$$
よって，$x=\dfrac{569}{90000}$
(4) $1.\dot{4}0\dot{3}=x$ とおくと，
$$\begin{array}{rr} 1000x= & 1403.403403\cdots \\ -)\quad x= & 1.403403\cdots \\ \hline 999x= & 1402 \end{array}$$
よって，$x=\dfrac{1402}{999}$

11 (1) $\sqrt{\mathbf{66}}$　(2) $\sqrt{\mathbf{14}}$　(3) **10**
(4) **6**　(5) $-\sqrt{\mathbf{22}}$　(6) $-\sqrt{\mathbf{70}}$

(解説) 平方根の中の数をかける。$\sqrt{}$ の中がある数の平方のときは根号(こんごう)を使わずに表す。
(3) $\sqrt{5}\times\sqrt{20}=\sqrt{100}=10$
(4) $\sqrt{12}\times\sqrt{3}=\sqrt{36}=6$

12 (1) $\sqrt{\mathbf{3}}$　(2) $-\sqrt{\mathbf{3}}$　(3) **2**　(4) **5**

(解説) 平方根の商は $\sqrt{}$ の中で，まとめて計算できる。$\sqrt{}$ の中がある数の平方のときは根号

を使わずに表す。

(3) $\dfrac{\sqrt{8}}{\sqrt{2}}=\sqrt{\dfrac{8}{2}}=\sqrt{4}=2$

(4) $\dfrac{\sqrt{75}}{\sqrt{3}}=\sqrt{\dfrac{75}{3}}=\sqrt{25}=5$

13 (1) $\boldsymbol{\sqrt{45}}$ (2) $\boldsymbol{\sqrt{50}}$
(3) $\boldsymbol{\sqrt{\dfrac{2}{3}}}$ (4) $\boldsymbol{\sqrt{2}}$

(解説) $\sqrt{\ }$ の外にある数を平方して $\sqrt{\ }$ の中に入れる。

(1) $3\sqrt{5}=\sqrt{3^2\times5}=\sqrt{45}$

(2) $5\sqrt{2}=\sqrt{5^2\times2}=\sqrt{50}$

(3) $\dfrac{\sqrt{6}}{3}=\sqrt{\dfrac{6}{3^2}}=\sqrt{\dfrac{6}{9}}=\sqrt{\dfrac{2}{3}}$

(4) $\dfrac{\sqrt{8}}{2}=\sqrt{\dfrac{8}{2^2}}=\sqrt{\dfrac{8}{4}}=\sqrt{2}$

14 (1) $\boldsymbol{6\sqrt{2}}$ (2) $\boldsymbol{10\sqrt{3}}$
(3) $\boldsymbol{3\sqrt{10}}$ (4) $\boldsymbol{6\sqrt{3}}$

(解説) $\sqrt{\ }$ の中の数を平方である数との積になおし，平方である数を外に出す。素因数分解すれば平方である数を見つけやすい。

(1) $\sqrt{72}=\sqrt{6^2\times2}=6\sqrt{2}$

(2) $\sqrt{300}=\sqrt{10^2\times3}=10\sqrt{3}$

(3) $\sqrt{90}=\sqrt{3^2\times10}=3\sqrt{10}$

(4) $\sqrt{108}=\sqrt{6^2\times3}=6\sqrt{3}$

15 (1) $\boldsymbol{\dfrac{\sqrt{3}}{5}}$ (2) $\boldsymbol{\dfrac{\sqrt{7}}{10}}$ (3) $\boldsymbol{\dfrac{7\sqrt{3}}{12}}$

(解説) 分母と分子それぞれ $\sqrt{\ }$ の中をできるだけ小さい自然数にする。

(1) $\sqrt{\dfrac{3}{25}}=\dfrac{\sqrt{3}}{\sqrt{25}}=\dfrac{\sqrt{3}}{\sqrt{5^2}}=\dfrac{\sqrt{3}}{5}$

(2) $\sqrt{\dfrac{7}{100}}=\dfrac{\sqrt{7}}{\sqrt{100}}=\dfrac{\sqrt{7}}{\sqrt{10^2}}=\dfrac{\sqrt{7}}{10}$

(3) $\sqrt{\dfrac{147}{144}}=\dfrac{\sqrt{147}}{\sqrt{144}}=\dfrac{\sqrt{7^2\times3}}{\sqrt{12^2}}=\dfrac{7\sqrt{3}}{12}$

16 (1) $\boldsymbol{\dfrac{\sqrt{2}}{2}}$ (2) $\boldsymbol{\dfrac{\sqrt{15}}{5}}$ (3) $\boldsymbol{\dfrac{3\sqrt{3}}{4}}$

(解説) 分母にある根号のついた数を分母と分子にかける。

(1) $\dfrac{1}{\sqrt{2}}=\dfrac{1\times\sqrt{2}}{\sqrt{2}\times\sqrt{2}}=\dfrac{\sqrt{2}}{2}$

(2) $\dfrac{\sqrt{3}}{\sqrt{5}}=\dfrac{\sqrt{3}\times\sqrt{5}}{\sqrt{5}\times\sqrt{5}}=\dfrac{\sqrt{15}}{5}$

(3)分母を有理化(ゆうりか)してから約分できるときは約分する。

$\dfrac{9}{4\sqrt{3}}=\dfrac{9\times\sqrt{3}}{4\sqrt{3}\times\sqrt{3}}=\dfrac{9\sqrt{3}}{4\times3}=\dfrac{3\sqrt{3}}{4}$

17 (1) **12** (2) **24** (3) $\boldsymbol{12\sqrt{2}}$

(解説) 根号の中をできるだけ小さい自然数にしてから計算する。

(1) $\sqrt{18}\times\sqrt{8}=3\sqrt{2}\times2\sqrt{2}$
$=3\times2\times\sqrt{2}\times\sqrt{2}=6\times2=12$

(2) $\sqrt{48}\times\sqrt{12}=4\sqrt{3}\times2\sqrt{3}$
$=4\times2\times\sqrt{3}\times\sqrt{3}=8\times3=24$

(3) $\sqrt{12}\times\sqrt{24}=2\sqrt{3}\times2\sqrt{6}$
$=2\times2\times\sqrt{3}\times\sqrt{6}=4\times\sqrt{18}$
$=4\times3\sqrt{2}=12\sqrt{2}$

18 (1) $\boldsymbol{5\sqrt{3}}$ (2) $\boldsymbol{2\sqrt{15}}$
(3) $\boldsymbol{7\sqrt{6}}$ (4) $\boldsymbol{3\sqrt{10}}$

(解説) (1) $\sqrt{5}\times\sqrt{15}=\sqrt{5}\times\sqrt{3\times5}=\sqrt{3\times5^2}$
$=5\times\sqrt{3}=5\sqrt{3}$

(2) $\sqrt{6}\times\sqrt{10}=\sqrt{2\times3}\times\sqrt{2\times5}$
$=\sqrt{2^2\times3\times5}=2\times\sqrt{15}$
$=2\sqrt{15}$

(3) $\sqrt{21}\times\sqrt{14}=\sqrt{3\times7}\times\sqrt{2\times7}$
$=\sqrt{2\times3\times7^2}=7\times\sqrt{6}=7\sqrt{6}$

(4) $\sqrt{3}\times\sqrt{5}\times\sqrt{6}=\sqrt{3}\times\sqrt{5}\times\sqrt{2\times3}$
$=\sqrt{2\times3^2\times5}=3\times\sqrt{10}=3\sqrt{10}$

19 (1) $\boldsymbol{\dfrac{\sqrt{10}}{5}}$ (2) $\boldsymbol{2\sqrt{2}}$ (3) $\boldsymbol{\dfrac{5\sqrt{2}}{2}}$

(解説) 分数の形にして計算する。分母の有理化を忘れないようにする。

(1) $\sqrt{2}\div\sqrt{5}=\dfrac{\sqrt{2}}{\sqrt{5}}=\dfrac{\sqrt{2}\times\sqrt{5}}{\sqrt{5}\times\sqrt{5}}=\dfrac{\sqrt{10}}{5}$

(2) $4\div\sqrt{2}=\dfrac{4}{\sqrt{2}}=\dfrac{4\times\sqrt{2}}{\sqrt{2}\times\sqrt{2}}=\dfrac{4\sqrt{2}}{2}=2\sqrt{2}$

(3) $5\sqrt{3}\div\sqrt{6}=\dfrac{5\sqrt{3}}{\sqrt{6}}=\dfrac{5\sqrt{3}}{\sqrt{2}\times\sqrt{3}}=\dfrac{5}{\sqrt{2}}$

$=\dfrac{5\times\sqrt{2}}{\sqrt{2}\times\sqrt{2}}=\dfrac{5\sqrt{2}}{2}$

20 (1) $\mathbf{-2}$ (2) $\mathbf{-\dfrac{6\sqrt{7}}{7}}$

(解説) 1つの根号の中でまとめて乗法・除法の計算をする。分母は必ず有理化する。

(1) $\sqrt{2}\times\sqrt{6}\div(-\sqrt{3})=-\sqrt{\dfrac{2\times6}{3}}=-\sqrt{4}=-2$

(2) $\sqrt{24}\div(-\sqrt{14})\times\sqrt{3}=-\sqrt{\dfrac{24\times3}{14}}$

$=-\sqrt{\dfrac{36}{7}}=-\dfrac{6}{\sqrt{7}}=-\dfrac{6\times\sqrt{7}}{\sqrt{7}\times\sqrt{7}}=-\dfrac{6\sqrt{7}}{7}$

21 (1) **4.242** (2) **7.07** (3) **22.36**

(解説) 根号の中を簡単にしてから，どの値(あたい)を使うかを考える。

(1) $\sqrt{18}=3\sqrt{2}=3\times\sqrt{2}=3\times1.414=4.242$

(2) $\sqrt{50}=5\sqrt{2}=5\times\sqrt{2}=5\times1.414=7.07$

(3) $\sqrt{500}=10\sqrt{5}=10\times\sqrt{5}=10\times2.236=22.36$

22 (1) **0.3535** (2) **0.866** (3) **0.707**

(解説) まず分母を有理化してから代入する。

(1) $\dfrac{1}{\sqrt{8}}=\dfrac{1}{2\sqrt{2}}=\dfrac{1\times\sqrt{2}}{2\sqrt{2}\times\sqrt{2}}=\dfrac{\sqrt{2}}{4}$

$=1.414\div4=0.3535$

(2) $\dfrac{3}{\sqrt{12}}=\dfrac{3}{2\sqrt{3}}=\dfrac{3\times\sqrt{3}}{2\sqrt{3}\times\sqrt{3}}=\dfrac{\sqrt{3}}{2}$

$=\sqrt{3}\div2=1.732\div2=0.866$

(3) $\sqrt{0.5}=\sqrt{\dfrac{1}{2}}=\dfrac{1\times\sqrt{2}}{\sqrt{2}\times\sqrt{2}}=\dfrac{\sqrt{2}}{2}$

$=1.414\div2=0.707$

23 (1) $\mathbf{2\sqrt{5}}$ (2) $\mathbf{-\sqrt{3}}$ (3) $\mathbf{\sqrt{2}}$ (4) $\mathbf{-\sqrt{7}}$

(解説) 同じ数の平方根は1つの文字とみて計算する。

(2) $-3\sqrt{3}+2\sqrt{3}=(-3+2)\sqrt{3}=-\sqrt{3}$

(4) $\sqrt{7}+2\sqrt{7}-4\sqrt{7}=(1+2-4)\sqrt{7}=-\sqrt{7}$

24 (1) $\mathbf{6\sqrt{2}-\sqrt{3}}$ (2) $\mathbf{7\sqrt{7}+2\sqrt{3}-3}$
(3) $\mathbf{2\sqrt{2}+\sqrt{5}}$

(解説) 同じ数の平方根どうしで計算する。

(1) $5\sqrt{2}-3\sqrt{3}+2\sqrt{3}+\sqrt{2}$

$=(5+1)\sqrt{2}+(-3+2)\sqrt{3}$

$=6\sqrt{2}-\sqrt{3}$

(2) $4\sqrt{7}+2\sqrt{3}-3+3\sqrt{7}$

$=(4+3)\sqrt{7}+2\sqrt{3}-3=7\sqrt{7}+2\sqrt{3}-3$

(3) $-2\sqrt{2}+4\sqrt{5}-3\sqrt{5}+4\sqrt{2}$

$=(-2+4)\sqrt{2}+(4-3)\sqrt{5}=2\sqrt{2}+\sqrt{5}$

25 (1) $\mathbf{5\sqrt{3}}$ (2) $\mathbf{-2\sqrt{5}-10}$ (3) $\mathbf{\dfrac{\sqrt{2}}{2}}$

(解説) 根号の中をできるだけ簡単にしてから計算する。

(1) $\sqrt{48}+\sqrt{27}-\sqrt{12}=4\sqrt{3}+3\sqrt{3}-2\sqrt{3}$

$=5\sqrt{3}$

(2) $-\sqrt{80}+\sqrt{20}-\sqrt{100}$

$=-4\sqrt{5}+2\sqrt{5}-10=-2\sqrt{5}-10$

(3) $\dfrac{\sqrt{18}}{3}-\dfrac{\sqrt{32}}{8}=\dfrac{3\sqrt{2}}{3}-\dfrac{4\sqrt{2}}{8}=\sqrt{2}-\dfrac{\sqrt{2}}{2}$

$=\dfrac{2\sqrt{2}}{2}-\dfrac{\sqrt{2}}{2}=\dfrac{\sqrt{2}}{2}$

26 (1) $\mathbf{\dfrac{7\sqrt{5}}{5}}$ (2) $\mathbf{\dfrac{2\sqrt{15}}{15}}$ (3) $\mathbf{-\dfrac{\sqrt{6}}{12}}$

(解説) 分母を有理化してから計算する。

(1) $\sqrt{5}+\dfrac{2}{\sqrt{5}}=\sqrt{5}+\dfrac{2\times\sqrt{5}}{\sqrt{5}\times\sqrt{5}}=\sqrt{5}+\dfrac{2\sqrt{5}}{5}$

$=\dfrac{5\sqrt{5}}{5}+\dfrac{2\sqrt{5}}{5}=\dfrac{7\sqrt{5}}{5}$

(2) $\sqrt{\dfrac{5}{3}}-\sqrt{\dfrac{3}{5}}=\dfrac{\sqrt{5}}{\sqrt{3}}-\dfrac{\sqrt{3}}{\sqrt{5}}$

$=\dfrac{\sqrt{5}\times\sqrt{3}}{\sqrt{3}\times\sqrt{3}}-\dfrac{\sqrt{3}\times\sqrt{5}}{\sqrt{5}\times\sqrt{5}}=\dfrac{\sqrt{15}}{3}-\dfrac{\sqrt{15}}{5}$

$=\dfrac{5\sqrt{15}}{15}-\dfrac{3\sqrt{15}}{15}=\dfrac{2\sqrt{15}}{15}$

(3) $\dfrac{5}{\sqrt{24}}-\dfrac{\sqrt{18}}{2\sqrt{3}}=\dfrac{5}{2\sqrt{6}}-\dfrac{3\sqrt{2}}{2\sqrt{3}}$

$=\dfrac{5\times\sqrt{6}}{2\sqrt{6}\times\sqrt{6}}-\dfrac{3\sqrt{2}\times\sqrt{3}}{2\sqrt{3}\times\sqrt{3}}=\dfrac{5\sqrt{6}}{12}-\dfrac{3\sqrt{6}}{6}$

$=\dfrac{5\sqrt{6}}{12}-\dfrac{6\sqrt{6}}{12}=-\dfrac{\sqrt{6}}{12}$

27 (1) $\boldsymbol{3\sqrt{2}-2\sqrt{3}}$ (2) $\boldsymbol{12+6\sqrt{5}}$
(3) $\boldsymbol{3\sqrt{2}+4\sqrt{3}}$ (4) $\boldsymbol{-2+5\sqrt{5}}$

(解説) 分配法則を使って計算する。

(1) $\sqrt{3}(\sqrt{6}-2)=\sqrt{3}\times(\sqrt{2}\times\sqrt{3})-\sqrt{3}\times2$

$=3\sqrt{2}-2\sqrt{3}$

(2) $2\sqrt{3}(\sqrt{12}+\sqrt{15})=2\sqrt{3}(2\sqrt{3}+\sqrt{15})$

$=2\sqrt{3}\times2\sqrt{3}+2\sqrt{3}\times(\sqrt{5}\times\sqrt{3})=12+6\sqrt{5}$

(3) $(2\sqrt{54}+24)\div\sqrt{12}=(2\times3\sqrt{6}+24)\div2\sqrt{3}$

$=\dfrac{6\sqrt{6}}{2\sqrt{3}}+\dfrac{24}{2\sqrt{3}}=3\sqrt{2}+\dfrac{12}{\sqrt{3}}$

$=3\sqrt{2}+\dfrac{12\times\sqrt{3}}{\sqrt{3}\times\sqrt{3}}=3\sqrt{2}+\dfrac{12\sqrt{3}}{3}$

$=3\sqrt{2}+4\sqrt{3}$

(4) $(\sqrt{5}+4)(2\sqrt{5}-3)$

$=\sqrt{5}\times2\sqrt{5}+\sqrt{5}\times(-3)+4\times2\sqrt{5}+4\times(-3)$

$=10-3\sqrt{5}+8\sqrt{5}-12=-2+5\sqrt{5}$

28 (1) $\boldsymbol{21+8\sqrt{5}}$ (2) $\boldsymbol{-13+3\sqrt{5}}$
(3) $\boldsymbol{48-24\sqrt{3}}$ (4) **2**

(解説) 乗法公式を利用して計算する。

(1) $(\sqrt{5}+4)^2$

$=(\sqrt{5})^2+2\times4\times\sqrt{5}+4^2$

$=5+8\sqrt{5}+16=21+8\sqrt{5}$

(2) $(\sqrt{5}-3)(\sqrt{5}+6)$

$=(\sqrt{5})^2+(-3+6)\sqrt{5}+(-3)\times6$

$=5+3\sqrt{5}-18=-13+3\sqrt{5}$

(3) $(2\sqrt{3}-6)^2=(2\sqrt{3})^2-2\times6\times2\sqrt{3}+6^2$

$=12-24\sqrt{3}+36=48-24\sqrt{3}$

(4) $(\sqrt{7}-\sqrt{5})(\sqrt{7}+\sqrt{5})=(\sqrt{7})^2-(\sqrt{5})^2$

$=7-5=2$

29 (1) $\boldsymbol{12\sqrt{5}}$ (2) $\boldsymbol{-7+\sqrt{2}}$

(解説) 分配法則や乗法公式を使って計算する。$\sqrt{\ }$ のついた数は2乗すると $\sqrt{\ }$ がとれることに注意する。

(1) $(\sqrt{5}+3)^2-(\sqrt{5}-3)^2$

$=(\sqrt{5})^2+2\times3\times\sqrt{5}+3^2$

$\quad-\{(\sqrt{5})^2-2\times3\times\sqrt{5}+3^2\}$

$=5+6\sqrt{5}+9-(5-6\sqrt{5}+9)$

$=5+6\sqrt{5}+9-5+6\sqrt{5}-9=12\sqrt{5}$

(2) $(\sqrt{2}+3)(\sqrt{2}-7)+\sqrt{2}(6\sqrt{2}+5)$

$=(\sqrt{2})^2+(3-7)\sqrt{2}-21+\sqrt{2}\times6\sqrt{2}+5\sqrt{2}$

$=2-4\sqrt{2}-21+12+5\sqrt{2}=-7+\sqrt{2}$

30 (1) **3** (2) $\boldsymbol{4\sqrt{10}}$ (3) **8**

(解説) (1) $xy=(\sqrt{5}+\sqrt{2})(\sqrt{5}-\sqrt{2})$

$=(\sqrt{5})^2-(\sqrt{2})^2=5-2=3$

(2)因数分解してから代入する。

$x^2-y^2=(x+y)(x-y)$

$=\{(\sqrt{5}+\sqrt{2})+(\sqrt{5}-\sqrt{2})\}$

$\quad\times\{(\sqrt{5}+\sqrt{2})-(\sqrt{5}-\sqrt{2})\}$

$=2\sqrt{5}\times2\sqrt{2}=4\sqrt{10}$

(3)因数分解してから代入する。

$x^2-2xy+y^2=(x-y)^2$

$=\{(\sqrt{5}+\sqrt{2})-(\sqrt{5}-\sqrt{2})\}^2$

$=(\sqrt{5}+\sqrt{2}-\sqrt{5}+\sqrt{2})^2=(2\sqrt{2})^2=8$

31 $\boldsymbol{1:\sqrt{2}}$

(解説) 1辺の長さが2cmの正方形の面積は4cm^2。対角線の長さを$x$cmとすると，

$\dfrac{x^2}{2}=4$ より，$x^2=8$

$x=\sqrt{8}=2\sqrt{2}$ $(x>0)$

よって，

(正方形の1辺の長さ)：(対角線の長さ)は，

$2:2\sqrt{2}=1:\sqrt{2}$

32 **4**

(解説) 体積300cm^3，高さ15cmより，底面の面積は，$a^2=300\div15=20\,(\text{cm}^2)$

$n<a<n+1$ より，$n^2<a^2<(n+1)^2$

$n^2<20<(n+1)^2$ なので，$4^2<20<5^2$

よって，4

33 (1) **−0.005** (2) **$3.135 \leqq a < 3.145$**

(解説) (1) $0.12-0.125=-0.005$
(2)小数第 3 位を四捨五入して 3.14 になる数は，3.135 以上 3.145 未満の数。

34 (1) **3.46×10^3** (2) **5.93×10^4**

(解説) 有効数字(ゆうこうすうじ) 3 けたの近似値(きんじち)にするので，左から 4 けた目を四捨五入する。
(1) 3456 → 3460 これを
(整数部分が 1 けたの小数)×(10 の累乗(るいじょう))の形で表せばよい。
(2) 59281 → 59300

定期テスト対策問題

1 (1)**正しくない。±7** (2)**正しい。**
(3)**正しくない。5** (4)**正しくない。5**
(5)**正しくない。25** (6)**正しくない。有理数**

(解説) (1)正の数の平方根は 2 つある。
(6) $-\sqrt{\dfrac{1}{9}}=-\dfrac{1}{3}$
分数で表せるので，有理数である。

2 (1) **$8<\sqrt{65}$** (2) **$-\sqrt{17}<-4$**
(3) **$\dfrac{1}{5}>\sqrt{\dfrac{1}{30}}$** (4) **$0.5<\sqrt{0.5}$**

(解説) 平方して比べる。負の数どうしは，不等号の向きが正の数の場合と逆になる。
(2) $(-\sqrt{17})^2=17$，$(-4)^2=16$ より，
$(-\sqrt{17})^2>(-4)^2$
よって，$-\sqrt{17}<-4$
(4) $0.5^2=0.25$，$(\sqrt{0.5})^2=0.5$ より，$0.5^2<(\sqrt{0.5})^2$
よって，$0.5<\sqrt{0.5}$

3 **$\dfrac{3}{2}$，$\sqrt{2}$，1.4，$\sqrt{\dfrac{3}{2}}$，$\sqrt{1.4}$，$-\sqrt{3}$**

(解説) 負の数は $-\sqrt{3}$。あとは平方して比べる。

4 (1) **5，6，7，8** (2) **15** (3) **7**

(解説) (1) $2^2=4$，$3^2=9$ より，
$4<x<9$ だから，$x=5$，6，7，8
(2) $15^2<241<16^2$ だから，$\sqrt{241}$ の整数部分は 15 である。
(3) $7^2<56<7.5^2$ だから，$\sqrt{56}$ にもっとも近い整数は 7 である。

5 (1) **5** (2) **−16** (3) **9** (4) **$\dfrac{3}{4}$**

(解説) (3) $\sqrt{(-9)^2}=\sqrt{81}=9$

6 (1) **$0.\dot{6}$** (2) **$1.\dot{6}\dot{3}$** (3) **$\dfrac{7}{9}$** (4) **$\dfrac{3}{11}$**

(解説) (1) $\dfrac{2}{3}=2\div3=0.666\cdots$ より，$0.\dot{6}$
(2) $\dfrac{18}{11}=18\div11=1.6363\cdots$ より，$1.\dot{6}\dot{3}$
(3) $0.\dot{7}=x$ とおくと，

$$\begin{array}{rl} 10x &= 7.777\cdots \\ -)\quad x &= 0.777\cdots \\ \hline 9x &= 7 \end{array}$$

よって，$x=\dfrac{7}{9}$
(4) $0.\dot{2}\dot{7}=x$ とおくと，

$$\begin{array}{rl} 100x &= 27.2727\cdots \\ -)\quad x &= \ \ 0.2727\cdots \\ \hline 99x &= 27 \end{array}$$

よって，$x=\dfrac{27}{99}=\dfrac{3}{11}$

7 (1) **$\sqrt{12}$** (2) **$2\sqrt{7}$** (3) **$\sqrt{3}$** (4) **3**

(解説) (1) $2\sqrt{3}=\sqrt{2^2\times3}=\sqrt{12}$
(2) $\sqrt{28}=\sqrt{2^2\times7}=2\sqrt{7}$
(3) $\dfrac{6}{\sqrt{12}}=\dfrac{6}{2\sqrt{3}}=\dfrac{3}{\sqrt{3}}=\dfrac{3\times\sqrt{3}}{\sqrt{3}\times\sqrt{3}}=\dfrac{3\sqrt{3}}{3}$
$=\sqrt{3}$
(4) $\sqrt{108n}=\sqrt{2^2\times3^3\times n}$ だから，
$n=3$ のとき $\sqrt{2^2\times3^4}=18$ となる。

8 (1) $\mathbf{4\sqrt{3}}$ (2) **3** (3) $\mathbf{-3}$ (4) $\mathbf{2\sqrt{5}}$
(5) $\mathbf{21\sqrt{2}}$ (6) $\mathbf{\sqrt{6}}$ (7) $\mathbf{\frac{5\sqrt{3}}{6}}$ (8) **3**
(9) $\mathbf{\frac{\sqrt{5}}{10}}$ (10) $\mathbf{2\sqrt{3}}$

解説 (1) $\sqrt{6}\times\sqrt{8}=\sqrt{6}\times 2\sqrt{2}=2\sqrt{2^2\times 3}$
$=4\sqrt{3}$
(2) $\sqrt{24}\div\sqrt{8}\times\sqrt{3}=\sqrt{\frac{24\times 3}{8}}=\sqrt{9}=3$
(3) $\sqrt{6}\times(-\sqrt{3})\div\sqrt{2}=-\sqrt{\frac{6\times 3}{2}}=-\sqrt{9}$
$=-3$
(4) $\sqrt{50}\div\sqrt{5}\times\sqrt{2}=\sqrt{\frac{50\times 2}{5}}=\sqrt{20}=2\sqrt{5}$
(5) $\sqrt{14}\times\sqrt{63}=\sqrt{14}\times 3\sqrt{7}=3\sqrt{2\times 7^2}=21\sqrt{2}$
(6) $\sqrt{15}\times\sqrt{8}\div\sqrt{20}=\sqrt{\frac{15\times 8}{20}}=\sqrt{6}$
(7) $\sqrt{75}\times\sqrt{\frac{5}{12}}\div\sqrt{15}=\sqrt{\frac{75\times 5}{12\times 15}}$
$=\sqrt{\frac{25}{12}}=\frac{5}{2\sqrt{3}}=\frac{5\sqrt{3}}{6}$
(8) $\sqrt{27}\div 6\sqrt{2}\times\sqrt{24}=\sqrt{27}\div\sqrt{72}\times\sqrt{24}$
$=\sqrt{\frac{27\times 24}{72}}=\sqrt{9}=3$
(9) $\sqrt{\frac{5}{8}}\div\sqrt{20}\times\sqrt{\frac{8}{5}}=\sqrt{\frac{5\times 8}{8\times 20\times 5}}$
$=\frac{1}{\sqrt{20}}=\frac{1}{2\sqrt{5}}=\frac{\sqrt{5}}{10}$
(10) $\sqrt{\frac{27}{2}}\div\sqrt{90}\times\sqrt{80}=\sqrt{\frac{27\times 80}{2\times 90}}=\sqrt{12}$
$=2\sqrt{3}$

9 (1) **17.32** (2) **54.77** (3) **0.01732** (4) **0.433**

解説 (1) $\sqrt{300}=\sqrt{3}\times\sqrt{100}=\sqrt{3}\times 10$
$=1.732\times 10=17.32$
(2) $\sqrt{3000}=\sqrt{30}\times\sqrt{100}=\sqrt{30}\times 10$
$=5.477\times 10=54.77$
(3) $\sqrt{0.0003}=\sqrt{\frac{3}{10000}}=\frac{\sqrt{3}}{100}=\frac{1.732}{100}$
$=0.01732$
(4) $\frac{3}{\sqrt{48}}=\frac{3}{4\sqrt{3}}=\frac{3\sqrt{3}}{12}=\frac{\sqrt{3}}{4}=\frac{1.732}{4}=0.433$

10 (1) $\mathbf{13\sqrt{3}}$ (2) $\mathbf{7\sqrt{6}-9\sqrt{5}}$ (3) $\mathbf{6\sqrt{3}}$
(4) $\mathbf{6\sqrt{2}}$ (5) $\mathbf{-\frac{\sqrt{6}}{3}}$ (6) $\mathbf{3\sqrt{6}}$
(7) $\mathbf{4\sqrt{3}}$ (8) $\mathbf{-3\sqrt{2}}$

解説 (1) $5\sqrt{3}+8\sqrt{3}=13\sqrt{3}$
(2) $2\sqrt{24}-3\sqrt{45}+\sqrt{54}$
$=4\sqrt{6}-9\sqrt{5}+3\sqrt{6}$
$=7\sqrt{6}-9\sqrt{5}$
(3) $\sqrt{75}+\sqrt{48}-\sqrt{27}$
$=5\sqrt{3}+4\sqrt{3}-3\sqrt{3}=6\sqrt{3}$
(4) $\sqrt{50}-\sqrt{18}+2\sqrt{8}$
$=5\sqrt{2}-3\sqrt{2}+4\sqrt{2}=6\sqrt{2}$
(5) $\sqrt{\frac{2}{3}}-\frac{4}{\sqrt{6}}=\frac{\sqrt{6}}{3}-\frac{4\sqrt{6}}{6}=\frac{\sqrt{6}}{3}-\frac{2\sqrt{6}}{3}$
$=-\frac{\sqrt{6}}{3}$
(6) $\frac{12}{\sqrt{6}}-4\sqrt{6}+\frac{15\sqrt{2}}{\sqrt{3}}$
$=\frac{12\sqrt{6}}{6}-4\sqrt{6}+\frac{15\sqrt{6}}{3}$
$=2\sqrt{6}-4\sqrt{6}+5\sqrt{6}=3\sqrt{6}$
(7) $5\sqrt{12}-\frac{24}{\sqrt{3}}+2\sqrt{3}=10\sqrt{3}-\frac{24\sqrt{3}}{3}+2\sqrt{3}$
$=10\sqrt{3}-8\sqrt{3}+2\sqrt{3}=4\sqrt{3}$
(8) $\sqrt{18}-\sqrt{50}-\frac{2}{\sqrt{2}}=3\sqrt{2}-5\sqrt{2}-\frac{2\sqrt{2}}{2}$
$=3\sqrt{2}-5\sqrt{2}-\sqrt{2}=-3\sqrt{2}$

11 (1) **4** (2) **5** (3) $\mathbf{-2}$ (4) $\mathbf{2\sqrt{6}}$ (5) **4** (6) **14**

解説 (1) $(1+\sqrt{3})^2-\sqrt{12}$
$=1+2\sqrt{3}+(\sqrt{3})^2-2\sqrt{3}=1+3=4$
(2) $(2\sqrt{2}+\sqrt{3})(2\sqrt{2}-\sqrt{3})=(2\sqrt{2})^2-(\sqrt{3})^2$
$=8-3=5$
(3) $(\sqrt{3}-5)(\sqrt{3}+1)+4\sqrt{3}$
$=(\sqrt{3})^2-4\sqrt{3}-5+4\sqrt{3}=3-5=-2$
(4) $(\sqrt{2}+\sqrt{3}+\sqrt{5})(\sqrt{2}+\sqrt{3}-\sqrt{5})$
$=(\sqrt{2}+\sqrt{3})^2-(\sqrt{5})^2=2+2\sqrt{6}+3-5$
$=2\sqrt{6}$

(5) $(\sqrt{3}+1)^2-\dfrac{6}{\sqrt{3}}=(\sqrt{3})^2+2\sqrt{3}+1-\dfrac{6\sqrt{3}}{3}$

$=3+2\sqrt{3}+1-2\sqrt{3}=4$

(6) $(2-\sqrt{3})^2+(2+\sqrt{3})^2$

$=4-4\sqrt{3}+3+4+4\sqrt{3}+3=14$

12 (1) **7** (2) **7** (3) **6** (4) **1**

(解説) (1) $(a-b)^2+2ab=a^2-2ab+b^2+2ab$

$=a^2+b^2=(\sqrt{5})^2+(-\sqrt{2})^2=5+2=7$

(2) $\sqrt{a^2+b^2}=\sqrt{5^2+(-2\sqrt{6})^2}=\sqrt{25+24}$

$=\sqrt{49}=7$

(3) $4x^2-4xy+y^2=(2x-y)^2$

$=\{2(\sqrt{6}+\sqrt{2})-(\sqrt{6}+\sqrt{8})\}^2$

$=(2\sqrt{6}+2\sqrt{2}-\sqrt{6}-2\sqrt{2})^2=(\sqrt{6})^2=6$

(4) $\sqrt{26}=5+a$ より，$a=\sqrt{26}-5$

$a(a+10)=(\sqrt{26}-5)\times\{(\sqrt{26}-5)+10\}$

$=(\sqrt{26}-5)\times(\sqrt{26}+5)=(\sqrt{26})^2-5^2$

$=26-25=1$

13 **1.4cm**

(解説) 1 辺の長さが 1cm の正方形の対角線の長さを $x$cm とする。正方形 ACFG の面積は長方形 ABEF の面積に等しいから，

$x^2=1\times2=2$

$x>0$ より，$x=\sqrt{2}=1.41$ となる。

14 **$34.75\leqq a<34.85$**

(解説) 小数第 2 位を四捨五入して 34.8kg になるのは，34.75kg 以上 34.85kg 未満である。

3章 2次方程式

類題

1 ①，③

(解説) 右辺が 0 になるように変形して，左辺が 2 次式になれば，2 次方程式といえる。

① $x^2=2(x-4)$

$x^2=2x-8$

$x^2-2x+8=0$

② $x^2+3x=x^2-6$

$x^2+3x-x^2+6=0$

$3x+6=0$

③ $(x+2)^2=4$

$x^2+4x+4=4$

$x^2+4x=0$

2 (1) $\boldsymbol{x=-2}$ (2) $\boldsymbol{x=2,\ x=-2}$
(3) $\boldsymbol{x=0}$

(解説) x にそれぞれの値(あたい)を代入し，左辺が 0 になればよい。解(かい)として 2 つ選ばれるものもある。

(2) $x=-2$ を代入すると，

$(-2)^2-4=0$ より，$x=-2$ は解。

$x=0$ を代入すると，

$0-4=-4$ より，解ではない。

$x=2$ を代入すると，

$2^2-4=0$ より，$x=2$ は解。

3 (1) $\boldsymbol{x=\pm4}$ (2) $\boldsymbol{x=\pm10}$
(3) $\boldsymbol{x=\pm\frac{2}{3}}$ (4) $\boldsymbol{x=\pm\sqrt{3}}$

(解説) それぞれの数の平方根(へいほうこん)を求めればよい。＋，－の 2 つの解がある。

4 (1) $\boldsymbol{x=\pm 3}$ (2) $\boldsymbol{x=\pm\sqrt{10}}$
(3) $\boldsymbol{x=\pm 3\sqrt{2}}$ (4) $\boldsymbol{x=\pm\dfrac{\sqrt{6}}{5}}$

(解説) $x^2=k$ の形にして解を求める。
(3) $x^2-18=0$　$x^2=18$
$x=\pm\sqrt{18}=\pm\sqrt{3^2\times 2}=\pm 3\sqrt{2}$
(4) $x^2-\dfrac{6}{25}=0$　$x^2=\dfrac{6}{25}$
$x=\pm\sqrt{\dfrac{6}{25}}=\pm\sqrt{\dfrac{6}{5^2}}=\pm\dfrac{\sqrt{6}}{5}$

5 (1) $\boldsymbol{x=\pm 2\sqrt{5}}$ (2) $\boldsymbol{x=\pm 3\sqrt{3}}$
(3) $\boldsymbol{x=\pm\dfrac{3}{2}}$ (4) $\boldsymbol{x=\pm 5}$

(解説) 両辺を同じ数でわったり，両辺に同じ数をかけたりして，$x^2=k$ の形にして解く。
(1) $2x^2=40$
$x^2=20$
$x=\pm\sqrt{20}=\pm 2\sqrt{5}$
(2) $3x^2=81$
$x^2=27$
$x=\pm\sqrt{27}=\pm 3\sqrt{3}$
(3) $4x^2=9$
$x^2=\dfrac{9}{4}$
$x=\pm\sqrt{\dfrac{9}{4}}=\pm\dfrac{3}{2}$
(4) $\dfrac{x^2}{5}=5$
$x^2=25$
$x=\pm\sqrt{25}=\pm 5$

6 (1) $\boldsymbol{x=\pm 1}$ (2) $\boldsymbol{x=\pm\sqrt{3}}$
(3) $\boldsymbol{x=\pm 3\sqrt{2}}$ (4) $\boldsymbol{x=\pm\dfrac{\sqrt{10}}{2}}$

(解説) 移項(いこう)して，両辺を同じ数でわったり，両辺に同じ数をかけたりして，$x^2=k$ の形にして解く。答えの根号の中はできるだけ簡単に，また分母も有理化する。
(1) $3x^2-3=0$
$3x^2=3$
$x^2=1$
$x=\pm 1$
(2) $8x^2-24=0$
$8x^2=24$
$x^2=3$
$x=\pm\sqrt{3}$
(3) $\dfrac{x^2}{3}-6=0$
$\dfrac{x^2}{3}=6$
$x^2=18$
$x=\pm\sqrt{18}=\pm 3\sqrt{2}$
(4) $2x^2-5=0$
$2x^2=5$
$x^2=\dfrac{5}{2}$
$x=\pm\sqrt{\dfrac{5}{2}}=\pm\dfrac{\sqrt{5}\times\sqrt{2}}{\sqrt{2}\times\sqrt{2}}=\pm\dfrac{\sqrt{10}}{2}$

7 (1) $\boldsymbol{x=7,\ x=-1}$
(2) $\boldsymbol{x=-2\pm\sqrt{5}}$
(3) $\boldsymbol{x=9,\ x=-1}$
(4) $\boldsymbol{x=-5\pm 2\sqrt{3}}$

(解説) (1) $(x-3)^2=16$
$x-3$ を A とおくと，$A^2=16$
$A=\pm 4$
A をもとにもどすと，$x-3=\pm 4$
$x=3\pm 4$
$x=3+4=7$，$x=3-4=-1$
(2) $(x+2)^2=5$
$x+2$ を A とおくと，$A^2=5$
$A=\pm\sqrt{5}$
A をもとにもどすと，$x+2=\pm\sqrt{5}$
$x=-2\pm\sqrt{5}$
(3) $(x-4)^2-25=0$
$(x-4)^2=25$
$x-4$ を A とおくと，$A^2=25$
$A=\pm 5$
A をもとにもどすと，$x-4=\pm 5$
$x=4\pm 5$

$x=4+5=9$, $x=4-5=-1$

(4) $(x+5)^2-12=0$

$(x+5)^2=12$

$x+5$ を A とおくと，$A^2=12$

$A=\pm\sqrt{12}=\pm 2\sqrt{3}$

A をもとにもどすと，$x+5=\pm 2\sqrt{3}$

$x=-5\pm 2\sqrt{3}$

8 (1)ア… **1**　イ… **1**　ウ… **4**
(2)ア… **25**　イ… **5**　ウ… **27**

(解説) 和の平方の公式を使って，$(x+m)^2$ の形に変形する。

(1) $x^2+2x=3$

アには x の係数 2 の $\frac{1}{2}$ である 1 の 2 乗が入るので，$1^2=1$

x の係数 2 の $\frac{1}{2}$ は 1 なので，イは 1

ウは (3＋ア) だから，$3+1=4$

(2) $x^2-10x=2$

アには，x の係数 -10 の $\frac{1}{2}$ である -5 の 2 乗が入るので，$(-5)^2=25$

x の係数 -10 の $\frac{1}{2}$ は -5 なので，イは 5

ウは (2＋ア) だから，$2+25=27$

9 (1) $\boldsymbol{x=-2\pm\sqrt{11}}$　(2) $\boldsymbol{x=5}$

(解説) (1) $x^2+4x-7=0$

$x^2+4x=7$

$x^2+4x+4=7+4$

$(x+2)^2=11$

$x+2=\pm\sqrt{11}$

$x=-2\pm\sqrt{11}$

(2) $x^2-10x+25=0$

$x^2-10x=-25$

$x^2-10x+25=-25+25$

$(x-5)^2=0$

$x-5=0$

$x=5$

10 (1) $\boldsymbol{x=1,\ x=-6}$　(2) $\boldsymbol{x=\frac{7\pm\sqrt{33}}{2}}$

(解説) (1) $x^2+5x-6=0$

$x^2+5x=6$

$x^2+5x+\left(\frac{5}{2}\right)^2=6+\left(\frac{5}{2}\right)^2$

$\left(x+\frac{5}{2}\right)^2=6+\frac{25}{4}$

$\left(x+\frac{5}{2}\right)^2=\frac{49}{4}$

$x+\frac{5}{2}=\pm\sqrt{\frac{49}{4}}$　$x+\frac{5}{2}=\pm\frac{7}{2}$

$x=-\frac{5}{2}\pm\frac{7}{2}$

$x=1$, $x=-6$

(2) $x^2-7x+4=0$

$x^2-7x=-4$

$x^2-7x+\left(-\frac{7}{2}\right)^2=-4+\left(-\frac{7}{2}\right)^2$

$\left(x-\frac{7}{2}\right)^2=-4+\frac{49}{4}$

$\left(x-\frac{7}{2}\right)^2=\frac{33}{4}$

$x-\frac{7}{2}=\pm\sqrt{\frac{33}{4}}$　$x-\frac{7}{2}=\pm\frac{\sqrt{33}}{2}$

$x=\frac{7}{2}\pm\frac{\sqrt{33}}{2}$

$x=\frac{7\pm\sqrt{33}}{2}$

11 (1) $\boldsymbol{x=\frac{3\pm\sqrt{5}}{2}}$　(2) $\boldsymbol{x=\frac{-7\pm\sqrt{17}}{8}}$

(解説) 解の公式に符号(ふごう)ごと代入して計算する。

(1) $x^2-3x+1=0$

$x=\frac{-(-3)\pm\sqrt{(-3)^2-4\times1\times1}}{2\times1}$

$=\frac{3\pm\sqrt{9-4}}{2}$

$=\frac{3\pm\sqrt{5}}{2}$

(2) $4x^2+7x+2=0$

$x=\frac{-7\pm\sqrt{7^2-4\times4\times2}}{2\times4}$

$$=\frac{-7\pm\sqrt{49-32}}{8}$$
$$=\frac{-7\pm\sqrt{17}}{8}$$

12 (1) $\boldsymbol{x=\frac{2\pm\sqrt{2}}{2}}$ (2) $\boldsymbol{x=5\pm\sqrt{37}}$

(解説) 解が約分できるときは約分する。

(1) $x=\frac{-(-4)\pm\sqrt{(-4)^2-4\times2\times1}}{2\times2}$

$=\frac{4\pm\sqrt{16-8}}{4}$

$=\frac{4\pm\sqrt{8}}{4}$

$=\frac{4\pm2\sqrt{2}}{4}$

$=\frac{2\pm\sqrt{2}}{2}$

(2) $x=\frac{-(-10)\pm\sqrt{(-10)^2-4\times1\times(-12)}}{2\times1}$

$=\frac{10\pm\sqrt{100+48}}{2}$

$=\frac{10\pm\sqrt{148}}{2}$

$=\frac{10\pm2\sqrt{37}}{2}$

$=5\pm\sqrt{37}$

13 (1) $\boldsymbol{x=3,\ x=-1}$
(2) $\boldsymbol{x=8,\ x=-4}$

(解説) 解の根号をはずせるときは，はずして解を計算して求める。

(1) $x^2-2x-3=0$

$x=\frac{-(-2)\pm\sqrt{(-2)^2-4\times1\times(-3)}}{2\times1}$

$=\frac{2\pm\sqrt{4+12}}{2}$

$=\frac{2\pm\sqrt{16}}{2}$

$=\frac{2\pm4}{2}$

$x=\frac{2+4}{2}=\frac{6}{2}=3$

$x=\frac{2-4}{2}=\frac{-2}{2}=-1$

(2) $x^2-4x-32=0$

$x=\frac{-(-4)\pm\sqrt{(-4)^2-4\times1\times(-32)}}{2\times1}$

$=\frac{4\pm\sqrt{16+128}}{2}$

$=\frac{4\pm\sqrt{144}}{2}$

$=\frac{4\pm12}{2}$

$x=\frac{4+12}{2}=\frac{16}{2}=8$

$x=\frac{4-12}{2}=\frac{-8}{2}=-4$

14 (1) $\boldsymbol{x=6\pm\sqrt{22}}$ (2) $\boldsymbol{x=\frac{2}{3},\ x=-\frac{1}{2}}$
(3) $\boldsymbol{x=7,\ x=-\frac{1}{2}}$

(解説) 2次方程式を $ax^2+bx+c=0$ の形に変形してから解の公式を使う。

(1) $x^2=2(6x-7)$

$x^2=12x-14$

$x^2-12x+14=0$

$x=\frac{-(-12)\pm\sqrt{(-12)^2-4\times1\times14}}{2\times1}$

$=\frac{12\pm\sqrt{88}}{2}$

$=\frac{12\pm2\sqrt{22}}{2}$

$=6\pm\sqrt{22}$

(2) $x^2-\frac{1}{6}x=\frac{1}{3}$ ←両辺に6をかける

$6x^2-x=2$

$6x^2-x-2=0$

$x=\frac{-(-1)\pm\sqrt{(-1)^2-4\times6\times(-2)}}{2\times6}$

$=\frac{1\pm\sqrt{49}}{12}$

$=\frac{1\pm7}{12}$

$x=\frac{1+7}{12}=\frac{2}{3}$, $x=\frac{1-7}{12}=-\frac{1}{2}$

(3) $0.2x^2-1.3x-0.7=0$ ← 両辺に 10 をかける

$2x^2-13x-7=0$

$$x=\frac{-(-13)\pm\sqrt{(-13)^2-4\times2\times(-7)}}{2\times2}$$

$$=\frac{13\pm\sqrt{225}}{4}$$

$$=\frac{13\pm15}{4}$$

$$x=\frac{13+15}{4}=7,\quad x=\frac{13-15}{4}=-\frac{1}{2}$$

15 (1) $\boldsymbol{x=-4,\ x=7}$

(2) $\boldsymbol{x=\frac{1}{3},\ x=2}$

(解説) $AB=0$ ならば，$A=0$ または $B=0$ であることを使って解を求める。

(1) $(x+4)(x-7)=0$

$x+4=0$ のとき $x=-4$

$x-7=0$ のとき $x=7$

(2) $(3x-1)(x-2)=0$

$3x-1=0$ のとき $x=\frac{1}{3}$

$x-2=0$ のとき $x=2$

16 (1) $\boldsymbol{x=0,\ x=6}$

(2) $\boldsymbol{x=0,\ x=\frac{7}{2}}$

(解説) (1) $x^2=6x$

$x^2-6x=0$

$x(x-6)=0$

$x=0$ または $x-6=0$

よって，$x=0,\ x=6$

(2) $2x^2-7x=0$

$x(2x-7)=0$

$x=0$ または $2x-7=0$

よって，$x=0,\ x=\frac{7}{2}$

17 (1) $\boldsymbol{x=4,\ x=-3}$ (2) $\boldsymbol{x=4}$

(3) $\boldsymbol{x=2,\ x=3}$ (4) $\boldsymbol{x=\pm1}$

(解説) 因数分解して $AB=0$ の形にして解く。

(1) $x^2-x-12=0$

$(x-4)(x+3)=0$

$x=4,\ x=-3$

(2) $x^2-8x+16=0$

$(x-4)^2=0$

$x=4$

(3) $x^2-5x+6=0$

$(x-2)(x-3)=0$

$x=2,\ x=3$

(4) $x^2-1=0$

$(x+1)(x-1)=0$

$x=\pm1$

18 (1) $\boldsymbol{x=4,\ x=6}$ (2) $\boldsymbol{x=-6,\ x=2}$

(解説) (1)右辺を展開して，すべて左辺に移項(いこう)する。

$x^2+9=5(2x-3)$

$x^2+9=10x-15$

$x^2-10x+24=0$

$(x-4)(x-6)=0$

$x=4,\ x=6$

(2)左辺を展開してから，右辺の項を左辺に移項する。

$(x-4)(x+2)=4-6x$

$x^2-2x-8=4-6x$

$x^2+4x-12=0$

$(x+6)(x-2)=0$

$x=-6,\ x=2$

19 (1) $\boldsymbol{x=8,\ x=6}$ (2) $\boldsymbol{x=8,\ x=-3}$

(解説) (1) $(x-1)^2-12(x-1)+35=0$

$x-1$ を X とおく。

$X^2-12X+35=0$

$(X-7)(X-5)=0$

$X=7,\ X=5$

$X=7$ のとき，$x-1=7$　$x=8$

$X=5$ のとき，$x-1=5$　$x=6$

$x=8,\ x=6$

(2) $(x-2)^2-(x-2)=30$

$x-2$ を X とおき，（左辺）$=0$ とする。

$X^2-X-30=0$

$(X-6)(X+5)=0$

$X=6$，$X=-5$

$X=6$ のとき，$x-2=6$　$x=8$

$X=-5$ のとき，$x-2=-5$　$x=-3$

$x=8$，$x=-3$

20　$a=1$，もう 1 つの解… $x=2$

（解説）解の 1 つ -3 を方程式の x に代入して，a の値を求める。

$x^2+ax-6=0$

$(-3)^2+a\times(-3)-6=0$

$9-3a-6=0$　$a=1$

このときの 2 次方程式の解は，

$x^2+x-6=0$

$(x+3)(x-2)=0$

$x=-3$，$x=2$ より，もう 1 つの解は $x=2$

21　$2+\sqrt{3}$，$2-\sqrt{3}$

（解説）和が 4 になる 2 数を x，$4-x$ とおく。積が 1 より，$x(4-x)=1$　$x^2-4x+1=0$

$x=\dfrac{4\pm\sqrt{12}}{2}=\dfrac{4\pm2\sqrt{3}}{2}=2\pm\sqrt{3}$

$x=2+\sqrt{3}$ のとき，$4-x=2-\sqrt{3}$

$x=2-\sqrt{3}$ のとき，$4-x=2+\sqrt{3}$

22　36

（解説）ある数を x とすると，

「3 倍して平方する」は $(3x)^2$，「平方して 3 倍する」は $3x^2$ と表せる。したがって，

$3x^2=(3x)^2-24$

$3x^2=9x^2-24$

$-6x^2+24=0$　$x^2-4=0$

$(x+2)(x-2)=0$

$x=\pm2$

$x=-2$ のとき，$\{3\times(-2)\}^2=36$

$x=2$ のとき，$(3\times2)^2=36$

よって，36

23　5，6

（解説）連続する 2 つの自然数を x，$x+1$ とする。

$\{x+(x+1)\}^2=x^2+(x+1)^2+60$

$(2x+1)^2=x^2+x^2+2x+1+60$

$4x^2+4x+1=2x^2+2x+61$

$2x^2+2x-60=0$

$x^2+x-30=0$

$(x+6)(x-5)=0$

$x=-6$，$x=5$

$x>0$ より，$x=5$　（$x=-6$ は適さない。）

よって，5，6

24　3，4，5

（解説）連続する 3 つの正の整数を $x-1$，x，$x+1$ とする。

$(x-1)^2+x^2=(x+1)^2$

$x^2-2x+1+x^2=x^2+2x+1$

$x^2-4x=0$

$x(x-4)=0$

$x=0$，$x=4$

$x>1$ より，$x=4$　（$x=0$ は適さない。）

よって，3，4，5

25　8m

（解説）正方形の 1 辺の長さを xm とする。

$(x-4)(x+2)=40$

$x^2-2x-8=40$　$x^2-2x-48=0$

$(x-8)(x+6)=0$　$x=8$，$x=-6$

$x>4$ より，$x=8$　（$x=-6$ は適さない。）

よって，8m

26　17m

（解説）道を土地の端によせて考える。もとの正方形の土地の 1 辺の長さを xm とする。

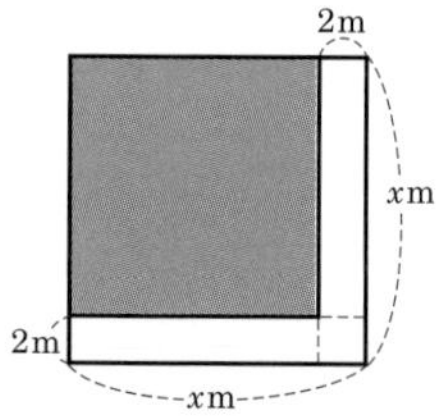

$(x-2)^2=225$

$x-2=\pm15$

$x-2=15$，$x-2=-15$

$x=17$，$x=-13$

$x>2$ より，$x=17$　($x=-13$ は適さない。)

よって，17m

27　13cm

(解説) もとの正方形の紙の 1 辺の長さを $x$cm とする。直方体の容器の縦，横の長さはどちらも $(x-6)$cm。高さは 3cm。

容積は 147cm^3 だから，

$3(x-6)^2=147$

$(x-6)^2=49$

$x-6=\pm 7$

$x-6=7$，$x-6=-7$

$x=13$，$x=-1$

$x>6$ より，$x=13$　($x=-1$ は適さない。)

よって，13cm

28　4 秒後

(解説) 出発してから x 秒後に 12cm^2 になると考える。

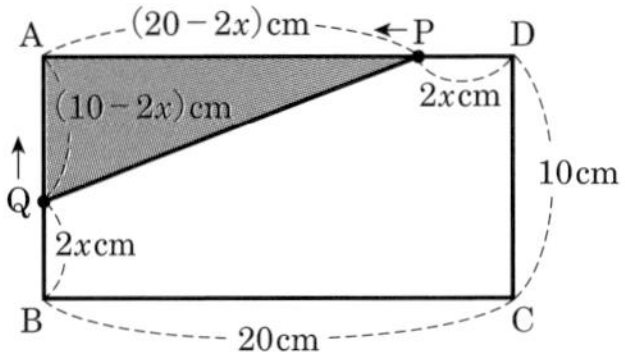

出発してから x 秒後の AP の長さは，$(20-2x)$cm。

AQ の長さは，$(10-2x)$cm。

△APQ の面積は 12cm^2 だから，

$\frac{1}{2}\times(20-2x)\times(10-2x)=12$

$\frac{1}{2}\times 2(10-x)\times 2(5-x)=12$

$(10-x)(5-x)=6$

$x^2-15x+44=0$

$(x-4)(x-11)=0$

$x=4$，$x=11$

$0\leqq x\leqq 5$ より，$x=4$　($x=11$ は適さない。)

よって，4 秒後

定期テスト対策問題

1 (1)㋐，㋒　(2)**2，−1**

(解説) (1)式を整理すると (2 次式)=0 の形になるのが，2 次方程式である。

㋑ $3x+4=x$

$2x+4=0$ となり，1 次方程式。

㋓ $x^2+5x=x^2+6$

$5x-6=0$ となり，1 次方程式。

(2)それぞれの値(あたい)を代入して，式が成り立つものが，2 次方程式の解である。

$x^2-x-2=0$

$x=2$ を代入すると，

$2^2-2-2=4-2-2=0$ より，$x=2$ は解である。

2 (1)$\boldsymbol{x=\pm 7}$　(2)$\boldsymbol{x=\pm\frac{5}{3}}$

(3)$\boldsymbol{x=\pm\sqrt{7}}$　(4)$\boldsymbol{x=\pm 2\sqrt{3}}$

(5)$\boldsymbol{x=5,\ x=-1}$　(6)$\boldsymbol{x=\pm\frac{\sqrt{21}}{3}}$

(7)$\boldsymbol{x=-1\pm\sqrt{2}}$　(8)$\boldsymbol{x=7\pm\frac{\sqrt{15}}{3}}$

(解説) (5) $(x-2)^2=9$

$x-2=\pm 3$

$x=2\pm 3$

$x=2+3=5$

$x=2-3=-1$

$x=5$，$x=-1$

(8) $3(x-7)^2=5$

$(x-7)^2=\frac{5}{3}$

$x-7=\pm\sqrt{\frac{5}{3}}$　$x-7=\pm\frac{\sqrt{15}}{3}$

$x=7\pm\frac{\sqrt{15}}{3}$

3 ア… **3**　イ… **16**　ウ… **4**

エ… **19**　オ… $\boldsymbol{\pm\sqrt{19}}$　カ… $\boldsymbol{-4\pm\sqrt{19}}$

4 (1) $x=\dfrac{5\pm3\sqrt{5}}{2}$　(2) $x=\dfrac{-3\pm\sqrt{13}}{2}$

(3) $x=\dfrac{3\pm\sqrt{7}}{2}$　(4) $x=\dfrac{-1\pm\sqrt{7}}{3}$

(5) $x=\dfrac{-3\pm\sqrt{17}}{4}$　(6) $x=\dfrac{3\pm\sqrt{29}}{2}$

(解説) 解の公式を使って解く。

(1) $x=\dfrac{-(-5)\pm\sqrt{(-5)^2-4\times1\times(-5)}}{2\times1}$

$=\dfrac{5\pm\sqrt{25+20}}{2}=\dfrac{5\pm3\sqrt{5}}{2}$

(4) $x=\dfrac{-2\pm\sqrt{2^2-4\times3\times(-2)}}{2\times3}$

$=\dfrac{-2\pm\sqrt{4+24}}{6}=\dfrac{-2\pm2\sqrt{7}}{6}$

$=\dfrac{-1\pm\sqrt{7}}{3}$　約分できるときはする

(6)両辺を 3 倍して分母をはらう。

$\dfrac{1}{3}x^2-x-\dfrac{5}{3}=0$

$x^2-3x-5=0$

$x=\dfrac{-(-3)\pm\sqrt{(-3)^2-4\times1\times(-5)}}{2\times1}$

$=\dfrac{3\pm\sqrt{9+20}}{2}=\dfrac{3\pm\sqrt{29}}{2}$

5 (1) $x=0$, $x=5$

(2) $x=0$, $x=-\dfrac{9}{2}$

(3) $x=3$, $x=-4$

(4) $x=7$, $x=-2$

(5) $x=\pm3$

(6) $x=3$

(7) $x=\pm\dfrac{5}{2}$

(8) $x=\dfrac{3}{2}$

(解説) 因数分解して解く。

(1) $x^2-5x=0$

$x(x-5)=0$

$x=0$

$x-5=0$　$x=5$

$x=0$, $x=5$

(3) $x^2+x=12$

$x^2+x-12=0$

$(x-3)(x+4)=0$

$x-3=0$　$x=3$

$x+4=0$　$x=-4$

$x=3$, $x=-4$

(5) $x^2-9=0$

$(x+3)(x-3)=0$

$x+3=0$　$x=-3$

$x-3=0$　$x=3$

$x=\pm3$

(6) $x^2-6x+9=0$

$(x-3)^2=0$

$x-3=0$　$x=3$

(8) $4x^2-12x+9=0$

$(2x-3)^2=0$

$2x-3=0$　$x=\dfrac{3}{2}$

6 (1) $x=-3$, $x=2$

(2) $x=\dfrac{-5\pm\sqrt{21}}{2}$

(3) $x=2$, $x=-1$

(4) $x=-2$, $x=4$

(5) $x=\pm5$

(6) $x=5\pm\sqrt{37}$

(7) $x=\dfrac{1}{2}$, $x=-\dfrac{1}{4}$

(8) $x=2\pm2\sqrt{3}$

(解説) かっこをはずしたり，分母をはらったりして，$ax^2+bx+c=0$ の形にして解く。

(1) $x(x+2)=x+6$

$x^2+2x=x+6$

$x^2+x-6=0$

$(x+3)(x-2)=0$

$x=-3$, $x=2$

(2) $(x+2)(x+3)=5$

$x^2+5x+6=5$

$x^2+5x+1=0$

$x=\dfrac{-5\pm\sqrt{25-4}}{2}=\dfrac{-5\pm\sqrt{21}}{2}$

(3) $(x+2)^2=5x+6$

$x^2+4x+4=5x+6$

$x^2-x-2=0$

$(x-2)(x+1)=0$

$x=2,\ x=-1$

(4) $(x+3)^2-8(x+3)+7=0$

$x+3$ を X とおく。

$X^2-8X+7=0$

$(X-1)(X-7)=0$

X をもとにもどす。

$(x+3-1)(x+3-7)=0$

$(x+2)(x-4)=0$

$x=-2,\ x=4$

(5) $(x+2)^2-4(x+2)-21=0$

$x+2$ を X とおく。

$X^2-4X-21=0$

$(X+3)(X-7)=0$

X をもとにもどす。

$(x+2+3)(x+2-7)=0$

$(x+5)(x-5)=0$

$x=\pm5$

(6) $3x(x-3)=(x+8)(x+3)$

$3x^2-9x=x^2+11x+24$

$2x^2-20x-24=0$

$x^2-10x-12=0$

$x=\dfrac{10\pm\sqrt{100+48}}{2}=\dfrac{10\pm2\sqrt{37}}{2}$

$=5\pm\sqrt{37}$

(7) $x^2-\dfrac{1}{4}x-\dfrac{1}{8}=0$

$8x^2-2x-1=0$

$x=\dfrac{2\pm\sqrt{4+32}}{16}=\dfrac{2\pm6}{16}$

$x=\dfrac{1}{2},\ x=-\dfrac{1}{4}$

(8) $\dfrac{(x-2)(x-5)}{3}=\dfrac{(x-4)^2}{4}$

$4(x-2)(x-5)=3(x-4)^2$

$4x^2-28x+40=3x^2-24x+48$

$x^2-4x-8=0$

$x=\dfrac{4\pm\sqrt{16+32}}{2}=\dfrac{4\pm4\sqrt{3}}{2}$

$=2\pm2\sqrt{3}$

7 (1) $\boldsymbol{a=4,\ x=-2}$
(2) $\boldsymbol{a=-10,\ b=25}$
(3) $\boldsymbol{a=4,\ b=3}$

解説 (1) $x^2-ax-3a=0$ に $x=6$ を代入すると，

$36-6a-3a=0\quad a=4$

これをもとの式に代入して，

$x^2-4x-12=0$

$(x-6)(x+2)=0$ より，

もう 1 つの解は，$x=-2$

(2) $x=5$ だけが解で，x^2 の係数が 1 なので，2 次方程式は，

$(x-5)^2=0$

$x^2-10x+25=0$

よって，$a=-10,\ b=25$

(3) $x^2+ax+b=0$ に $x=-3,\ x=-1$ をそれぞれ代入すると，

$\begin{cases} 9-3a+b=0 \\ 1-a+b=0 \end{cases}$

これを解いて，$a=4,\ b=3$

8 **$-6,\ -5$ または $5,\ 6$**

解説 小さいほうを x とすると，大きいほうは $x+1$ だから，$x(x+1)=30\quad x^2+x=30$

$x^2+x-30=0\quad(x+6)(x-5)=0\quad x=-6,\ x=5$

これらは問題に適している。

9 **24，42**

解説 一の位の数を x とすると，十の位の数は $6-x$ と表せる。

この数は $10(6-x)+x$ なので，一の位と十の位を入れかえた数は，$10x+(6-x)$ となる。よって，

$\{10(6-x)+x\}\{10x+(6-x)\}=1008$

これを整理すると，$x^2-6x+8=0$

$(x-2)(x-4)=0\quad x=2,\ x=4$

これらは問題に適している。

10 **3**

(解説) 半径 6cm の円の面積は $36\pi\,\mathrm{cm}^2$
半径 $(6+x)$cm の円の面積は $\pi(6+x)^2\mathrm{cm}^2$
よって，$\pi(6+x)^2=36\pi+45\pi$
$(6+x)^2=81$
$x=-15,\ x=3$
$x>0$ より，$x=3$ （$x=-15$ は適さない。）

11 **4cm**

(解説) 正方形の 1 辺の長さを $x$cm とすると，長方形の縦の長さは $(x-3)$cm，横の長さは $(x+4)$cm と表せる。
正方形の面積は $x^2\mathrm{cm}^2$
長方形の面積は $(x-3)(x+4)\mathrm{cm}^2$
よって，$x^2=2(x-3)(x+4)$
これを解いて，$x=-6,\ x=4$
$x>3$ より，$x=4$ （$x=-6$ は適さない。）

12 **2m**

(解説) 道を土地の端(はし)によせて考える。道の幅(はば)を xm とすると，花だんの面積の合計は $(12-x)(15-x)\mathrm{m}^2$ と表せる。
これが $50+80=130\,(\mathrm{m}^2)$ であるから，
$(12-x)(15-x)=130$
これを解いて，$x=25,\ x=2$
$0<x<12$ より，$x=2$ （$x=25$ は適さない。）

13 **1 秒後，4 秒後**

(解説) x 秒後に $12\mathrm{cm}^2$ になるとする。
x 秒後の PB の長さは $(10-2x)$cm,
x 秒後の BQ の長さは $3x$cm より，
△PBQ の面積は，$\dfrac{1}{2}\times(10-2x)\times3x=12$
これを解いて，$x=1,\ x=4$
$0\leqq x\leqq5$ より，これらは問題に適している。

4章 関数 $y=ax^2$

類題

1 **100m**

(解説) $y=x^2$ の関係なので，x に 10 を代入して y の値(あたい)を求める。
$y=10^2=100$

2
(1) **$y=x^2$，y は x の 2 乗に比例している。**
(2) **$y=4x$，y は x の 2 乗に比例していない。**
(3) **$y=4\pi x^2$，y は x の 2 乗に比例している。**

(解説) y を x の式で表したとき，$y=ax^2$ の形で表せたら，y は x の 2 乗に比例している，といえる。
(1)(正方形の面積)＝(1 辺)^2 より，
$y=x^2$
(2)(三角柱の体積)＝(底面積)×(高さ)より，
$y=x\times4=4x$
(3)(球の表面積)＝4π×(半径)^2 より，
$y=4\pi x^2$

3 **右の図**

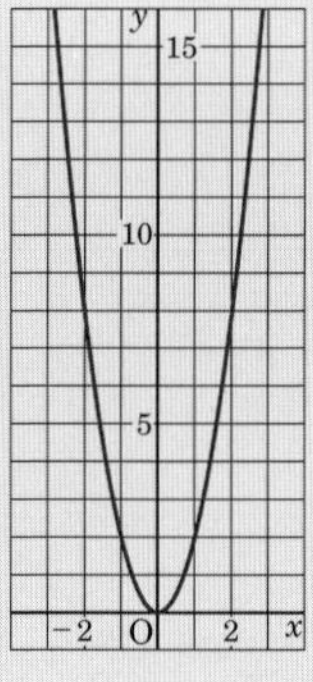

(解説) x の値(あたい)に対する y の値を求める。x と y の

値の組を座標とする点をとり，グラフをかく。

$y=2x^2$ で，

$x=-2$ のとき，$y=2\times(-2)^2=8$

$(x,\ y)=(-2,\ 8)$

同様に，$(-1,\ 2)$，$(0,\ 0)$，$(1,\ 2)$，$(2,\ 8)$ の点をとる。

4　右の図

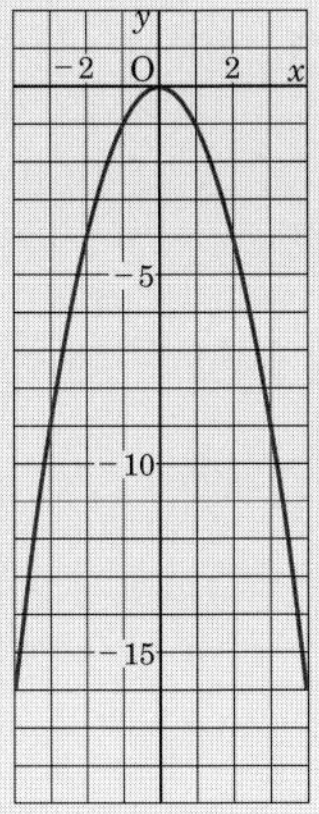

(解説)　$y=-x^2$ で，

$x=-4$ のとき，$y=-(-4)^2=-16$

$(x,\ y)=(-4,\ -16)$

同様に，$(-3,\ -9)$，$(-2,\ -4)$，$(-1,\ -1)$，$(0,\ 0)$，$(1,\ -1)$，$(2,\ -4)$，$(3,\ -9)$，$(4,\ -16)$ の点をとる。

5　$y=-2x^2$

(解説)　$y=ax^2$ とおき，$x=3$，$y=-18$ を代入して，a の値(あたい)を求める。

$y=ax^2$　$-18=a\times3^2$　$-18=9a$

$a=-2$ より，$y=-2x^2$

6　$y=4x^2$，$y=36$

(解説)　$y=ax^2$ のグラフが点 $(2,\ 16)$ を通るので，$x=2$ のとき $y=16$ である。

$y=ax^2$ の式に $x=2$，$y=16$ を代入する。

$16=a\times2^2$　$16=4a$

$a=4$ より，$y=4x^2$

$x=-3$ を $y=4x^2$ に代入すると，

$y=4\times(-3)^2=36$　よって，$y=36$

7　①と③，④と⑤

(解説)　a の値(あたい)の絶対値が同じで符号(ふごう)が反対のものなので，①と③，④と⑤

8　(1)㋐　(2) $y=3x^2$

(解説)　(1) a の絶対値が小さいほどグラフの開き方は大きくなる。

$y=-x^2$ の式で，$a=-1$

$y=-3x^2$ の式で，$a=-3$

$1<3$ より，開き方が大きいグラフ㋐が $y=-x^2$ のグラフとなる。

(2)㋑のグラフは(1)より，$y=-3x^2$

よって，㋒のグラフの式は，符号(ふごう)を変えて，

$y=3x^2$

9　(1) $1\leqq y\leqq 4$　(2) $1\leqq y\leqq 16$

(解説)　$y=\dfrac{1}{4}x^2$ の式に x の値(あたい)を代入して，y の値を求める。

(1) $x=-4$ のとき，$y=\dfrac{1}{4}\times(-4)^2=4$

$x=-2$ のとき，$y=\dfrac{1}{4}\times(-2)^2=1$

よって，$1\leqq y\leqq 4$

(2) $x=2$ のとき，$y=\dfrac{1}{4}\times2^2=1$

$x=8$ のとき，$y=\dfrac{1}{4}\times8^2=16$

よって，$1\leqq y\leqq 16$

10　(1) $0\leqq y\leqq 32$　(2) $0\leqq y\leqq 18$

(解説)　$y=ax^2$ $(a>0)$ で x の変域が 0 をふくむとき，y の最小値は 0 になる。

グラフをかいて確かめる。

(1) $x=0$ のとき，$y=0$ が最小値。

$x=-4$ のとき，最大値

$y=2\times(-4)^2=32$

y の変域 $0\leqq y\leqq 32$

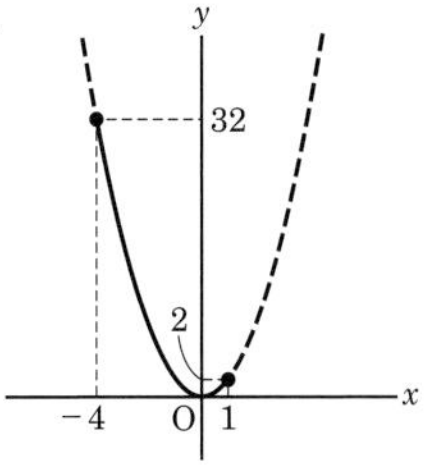

(2) $x=0$ のとき，$y=0$ が最小値。
$x=3$ のとき，最大値
$y=2\times 3^2=18$
y の変域 $0\leqq y\leqq 18$

11　(1) $-12\leqq y\leqq -3$　(2) $-3\leqq y\leqq -\frac{1}{3}$

(解説) $y=-\frac{1}{3}x^2$ の式に x の値(あたい)を代入して，y の値を求める。

(1) $x=-6$ のとき，$y=-\frac{1}{3}\times(-6)^2=-12$

$x=-3$ のとき，$y=-\frac{1}{3}\times(-3)^2=-3$

よって，$-12\leqq y\leqq -3$

(2) $x=1$ のとき，$y=-\frac{1}{3}\times 1^2=-\frac{1}{3}$

$x=3$ のとき，$y=-\frac{1}{3}\times 3^2=-3$

よって，$-3\leqq y\leqq -\frac{1}{3}$

12　(1) $-18\leqq y\leqq 0$　(2) $-8\leqq y\leqq 0$

(解説) $y=ax^2$ $(a<0)$ で x の変域が 0 をふくむとき，y の最大値は 0 になる。
グラフをかいて確かめる。
(1) $x=6$ のとき，最小値
$y=-\frac{1}{2}\times 6^2=-18$
$x=0$ のとき，$y=0$ が最大値。
y の変域 $-18\leqq y\leqq 0$

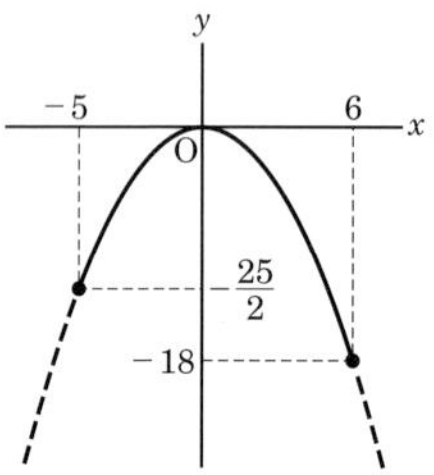

(2) $x=-4$ のとき，最小値
$y=-\frac{1}{2}\times(-4)^2=-8$
$x=0$ のとき，$y=0$ が最大値。
y の変域 $-8\leqq y\leqq 0$

13　(1) −7　(2) 8

(解説) (変化の割合)$=\frac{(y\text{の増加量})}{(x\text{の増加量})}$ の式にあてはめて求める。
(1) $x=2$ のとき，$y=-2^2=-4$
$x=5$ のとき，$y=-5^2=-25$
(変化の割合)$=\frac{-25-(-4)}{5-2}=\frac{-21}{3}=-7$
(2) $x=-6$ のとき，$y=-(-6)^2=-36$
$x=-2$ のとき，$y=-(-2)^2=-4$
(変化の割合)$=\frac{-4-(-36)}{-2-(-6)}=\frac{32}{4}=8$

14　$a=-2$

(解説) 変化の割合を a を使って表す。
$x=-5$ のとき，$y=a\times(-5)^2=25a$
$x=-2$ のとき，$y=a\times(-2)^2=4a$

x	…	-5	…	-2	…
y	…	$25a$	…	$4a$	…

(変化の割合)
$=\frac{4a-25a}{-2-(-5)}=\frac{-21a}{3}$
$=-7a$
$-7a=14$ より，$a=-2$

15　(1) 秒速 12m　(2) 秒速 27m

(解説) 平均の速さを求めることは，変化の割合を求めることと同じ。
(1) $y=3x^2$ の式で x の値(あたい)が 1 から 3 まで増加するときの変化の割合を求める。
$x=1$ のとき，$y=3\times 1^2=3$
$x=3$ のとき，$y=3\times 3^2=27$
(平均の速さ)$=\frac{27-3}{3-1}=\frac{24}{2}=12$ (m/s)
(2) $y=3x^2$ で，
$x=3$ のとき，$y=3\times 3^2=27$
$x=6$ のとき，$y=3\times 6^2=108$
(平均の速さ)$=\frac{108-27}{6-3}=\frac{81}{3}=27$ (m/s)

16 ㋒

(解説) $x>0$ の範囲で，x の値が増加すると，y の値が減少するのは，グラフが下に開く $y=-4x^2$ である。

17 秒速 12m

(解説) 例題 17 で，電車の速さ x と制動距離 y には $y=\frac{1}{2}x^2$ の関係があることがわかったので，y に 72 を代入すればよい。

$72=\frac{1}{2}x^2$　$x^2=144$ より，$x=\pm12$

$x>0$ より，$x=12$

18 (1) 78.4m (2)秒速 29.4m

(解説) $y=4.9x^2$ の関係から考える。

(1)落ち始めてからの時間が x なので，

$y=4.9x^2$ に $x=4$ を代入する。

$y=4.9\times4^2=78.4$

(2)平均の速さは，変化の割合を求めればよい。

$x=2$ のとき，$y=19.6$

$x=4$ のとき，$y=78.4$

(平均の速さ) $=\frac{78.4-19.6}{4-2}=\frac{58.8}{2}=29.4$ (m/s)

19 2.828 秒

(解説) 振り子の長さが 2m なので，$y=2$ を $y=\frac{1}{4}x^2$ に代入する。

$2=\frac{1}{4}x^2$ より，$x^2=8$　$x=\pm\sqrt{8}=\pm2\sqrt{2}$

$x>0$ より，$x=2\sqrt{2}$

$\sqrt{2}=1.414$ から，

$x=2\times1.414=2.828$

20 1080N

(解説) 風速が 30m/s なので，$y=1.2x^2$ の式に $x=30$ を代入する。

$y=1.2\times30^2=1080$

21 下の図

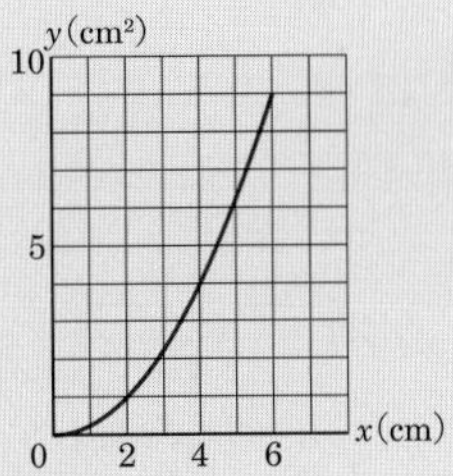

(解説) 点(0, 0)，(2, 1)，(4, 4)，(6, 9)を通る。

22 2cm

(解説) $y=\frac{1}{2}x^2$ の式に $y=2$ を代入する。

$2=\frac{1}{2}x^2$　$x^2=4$ より，$x=\pm2$

$0\leqq x\leqq6$ より，$x=2$

23 4m

(解説) 2 つのグラフの交点の y 座標を読みとる。

[別解] $y=\frac{1}{4}x^2$ の式や $y=x$ の式に $x=4$ を代入して求めてもよい。

24 A(−9, 27)，B(6, 12)
△AOB の面積… 135

(解説) $y=\frac{1}{3}x^2$ と $y=-x+18$ のグラフの交点の x 座標は，y を消去した 2 次方程式を解いて求める。

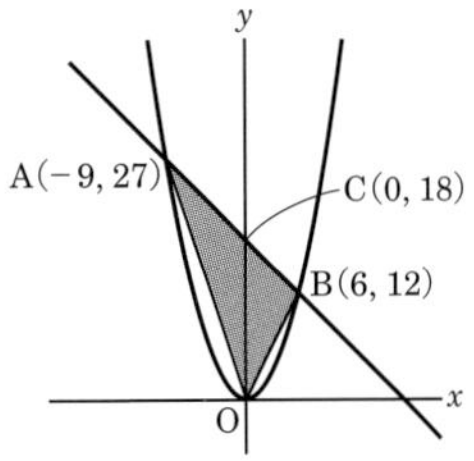

$\frac{1}{3}x^2=-x+18$

$x^2+3x-54=0$

$(x-6)(x+9)=0$

$x=6$，$x=-9$

$x=6$ のとき，

$y=-6+18=12$

$x=-9$ のとき，

$y=-(-9)+18=27$

よって，A(−9, 27)，B(6, 12)

直線 $y=-x+18$ と y 軸(じく)の交点を C とすると，
△OAB = △OAC + △OBC
$=\frac{1}{2}\times18\times9+\frac{1}{2}\times18\times6=135$

25　1：4

(解説) △OAQ と △OBQ は，どちらも底辺が OQ で共通している。
したがって，面積の比は，2 つの三角形の高さの比と同じになる。

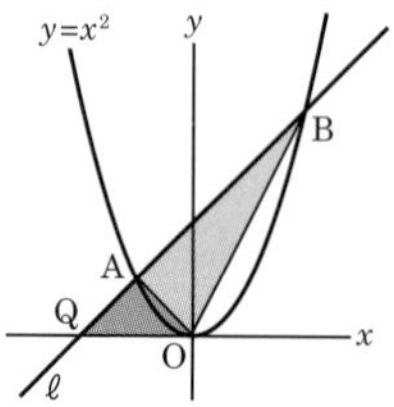

△OAQ の高さは，点 A の y 座標 1。
△OBQ の高さは，点 B の y 座標 4。
よって，面積比は，
△OAQ：△OBQ = 1：4

26　50 秒後

(解説) 列車 A は秒速 14m で進むので，$y=14x$ の式で表される。次の図のように $y=14x$ のグラフをかくと，出発してから 50 秒後に例題 26 の列車に追いつくことがわかる。

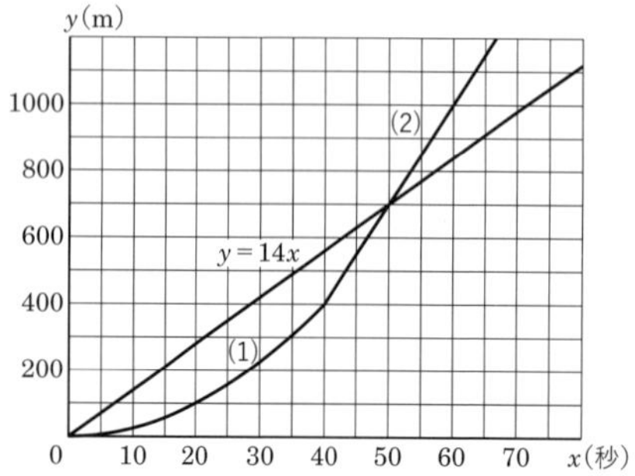

27　51.2cm

(解説) 1 回切ると紙の枚数は 2 倍になるから，9 回切ったときの紙の枚数は 2^9 枚，13 回切ったときの紙の枚数は 2^{13} 枚になる。
9 回切ったときと 13 回切ったときの紙の厚さの比は，
$2^9:2^{13}=1:2^4=1:16$
よって，$3.2:x=1:16$
$x=51.2$

28　860 円

(解説) $2.5<x\leqq3$ の範囲(はんい)にあるので，860 円。

定期テスト対策問題

❶ (1) $\boldsymbol{y=2x^2}$，○　(2) $\boldsymbol{y=\frac{50}{x}}$，×
(3) $\boldsymbol{y=\frac{1}{3}\pi x^2}$，○　(4) $\boldsymbol{y=\frac{24}{x}}$，×
(5) $\boldsymbol{y=\frac{1}{16}x^2}$，○

(解説) (2)，(4)は反比例の関係。
(1) $y=\frac{1}{2}\times x\times4x=2x^2$
(3) $y=\pi\times x^2\times\frac{120}{360}=\frac{1}{3}\pi x^2$
(5)周囲の長さが $x$cm なので，1 辺の長さは $\frac{x}{4}$cm。よって，$y=\frac{x}{4}\times\frac{x}{4}=\frac{1}{16}x^2$
(1)，(3)，(5)は $y=ax^2$ の形で表せる。

❷ (1)(左から)**6，54，96，150**
(2)**いえる，$\boldsymbol{y=6x^2}$**

(解説) 立方体は正方形の面が 6 つあるので，(1 つの正方形の面の面積) × 6 = (表面積) である。
したがって，$y=6x^2$

3 下の図

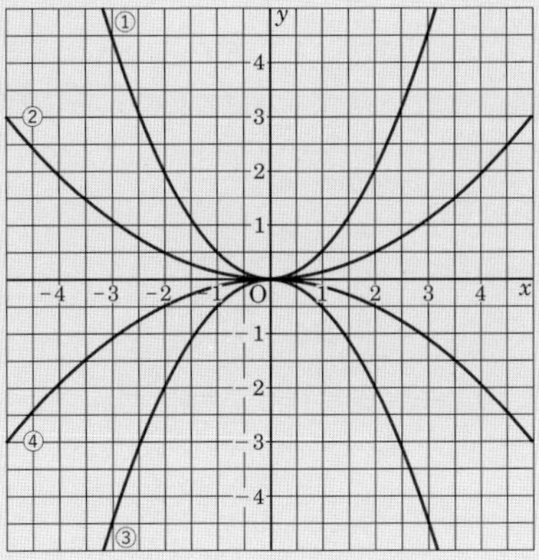

4 ②

(解説) それぞれの式に$x=2$を代入して$y=-8$となれば，そのグラフは点$(2,\ -8)$を通る。

② $y=-2x^2$

$y=-2\times2^2=-8$

5 (1) $\boldsymbol{y=-3x^2}$

(2) $\boldsymbol{y=2}$

(3) $\boldsymbol{y=-\frac{3}{4}x^2}$

(解説) (1) $y=ax^2$とおく。$x=2$，$y=-12$を代入して，$-12=a\times2^2$　$-12=4a$

$a=-3$　よって，$y=-3x^2$

(2) $y=ax^2$とおく。$x=4$，$y=8$を代入して，

$8=a\times4^2$　$8=16a$

$a=\frac{1}{2}$　$y=\frac{1}{2}x^2$に$x=-2$を代入して，

$y=\frac{1}{2}\times(-2)^2=2$

(3) $y=ax^2$とおく。$x=-2$，$y=-3$を代入して，

$-3=a\times(-2)^2$　$-3=4a$

$a=-\frac{3}{4}$　よって，$y=-\frac{3}{4}x^2$

6 ㋐，㋒，㋔

(解説) $y=x^2$のグラフでは，$x>0$のとき，xの値(あたい)が増加すると，yの値は増加し，$x<0$のとき，xの値が増加すると，yの値は減少する。

7 (1) **8**　(2) $\boldsymbol{a=\frac{1}{2}}$

(3) $\boldsymbol{a=\frac{1}{2}}$

(4) $\boldsymbol{a=-\frac{1}{4}}$

(解説) (1) $y=2x^2$において，$x=1$のとき$y=2$，$x=3$のとき$y=18$

$(\text{変化の割合})=\frac{18-2}{3-1}=\frac{16}{2}=8$

(2) $y=ax^2$で，$x=3$のとき$y=9a$

$x=5$のとき$y=25a$

$(\text{変化の割合})=\frac{25a-9a}{5-3}=\frac{16a}{2}=8a$

これが4なので，$8a=4$　$a=\frac{1}{2}$

(3) $y=2x+1$の変化の割合は2

$y=ax^2$で，$x=1$のとき$y=a$

$x=3$のとき$y=9a$

$(\text{変化の割合})=\frac{9a-a}{3-1}=\frac{8a}{2}=4a$

これが2なので，$4a=2$　$a=\frac{1}{2}$

(4)グラフをかいて考える。

xの変域が0をふくんでいて，yの最大値が0なので，グラフは下に開いたグラフである。

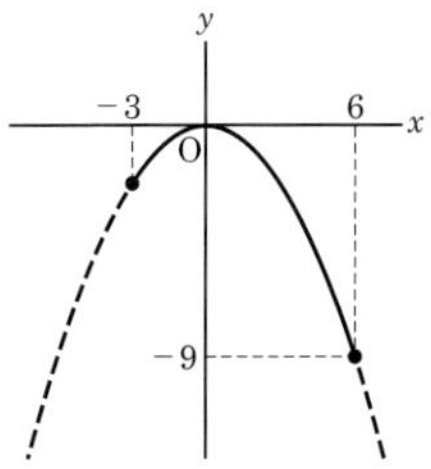

よって，$x=6$のとき$y=-9$となる。

$x=6$，$y=-9$を$y=ax^2$に代入して，

$-9=a\times6^2$　$-9=36a$

$a=-\frac{1}{4}$

8 **秒速 49m**

(解説) 平均の速さを求めることは変化の割合を求めることと同じ。

$y=ax^2$ で，$x=3$ のとき $y=44.1$ より，

$44.1=a\times3^2$　$44.1=9a$　$a=4.9$

$y=4.9x^2$ で x の値(あたい)が 4 から 6 まで増加するときの変化の割合を求めればよい。

$(\text{平均の速さ})=\dfrac{4.9\times6^2-4.9\times4^2}{6-4}$

$=\dfrac{4.9(6^2-4^2)}{2}=\dfrac{4.9\times20}{2}=49\ (\text{m/s})$

9 (1) **A** $\left(-\dfrac{3}{2},\ \dfrac{9}{4}\right)$　(2) **B(2, 4)**

(3) $y=\dfrac{1}{2}x+3$　(4) **7cm²**

(解説) (1) $y=x^2$ で $y=\dfrac{9}{4}$ とすると，$x=\pm\dfrac{3}{2}$

点 A は y 軸(じく)より左にあるから，$x=-\dfrac{3}{2}$

(2) BC＝4cm だから，B の x 座標は 2 になる。

(3) 2 点 $\left(-\dfrac{3}{2},\ \dfrac{9}{4}\right)$，(2, 4) を通る直線の式を求める。

$y=ax+b$ に $x=-\dfrac{3}{2}$，$y=\dfrac{9}{4}$ を代入して，

$\dfrac{9}{4}=-\dfrac{3}{2}a+b$　$9=-6a+4b$　…①

$y=ax+b$ に $x=2$，$y=4$ を代入して，

$4=2a+b$　…②

①，②を連立方程式として解く。

$a=\dfrac{1}{2}$，$b=3$ より，$y=\dfrac{1}{2}x+3$

(4) OD＝4cm より，

$\triangle AOD=\dfrac{1}{2}\times4\times\dfrac{3}{2}=3\ (\text{cm}^2)$

$\triangle ODB=\dfrac{1}{2}\times4\times2=4\ (\text{cm}^2)$

よって，四角形 AOBD＝3＋4＝7 (cm²)

10 (1)① $y=2x^2$　② $y=8x-8$

(2)右の図

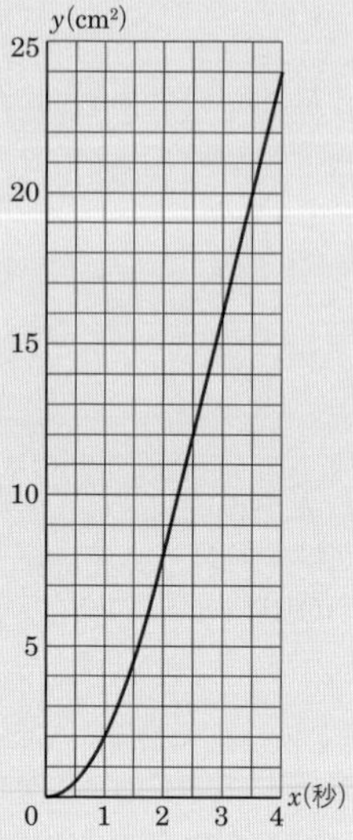

(解説) (1)①のときは，下の図のように底辺と高さが $2x$cm の直角二等辺三角形になる。

よって，$y=\dfrac{1}{2}\times2x\times2x=2x^2$

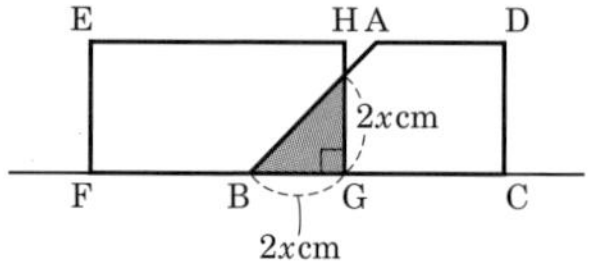

②のときは，次の図のように台形になる。

上底 $(2x-4)$cm，下底 $2x$cm，高さ 4cm。

よって，$y=\dfrac{1}{2}\times\{(2x-4)+2x\}\times4=8x-8$

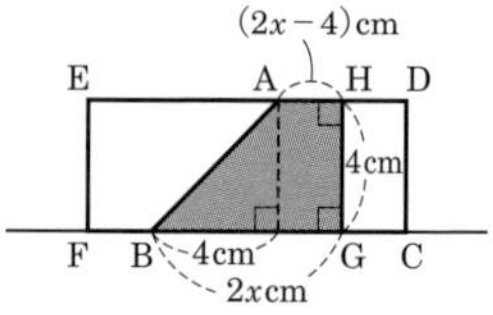

(2)①は放物線，②は 1 次関数でグラフは直線となる。

11 (1) $a=1$　(2) $y=x+2$

(3) **3**

(解説) (1)点 A は $y=x$ 上にあるので，$x=1$ より，

$y=1$　A(1, 1) を $y=ax^2$ のグラフも通っているので，$1=a\times1^2$ より，$a=1$
(2)直線 ℓ と直線 $y=x$ は平行なので，傾きは同じ。よって，直線 ℓ の式を $y=x+b$ とおく。
点 (−2, 0) を通るので，
$0=-2+b$　$b=2$
$y=x+2$
(3) 2 直線は平行なので，△ABC＝△OBC
$x^2=x+2$ より　$x^2-x-2=0$　$(x+1)(x-2)=0$
$x=-1$，$x=2$
B(−1, 1)，C(2, 4)
直線 ℓ と y 軸との交点を D とすると，D(0, 2)
△OBC＝△OBD＋△OCD
$=\frac{1}{2}\times2\times1+\frac{1}{2}\times2\times2=3$
よって，△ABC＝3

5 章　相似な図形

類題

1　GH＝3cm，∠H＝135°

解説　2 倍に拡大したので，辺の比は 1：2 となる。
CD：GH＝1：2＝1.5：3
GH＝3cm
対応する角の大きさは等しいから，
∠H＝∠D＝135°

2　下の図（例）

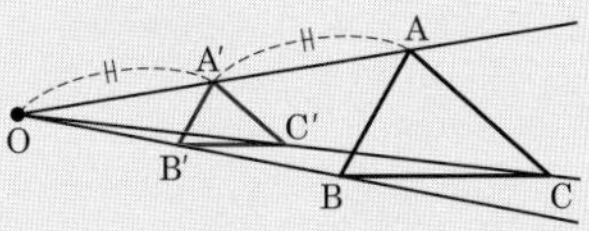

解説　相似の中心 O を決める。
O と △ABC の頂点をそれぞれ結ぶ。
線分 OA 上に，線分 OA′ の長さが線分 OA の長さの $\frac{1}{2}$ になるように点 A′ をとる。同様にして，点 B′，点 C′ をとり 3 点を結んだものが △A′B′C′ になる。

3　5：4

解説　△ABC∽△DEF より，辺 BC に対応する辺は辺 EF。対応する辺の長さの比が相似比だから，BC：EF＝20：16＝5：4

4　BC＝8cm　EH＝13.5cm

解説　対応する辺を見つける。
四角形 ABCD∽四角形 EFGH より，
CD：GH＝16：12＝4：3 だから，
相似比は，4：3

BC $=x$ cm とすると，
BC：FG $=4:3$ より，$x:6=4:3$
$3x=24$　$x=8$　BC $=8$ cm
EH $=y$ cm とすると，
AD：EH $=4:3$ より，$18:y=4:3$
$4y=54$　$y=13.5$　EH $=13.5$ cm

5　**①と⑧… 3組の辺の比がすべて等しい。**
②と⑤… 2組の角がそれぞれ等しい。
③と④… 2組の角がそれぞれ等しい。
⑥と⑦… 2組の辺の比とその間の角がそれぞれ等しい。

(解説) ②と⑤，③と④は，3つの角をすべて求めると，2組の角がそれぞれ等しいことがわかる。
⑥と⑦の2組の辺の比は，2：3になる。

6　**△ADE∽△ABC**
2組の辺の比とその間の角がそれぞれ等しい。

(解説) △ADE と △ABC において，
AD：AB $=20:30=2:3$
AE：AC $=18:27=2:3$
∠DAE ＝ ∠BAC（共通）より，
2組の辺の比とその間の角がそれぞれ等しいから，△ADE∽△ABC

7　**△ABC と △DAC において，**
∠BAC＝∠ADC＝90°　…①
∠ACB＝∠DCA（共通）　…②
①，②より，2組の角がそれぞれ等しいから，△ABC∽△DAC

(解説) 直角三角形で，直角である頂点から斜辺に垂線をひいたとき，直角三角形が3つできるが，それらはすべて相似となる。
△ABC∽△DAC∽△DBA

8　**（証明）△ABC と △DBA において，**
AB：DB＝12：8＝3：2　…①
BC：BA＝18：12＝3：2　…②
∠ABC＝∠DBA（共通）　…③
①，②，③より，2組の辺の比とその間の角がそれぞれ等しいから，
△ABC∽△DBA
（答）AC＝9cm

(解説) 位置をなおして考える。

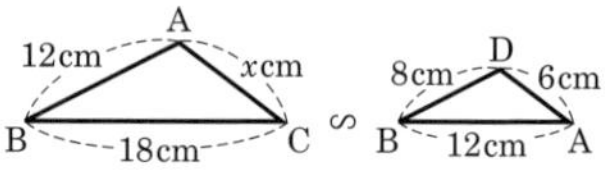

△ABC∽△DBA より，
AC $=x$ cm とすると，
AC：DA $=3:2$　$x:6=3:2$
$2x=18$　$x=9$

9　**約 28m**

(解説) AB の長さ 40m を 4cm にした縮図をかくと，下の図のようになる。
A′P′ は約 2.8cm になるので，AP の長さを x cm とすると，
A′P′：AP＝A′B′：AB より，
$2.8:x=4:4000$
$x=2800$

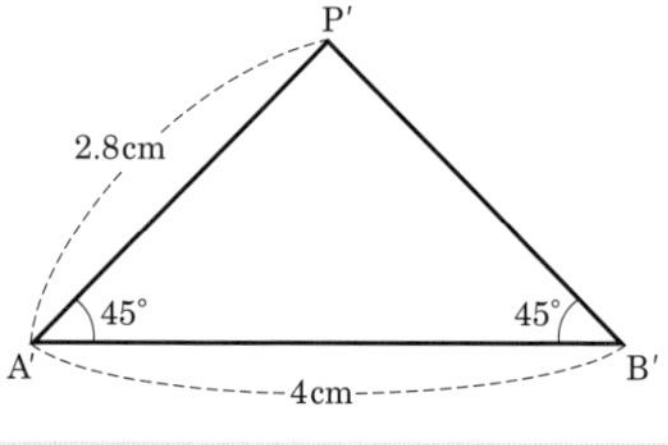

10　**約 21.5m**

(解説) 24m を 3cm にした縮図をかくと，次の図のようになる。
校舎の高さと目の高さの差を x cm とすると，

$2.5:x=3:2400$

$x=2000$

$2000\text{cm}=20\text{m}$

目の高さが 1.5m なので,

$20+1.5$

$=21.5$ (m)

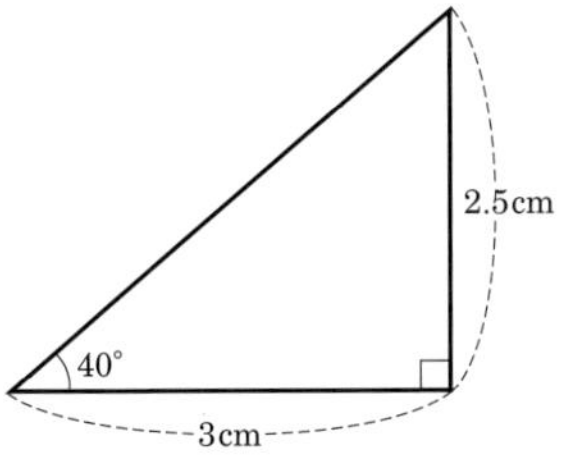

11 **6cm**

(解説) DE∥BC より,

AD:AB=AE:AC

AE の長さを $x$cm とすると,

$8:12=x:9$

$12x=72$

$x=6$

12 **$x=5$**

(解説) DE∥BC より,

AD:DB=AE:EC

$4:8=x:10$

$8x=40$

$x=5$

13 **いえる。**

(解説) AD:AB=8:12=2:3,

AE:AC=6:9=2:3 より,

AD:AB=AE:AC

よって, DE∥BC

14 **いえる。**

(解説) AD:DB=4:2=2:1,

AE:EC=6:3=2:1 より,

AD:DB=AE:EC

よって, DE∥BC

15 **$x=12$, $y=10$**

(解説) 対応する辺をまちがえないようにする。

ED:CB=EA:CA より,

$10:15=8:x$

$x=12$

ED:CB=DA:BA

$10:15=y:15$

$y=10$

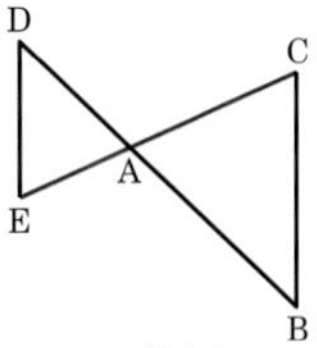

辺 EA に対応するのは辺 CA

16 **OA′=2OA より,**
OA′:OA=2:1
OB′=2OB より,
OB′:OB=2:1
よって, OA′:OA=OB′:OB より,
AB∥A′B′

(解説) △ABC と △A′B′C′ は相似(そうじ)の位置にあるので, AB∥A′B′ だけでなく, BC∥B′C′, CA∥C′A′ となる。

17 **9cm**

(解説) △ABC で, 点 P, Q, R は中点だから, 中点連結定理より,

$RQ=\frac{1}{2}AB=\frac{1}{2}\times6=3$ (cm)

$PR=\frac{1}{2}BC=\frac{1}{2}\times7=3.5$ (cm)

$PQ=\frac{1}{2}AC=\frac{1}{2}\times5=2.5$ (cm)

△PQR の周の長さは, $3+3.5+2.5=9$ (cm)

18 **EF=10, EG=15**

(解説) △ABC で, 点 E, F はそれぞれ辺 AB, AC の中点より, 中点連結定理を使って,

$EF=\frac{1}{2}BC=\frac{1}{2}\times20=10$

また, 中点連結定理により, EF∥BC で, これと BC∥AD より, FG∥AD

したがって, DG:GC=AF:FC=1:1

△ACD で, 点 F, G はそれぞれ辺 AC, DC の中点より, 中点連結定理を使って,

$FG=\frac{1}{2}AD=\frac{1}{2}\times 10=5$

よって，

$EG=EF+FG=10+5=15$

19　$x=\frac{3}{2}$，$y=\frac{16}{3}$

(解説) $2:4=x:3$ より，

$4x=6$

$x=\frac{3}{2}$

直線 q を右の図のように平行移動した直線 q' と直線 p，m，n で考える。

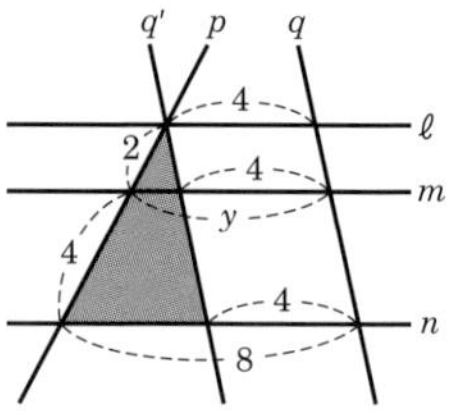

$2:(2+4)$

$=(y-4):(8-4)$

$2:6=(y-4):4$

$6(y-4)=8$

$6y=32$

$y=\frac{32}{6}=\frac{16}{3}$

20　(1) **9**

(2) **BQ=4，PQ=$\frac{18}{5}$**

(解説) (1) AB∥CD より，

$BP:PC=AB:DC=6:9$

$=2:3$

なので，

$PC=BC\times\frac{3}{2+3}$

$=15\times\frac{3}{5}=9$

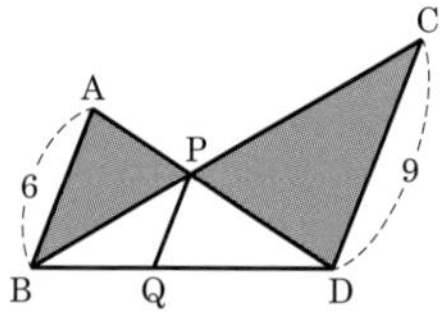

(2) PQ∥CD と(1)より，

$BQ:QD$

$=BP:PC=2:3$ なので，

$BQ=BD\times\frac{2}{2+3}$

$=10\times\frac{2}{5}=4$

また，

$PQ:CD=BP:BC=2:(2+3)=2:5$ より，

$PQ=CD\times\frac{2}{5}=9\times\frac{2}{5}=\frac{18}{5}$

21　**AC＝AE より，△ACE は二等辺三角形になるから，**

∠ACE

＝∠AEC　…①

また，

∠BAD＝∠CAD　…②

∠BAD＋∠CAD＝∠BAC

＝∠ACE＋∠AEC　…③

①，②，③より，∠BAD＝∠AEC

同位角が等しいから，

AD∥EC

したがって，BA：AE＝BD：DC

AC＝AE より，AB：AC＝BD：DC

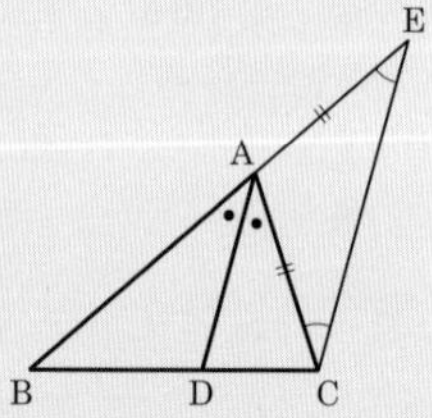

(解説) 三角形の外角は，それととなり合わない2つの内角の和に等しいので，

∠BAC＝∠ACE＋∠AEC

22　$x=\frac{25}{4}$

(解説) AB：AC＝BD：DC より，

$15:9=x:(10-x)$

$x=\frac{25}{4}$

23　周の長さの比… **5：8**

面積比… **25：64**

(解説) 中心角の等しい2つのおうぎ形は相似(そうじ)である。半径の比が5：8だから，相似比は，

5：8

周の長さの比は相似比に等しいので，

5：8

面積比は相似比の2乗に等しいので，

$5^2:8^2=25:64$

24 四角形 DFGE… **18cm^2**
四角形 FBCG… **30cm^2**

(解説) AD＝DF＝FB，AE＝EG＝GC より，
△ADE，△AFG，△ABC の面積比は，
$1^2 : 2^2 : 3^2 = 1 : 4 : 9$
△ADE の面積を $x\text{cm}^2$ とすると，
$x : 24 = 1 : 4$ より，$x = 6$
四角形 DFGE＝△AFG－△ADE
$= 24 - 6 = 18\ (\text{cm}^2)$
△ABC の面積を $y\text{cm}^2$ とすると，
$24 : y = 4 : 9$ より，$y = 54$
四角形 FBCG＝△ABC－△AFG
$= 54 - 24 = 30\ (\text{cm}^2)$

25 **$100\pi\text{cm}^2$**

(解説) 相似比(そうじひ)が 4：5 より，面積比は，
$4^2 : 5^2 = 16 : 25$
2 つの円の面積の合計が $164\pi\text{cm}^2$ より，大きいほうの円の面積は，
$164\pi \times \dfrac{25}{16+25} = 164\pi \times \dfrac{25}{41} = 100\pi\ (\text{cm}^2)$

26 **25cm^2**

(解説) AD∥BC より，△ODA∽△OBC
DA：BC＝4：6＝2：3 より，
$\triangle\text{ODA} : \triangle\text{OBC} = 2^2 : 3^2 = 4 : 9$
△OBC＝9cm^2 だから，△ODA＝4cm^2
△ABC で，AO：OC＝2：3 より，
△AOB：△OBC＝2：3
△AOB の面積を $x\text{cm}^2$ とすると，
$x : 9 = 2 : 3 \quad x = 6$
同様に，△DOC＝6cm^2
したがって，
台形 ABCD
＝△OBC＋△ODA＋△AOB＋△DOC
$= 9 + 4 + 6 + 6 = 25\ (\text{cm}^2)$

27 表面積… **$63\pi\text{cm}^2$** 体積… **$\dfrac{135}{2}\pi\text{cm}^3$**

(解説) 円柱 A と円柱 B の相似比(そうじひ)が 3：2 より，
表面積の比は，$3^2 : 2^2 = 9 : 4$
体積比は，$3^3 : 2^3 = 27 : 8$
円柱 A の表面積を $x\text{cm}^2$ とすると，
$x : 28\pi = 9 : 4$
$x = 63\pi$
円柱 A の体積を $y\text{cm}^3$ とすると，
$y : 20\pi = 27 : 8$
$y = \dfrac{135}{2}\pi$

28 **16cm^3**

(解説) 三角錐(さんかくすい) O-ABC の体積は，
$\dfrac{1}{3} \times 50 \times 15 = 250\ (\text{cm}^3)$
OD：DA＝2：3 より，
OD：OA＝2：(2＋3)＝2：5
よって，三角錐 O-DEF と三角錐 O-ABC の体積比は，$2^3 : 5^3 = 8 : 125$
三角錐 O-DEF の体積を $x\text{cm}^3$ とすると，
$x : 250 = 8 : 125$
$x = 16$

29 Q… **$28\pi\text{cm}^3$** R… **$76\pi\text{cm}^3$**

(解説) 例題 29 (3)で求めたように，P，Q，R の体積比は，1：7：19
Q の体積を $x\text{cm}^3$，R の体積を $y\text{cm}^3$ とすると，
$4\pi : x = 1 : 7$，$4\pi : y = 1 : 19$ より，
$x = 28\pi$，$y = 76\pi$

30 **$4\pi\text{cm}^3$**

(解説) もとの深さと半分になるときの深さの比は，2：1
このときの体積比は，$2^3 : 1^3 = 8 : 1$
求める体積を $x\text{cm}^3$ とすると，
$32\pi : x = 8 : 1$
$x = 4\pi$

31 (1) **6cm** (2) **$26\pi\text{cm}^3$**

解説 立体の辺の比は右の図のようになる。

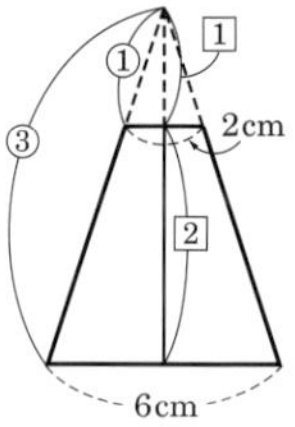

(1)底面の直径の比が

2：6＝1：3 より，

立体の高さは，

$9\times\frac{2}{3}=6$ (cm)

(2)もとの円錐(えんすい)の体積は，

$\frac{1}{3}\times\pi\times3^2\times9=27\pi$ (cm^3)

切り取られた円錐ともとの円錐の体積比は，

$1^3：3^3=1：27$

よって，もとの円錐と立体の体積比は，

27：(27－1)＝27：26

立体の体積を x cm^3 とすると，

$27\pi：x=27：26$

$x=26\pi$

32 27 個

解説 相似比(そうじひ)が 3：1 だから，体積比は，

$3^3：1^3=27：1$

よって，27÷1＝27（個）

定期テスト対策問題

1 (1) **2：3** (2) **∠R**
(3) **9cm** (4) **70°**

解説 (1)辺 AB に対応する辺は辺 PQ。

したがって，相似比(そうじひ)は，8：12＝2：3

(3) PS＝$x$cm とする。2：3＝6：x より，$x=9$

(4) ∠B＝360°－(90°＋80°＋120°)＝70°

2 (1) **△ABC∽△AED**
2 組の辺の比とその間の角がそれぞれ等しい。
(2) **△ABC∽△DAC**
2 組の辺の比とその間の角がそれぞれ等しい。
(3) **△ABC∽△ADE**
2 組の角がそれぞれ等しい。

解説 位置をなおして考える。

(3)辺の比を使うには不十分なので，$\ell /\!/ m$ より，平行線の錯角(さっかく)を使うと，2 組の角がそれぞれ等しいことがいえる。

3 (1) **△ABF と △DBE において，**
∠BAF＝∠BDE＝90°
∠ABF＝∠DBE
2 組の角がそれぞれ等しいから，
△ABF∽△DBE
(2) **△ABE と △CBF において，**
∠BAE＝90°－∠CAD＝∠BCF
∠ABE＝∠CBF
2 組の角がそれぞれ等しいから，
△ABE∽△CBF
(3) **(1)より，∠AFE＝∠DEB**
∠DEB＝∠AEF（対頂角）
よって，∠AFE＝∠AEF
2 つの角が等しいから，△AEF は二等辺三角形である。

解説 (1) △ABF，△DBE とも直角三角形である。

(2) ∠BAE＝∠BAF－∠CAD＝90°－∠CAD

∠BCF＝180°－∠ADC－∠CAD

＝180°－90°－∠CAD＝90°－∠CAD

4 約 20.5m

解説 たとえば，EF の長さを 3cm として縮図をかくと，下の図のようになる。

AG の高さを $x$cm とすると，1200：3＝x：4.8

$x=1920$　1920cm＝19.2m

目の高さを加えて，19.2＋1.3＝20.5（m）

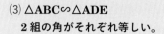

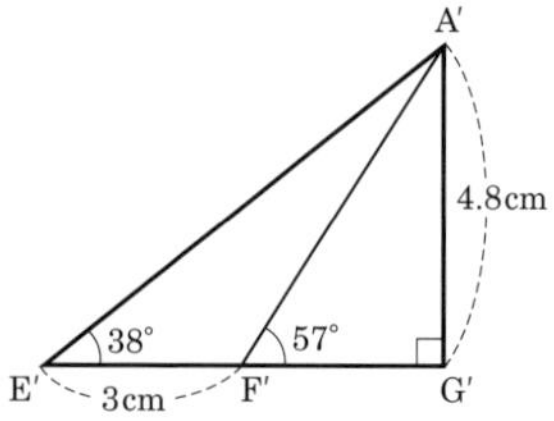

5 (1) $x=20$, $y=12$

(2) $x=\frac{16}{3}$, $y=\frac{35}{3}$

(3) $x=9$

(解説) (1) $15:x=(24-6):24$　$x=20$

$y:4=(24-6):6$　$y=12$

(2) $4:6=x:8$　$x=\frac{16}{3}$

$(4+6):6=y:7$　$y=\frac{35}{3}$

(3) AB：AC＝BD：DC

よって，$8:12=6:x$　$x=9$

6 (1) AP：PD＝2：3，BP：BC＝2：5

(2) $\frac{24}{5}$ cm

(解説) (1) AB∥CD より，

AP：PD＝AB：CD＝8：12＝2：3

また，BP：PC＝AB：CD＝2：3 より，

BP：BC＝BP：(BP＋PC)

＝2：(2＋3)＝2：5

(2) PQ∥CD と(1)より，

PQ：CD＝BP：BC＝2：5

PQ：12＝2：5

PQ＝$\frac{24}{5}$ (cm)

7 $\frac{7}{2}$ cm

(解説) EF∥BC より，

AE：AB＝EQ：BC なので，

$5:(5+3)=$ EQ：8

EQ＝5 (cm)

また，AD∥EF より，

BE：BA＝EP：AD なので，

$3:(5+3)=$ EP：4

EP＝$\frac{3}{2}$ (cm)

よって，PQ＝EQ－EP＝$5-\frac{3}{2}=\frac{7}{2}$ (cm)

8 **△ABC において，L，M は AC，BC の中点だから，LM＝$\frac{1}{2}$AB**

△ACD において，同様にして，

LN＝$\frac{1}{2}$CD

AB＝CD だから，LM＝LN

2 つの辺が等しいから，△LMN は二等辺三角形である。

(解説) △ABC，△ACD について，それぞれ中点連結定理を使う。

9 4：1

(解説) 右の図のように，AF，BC をそれぞれ延長し，その交点を H とする。

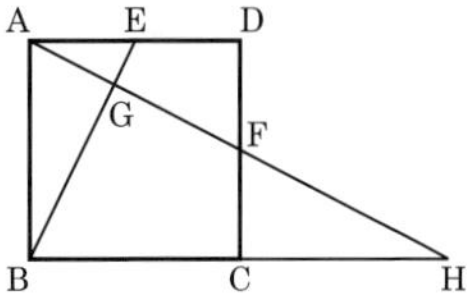

正方形の 1 辺の長さを x とおくと，AD∥CH より，

AD：CH＝DF：FC＝1：1 だから，

CH＝AD＝x

BH＝BC＋CH＝$2x$

また，AE＝$\frac{1}{2}$AD より，AE＝$\frac{1}{2}x$

AE∥BH より，

BG：GE＝BH：EA＝$2x:\frac{1}{2}x=4:1$

10 (1) **△AEF と △CBF において，**

AD∥BC より，

∠EAF＝∠BCF

∠AEF＝∠CBF

2 組の角がそれぞれ等しいから，

△AEF∽△CBF

(2) **4：9**　(3) **11 cm²**

(解説) (2) △AEF と △CBF の相似比（そうじひ）は，

AE：BC＝2：3 より，面積比は，$2^2:3^2=4:9$

(3) △ABF と △CBF の面積比は，高さが共通なので，底辺の長さの比になる。よって，
AF：FC＝2：3 より，面積比は，2：3
△AEF：△CBF＝2^2：3^2＝4：9 より，
△AEF：△CBF：△ABF
＝4：9：6
△AEF＝4cm^2 なので，
△CBF＝9cm^2，△ABF＝6cm^2
四角形 EFCD の面積は，
△ACD－△AEF
＝△ABC－△AEF
＝(△CBF＋△ABF)－△AEF
＝(9＋6)－4＝11(cm^2)

11 228cm^3

解説 三角錐（さんかくすい）A-OBC，三角錐 A-A′B′C′ の体積をそれぞれ V，V' とする。
V：V'＝3^3：2^3＝27：8 であり，
V'＝96cm^3 なので，
$V=96\times\frac{27}{8}=324$ (cm^3)
よって，立体 A′B′C′-OBC の体積は，
324－96＝228(cm^3)

12 980cm^3

解説 水面の高さが 9cm のときの水の入っている部分と 15cm のときの水の入っている部分の水面の高さの比は，9：15＝3：5
このときの体積比は，3^3：5^3＝27：125
水面の高さが 15cm のときの水の体積を $x$$cm^3$ とすると，
270：x＝27：125
x＝1250
追加する水は，1250－270＝980(cm^3)

6章 円

類題

1 **∠OPA＝∠a とする。**
OP＝OA より，
∠OAP＝∠a
∠AOB
＝∠OPA＋∠OAP
＝∠a＋∠a＝2∠a
よって，∠APB＝$\frac{1}{2}$∠AOB

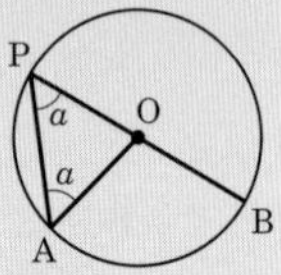

解説 円周上のどこに点 P があっても，円周角（えんしゅうかく）の定理は成り立つ。

2 (1) **∠x＝60°** (2) **∠x＝90°**
(3) **∠x＝130°**

解説 (1) ∠x は $\overset{\frown}{AB}$ に対する中心角なので，
∠x＝∠AOB＝2∠APB＝2×30°＝60°
(2) ∠x は $\overset{\frown}{AB}$ に対する円周角，また AB は直径より，
∠x＝∠APB＝$\frac{1}{2}$∠AOB
＝$\frac{1}{2}$×180°＝90°

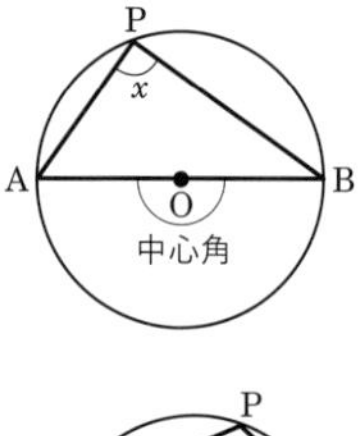

(3)円周角 ∠APB に対する中心角は，∠x ではないほうの ∠AOB なので，
∠AOB＝2∠APB
＝2×115°＝230°
よって，∠x＝360°－230°＝130°

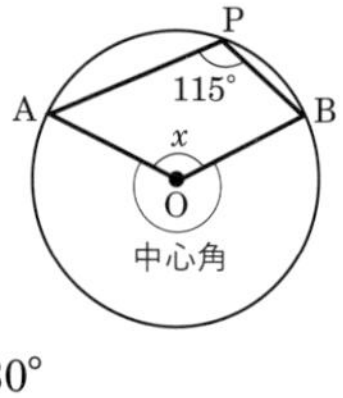

3 **∠x＝37°**

(解説) $\overset{\frown}{BC}$ に対する円周角なので,

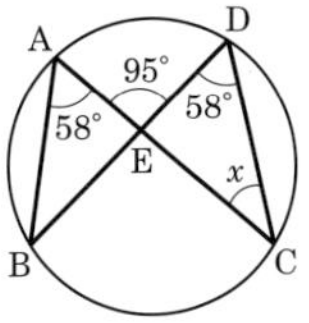

$\angle BDC = \angle BAC = 58°$

△EDC で，∠AED は外角より,

$\angle x + \angle EDC = \angle x + 58° = 95°$

$\angle x = 37°$

4 **$\angle x = 22°$, $\angle y = 66°$**

(解説) 円周角 ∠ADB に対する弧(こ)は $\overset{\frown}{AB}$。円周角 ∠BAD に対する弧は,

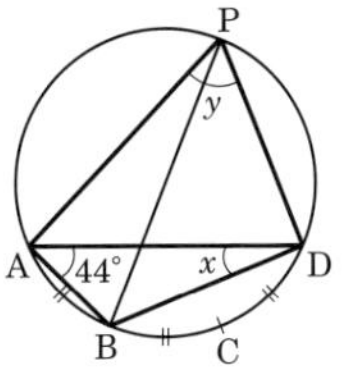

$\overset{\frown}{BD} = \overset{\frown}{BC} + \overset{\frown}{CD}$

$\overset{\frown}{AB} = \overset{\frown}{BC} = \overset{\frown}{CD}$ より,

$\angle ADB = \dfrac{1}{2}\angle BAD$

$= \dfrac{1}{2} \times 44° = 22°$

$\angle x = 22°$

また，P と B を結ぶと，$\overset{\frown}{AB}$ に対する円周角は ∠APB，$\overset{\frown}{BD}$ に対する円周角は ∠BPD。

$\angle APD = \angle APB + \angle BPD$

同じ弧に対する円周角なので,

$\angle APB = \angle ADB = 22°$

$\angle BPD = \angle BAD = 44°$

よって，$\angle APD = 22° + 44° = 66°$

$\angle y = 66°$

5 **A と C を結ぶ。**
PA=PC より,
△PAC は二等辺三角形だから,
∠DCA=∠BAC
円周角が等しいから,
$\overset{\frown}{AD} = \overset{\frown}{BC}$

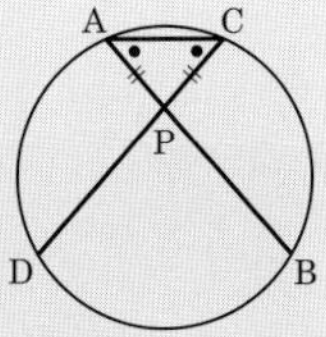

(解説) △PAC が二等辺三角形であることを使って，大きさが等しい円周角を見つける。

6 **$\overset{\frown}{AB} = \overset{\frown}{AC}$ で，M, N がそれぞれ $\overset{\frown}{AB}$, $\overset{\frown}{AC}$ を 2 等分するから，$\overset{\frown}{BM} = \overset{\frown}{CN}$**
M と C を結ぶと,
∠BCM=∠CMN
錯角(さっかく)が等しいから，MN∥BC

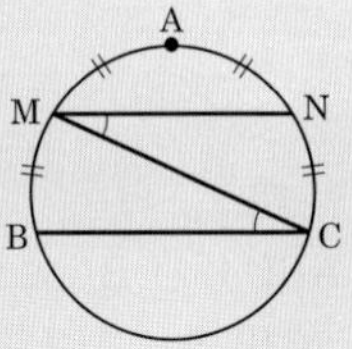

(解説) B と N を結んで，∠MNB = ∠NBC を使って証明してもよい。

7 **$\angle x = 62°$**

(解説) AC が直径なので,

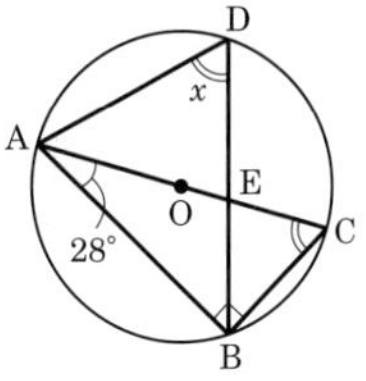

$\angle ABC = 90°$

△ABC で,

$\angle ACB$

$= 180° - \angle ABC - \angle BAC$

$= 180° - 90° - 28° = 62°$

$\overset{\frown}{AB}$ に対する円周角なので,

$\angle ADB = \angle ACB = 62°$

よって，$\angle x = 62°$

8 **△APC の外角と内角の関係より,**
∠APC
=∠ACD−∠PAC
よって,
∠APD<∠ACD
同様にして，∠BPD<∠BCD
∠APB=∠APD+∠BPD
∠ACB=∠ACD+∠BCD
よって，∠APB<∠ACB=∠a

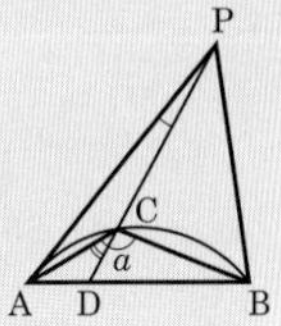

(解説) ∠APD と ∠ACD，∠BPD と ∠BCD の関係を調べる。

9 **30°**

(解説) $\angle ECD = 180° - (40° + 70° + 40°) = 30°$ より，$\angle ABD = \angle ACD = 30°$ になればよい。

10 **いえる。**
(理由)2 点 D，C は直線 AB について同じ側にあり，∠ADB＝∠ACB だから。

(解説) ∠ADB＝∠ACB＝90° より，
∠ADB と ∠ACB は，AB を直径とする円の $\overset{\frown}{AB}$ に対する円周角になっている。

11 **右の図**

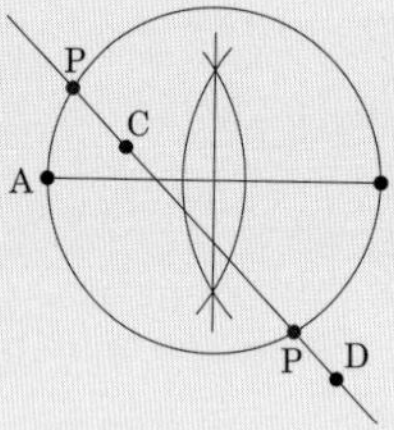

(解説) 次の手順で作図する。
①直線 CD をひく。
② AB を結び，線分 AB の中点をとる。
③ AB の中点を中心とし，線分 AB を直径とする円をかく。
④直線 CD と円の交わった点が P になる。

12 **$\angle x=50°$**

(解説) $\overset{\frown}{AB}$ に対する中心角なので，
∠AOB＝2×65°
＝130°
四角形 PAOB で，
内角の和は，360°
∠PAO＝∠PBO＝90°
よって，∠APB＝360°−(130°＋90°×2)＝50°
$\angle x=50°$

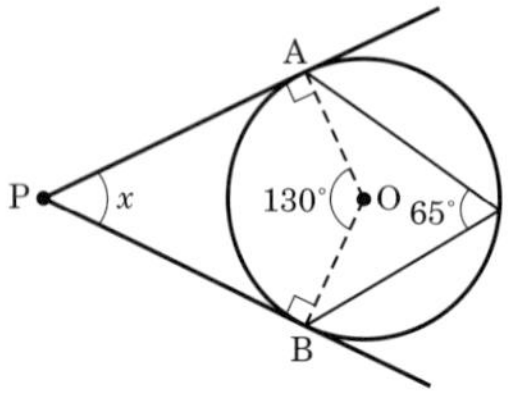

13 $\dfrac{9}{2}$

(解説) 例題 13 より，PA：PD＝PC：PB となるので，
3：DP＝4：6
$DP=3\times6\div4=\dfrac{9}{2}$

14 **2cm**

(解説) 例題 14 より，
PA：PD＝PC：PB
CD＝$x$cm とすると，
$3:(4+x)=4:(3+5)$
$4(4+x)=24$
$x=2$

15 **E と C を結ぶ。**
$\overset{\frown}{EC}$ に対する円周角だから，
∠CAE
＝∠CBE …①
$\overset{\frown}{BE}$ に対する円周角だから，
∠BAE＝∠BCE …②
また，∠BAE＝∠CAE …③
①，②，③より，
∠CBE＝∠BCE
△BEC で 2 つの角が等しいから，
△BEC は二等辺三角形になる。

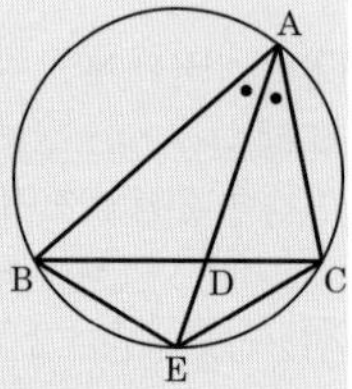

(解説) 二等辺三角形になるには，等しい角を 2 つ見つければよい。

16 **右の図**

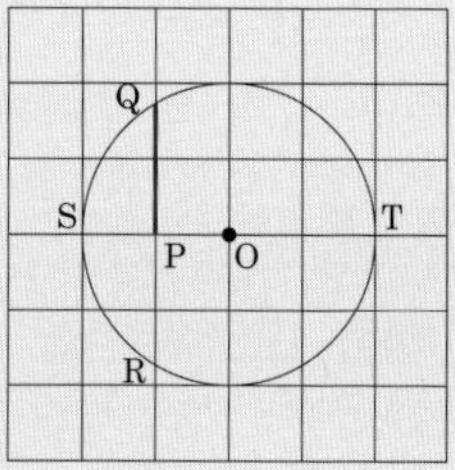

(解説) 次の手順で作図する。
① 3 を 1 と 3 の積と考える。
② ①の数の和，すなわち，4 を直径とする円 O をかく。
③円 O の直径を 1：3 に分ける点を P とする。
④ P を通るこの直径の垂線をひき，円との交点の 1 つを Q とすれば，$PQ=\sqrt{3}$ である。

定期テスト対策問題

1 (1) $\angle x=50°$，$\angle y=130°$
(2) $\angle x=47°$　(3) $\angle x=34°$
(4) $\angle x=80°$　(5) $\angle x=70°$
(6) $\angle x=60°$

解説 (1) $\angle y$ に対する中心角は，
$360°-100°=260°$ より，$\angle y=130°$
(2) $\angle ABC=90°$，$\angle DBC=43°$ より，
$\angle x=90°-43°=47°$
(3) $\overset{\frown}{AD}$ に対する円周角より，$\angle x=\angle ACD$
$\angle EDC+\angle ACD=\angle BEC$
$60°+\angle x=94°$　$\angle x=34°$
(4) BD が直径なので，$\angle BCD=90°$ より，
$\angle ACB=90°-60°=30°$
$\overset{\frown}{AB}$ に対する円周角より，
$\angle ADB=\angle ACB=30°$
$\angle x=\angle DAC+\angle ADB=50°+30°=80°$
(5) $\angle x=\angle COD+\angle DOE$
$=2\angle CBD+2\angle DAE=2\times 10°+2\times 25°$
$=70°$
(6) $\angle ACB=\dfrac{1}{2}\angle AOB=\dfrac{1}{2}\times 80°=40°$
$20°+80°=40°+\angle x$ より，
$\angle x=60°$

2 (1) **72°**　(2) **54°**

解説 (1) A と C を結ぶと，$\overset{\frown}{BD}=\overset{\frown}{DC}$ なので，
$\angle BAC=18°\times 2=36°$
よって，$\angle BOC=36°\times 2=72°$
(2) $\angle BOC=72°$ より，
$\angle AOC=180°-72°=108°$
よって，$\angle ADC=108°\div 2=54°$

3 **20°**

解説 △ABE で，$\angle ABE=70°-25°=45°$
また，$\angle A=\angle C=25°$ だから，
△PCB で，$\angle APC=45°-25°=20°$

4 **△BDE と △BDC において，**
$\angle BED=\angle BCD=90°$　…①
BD は共通　…②
$\overset{\frown}{AP}=\overset{\frown}{PC}$ より，
$\angle EBD=\angle CBD$　…③
①，②，③より，直角三角形の斜辺(しゃへん)と 1 つの鋭角(えいかく)がそれぞれ等しいから，
△BDE≡△BDC
よって，DE＝DC

5 **29°**

解説 $\overset{\frown}{AC}=\overset{\frown}{CD}$ より，$\angle CBD=\angle ABC=\angle x$
とすると，$2\overset{\frown}{AC}=\overset{\frown}{DB}$ より，
$\angle BAD=2\angle x$
△ABE の外角より，$\angle ABC+\angle BAD=\angle AEC$
$\angle x+2\angle x=87°$　$3\angle x=87°$
$\angle x=29°$

6 **点 B と点 D を結ぶ。**
△OBD で，OB＝OD であるから，
$\angle OBD=\angle ODB$　…①
また，$\overset{\frown}{AD}=\overset{\frown}{DC}$ であるから，
$\angle ABD=\angle DBC$　…②
①，②より，$\angle ODB=\angle DBC$
よって，錯角(さっかく)が等しいから，OD∥BC

7 ①，③

解説 ① $\angle ADB=105°-40°=65°$
$\angle ACB=\angle ADB$ より，4 点 A，B，C，D は 1 つの円周上にある。
② $\angle CAD=180°-(28°+50°+50°)=52°$
$\angle CAD\neq\angle CBD$ より，
4 点 A，B，C，D は 1 つの円周上にない。
③ $\angle BCE=80°-30°=50°$
$\angle ACB=\angle ADB$ より，4 点 A，B，C，D は 1 つの円周上にある。

❽ 3cm

解説 円の接線は，接点を通る半径に垂直であり，また円外の1点から，その円にひいた接線の長さは等しい。これより，四角形APIQは円Iの半径を1辺とする正方形である。また，

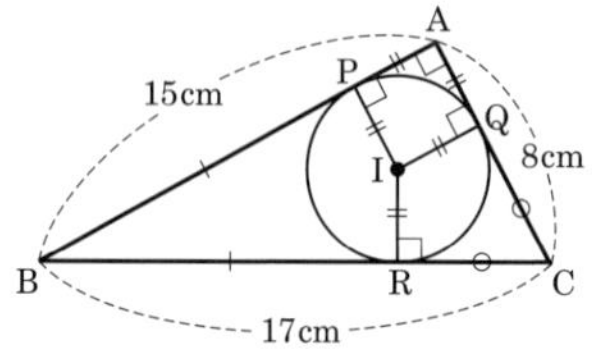

AP＝AQ，BP＝BR，CR＝CQがいえる。

円Iの半径を$x$cmとすると，

AP＝AQ＝$x$cm

BR＝BP＝AB－AP＝15－x(cm)

CR＝CQ＝AC－AQ＝8－x(cm)

BC＝BR＋CRなので，

$17=(15-x)+(8-x)$

よって，$x=3$

❾ ∠x＝20°，∠y＝40°

解説 OC＝OBより，△OBCは二等辺三角形だから，

$\angle x=(180°-140°)\div 2=20°$

四角形AOBDで，∠OAD＝∠OBD＝90°

また，∠AOB＝360°－(80°＋140°)＝140°

よって，$\angle y=360°-(140°+90°\times 2)=40°$

❿ (1) △ACDと△ECBにおいて，
$\overset{\frown}{AD}=\overset{\frown}{DB}$より，
∠ACD＝∠ECB …①
また，$\overset{\frown}{AC}$に対する円周角より，
∠ADC＝∠EBC …②
①，②より，2組の角がそれぞれ等しいから，
△ACD∽△ECB
(2) 110°

解説 (2) (1)より，∠CEB＝∠CAD＝70°

∠AEC＝180°－∠CEB

＝180°－70°＝110°

⓫ (1) △PBCと△PDAにおいて，
∠Pは共通 …①
$\overset{\frown}{AC}$に対する円周角より，
∠PBC＝∠PDA …②
①，②より，2組の角がそれぞれ等しいから，
△PBC∽△PDA
(2) 3cm

解説 (2) (1)より，△PBC∽△PDAなので，

PB：PD＝PC：PA

PA＝$x$cmとすると，

$(x+5):(4+2)=4:x$　$x(x+5)=24$

$x^2+5x-24=0$　$(x+8)(x-3)=0$

$x=-8$，$x=3$

$x>0$より，$x=3$

⓬ (1) $x=8$　(2) $x=10$
(3) $x=7$

解説 (1)△ADPと△CBPにおいて，

∠DAP＝∠BCP，∠APD＝∠CPBより，

△ADP∽△CBP

したがって，PA：PC＝PD：PBより，

$10:5=x:4$　$5x=40$　$x=8$

(2)△ACPと△DBPにおいて，

∠CAP＝∠BDP，∠APC＝∠DPBより，

△ACP∽△DBP

したがって，PA：PD＝PC：PBより，

$4:x=2:5$　$2x=20$　$x=10$

(3)△PADと△PCBにおいて，

∠APD＝∠CPB，∠PAD＝∠PCBより，

△PAD∽△PCB

したがって，PA：PC＝PD：PBより，

$(5+x):(6+4)=6:5$　$5(5+x)=60$

$5+x=12$　$x=7$

7章 三平方の定理

類題

1 **正方形ABCDの面積は，c^2**
正方形EFGHの面積は，$(a-b)^2$
△ABEの面積は，$\frac{1}{2}ab$
正方形ABCD
＝△ABE×4＋正方形EFGH
$c^2=\frac{1}{2}ab\times4+(a-b)^2$
$=2ab+a^2-2ab+b^2$
$=a^2+b^2$
したがって，$a^2+b^2=c^2$

(解説) 正方形の外側に直角三角形を考えても，内側に考えても，三平方（さんへいほう）の定理を証明できる。

2 **△ABCと△ACDにおいて，**
∠ACB＝∠ADC＝90°，∠Aは共通
2組の角がそれぞれ等しいから，
△ABC∽△ACD
よって，AB：AC＝AC：AD
$c:b=b:x$　$b^2=cx$　…①
同様に，△ABC∽△CBDだから，
AB：CB＝BC：BD
$c:a=a:y$　$a^2=cy$　…②
①＋②より，
$a^2+b^2=cx+cy$　$a^2+b^2=c(x+y)$
$x+y=c$なので，
$a^2+b^2=c^2$

3 **(1) $x=4\sqrt{5}$　(2) $x=13$**
(3) $x=\sqrt{29}$

(解説) (1) $4^2+8^2=x^2$　$x^2=80$
$x=\pm\sqrt{80}=\pm4\sqrt{5}$
$x>0$より，$x=4\sqrt{5}$
(2) $12^2+5^2=x^2$　$x^2=169$
$x=\pm13$　$x>0$より，$x=13$
(3) $2^2+5^2=x^2$　$x^2=29$
$x=\pm\sqrt{29}$　$x>0$より，$x=\sqrt{29}$

4 **(1) $x=8$　(2) $x=2\sqrt{6}$**
(3) $x=\sqrt{7}$

(解説) (1) $x^2+15^2=17^2$　$x^2+225=289$
$x^2=64$　$x=\pm8$
$x>0$より，$x=8$
(2) $x^2+5^2=7^2$　$x^2+25=49$
$x^2=24$　$x=\pm2\sqrt{6}$
$x>0$より，$x=2\sqrt{6}$
(3) $(\sqrt{5})^2+x^2=(2\sqrt{3})^2$　$5+x^2=12$
$x^2=7$　$x=\pm\sqrt{7}$
$x>0$より，$x=\sqrt{7}$

5 **15cm**

(解説) 直角三角形ABCで，最も短い辺ACを$x$cmとして，そのほかの辺をxを使って表す。

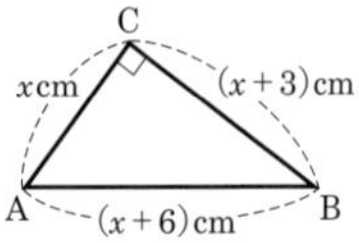

三平方の定理にあてはめると，
$x^2+(x+3)^2=(x+6)^2$
$x^2+x^2+6x+9=x^2+12x+36$
$x^2-6x-27=0$
$(x+3)(x-9)=0$
$x=-3$，$x=9$　$x>0$より，$x=9$
よって，斜辺（しゃへん）ABの長さは，$9+6=15$(cm)

6 **①，③**

(解説) 3辺のうち最も長い辺を見つける。
①最も長い辺は$\sqrt{3}$cmの辺。
$1^2+(\sqrt{2})^2=1+2=3$
$(\sqrt{3})^2=3$より，直角三角形である。
②最も長い辺は9cmの辺。
$5^2+7^2=25+49=74$

$9^2=81$ より，直角三角形ではない。
③最も長い辺は 6cm の辺。
$3^2+(3\sqrt{3})^2=9+27=36$
$6^2=36$ より，直角三角形である。

<u>7</u>　最も長い辺は 13cm の辺。
$5^2+12^2=25+144=169$,
$13^2=169$ より，$5^2+12^2=13^2$ となるので，直角三角形である。

(解説) 三平方の定理の逆が成り立てば，直角三角形である。

<u>8</u>　13cm または $\sqrt{119}$ cm

(解説) 求める辺が斜辺(しゃへん)の場合，斜辺の長さを $x$cm とすると，
$5^2+12^2=x^2$
$169=x^2$
$x=\pm13$　$x>0$ より，$x=13$
求める辺が斜辺以外の場合，
斜辺の長さは 12cm。
求める辺の長さを $x$cm とすると，
$x^2+5^2=12^2$
$x^2=119$
$x=\pm\sqrt{119}$　$x>0$ より，$x=\sqrt{119}$

<u>9</u>　(1) 25cm　(2) 4cm

(解説) (1)対角線の長さを $x$cm とすると，
$7^2+24^2=x^2$
$x^2=625$
$x=\pm25$　$x>0$ より，$x=25$
(2)対角線の長さを $x$cm とすると，
$(2\sqrt{2})^2+(2\sqrt{2})^2=x^2$
$8+8=x^2$
$x^2=16$
$x^2=\pm4$　$x>0$ より，$x=4$

<u>10</u>　$25\sqrt{3}$ cm²

(解説) 右の図で，△ABC の高さは，AH
H は BC の中点なので，
BH＝5 (cm)
△ABH で，
$5^2+AH^2=10^2$　$AH^2=75$
$AH=\pm5\sqrt{3}$　$AH>0$ より，$AH=5\sqrt{3}$ (cm)
△ABC の面積は，
$\frac{1}{2}\times10\times5\sqrt{3}=25\sqrt{3}$ (cm²)

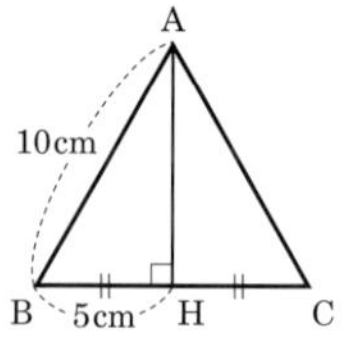

<u>11</u>　4cm，$4\sqrt{3}$ cm

(解説) 30°，60°，90° の直角三角形なので，右の図で，
AB：BC＝2：1
8：BC＝2：1
BC＝4 (cm)
AB：AC＝2：$\sqrt{3}$
8：AC＝2：$\sqrt{3}$
$AC=4\sqrt{3}$ (cm)

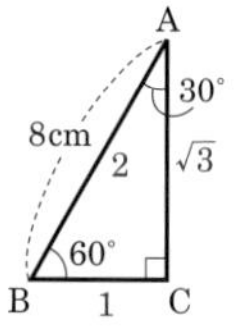

<u>12</u>　(1) $2\sqrt{5}$　(2) $\sqrt{41}$

(解説) (1) A(2, 3)，B(6, 5) とする。AB を斜辺(しゃへん)とする直角三角形をつくる。
右の図で，
$AC=6-2=4$
$BC=5-3=2$
$AB^2=4^2+2^2=20$
$AB>0$ より，$AB=\sqrt{20}=2\sqrt{5}$

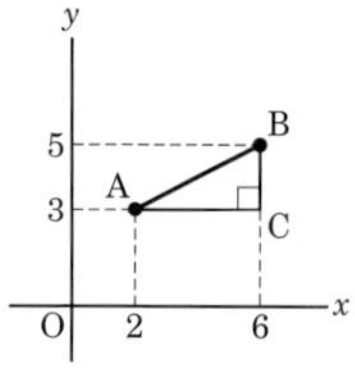

(2) A(−2, 1)，B(3, −3) とする。AB を斜辺とする直角三角形をつくる。
右の図で，
$AC=3-(-2)=5$
$BC=1-(-3)=4$
$AB^2=5^2+4^2=41$
$AB>0$ より，$AB=\sqrt{41}$

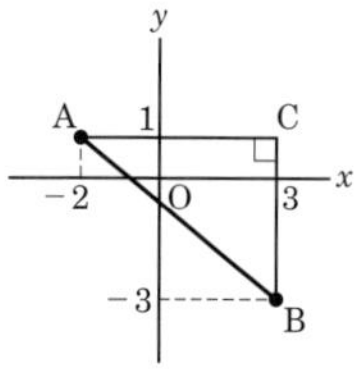

<u>13</u>　13cm

解説 円Oの半径を $x$cmとする。
△OADで，$OA=x$ (cm)，$OD=(x-8)$ (cm)
$OA^2=OD^2+DA^2$ より，
$x^2=(x-8)^2+12^2$
$16x=208$
$x=13$

14　$x=15$

解説 △OAPは∠OAPを直角とする直角三角形だから，
$OP^2=OA^2+AP^2$
$17^2=8^2+x^2$
$x^2=17^2-8^2=225$
$x>0$ より，$x=15$

15　$2\sqrt{5}$ cm

解説 右の図のAO′が切り口の円の半径になる。
△OAO′は，OAを斜辺とする直角三角形なので，

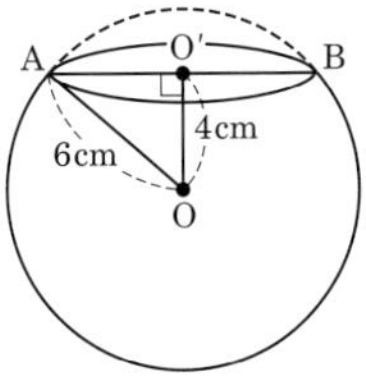

$6^2=O'A^2+4^2$ より，
$O'A^2=6^2-4^2=20$
$O'A>0$ より，$O'A=2\sqrt{5}$ (cm)

16　(1) $5\sqrt{2}$ cm　(2) $10\sqrt{3}$ cm

解説 公式 $\ell=\sqrt{a^2+b^2+c^2}$ にあてはめる。
(1) $\sqrt{3^2+4^2+5^2}=\sqrt{50}=5\sqrt{2}$ (cm)
(2) $\sqrt{10^2+10^2+10^2}=\sqrt{300}=10\sqrt{3}$ (cm)

17　96π cm³

解説 円錐の高さを $h$cmとすると，

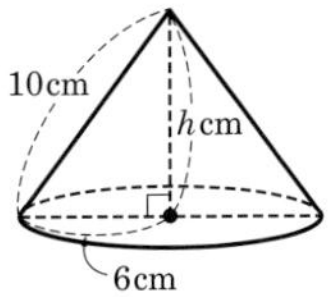

$h^2+6^2=10^2$
$h^2=64$
$h>0$ より，$h=8$
体積は，$\frac{1}{3}\times\pi\times6^2\times8=96\pi$ (cm³)

18　$36\sqrt{2}$ cm³

解説 右の図で，

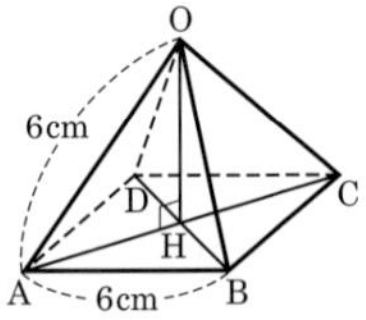

$AC^2=6^2+6^2=72$
$AC>0$ より，
$AC=6\sqrt{2}$ (cm)
よって，$AH=3\sqrt{2}$ (cm)
△AOHは $AO=6$ (cm)，$AH=3\sqrt{2}$ (cm)，
$\angle AHO=90°$ の直角三角形だから，
$OH^2=6^2-(3\sqrt{2})^2=18$
$OH>0$ より，$OH=3\sqrt{2}$ (cm)
正四角錐O-ABCDの体積は，
$\frac{1}{3}\times$(底面積)$\times$(高さ)より，
$\frac{1}{3}\times6^2\times3\sqrt{2}=36\sqrt{2}$ (cm³)

19　$\frac{25}{4}$ cm

解説 △ACEは二等辺三角形だから，

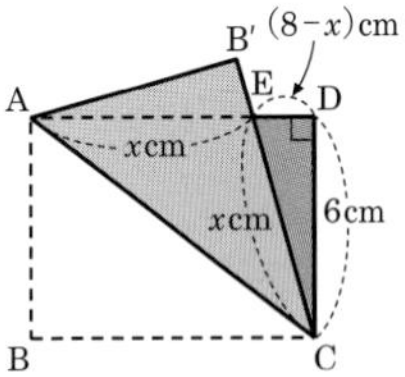

$EC=EA=x$cmとおく。
$ED=AD-EA$
$=8-x$ (cm)
$CD=6$ (cm)
直角三角形EDCで，
$x^2=(8-x)^2+6^2$　$x^2=64-16x+x^2+36$
$x=\frac{25}{4}$　$EC=\frac{25}{4}$ (cm)

20　$\sqrt{185}$ cm

解説 展開図をかいて考える。

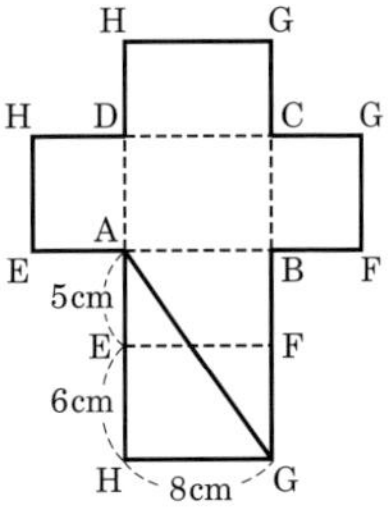

長さがもっとも短くなるのは，点Aと点Gを直線で結んだときである。
△AHGで，$AH=11$ (cm)，
$HG=8$ (cm)，
$\angle AHG=90°$ より，
$AG^2=11^2+8^2$
$=185$
$AG>0$ より，$AG=\sqrt{185}$ (cm)

定期テスト対策問題

1 (1) $\boldsymbol{x=10}$　(2) $\boldsymbol{x=3\sqrt{5}}$
(3) $\boldsymbol{x=5}$　(4) $\boldsymbol{x=15}$
(5) $\boldsymbol{x=\sqrt{5}}$　(6) $\boldsymbol{x=2\sqrt{11}}$

(解説) (1) $x^2=6^2+8^2$　$x^2=100$
$x>0$ より，$x=10$
(2) $x^2=3^2+6^2$　$x^2=45$
$x>0$ より，$x=3\sqrt{5}$
(3) $7^2=x^2+(2\sqrt{6})^2$　$x^2=25$
$x>0$ より，$x=5$
(4) $17^2=x^2+8^2$　$x^2=225$
$x>0$ より，$x=15$
(5) $(2\sqrt{3})^2=x^2+(\sqrt{7})^2$　$x^2=5$
$x>0$ より，$x=\sqrt{5}$
(6) $AB^2=3^2-1^2=8$
$x^2=AB^2+BC^2=8+6^2=44$
$x>0$ より，$x=2\sqrt{11}$

2 **②，③**

(解説) 三平方の定理の逆が成り立つかを調べる。
② $1.2^2+1.6^2=1.44+2.56=4$
$2^2=4$
③ $4^2+(2\sqrt{5})^2=16+20=36$
$6^2=36$

3 **$169\,cm^2$**

(解説) 右の図のように，
$\angle C=90°$ だから，
$AB^2=AC^2+BC^2$
$AC^2=25$
$BC^2=144$
AB を 1 辺とする正方形
の面積は，
$AB^2=25+144=169\,(cm^2)$

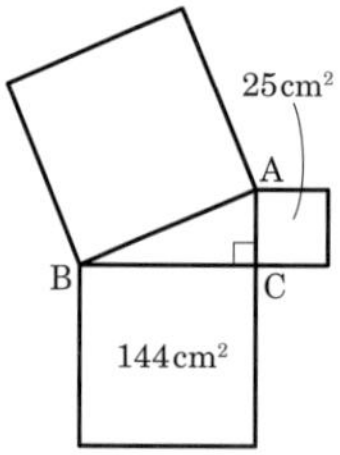

4 **$\sqrt{113}$ cm**

(解説) $AD=\sqrt{AC^2-CD^2}=\sqrt{10^2-8^2}=6\,(cm)$
だから，$BD=AB-AD=13-6=7\,(cm)$
よって，$BC=\sqrt{BD^2+CD^2}$
$=\sqrt{7^2+8^2}=\sqrt{113}\,(cm)$

5 (1) **$6\sqrt{3}$ cm**　(2) **$3\sqrt{6}$ cm**
(3) **$5\sqrt{2}$**　(4) **$3\sqrt{10}$ cm**
(5) **$(12\sqrt{3}+36)\,cm^2$**

(解説) (1) $AH:HC=\sqrt{3}:1$
H は BC の中点より，
$HC=6\,(cm)$ だから，
$AH:6=\sqrt{3}:1$
$AH=6\sqrt{3}\,(cm)$

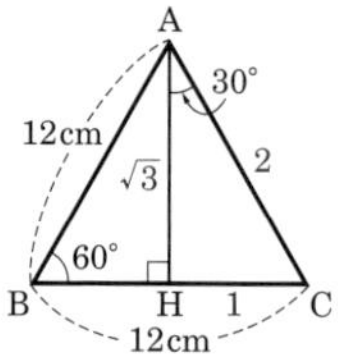

(2) 1 辺の長さを $x$cm とすると，
$x^2=(\sqrt{5})^2+7^2$　$x^2=54$
$x>0$ より，$x=3\sqrt{6}$
(3) $AB^2=\{2-(-3)\}^2+\{3-(-2)\}^2$
$=25+25=50$
$AB>0$ より，$AB=5\sqrt{2}$
(4) $\sqrt{5^2+4^2+7^2}=\sqrt{90}=3\sqrt{10}\,(cm)$
(5) 頂点 A から辺 BC に垂線 AH をひく。
△AHC で，
$HC:AC=1:\sqrt{2}$
$HC:12=1:\sqrt{2}$
$HC=6\sqrt{2}\,(cm)$

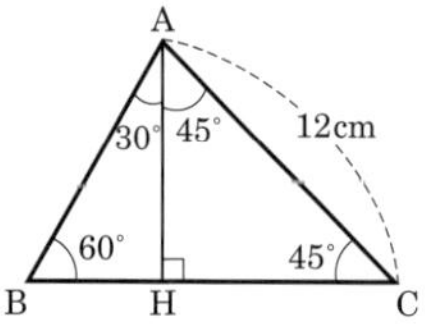

また，△ABH で，
$AH:BH=\sqrt{3}:1$
$AH=HC=6\sqrt{2}\,(cm)$ より，
$6\sqrt{2}:BH=\sqrt{3}:1$　$BH=2\sqrt{6}\,(cm)$
よって，$BC=BH+HC=2\sqrt{6}+6\sqrt{2}\,(cm)$
△ABC の面積は，
$\dfrac{1}{2}\times(2\sqrt{6}+6\sqrt{2})\times6\sqrt{2}=12\sqrt{3}+36\,(cm^2)$

6 **84cm^2**

(解説) 右の図で，

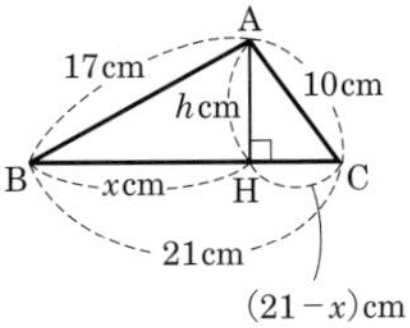

AH＝$h$cm とする。
また，BH＝$x$cm とすると，HC＝$(21-x)$(cm)
△ABH と △ACH で，
$17^2-x^2=h^2$，$10^2-(21-x)^2=h^2$ より，
$17^2-x^2=10^2-(21-x)^2$ なので，
$42x=630$　$x=15$
$h^2=17^2-15^2$　$h^2=64$
$h>0$より，$h=8$
よって，△ABC の面積は，
$\frac{1}{2}\times21\times8=84$ (cm^2)

7 **$\frac{9}{2}$cm**

(解説) BE＝$x$cm とすると，
DE＝AE＝$(12-x)$(cm)
BD＝6(cm)だから，
△BDE で，$x^2+6^2=(12-x)^2$
$24x=108$　$x=\frac{9}{2}$

8 **$12\sqrt{3}\,\text{cm}^2$**

(解説) O，B を結ぶ。

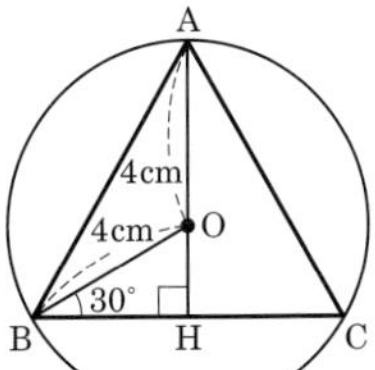

△ABC は正三角形で，
∠AHB＝90° より，
△BOH の 3 つの角の大きさは，30°，60°，90°。よって，
BH：OB＝$\sqrt{3}$：2
BH：4＝$\sqrt{3}$：2
BH＝$2\sqrt{3}$ (cm)
また　OB：OH＝2：1 より，
OH＝2cm
よって，△ABC の面積は，
$\frac{1}{2}\times(2\sqrt{3}\times2)\times(4+2)=12\sqrt{3}$ (cm^2)

9 (1) **4cm**　(2) **$\frac{32\sqrt{5}}{3}\pi\text{cm}^3$**

(解説) (1)底面の半径を $r$cm とすると，

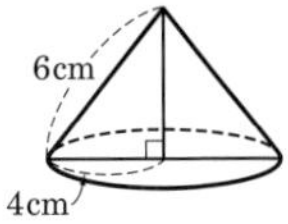

$2\pi\times6\times\frac{240}{360}=2\pi r$
よって，$r=4$
(2)円錐(えんすい)の高さは，
$\sqrt{6^2-4^2}=2\sqrt{5}$ (cm)だから，体積は，
$\frac{1}{3}\times\pi\times4^2\times2\sqrt{5}=\frac{32\sqrt{5}}{3}\pi$ (cm^3)

10 (1) **$5\sqrt{5}$**　(2) **$2\sqrt{5}$**

(解説) (1) $y=-2x+10$ で，
$x=0$ のとき $y=10$ より，A(0，10)
$y=0$ のとき $x=5$ より，B(5，0)
よって，OA＝10，OB＝5 より，
AB＝$\sqrt{5^2+10^2}=5\sqrt{5}$
(2) △ABO＝$\frac{1}{2}$×OB×OA
＝$\frac{1}{2}\times5\times10=25$
ここで，
△ABO＝$\frac{1}{2}$×AB×OC
より，
$25=\frac{1}{2}\times5\sqrt{5}\times$OC
OC＝$2\sqrt{5}$

11 (1) **2cm^3**　(2) **$\sqrt{22}\,\text{cm}^2$**
(3) **$\frac{3\sqrt{22}}{11}$cm**

(解説) (1)底面を △ABC とすると，
(底面積)＝$\frac{1}{2}\times2\times2=2$ (cm^2)
高さは BF＝3(cm)なので，
(体積)＝$\frac{1}{3}\times2\times3=2$ (cm^3)

(2) $AF=CF=\sqrt{2^2+3^2}=\sqrt{13}$ (cm)

$AC=2\sqrt{2}$ (cm)

F から AC に垂線 FI をひくと，△AFC は FA＝FC の二等辺三角形だから，

$AI=CI=\sqrt{2}$ (cm)

$FI=\sqrt{(\sqrt{13})^2-(\sqrt{2})^2}=\sqrt{11}$ (cm)

よって，$\triangle AFC=\frac{1}{2}\times 2\sqrt{2}\times\sqrt{11}=\sqrt{22}$ (cm^2)

(3) B から △AFC にひいた垂線の長さを $x$cm とすると，三角錐(さんかくすい) B-AFC の体積は，

$\frac{1}{3}\times\sqrt{22}\times x=\frac{\sqrt{22}}{3}x$ (cm^3) と表される。

(1)より，これは 2cm^3 だから，

$\frac{\sqrt{22}}{3}x=2\quad x=\frac{3\sqrt{22}}{11}$

12 **$8\sqrt{3}$ cm**

(解説) 展開図をかいて考える。

ひもの長さがもっとも短くなるとき，右の図のようになり，点 P は OB の中点なので，△APB は 30°，60°，90° の直角三角形となる。

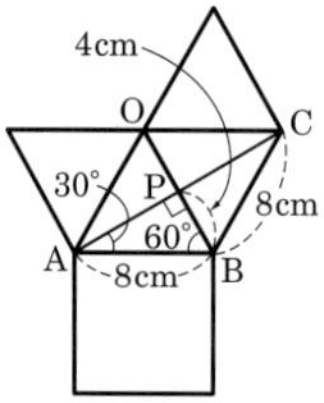

よって，

$AP=8\times\frac{\sqrt{3}}{2}=4\sqrt{3}$ (cm)

$AC=4\sqrt{3}\times 2=8\sqrt{3}$ (cm)

13 **$\frac{\sqrt{21}}{2}$ cm^2**

(解説) P と B を結ぶと，直角三角形 PAB で

$\angle PAB=60°$ だから，$PA=\frac{1}{2}AB=2$ (cm)

よって，$PH=\frac{\sqrt{3}}{2}PA=\sqrt{3}$ (cm)

$AH=\frac{1}{2}PA=1$ (cm)

また，B と Q を結ぶと，直角三角形 QAB で

$\angle QAB=30°$

だから，$AQ=\frac{\sqrt{3}}{2}AB=2\sqrt{3}$ (cm)

したがって，$AK=\frac{\sqrt{3}}{2}AQ=3$ (cm)

$QK=\frac{1}{2}AQ=\sqrt{3}$ (cm)

$HK=AK-AH=3-1=2$ (cm)

△QHK で，$QH=\sqrt{2^2+(\sqrt{3})^2}=\sqrt{7}$ (cm)

よって，$\triangle PQH=\frac{1}{2}\times\sqrt{7}\times\sqrt{3}=\frac{\sqrt{21}}{2}$ (cm^2)

8章 標本調査

類題

1 ①，④

(解説) ②は生徒1人1人の体重を測定する必要があり，③は受験者1人1人の検定が必要なので，②と③は全数調査。①，④は一部を調べればよいので，標本調査がよい。

2 (1)①**ある県の中学3年生全体**
②**選び出した中学3年生1000人**
③ **1000**
(2)①**ある工場で製造した蛍光灯5000本**
② **500本目ごとの製品10本**
③ **10**
(3)①**赤球と白球200個**
②**取り出した球10個**
③ **10**

(解説) 母集団は集団全体，標本は選び出した集団の一部分をいう。標本の大きさとは，取り出したデータの個数を表す。

3 ③，④

(解説) 無作為に抽出する必要があるので，かたよりや選ぶ人の感情が入らないようにする。

4 **およそ100個**

(解説) 標本は30個，そのうち12個が白い碁石だったので，白い碁石の割合は，

$\frac{12}{30}=\frac{2}{5}$

母集団250個のうち白い碁石の個数は，

$250\times\frac{2}{5}=100$

よって，およそ100個

5 **およそ13000匹**

(解説) 養殖場にいるハマチの数をx匹とすると，

$x:400=300:9$ より，

$x=13333.\cdots$

よって，およそ13000匹

定期テスト対策問題

1 ②，③

(解説) 全数調査が可能か，また，それに意味があるかどうかを考える。
国勢調査は，国の人口やその分布などを正確に知るために，国が行っている調査で，国民全体について調べているので，全数調査である。

2 (1)**ある工場で製造した缶詰**
(2)標本…**無作為に抽出した缶詰300個**
標本の大きさ…**300**

(解説) (1)標本調査を行うとき，傾向を知りたいと考えるもとの集団の全体を母集団という。
(2)調査のために取り出した母集団の一部を標本という。

3 **およそ230人**

(解説) 標本における20分未満の生徒の比率は，

$\frac{68}{100}=\frac{17}{25}$

よって，20分以上の生徒の比率は，

$1-\frac{17}{25}=\frac{8}{25}$

全校生徒中，20分以上の生徒は，

$720\times\frac{8}{25}=230.4$（人）

およそ230人

4 (1) 1.3 個　(2) 400 個

(解説) (1) $(0\times3+1\times11+2\times4+3\times1+4\times1)\div20=1.3$ (個)

(2)袋(ふくろ)の中の球の総数を x 個とすると，

$10:1.3=x:50$

よって，$x=\dfrac{5000}{13}=384.\cdots$

x は 100 の倍数だから，$x=400$

思考力を鍛える問題

1 ア…12　イ…4　ウ…$\dfrac{1}{3}$　エ…12　オ…2　カ…$\dfrac{1}{6}$

(解説) ア… $m+n$ は次の 12 通りある。

$9+21=30$, $\underline{9+60=69}$,

$9+84=93$, $21+9=30$,

$\underline{21+60=81}$, $21+84=105$,

$\underline{60+9=69}$, $\underline{60+21=81}$,

$60+84=144$, $84+9=93$,

$84+21=105$, $84+60=144$

イ… $a\leqq\sqrt{x}\leqq b$ のとき，$a^2\leqq x\leqq b^2$ であることに着目する。

$8^2=64$, $9^2=81$ より，$64\leqq m+n\leqq81$ になるのは，(ア)の下線の 4 通りある。

ウ… $\dfrac{4}{12}=\dfrac{1}{3}$

エ… $\dfrac{n}{m}$ は次の 12 通りある。

$\dfrac{21}{9}=\dfrac{7}{3}$, $\dfrac{60}{9}=\dfrac{20}{3}$, $\dfrac{84}{9}=\dfrac{28}{3}$,

$\dfrac{9}{21}=\dfrac{3}{7}$, $\dfrac{60}{21}=\dfrac{20}{7}$, $\underline{\dfrac{84}{21}=4}$,

$\dfrac{9}{60}=\dfrac{3}{20}$, $\dfrac{21}{60}=\dfrac{7}{20}$, $\dfrac{84}{60}=\dfrac{7}{5}$,

$\dfrac{9}{84}=\dfrac{3}{28}$, $\underline{\dfrac{21}{84}=\dfrac{1}{4}}$, $\dfrac{60}{84}=\dfrac{5}{7}$

オ… $\sqrt{\dfrac{n}{m}}$ が有理数になるのは，$\dfrac{n}{m}$ がある数の 2 乗になるときである。

$4=2^2$, $\dfrac{1}{4}=\left(\dfrac{1}{2}\right)^2$ より，有理数になるのは，(エ)の下線の 2 通りある。

カ… $\dfrac{2}{12}=\dfrac{1}{6}$

2 (1) $(-3,\ 3)$ (2) $a=-1$

(3)① $(0,\ 6)$ ② $y=-\frac{3}{4}x+3$ ③ $a=-\frac{2}{3}$

解説 (1) $y=\frac{1}{3}x^2$ に $x=-3$ を代入すると,

$y=\frac{1}{3}\times(-3)^2=3$

よって，A$(-3,\ 3)$ である。

(2)点Bは，点Aと同じグラフ上にあり，y 座標が等しいから，点Aの x 座標の符号(ふごう)を変えて，B$(3,\ 3)$ となる。

また，点Cは，点Bと x 座標が等しいので，$y=ax^2$ に $x=3$ を代入して，$y=9a$ より，C$(3,\ 9a)$ と表せる。

線分BCの長さは，点Bの y 座標と点Cの y 座標の差に等しく，

(点Bの y 座標)>(点Cの y 座標)より，

(線分BCの長さ)

=(点Bの y 座標)−(点Cの y 座標)

よって，$3-9a=12$　$a=-1$

(3)①点Dは y 軸(じく)上にあるから，x 座標は0である。

また，正方形の対角線は長さが等しく，それぞれの中点で垂直に交わるので，

(点Dの y 座標)

=(点Aの y 座標)$\times2=3\times2=6$

よって，D$(0,\ 6)$

②正方形OADBの面積を2等分する直線は，対角線の交点$(0,\ 3)$を通る。

よって，求める直線は $y=mx+3$ と表せるので，これに $x=4$, $y=0$ を代入して，$0=4m+3$

$m=-\frac{3}{4}$

よって，$y=-\frac{3}{4}x+3$

③線分OCを1辺とする正方形の面積は，

(正方形の面積)=(1辺)^2 より，OC^2 となる。

ここで，点Cの座標は$(3,\ 9a)$と表せるので，線分OCを斜辺(しゃへん)とする直角三角形に，三平方の定理を用いて，

OC^2=(点Oと点Cの x 座標の差)^2

+(点Oと点Cの y 座標の差)^2

$OC^2=3^2+(9a)^2$　$OC^2=9+81a^2$

また，正方形OADBの面積は，ひし形の面積の公式を用いて，

$\frac{1}{2}\times$(線分ABの長さ)×(線分ODの長さ)より，$\frac{1}{2}\times6\times6=18$

よって，(線分OCを1辺とする正方形の面積)：(正方形OADBの面積)=5：2より，

$(9+81a^2):18=5:2$　$a^2=\frac{4}{9}$

$a<0$ より，$a=-\frac{2}{3}$

3 (1) **AQ，ARは，円O′の接線だから，**

∠AQO′=∠ARO′=90°　…①

共通な辺だから，

AO′=AO′　…②

円O′の半径だから，

O′Q=O′R　…③

①，②，③より，直角三角形で，斜辺(しゃへん)と他の1辺がそれぞれ等しいから，

△AQO′≡△ARO′

(2) **△AQO′と△ACBにおいて，**

共通な角だから，

∠QAO′=∠CAB　…①

円の接線は，その接点を通る半径に垂直だから，

∠AQO′=90°　…②

また，半円の弧(こ)に対する円周角は直角だから，

∠ACB=90°　…③

②，③より，

∠AQO′=∠ACB　…④

①，④より，2組の角がそれぞれ等しいから，

△AQO′∽△ACB

(3)① $4\sqrt{3}$ **cm** ② $6\sqrt{3}$ **cm** ③ $6\sqrt{3}$ **cm²**

④ $4\sqrt{3}$ **cm²** ⑤ $18\sqrt{3}$ **cm²** ⑥ $2\sqrt{21}$ **cm**

(解説) (3)① △AQO′ で，∠AQO′ = 90°，
O′Q = 4 (cm)，AO′ = 8 (cm) より，
O′Q：AO′ = 1：2 だから，
$AQ = \sqrt{3}\,O'Q = 4\sqrt{3}$ (cm)
② △AQO′∽△ACB より，
AQ：AC = AO′：AB
$4\sqrt{3}$：AC = 8：12　AC = $6\sqrt{3}$ (cm)
※△AQO′，△ARO′，△ACB は 30°，60°，90° の直角三角形である。
③ AP = AB − PB = 4 (cm)
また，点 C から線分 AB にひいた垂線 CS の長さは，図 1 より，

$CS = \frac{1}{2}AC = 3\sqrt{3}$ (cm)

よって，$\triangle ACP = \frac{1}{2} \times AP \times CS$ より，

$\frac{1}{2} \times 4 \times 3\sqrt{3} = 6\sqrt{3}$ (cm²)

図 1

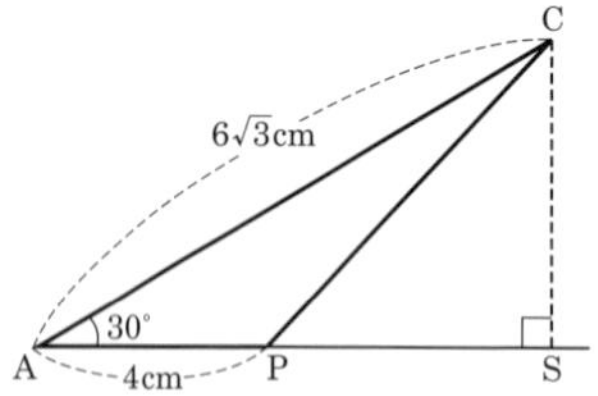

④ AR = AQ = $4\sqrt{3}$ (cm)
また，点 R から線分 AB にひいた垂線 RT の長さは，図 2 より，

$RT = \frac{1}{2}AR = 2\sqrt{3}$ (cm)

よって，$\triangle APR = \frac{1}{2} \times AP \times RT$ より，

$\frac{1}{2} \times 4 \times 2\sqrt{3} = 4\sqrt{3}$ (cm²)

※ $AT = \sqrt{3}\,RT = 6$ (cm) より，点 T は点 O と一致する。

図 2

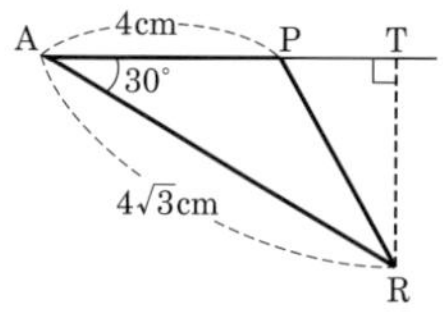

⑤図 3 のように，点 C から線分 AR に垂線 CU をひくと，

$CU = \frac{\sqrt{3}}{2}AC = 9$ (cm)

よって，$\triangle ACR = \frac{1}{2} \times AR \times CU$ より，

$\frac{1}{2} \times 4\sqrt{3} \times 9 = 18\sqrt{3}$ (cm²)

図 3

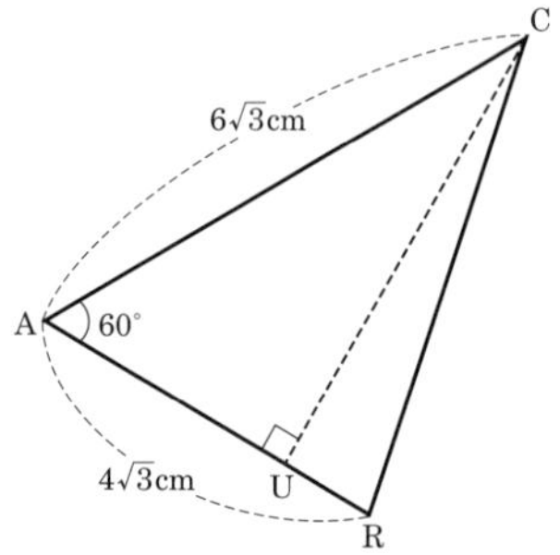

⑥図 3 の △CUR に着目する。

CU = 9 (cm)，$AU = \frac{1}{2}AC = 3\sqrt{3}$ (cm)，
$UR = AR - AU = \sqrt{3}$ (cm) より，
△CUR に三平方の定理を用いて，
$CR^2 = 9^2 + (\sqrt{3})^2$　$CR^2 = 84$
CR > 0 より，$CR = 2\sqrt{21}$ (cm)

4 (1)ア… **8**　イ… **6**　ウ… **12**
(2) **$9\sqrt{3}$ cm²**　(3) **$6\sqrt{7}$ cm**
(4)① **$y = 2\sqrt{3}$**　② **$x = 7$**　③ **$x = 10$，$y = 4$**

(解説) (2) △ABC は 1 辺 6cm の正三角形である。
点 A から辺 BC に垂線 AH をひくと，

$AH = \frac{\sqrt{3}}{2}AB = 3\sqrt{3}$ (cm)

よって，求める面積は，

$\frac{1}{2} \times 6 \times 3\sqrt{3} = 9\sqrt{3}$ (cm²)

(3)求める長さは，図 1 の太線 AB の長さである。

$HC = \frac{1}{2}BC = 3$ (cm) より，

HB = HC + CF + FB = 3 + 6 + 6 = 15 (cm)
AB = $x$cm として，△AHB に三平方の定理を用いると，

$x^2=(3\sqrt{3})^2+15^2 \quad x^2=252$

$x>0$ より，$x=6\sqrt{7}$

図 1

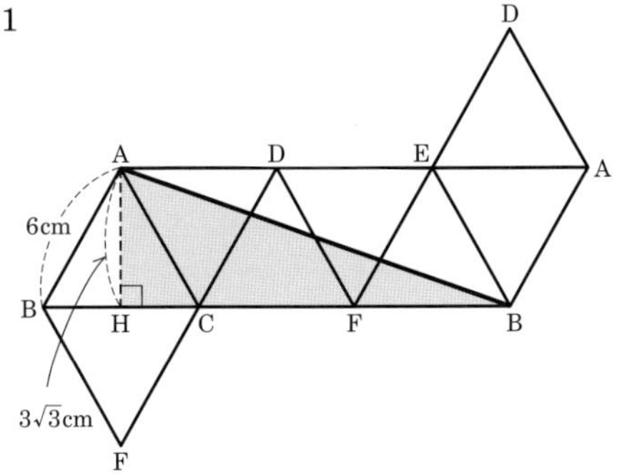

(4)①図 2 のように，$x=2$ のとき，点 P は辺 AB 上，点 Q は辺 AC 上にあり，

図 2

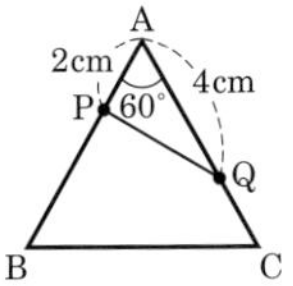

$AP=2\,(cm)$，

$AQ=4\,(cm)$である。

$AP:AQ=1:2$，$\angle PAQ=60°$ より，

$\triangle APQ$ は $\angle APQ=90°$ の直角三角形になるから，

$PQ=\sqrt{3}\,AP=2\sqrt{3}\,(cm)$

よって，$\triangle APQ=\frac{1}{2}\times AP\times PQ$ より，

$y=\frac{1}{2}\times 2\times 2\sqrt{3}=2\sqrt{3}$

② $6\leqq x\leqq 9$ のとき，点 P は辺 AB 上を点 B から点 A に向かって動き，点 Q は辺 DF 上を点 D から点 F に向かって動く。

図 3 のように，四角形 ABFD は 1 辺 6cm の正方形だから，$\triangle APQ$ の底辺を AP とすると，高さは 6cm である。

また，点 P は x 秒間で $x$cm 動くので，

$AP=(12-x)\,(cm)$と表せる。

図 3

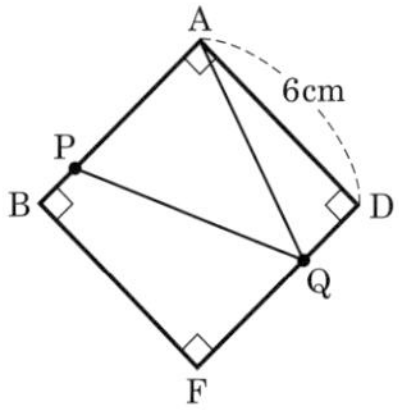

よって，$\triangle APQ=\frac{1}{2}\times AP\times AD$ より，

$15=\frac{1}{2}\times(12-x)\times 6 \quad x=7$

③ $9\leqq x\leqq 12$ のとき，点 P は辺 AB 上を点 B から点 A に向かって動き，点 Q は辺 FB 上を点 F から点 B に向かって動く。また，$x=12$ のとき，点 P は点 A と，点 Q は点 B と一致する。

図 4 は正八面体の展開図の一部を示したもので，辺 AE の中点を N とすると，

図 4

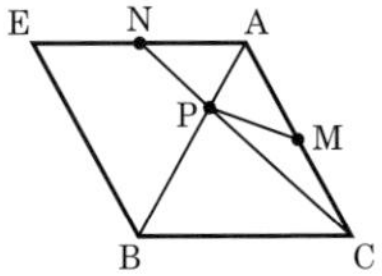

$\triangle APM$ と $\triangle APN$ は，

AP は共通，$AM=AN$，

$\angle PAM=\angle PAN=60°$ より，

$\triangle APM\equiv\triangle APN$ だから，$PM=PN$

よって，$CP+PM=CP+PN$ より，線分 CP，PM の長さの和がもっとも短くなるのは，点 P が線分 CN と辺 AB との交点にあるときである。

このとき，$\triangle APN$ と $\triangle BPC$ は，

$\angle APN=\angle BPC$，

$\angle PAN=\angle PBC=60°$ より，

$\triangle APN\backsim\triangle BPC$ だから，

$AP:BP=AN:BC=1:2$

したがって，$AP=\frac{1}{3}AB=2\,(cm)$

点 P は，点 A までの 2cm を動くのに 2 秒かかるから，$x=12$ の 2 秒前より，$x=10$

点 Q は 2 秒間で 4cm 動くから，

$BQ=4\,(cm)$

図 5 で，

$\triangle APQ$

$=\frac{1}{2}\times AP\times BQ$

より，

$y=\frac{1}{2}\times 2\times 4=4$

図 5

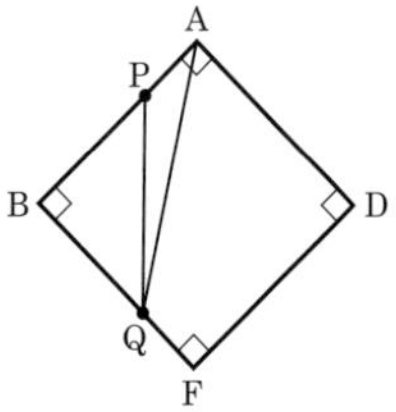

5 (1)ア…$\boldsymbol{2x}$　イ…$\boldsymbol{2x^2}$　ウ…$\boldsymbol{x^2}$　エ…$\boldsymbol{x}$　オ…$\boldsymbol{x^2}$

(2) $\boldsymbol{x=9}$　(3) **4 枚**　(4) $\boldsymbol{x=30}$　(5) **7 枚**

(6) $\boldsymbol{x=72}$　(7) **16 枚**　(8) $\boldsymbol{x=17}$　(9) **156**

(10) $\boldsymbol{x=11}$

解説 (1)ア…上から1段目，2段目，3段目のカードの枚数は，それぞれ1枚，3枚，5枚だから，上からn段目のカードの枚数は，$(2n-1)$枚と表せる。

$1+(2x-1)=2x$

イ… $2x\times x=2x^2$

ウ… $2x^2\times\frac{1}{2}=x^2$

エ…段の数が正方形の1辺となる。

(2) $n=x$のとき，カードの総数は(1)よりx^2と表せるから，$x^2=81$

$x\geqq 3$より，$x=9$

(3) $n=4$のとき，2が書かれたカードは，上から2段目と3段目の両端（りょうたん）にあるから，4枚である。

(4) $n=x$のとき，2が書かれたカードは，上から2段目から$(x-1)$段目までの両端にある。

つまり，上から1段目とx段目を除いた$(x-2)$段の両端にある。

よって，その枚数は，$2(x-2)$枚と表せる。

したがって，$2(x-2)=56$　$x=30$

(5) $n=5$のとき，3が書かれたカードは，上から5段目の両端以外にあるから，上から4段目の枚数と等しくなる。

上から3段目の枚数は5枚で，1段増えると2枚増えるから，7枚である。

(6) $n=x$のとき，3が書かれたカードの枚数は，$(x-1)$段目のカードの枚数と等しい。

よって，$2n-1$に$n=x-1$を代入して計算すると，$(2x-3)$枚と表せる。

したがって，

$2x-3=141$　$x=72$

(7) $n=6$のとき，4が書かれたカードは，上から2段目から5段目までの両端以外にある。

よって，上から2段目に1枚，3段目に3枚，4段目に5枚，5段目に7枚あるから，$n=4$のときのカードの枚数と同じになり，(1)より，

$4^2=16$(枚)

(8) $n=x$のとき，4が書かれたカードは，上から2段目から$(x-1)$段目までの両端以外にある。

つまり，上から1段目とx段目を除いた$(x-2)$段の両端以外にある。

よって，(7)と同様に，$n=x-2$のときのカードの枚数と同じになり，(1)より，$(x-2)^2$枚

したがって，$(x-2)^2=225$　$x=2\pm15$

$x\geqq 3$より，$x=2+15=17$

(9) 1が書かれたカードの枚数は，nの値（あたい）に関係なく，いつも3枚である。

$n=7$のとき，2が書かれたカードの枚数は，(4)より，$2\times(7-2)=10$(枚)

3が書かれたカードの枚数は，(6)より，

$2\times7-3=11$(枚)

4が書かれたカードの枚数は，(8)より，

$(7-2)^2=25$(枚)

よって，カードに書かれた数の合計は，

$1\times3+2\times10+3\times11+4\times25=156$

(10) $n=x$のとき，1，2，3，4が書かれたカードの枚数は，それぞれ3枚，$2(x-2)$枚，$(2x-3)$枚，$(x-2)^2$枚だから，カードに書かれた数の合計は，

$1\times3+2\times2(x-2)+3\times(2x-3)+4\times(x-2)^2$

$=4x^2-6x+2$

と表せる。

よって，$4x^2-6x+2=420$

$2x^2-3x-209=0$

$x=\frac{3\pm\sqrt{1681}}{4}=\frac{3\pm41}{4}$

$x\geqq 3$より，$x=\frac{3+41}{4}=11$

入試問題にチャレンジ

1

1 (1) $\boldsymbol{x^2+2x-48}$ (2) $\boldsymbol{(x+2)(x+4)}$ (3) $\boldsymbol{2\sqrt{2}}$
(4) $\boldsymbol{8-2\sqrt{7}}$ (5) $\boldsymbol{x=1,\ x=-5}$ (6) **4個**
(7) **5** (8) **25°**

(解説) (3) $\sqrt{32}-\sqrt{18}+\sqrt{2}=4\sqrt{2}-3\sqrt{2}+\sqrt{2}$
$=2\sqrt{2}$
(4) $(\sqrt{7}-1)^2=7-2\sqrt{7}+1=8-2\sqrt{7}$
(5) $x^2+4x-5=0$ $(x-1)(x+5)=0$
$x=1,\ x=-5$
(6)それぞれ2乗すると，$\frac{81}{4}<n<25$
これを満たす自然数 n は，
$n=21,\ 22,\ 23,\ 24$ だから，4個。
(7) $x=4$ のとき，$y=\frac{1}{2}\times4^2=8$
$x=6$ のとき，$y=\frac{1}{2}\times6^2=18$
$(変化の割合)=\frac{(y の増加量)}{(x の増加量)}$ より，
$\frac{18-8}{6-4}=5$
(8)点Oと点Aを結ぶと，
$\angle OAB=\angle ABO$
$\angle OAC=\angle OCA=38°$
また，$\angle BAC=\frac{1}{2}\angle BOC=63°$
よって，$\angle OAB+\angle OAC=\angle BAC$ より，
$\angle ABO+38°=63°$ $\angle ABO=25°$

2 (1) **4** (2) $\boldsymbol{y=x+2}$ (3) **3** (4) $\boldsymbol{\frac{5}{2}}$

(解説) (1) $x=2$ のとき $y=2^2=4$ だから，点Bの y 座標は4である。
(2) $x=-1$ のとき $y=(-1)^2=1$ だから，
$A(-1,\ 1)$
また，$B(2,\ 4)$ より，直線ABの傾きは
$\frac{4-1}{2-(-1)}=1$ となるので，その式は
$y=x+b$ と表せる。
これに $x=-1$，$y=1$ を代入すると，
$1=-1+b$ $b=2$
よって，$y=x+2$
(3)直線ABと y 軸との交点をCとすると，
$C(0,\ 2)$ より，$OC=2$
$\triangle OAB=\triangle OCA+\triangle OCB$
$=\frac{1}{2}\times2\times1+\frac{1}{2}\times2\times2=3$
(4)右の図のように，
OP∥AB，つまり，
OP∥BC より，
$\triangle OPB=\triangle OPC$ だから，
四角形OABP
$=\triangle OAB+\triangle OPB$
$=\triangle OAB+\triangle OPC$

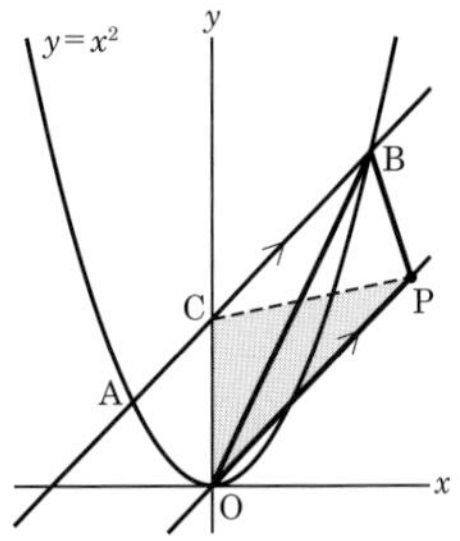

よって，点Pの x 座標を t とすると，
$\frac{11}{2}=3+\frac{1}{2}\times2\times t$ $t=\frac{5}{2}$
したがって，点Pの x 座標は $\frac{5}{2}$ である。

3 (1) $\boldsymbol{(90-a)°}$
(2) △ABD と △CHG において，
AD⊥BC だから，∠ADB=90° …①
四角形EGCFは長方形だから，
∠CGH=90° …②
①，②より，∠ADB=∠CGH …③
△ABC は AB=AC の二等辺三角形だから，∠ABD=∠ACD …④
EG∥AC であり，平行線の錯角は等しいから，∠CHG=∠ACD …⑤
④，⑤より，∠ABD=∠CHG …⑥
③，⑥より，2組の角がそれぞれ等しいから，△ABD∽△CHG

(3)① $\frac{22}{5}$cm　② $\frac{27}{4}$cm

(解説) (1) △AEF で,

∠EAF＝180°－∠AFE－∠AEF

$=180°-90°-a°=(90-a)°$

(3)①(2)より，△ABD∽△CHG だから,

AB：CH＝BD：HG

11：5＝BD：2　5BD＝22

$BD=\frac{22}{5}$(cm)

② EH∥AC より，EH：AC＝BH：BC

ここで,

$BC=2BD=\frac{44}{5}$(cm),

$BH=BC-HC=\frac{44}{5}-5=\frac{19}{5}$(cm)なので,

$EH:11=\frac{19}{5}:\frac{44}{5}$　$EH=\frac{19}{4}$(cm)

四角形 EGCF は長方形だから,

FC＝EG＝EH＋HG

$=\frac{19}{4}+2=\frac{27}{4}$(cm)

4 **(1) $y=30$**

(2)(過程)

点 P が点 A を出発してから x 秒後の FP の長さは，$10\leqq x\leqq 20$ のとき,

$FP=20-x$ と表される。

よって,

$\frac{1}{2}\times(20-x)\times 10=24$

これを解くと，$x=\frac{76}{5}$

(答)$x=\frac{76}{5}$

(3) $x=\frac{80}{3}$，$y=\frac{100\sqrt{2}}{3}$

(解説) (1) $x=6$ のとき，点 P が動いた長さは 6cm だから，点 P は辺 AB 上にあり，△AFP の底辺を AP とすると，高さは BF になる。

よって，$△AFP=\frac{1}{2}\times AP\times BF$ より,

$y=\frac{1}{2}\times 6\times 10=30$

(3) $20\leqq x\leqq 30$ のとき，点 P は辺 FG 上を点 F から点 G に向かって動く。

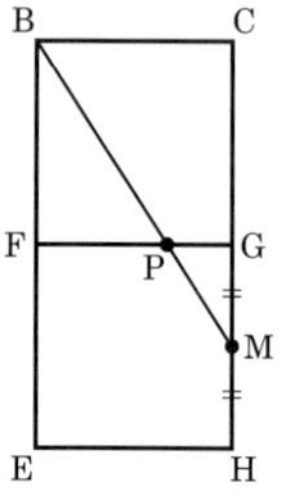

右の図は立方体の展開図の一部分を示したもので，線分 BP，PM の長さの和が最も短くなるのは，点 P が線分 BM と辺 FG との交点にあるときである。

△BFP∽△MGP で,

FP：GP＝BF：MG＝2：1 より,

$FP=\frac{2}{3}FG=\frac{20}{3}$(cm)

よって，点 P が動いた長さは,

$AB+BF+FP=10+10+\frac{20}{3}=\frac{80}{3}$(cm)

したがって，$x=\frac{80}{3}$

また，面 AEFB と辺 FG は垂直だから,

∠AFP＝90° なので,

$△AFP=\frac{1}{2}\times FP\times AF$

$AF=\sqrt{2}AB=10\sqrt{2}$(cm)より,

$y=\frac{1}{2}\times\frac{20}{3}\times 10\sqrt{2}=\frac{100\sqrt{2}}{3}$

2

1 (1) $(x+2)(x-10)$　(2) $-\sqrt{6}$　(3) -13
(4) $x=\dfrac{1\pm\sqrt{17}}{2}$　(5) 9
(6) $129.5\leqq a<130.5$　(7) $a=-3$　(8) $26°$

解説 (2) $\sqrt{24}-\dfrac{18}{\sqrt{6}}=2\sqrt{6}-3\sqrt{6}=-\sqrt{6}$

(3) $(\sqrt{7}+2\sqrt{5})(\sqrt{7}-2\sqrt{5})$
$=(\sqrt{7})^2-(2\sqrt{5})^2=7-20=-13$

(4)整理すると，$x^2-x-4=0$

(5) $\sqrt{67-2n}=m$（m は自然数）とし，両辺をそれぞれ2乗すると，
$67-2n=m^2$　$2n=67-m^2$
m，n は自然数だから，
$m^2=1^2,\ 2^2,\ 3^2,\ 4^2,\ 5^2,\ 6^2,\ 7^2,\ 8^2$
よって，最小の n を求めるために，最大の m から順に考える。
$m^2=8^2$ のとき，$2n=67-64$　$n=\dfrac{3}{2}$ となり不適。
$m^2=7^2$ のとき，$2n=67-49$　$n=9$
したがって，$\sqrt{67-2n}$ が整数になるような自然数 n のうち，最小のものは9である。

(6) $130-0.5=129.5$，$130+0.5=130.5$ より，
$129.5\leqq a<130.5$ である。

(7) $x=0$ のとき $y=0$，$x=2$ のとき $y=4$ だから，
$a<0$ で，$x=a$ のとき $y=9$ になる。
よって，$9=a^2$，$a=\pm3$
$a<0$ より，$a=-3$

(8)線分ABと線分CDの交点をHとすると，
△CAHにおいて，
$\angle OAC=180°-(90°+58°)=32°$
点Oと点Cを結ぶと，
$\angle OCA=\angle OAC=32°$
$\angle OCD=\angle ODC=\angle x$
$\angle OCA+\angle OCD=\angle ACD$ より，
$32°+\angle x=58°$　$\angle x=26°$

2 (1) $C\left(-2,\ \dfrac{4}{3}\right)$　(2) 2　(3) $t=3$

解説 (1)点Cは点Aと y 軸（じく）について対称（たいしょう）で，点Aの x 座標が2だから，点Cの x 座標は -2 である。

(2)点Bの x 座標が6のとき，点Aの x 座標も6だから，点Cの x 座標は -6 となる。
よって，2点B(6, 36)，C(−6, 12)を通る直線の傾き（かたむ）は，$\dfrac{36-12}{6-(-6)}=2$ である。

(3) AB＝ACとなるときの t の値（あたい）を求める。
$A\left(t,\ \dfrac{1}{3}t^2\right)$，$B(t,\ t^2)$，$C\left(-t,\ \dfrac{1}{3}t^2\right)$ より，
$AB=t^2-\dfrac{1}{3}t^2=\dfrac{2}{3}t^2$，$AC=t-(-t)=2t$
AB＝ACより，$\dfrac{2}{3}t^2=2t$　$t^2-3t=0$
$t(t-3)=0$　$t>0$ より，$t=3$

3 **(1)△ABEと△ACDにおいて，**
正三角形の3つの辺は等しいから，
AB＝AC　…①
仮定より，
BE＝CD　…②
$\overset{\frown}{AD}$ に対する円周角は等しいから，
∠ABE＝∠ACD　…③
①，②，③より，2組の辺とその間の角がそれぞれ等しいから，
△ABE≡△ACD
(2)① **$4\sqrt{3}$ cm²**　② **$2\sqrt{7}$ cm**

解説 (2)① △ABE≡△ACDより，
AE＝AD＝2cm　…ⓐ
BE＝CD＝4cm　…ⓑ
$\overset{\frown}{AB}$ に対する円周角は等しいから，
∠ADB＝∠AFB＝∠ACB＝60°　…ⓒ
ⓐ，ⓒより，△ADEは1辺が2cmの正三角形である。
さらに，ⓑと△BFE∽△ADEより，△BFEは1辺が4cmの正三角形である。

点 B から辺 EF に垂線 BP をひくと，

$BP=\frac{\sqrt{3}}{2}BE=2\sqrt{3}$ (cm)

よって，$\triangle BFE=\frac{1}{2}\times EF\times BP$ より，

$\frac{1}{2}\times 4\times 2\sqrt{3}=4\sqrt{3}$ (cm^2)

②点 B から線分 DC に垂線 BQ をひき，△BDQ と △BQC に着目する。

△BDQ で，∠BDQ＝∠BAC＝60°，

BD＝BE＋ED＝6 (cm) より，

$DQ=\frac{1}{2}BD=3$ (cm)，

$BQ=\frac{\sqrt{3}}{2}BD=3\sqrt{3}$ (cm)

△BQC に三平方の定理を用いて，

$BC^2=(4-3)^2+(3\sqrt{3})^2$　$BC^2=28$

$BC>0$ より，$BC=2\sqrt{7}$ (cm)

4 (1)あ…**6**　(2)い…**1**　う…**2**　え…**3**

（解説）(1)点 B と点 P を結んでつくった △QBP と △CPB に着目する。

△QBP で，QB＝AB－AQ＝3 (cm)

AB⊥平面 BCD より，∠QBP＝90°

点 P は正三角形 BCD の辺 CD の中点だから，

$BP=\frac{\sqrt{3}}{2}BC=3\sqrt{3}$ (cm)

△QBP に三平方の定理を用いて，

$3^2+(3\sqrt{3})^2=PQ^2$　$PQ^2=36$

$PQ>0$ より，PQ＝6 (cm)

(2)△BCD は 1 辺が 6cm の正三角形だから，その高さは $6\times\frac{\sqrt{3}}{2}=3\sqrt{3}$ (cm) なので，

$\triangle BCD=\frac{1}{2}\times 6\times 3\sqrt{3}=9\sqrt{3}$ (cm^2)

立体 A-BCD の体積は，

$\frac{1}{3}\times\triangle BCD\times AB=\frac{1}{3}\times 9\sqrt{3}\times 9=27\sqrt{3}$ (cm^3)

平面 ABC にある面を底面としたとき，

立体 R-AQP は立体 A-BCD と比べて高さが $\frac{1}{2}$，底面積が $\frac{8}{9}$ になっている。

したがって，立体 R-AQP の体積は，

$27\sqrt{3}\times\frac{1}{2}\times\frac{8}{9}$

$=12\sqrt{3}$ (cm^3)

3

1 (1) $\boldsymbol{2(x+3)(x-3)}$　(2) $\boldsymbol{5a-6}$

(3) $\boldsymbol{\sqrt{7}-\sqrt{5}}$　(4) **8**　(5) $\boldsymbol{x=1,\ x=\frac{2}{3}}$

(6)**(過程)**

$x^2-ax-12=0$　…①　の解が 2 より，

①に $x=2$ を代入して，

$2^2-a\times2-12=0$

$a=-4$　…②

①に②を代入して，

$x^2+4x-12=0$

$(x-2)(x+6)=0$

$x=2,\ x=-6$

したがって，もう 1 つの解は −6

(答) $a=-4$，もう 1 つの解は −6

(7) $\boldsymbol{a=-\frac{1}{4}}$　(8) **56°**

（解説）(1) $2x^2-18=2(x^2-9)=2(x+3)(x-3)$

(2) $(a+2)(a-1)-(a-2)^2$

$=(a^2+a-2)-(a^2-4a+4)$

$=a^2+a-2-a^2+4a-4=5a-6$

(3) $2\sqrt{7}-\sqrt{20}+\sqrt{5}-\frac{7}{\sqrt{7}}$

$=2\sqrt{7}-2\sqrt{5}+\sqrt{5}-\sqrt{7}=\sqrt{7}-\sqrt{5}$

(4) $(\sqrt{2}-\sqrt{6})^2+\frac{12}{\sqrt{3}}$

$=(2-4\sqrt{3}+6)+4\sqrt{3}=8$

(5)解の公式より，

$$x=\frac{-(-5)\pm\sqrt{(-5)^2-4\times3\times2}}{2\times3}=\frac{5\pm1}{6}$$

$x=\frac{5+1}{6}=1$，$x=\frac{5-1}{6}=\frac{2}{3}$

(7) $x=0$ のとき $y=0$，$x=4$ のとき

$y=-4$ だから，$-4=a\times4^2$　$a=-\frac{1}{4}$

(8) △BEC において，

∠BEC＝∠AED＝80° より，

∠CBE＝180°－(76°＋80°)＝24°

$\overset{\frown}{BC}=\overset{\frown}{CD}$ より，

∠BAC＝∠CBD＝∠CBE＝24°

すなわち，∠BAE＝24°

△ABE において，内角と外角の性質より，

∠ABE＝∠AED－∠BAE

＝80°－24°＝56°

2 (1) $-\frac{3}{2}$　(2) (0，－2)　(3) 28π

(解説) (1) $x=-4$ のとき，$y=\frac{1}{4}\times(-4)^2=4$

$x=-2$ のとき，$y=\frac{1}{4}\times(-2)^2=1$

よって，変化の割合は，$\frac{1-4}{-2-(-4)}=-\frac{3}{2}$

(2) C(2，1)，D(4，4) より，直線 CD の傾きは

$\frac{4-1}{4-2}=\frac{3}{2}$ となるので，直線 CD の式は，

$y=\frac{3}{2}x+b$ と表せる。

これに $x=2$，$y=1$ を代入すると，

$1=\frac{3}{2}\times2+b$　$b=-2$

よって，y 軸との交点の座標は，(0，－2)

(3)点 A と点 D，点 B と点 C は，それぞれ y 軸について対称だから，直線 AB と直線 CD も y 軸について対称になるので，2 つの直線は y 軸上で交わる。

この交点を P とすると，(2)より P(0，－2) で，次の図より，

PE＝4－(－2)＝6，PF＝1－(－2)＝3

よって，求める体積は大小 2 つの円錐の体積の差だから，

$$\frac{1}{3}\times\pi\times4^2\times6-\frac{1}{3}\times\pi\times2^2\times3=28\pi$$

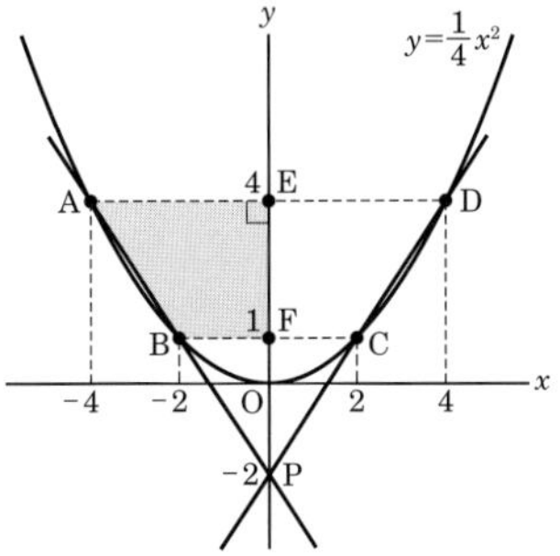

[別解] △PAE∽△PBF より，体積比が相似比の 3 乗になることを利用してもよい。

3 **(1)△ACD と △EBF において，**

$\overset{\frown}{AD}$ に対する円周角だから，

∠ACD＝∠EBF　…①

$\overset{\frown}{CD}$ に対する円周角だから，

∠CAD＝∠EBC　…②

BC∥FE より，平行線の錯角だから，

∠BEF＝∠EBC　…③

②，③より，∠CAD＝∠BEF　…④

①，④より，2 組の角がそれぞれ等しいから，

△ACD∽△EBF

(2)① **$3\sqrt{15}$ cm**　② **$\frac{\sqrt{15}}{2}$ cm**

③ **$9\sqrt{15}$ cm²**

(解説) (2)① △ABC は，∠B＝90° の直角三角形だから，三平方の定理を用いて，

$AB^2+3^2=12^2$　$AB^2=135$

AB＞0 より，$AB=3\sqrt{15}$ (cm)

② △ABC に着目する。

BC∥FE より，AB：BF＝AC：CE

$3\sqrt{15}$：BF＝12：2　$BF=\frac{\sqrt{15}}{2}$ (cm)

③ △EBF に着目する。
EF∥BC より，
AC：AE＝BC：FE
12：(12－2)＝3：FE　$FE=\frac{5}{2}$ (cm)
EF∥BC と ∠ABC＝90° より，
∠BFE＝90°
よって，$\triangle EBF=\frac{1}{2}\times BF\times FE$
$=\frac{1}{2}\times\frac{\sqrt{15}}{2}\times\frac{5}{2}=\frac{5\sqrt{15}}{8}$ (cm²)
さらに，△EBF に三平方の定理を用いて，
$EB^2=\left(\frac{\sqrt{15}}{2}\right)^2+\left(\frac{5}{2}\right)^2$　$EB^2=10$
EB＞0 より，$EB=\sqrt{10}$ cm
⑴より，△ACD∽△EBF であり，面積比は相似比の 2 乗だから，
$\triangle ACD:\triangle EBF=AC^2:EB^2$
$\triangle ACD:\frac{5\sqrt{15}}{8}=12^2:(\sqrt{10})^2$
$\triangle ACD=9\sqrt{15}$ (cm²)

4 ⑴ **$3\sqrt{2}$ cm**　⑵ **$36\sqrt{2}$ cm³**
⑶① **$\frac{63\sqrt{2}}{2}$ cm³**　② **$\frac{3\sqrt{10}}{2}$ cm**

(解説) ⑴正方形の対角線は長さが等しく，それぞれの中点で垂直に交わるから，△ABH は ∠H＝90° の直角二等辺三角形になる。
よって，$AH=\frac{1}{\sqrt{2}}AB=3\sqrt{2}$ (cm)
⑵△OAH に三平方の定理を用いて，
$OH^2+(3\sqrt{2})^2=6^2$　$OH^2=18$
OH＞0 より，$OH=3\sqrt{2}$ (cm)
よって，$\frac{1}{3}\times6^2\times3\sqrt{2}=36\sqrt{2}$ (cm³)
⑶①あふれた水の体積は，正四角錐 O-ABCD の水中部分の体積に等しい。
辺 OA，OB，OC，OD の中点をそれぞれ P，Q，R，S とすると，
△OAB で，PQ∥AB，$PQ=\frac{1}{2}AB$
同様に，QR∥BC，$QR=\frac{1}{2}BC$
RS∥CD，$RS=\frac{1}{2}CD$
SP∥DA，$SP=\frac{1}{2}DA$
よって，
正四角錐 O-PQRS∽正四角錐 O-ABCD で，相似比が 1：2 だから，体積比は，$1^3:2^3=1:8$
ここで，正四角錐 O-ABCD の水中部分の体積は，2 つの正四角錐の体積の差だから，
(あふれた水の体積)
＝(正四角錐 O-ABCD の体積)$\times\frac{8-1}{8}$
$=36\sqrt{2}\times\frac{7}{8}=\frac{63\sqrt{2}}{2}$ (cm³)
②下の図は点 O，A，C を通る断面図で，半球の中心を T とすると，線分 AT が半球の半径となる。
点 T は正方形 PQRS の対角線の交点で，線分 OH の中点でもあるので，
$TH=\frac{1}{2}OH=\frac{3\sqrt{2}}{2}$ cm
△TAH に三平方の定理を用いて，
$TA^2=(3\sqrt{2})^2+\left(\frac{3\sqrt{2}}{2}\right)^2$　$TA^2=\frac{45}{2}$
TA＞0 より，$TA=\frac{3\sqrt{10}}{2}$ cm

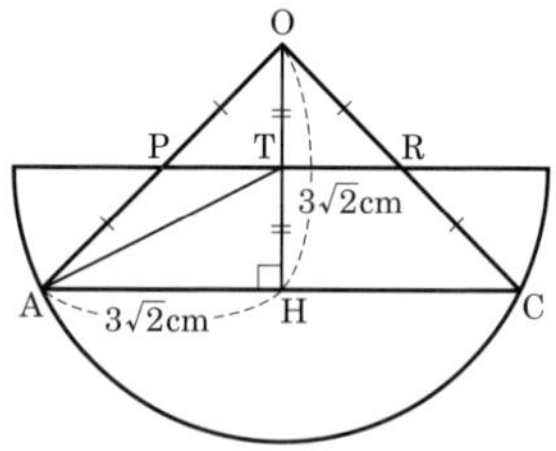

②